U0311101

国家出版基金资助项目

现代数学中的著名定理纵横谈丛书

丛书主编　王梓坤

HADAMARD DETERMINANT AND HADAMARD MATRIX

Hadamard行列式与Hadamard矩阵

刘培杰数学工作室　编

内 容 简 介

Hadamard 矩阵由于其特殊的性质，构造方法的多样性，使得其在区组设计、编码理论等领域有广泛的用途. 本书共分四部分，主要介绍了 Hadamard 行列式问题，Hadamard 矩阵问题，Hadamard 矩阵的推广应用及其与其他矩阵的联系等内容.

本书适合大学师生以及数学爱好者阅读和收藏.

图书在版编目(CIP)数据

Hadamard 行列式与 Hadamard 矩阵/刘培杰数学工作室编. —哈尔滨：哈尔滨工业大学出版社，2024. 3
(现代数学中的著名定理纵横谈丛书)
ISBN 978 - 7 - 5767 - 0109 - 8

Ⅰ. ①H… Ⅱ. ①刘… Ⅲ. ①阿达玛矩阵 Ⅳ. ①O157

中国版本图书馆 CIP 数据核字(2022)第 109878 号

HADAMARD HANGLIESHI YU HADAMARD JUZHEN

策划编辑 刘培杰 张永芹
责任编辑 刘立娟
封面设计 孙茵艾
出版发行 哈尔滨工业大学出版社
社 址 哈尔滨市南岗区复华四道街 10 号 邮编 150006
传 真 0451 - 86414749
网 址 http://hitpress. hit. edu. cn
印 刷 辽宁新华印务有限公司
开 本 787 mm×960 mm 1/16 印张 29.5 字数 318 千字
版 次 2024 年 3 月第 1 版 2024 年 3 月第 1 次印刷
书 号 ISBN 978 - 7 - 5767 - 0109 - 8
定 价 298.00 元

◎ 代序

读书的乐趣

你最喜爱什么——书籍.

你经常去哪里——书店.

你最大的乐趣是什么——读书.

这是友人提出的问题和我的回答.真的,我这一辈子算是和书籍,特别是好书结下了不解之缘.有人说,读书要费那么大的劲,又发不了财,读它做什么?我却至今不悔,不仅不悔,反而情趣越来越浓.想当年,我也曾爱打球,也曾爱下棋,对操琴也有兴趣,还登台伴奏过.但后来却都一一断交,“终身不复鼓琴”.那原因便是怕花费时间,玩物丧志,误了我的大事——求学.这当然过激了一些.剩下来唯有读书一事,自幼至今,无日少废,谓之书痴也可,谓之书橱也可,管它呢,人各有志,不可相强.我的一生大志,便是教书,而当教师,不多读书是不行的.

读好书是一种乐趣,一种情操;一种向全世界古往今来的伟人和名人求教的方法，一种和他们展开讨论的方式；一封出席各种活动、体验各种生活、结识各种人物的邀请信；一张迈进科学宫殿和未知世界的入场券；一股改造自己、丰富自己的强大力量. 书籍是全人类有史以来共同创造的财富，是永不枯竭的智慧的源泉. 失意时读书，可以使人重整旗鼓；得意时读书，可以使人头脑清醒；疑难时读书，可以得到解答或启示；年轻人读书，可明奋进之道；年老人读书，能知健神之理. 浩浩乎！洋洋乎！如临大海，或波涛汹涌，或清风微拂，取之不尽，用之不竭. 吾于读书，无疑义矣，三日不读，则头脑麻木，心摇摇无主.

潜能需要激发

我和书籍结缘，开始于一次非常偶然的机会. 大概是八九岁吧，家里穷得揭不开锅，我每天从早到晚都要去田园里帮工. 一天，偶然从旧木柜阴湿的角落里，找到一本蜡光纸的小书，自然很破了. 屋内光线暗淡，又是黄昏时分，只好拿到大门外去看. 封面已经脱落，扉页上写的是《薛仁贵征东》. 管它呢，且往下看. 第一回的标题已忘记，只是那首开卷诗不知为什么至今仍记忆犹新：

日出遥遥一点红，飘飘四海影无踪.

三岁孩童千两价，保主跨海去征东.

第一句指山东，二、三两句分别点出薛仁贵(雪、人贵). 那时识字很少，半看半猜，居然引起了我极大的兴趣，同时也教我认识了许多生字. 这是我有生以来独立看的第一本书. 尝到甜头以后，我便千方百计去找书，向小朋友借，到亲友家找，居然断断续续看了《薛丁山征西》《彭公案》《二度梅》等，樊梨花便成了我心中的女英雄. 我真入迷了. 从此, 放牛也罢, 车水也罢, 我总要带一本书, 还练出了边走田间小路边读书的本领, 读得津津有味, 不知人间别有他事.

当我们安静下来回想往事时, 往往会发现一些偶然的小事却影响了自己的一生. 如果不是找到那本《薛仁贵征东》, 我的好学心也许激发不起来. 我这一生, 也许会走另一条路. 人的潜能, 好比一座汽油库, 星星之火, 可以使它雷声隆隆、光照天地; 但若少了这粒火星, 它便会成为一潭死水, 永归沉寂.

抄, 总抄得起

好不容易上了中学, 做完功课还有点时间, 便常光顾图书馆. 好书借了实在舍不得还, 但买不到也买不起, 便下决心动手抄书. 抄, 总抄得起. 我抄过林语堂写的《高级英文法》, 抄过英文的《英文典大全》, 还抄过《孙子兵法》, 这本书实在爱得狠了, 竟一口气抄了两份. 人们虽知抄书之苦, 未知抄书之益, 抄完毫末俱见, 一览无余, 胜读十遍.

始于精于一, 返于精于博

关于康有为的教学法, 他的弟子梁启超说: "康先生之教, 专标专精、涉猎二条, 无专精则不能成, 无涉猎则不能通也." 可见康有为强烈要求学生把专精和广博(即"涉猎")相结合.

在先后次序上, 我认为要从精于一开始. 首先应集中精力学好专业, 并在专业的科研中做出成绩, 然后逐步扩大领域, 力求多方面的精. 年轻时, 我曾精读杜布(J. L. Doob)的《随机过程论》, 哈尔莫斯(P. R. Halmos)的《测度论》等世界数学名著, 使我终身受益. 简言之, 即"始于精于一, 返于精于博". 正如中国革命一样,必须先有一块根据地,站稳后再开创几块,最后连成一片.

丰富我文采,澡雪我精神

辛苦了一周,人相当疲劳了,每到星期六,我便到旧书店走走,这已成为生活中的一部分,多年如此.一次,偶然看到一套《纲鉴易知录》,编者之一便是选编《古文观止》的吴楚材.这部书提纲挈领地讲中国历史,上自盘古氏,直到明末,记事简明,文字古雅,又富于故事性,便把这部书从头到尾读了一遍.从此启发了我读史书的兴趣.

我爱读中国的古典小说,例如《三国演义》和《东周列国志》.我常对人说,这两部书简直是世界上政治阴谋诡计大全.即以近年来极时髦的人质问题(伊朗人质、劫机人质等),这些书中早就有了,秦始皇的父亲便是受害者,堪称"人质之父".

《庄子》超尘绝俗,不屑于名利.其中"秋水""解牛"诸篇,诚绝唱也.《论语》束身严谨,勇于面世,"己所不欲,勿施于人",有长者之风.司马迁的《报任少卿书》,读之我心两伤,既伤少卿,又伤司马;我不知道少卿是否收到这封信,希望有人做点研究.我也爱读鲁迅的杂文,果戈理、梅里美的小说.我非常敬重文天祥、秋瑾的人品,常记他们的诗句:"人生自古谁无死,留取丹心照汗青""休言女子非英物,夜夜龙泉壁上鸣".唐诗、宋词、《西厢记》《牡丹亭》,丰富我文采,澡雪我精神,其中精粹,实是人间神品.

读了邓拓的《燕山夜话》,既叹服其广博,也使我动了写《科学发现纵横谈》的心.不料这本小册子竟给我招来了上千封鼓励信.以后人们便写出了许许多多的“纵横谈”.

从学生时代起,我就喜读方法论方面的论著.我想,做什么事情都要讲究方法,追求效率、效果和效益,方法好能事半而功倍.我很留心一些著名科学家、文学家写的心得体会和经验.我曾惊讶为什么巴尔扎克在51年短短的一生中能写出上百本书,并从他的传记中去寻找答案.文史哲和科学的海洋无边无际,先哲们的明智之光沐浴着人们的心灵,我衷心感谢他们的恩惠.

读书的另一面

以上我谈了读书的好处,现在要回过头来说说事情的另一面.

读书要选择.世上有各种各样的书:有的不值一看,有的只值看20分钟,有的可看5年,有的可保存一辈子,有的将永远不朽.即使是不朽的超级名著,由于我们的精力与时间有限,也必须加以选择.决不要看坏书,对一般书,要学会速读.

读书要多思考.应该想想,作者说得对吗?完全吗?适合今天的情况吗?从书本中迅速获得效果的好办法是有的放矢地读书,带着问题去读,或偏重某一方面去读.这时我们的思维处于主动寻找的地位,就像猎人追找猎物一样主动,很快就能找到答案,或者发现书中的问题.

有的书浏览即止,有的要读出声来,有的要心头记住,有的要笔头记录.对重要的专业书或名著,要勤做笔记,“不动笔墨不读书”.动脑加动手,手脑并用,既可加深理解,又可避忘备查,特别是自己的灵感,更要及时抓住.清代章学诚在《文史通义》中说:“札记之功必不可少,如不札记,则无穷妙绪如雨珠落大海矣.”

许多大事业、大作品，都是长期积累和短期突击相结合的产物．涓涓不息，将成江河；无此涓涓，何来江河？

爱好读书是许多伟人的共同特性，不仅学者专家如此，一些大政治家、大军事家也如此．曹操、康熙、拿破仑、毛泽东都是手不释卷，嗜书如命的人．他们的巨大成就与毕生刻苦自学密切相关．

王梓坤

目录

第四部分　附录

第一部分

Hadamard 行列式问题

第一编

初等方法

从一道 2018 年中国国家集训队测试题的解法谈起

第 1 章

试题　某班有 32 名学生，班上有 10 个兴趣小组，每个兴趣小组恰好有 16 名该班学生参加. 对于任意两名学生，将两人中恰有一人参加的兴趣小组的个数的平方称为这两名学生的兴趣差. 设 S 是所有 $C_{32}^2(=496)$ 个两人组的兴趣差之和. 求 S 的最小可能值.

（2018 年中国国家集训队测试题）

解　记 $n=32, m=10$. 我们用二维数组 $\{x_{i,k}\}$ 来记录学生参加兴趣小组的状态. 若第 i 名学生参加第 k 个兴趣小组，则记 $x_{i,k}=+1$，若没有参加，则记 $x_{i,k}=-1$，其中 $i=1,2,\cdots,n; k=1,2,\cdots,m$.

记学生 i 与学生 j 参加状态不同的兴趣小组的数量为 $d_{i,j}$，即他们的兴趣差为 $d_{i,j}^2$. 于是 S 即为 C_n^2 个 $d_{i,j}^2$ 之和，所以 $2S=$

$\sum_{i=1}^{n}\sum_{j=1}^{n}d_{i,j}^{2}$（因为 $d_{i,i}=0$）.

在二维数组中第 i 名学生对应（行）向量

$$\boldsymbol{r}_i=(x_{i,1},x_{i,2},\cdots,x_{i,m})\quad(i=1,2,\cdots,n)$$

第 k 个兴趣小组对应（列）向量

$$\boldsymbol{c}_k=(x_{1,k},x_{2,k},\cdots,x_{n,k})^{\mathrm{T}}\quad(k=1,2,\cdots,m)$$

因为每个兴趣小组恰好有 $16=\frac{n}{2}$ 人，所以每一列中恰好有一半 +1 与一半 -1，总和 $\sum_{i=1}^{n}x_{i,k}=0$，即每个列向量中的 n 个数加和为 0.

记 k,l 两列的内积为

$$C_{k,l}=\sum_{i=1}^{n}x_{i,k}x_{i,l}$$

记 i,j 两行的内积为

$$R_{i,j}=\sum_{k=1}^{m}x_{i,k}x_{j,k}$$

由于学生 i 与学生 j 恰有 $d_{i,j}$ 个兴趣小组状态不同，故 $R_{i,j}$ 的求和式中恰有 $d_{i,j}$ 个 -1 与 $(m-d_{i,j})$ 个 +1，所以行内积

$$R_{i,j}=m-2d_{i,j}$$

我们考虑 $T_1=\sum_{i=1}^{n}\sum_{j=1}^{n}R_{i,j}$，即所有 n^2 个行内积的总和

$$\begin{aligned}T_1&=\sum_{i=1}^{n}\sum_{j=1}^{n}\sum_{k=1}^{m}x_{i,k}x_{j,k}\\&=\sum_{k=1}^{m}\left(\sum_{i=1}^{n}\sum_{j=1}^{n}x_{i,k}x_{j,k}\right)\end{aligned}$$

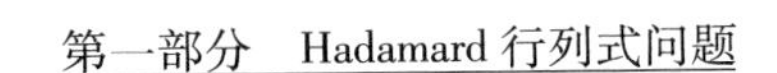

$$= \sum_{k=1}^{m}\Big(\sum_{i=1}^{n} x_{i,k}\Big)\Big(\sum_{j=1}^{n} x_{j,k}\Big) = 0$$

所有 n^2 个 $d_{i,j}$ 的总和是定值$\frac{mn^2}{2}$,即 $d_{i,j}$ 的平均值是$\frac{m}{2}$. 我们希望平方和 $2S = \sum_{i,j=1}^{n} d_{i,j}^2$ 最小,等价于“方差”$\sum_{i,j=1}^{n}\left(d_{i,j}-\frac{m}{2}\right)^2$ 最小化,或者 $T_2 = \sum_{i,j=1}^{n} R_{i,j}^2$ 最小化

$$\begin{aligned}
T_2 &= \sum_{i=1}^{n}\sum_{j=1}^{n} R_{i,j}^2 \\
&= \sum_{i=1}^{n}\sum_{j=1}^{n}\Big(\sum_{k=1}^{m} x_{i,k}x_{j,k}\Big)^2 \\
&= \sum_{i=1}^{n}\sum_{j=1}^{n}\Big(\sum_{k=1}^{m}\sum_{l=1}^{m} x_{i,k}x_{j,k}x_{i,l}x_{j,l}\Big) \\
&= \sum_{k=1}^{m}\sum_{l=1}^{m}\Big(\sum_{i=1}^{n}\sum_{j=1}^{n} x_{i,k}x_{i,l}x_{j,k}x_{j,l}\Big) \\
&= \sum_{k=1}^{m}\sum_{l=1}^{m}\Big(\sum_{i=1}^{n} x_{i,k}x_{i,l}\Big)^2 \\
&= \sum_{k=1}^{m}\sum_{l=1}^{m}(C_{k,l})^2
\end{aligned}$$

即所有行内积的平方和等于所有列内积的平方和.

由于

$$C_{k,k} = n$$

$$\begin{aligned}
T_2 &= \sum_{k,l=1}^{m}(C_{k,l})^2 \\
&\geqslant \sum_{k=1}^{m}(C_{k,k})^2 = mn^2
\end{aligned}$$

故

$$\begin{aligned}
2S &= \sum_{i,j=1}^{n} d_{i,j}^2 \\
&= \sum_{i,j=1}^{n}\left[\left(\frac{m-2d_{i,j}}{2}\right)^2+\left(\frac{m}{2}\right)^2-\frac{m}{2}(m-2d_{i,j})\right] \\
&= \sum_{i,j=1}^{n}\left(\frac{R_{i,j}}{2}\right)^2+n^2\cdot\frac{m^2}{4}-\frac{m}{2}\sum_{i,j=1}^{n}R_{i,j} \\
&= \frac{1}{4}T_2+\frac{n^2m^2}{4}-\frac{m}{2}T_1 \\
&\geqslant \frac{mn^2}{4}+\frac{n^2m^2}{4} \\
&= \frac{n^2m(m+1)}{4}
\end{aligned}$$

所以

$$S \geqslant \frac{n^2m(m+1)}{8} = 14\ 080$$

最小值可以取到. 我们构造一个 32×32 的 Hadamard 矩阵 $\boldsymbol{H}$,其中第 1 列全是 $+1$,我们取 $\boldsymbol{H}$ 的第 2 列至第 11 列来作 32 行 10 列的二维数组 $\{x_{i,k}\}$,即可满足任意两列正交,即对 $k \neq l$,列内积 $C_{k,l}=0$. 这时 $T_2=mn^2$,S 取到最小值 14 080.

注 把二维数组 $\{x_{i,k}\}$ 记作 n 行 m 列的矩阵 $\boldsymbol{A}$,则 n^2 个行内积是对称矩阵 $\boldsymbol{B}_1=\boldsymbol{A}\boldsymbol{A}^{\mathrm{T}}$ 的所有 n^2 个元素,其平方和是 $\boldsymbol{B}_1\boldsymbol{B}_1^{\mathrm{T}}=\boldsymbol{B}_1^2$ 的对角线元素之和,即 $\boldsymbol{B}_1$ 的 n 个特征值的平方和. 同时 m^2 个列内积的平方和是对称矩阵 $\boldsymbol{B}_2=\boldsymbol{A}^{\mathrm{T}}\boldsymbol{A}$ 的 m 个特征值的平方和. 当 $n \geqslant m$ 时,矩阵 $\boldsymbol{B}_1=\boldsymbol{A}\boldsymbol{A}^{\mathrm{T}}$ 的 n 个特征值恰好是矩阵 $\boldsymbol{B}_2=\boldsymbol{A}^{\mathrm{T}}\boldsymbol{A}$ 的

m 个特征值再添上 $n-m$ 个 0,因此平方和相等.

这是因为我们可以对矩阵 $\boldsymbol{A}$ 进行奇异值分解:$\boldsymbol{A}=\boldsymbol{U\Sigma V}$,其中 $\boldsymbol{U}$ 是 n 阶正交矩阵,$\boldsymbol{V}$ 是 m 阶正交矩阵,$\boldsymbol{\Sigma}=(\sigma_{i,k})$ 是一个 n 行、m 列的"对角"矩阵,即除了 $\sigma_{1,1},\sigma_{2,2},\cdots,\sigma_{m,m}$,其余元素均为 0. 这时

$$\boldsymbol{B}_1=\boldsymbol{A}\boldsymbol{A}^{\mathrm{T}}=(\boldsymbol{U\Sigma V})(\boldsymbol{V}^{\mathrm{T}}\boldsymbol{\Sigma}^{\mathrm{T}}\boldsymbol{U}^{\mathrm{T}})=\boldsymbol{U}(\boldsymbol{\Sigma}\boldsymbol{\Sigma}^{\mathrm{T}})\boldsymbol{U}^{\mathrm{T}}$$

其中 $\boldsymbol{\Sigma}\boldsymbol{\Sigma}^{\mathrm{T}}$ 是一个对角线元素分别是 $\sigma_{1,1}^2,\sigma_{2,2}^2,\cdots,\sigma_{m,m}^2,0,\cdots,0$ 的 n 阶对角矩阵,$\boldsymbol{B}_1$ 是对 $\boldsymbol{\Sigma}\boldsymbol{\Sigma}^{\mathrm{T}}$ 作相似变换,因此 $\boldsymbol{B}_1=\boldsymbol{A}\boldsymbol{A}^{\mathrm{T}}$ 的 n 个特征值即为

$$\sigma_{1,1}^2,\sigma_{2,2}^2,\cdots,\sigma_{m,m}^2,0,\cdots,0$$

类似可得 $\boldsymbol{B}_2=\boldsymbol{A}^{\mathrm{T}}\boldsymbol{A}$ 的 m 个特征值即为

$$\sigma_{1,1}^2,\sigma_{2,2}^2,\cdots,\sigma_{m,m}^2$$

矩阵 $\boldsymbol{A}=\boldsymbol{U\Sigma V}$,$\boldsymbol{\Sigma}$ 的对角线元素 $\sigma_{1,1},\sigma_{2,2},\cdots,\sigma_{m,m}$ 中的非零元素称为 $\boldsymbol{A}$ 的奇异值,$\boldsymbol{A}$ 和 $\boldsymbol{A}^{\mathrm{T}}$ 有相同的奇异值. 解答中的 T_2 即是矩阵 $\boldsymbol{A}$ 的所有奇异值的四次方之和.

伟大的数学家 Hadamard①

第 2 章

1944 年 G. H. Hardy 在向伦敦数学会介绍 Jacques Hadamard 时曾经称之为数学上的“活着的奇人”:他那传奇性的工作,从函数论、数论、几何、力学直到常微分方程和偏微分方程都表现出他的才华横溢;他是传奇人物,在法兰西学院(Collège de France)开办了第一个数学讨论班,漂洋过海足迹遍历各大洲;他曾经从事过争取人权与世界和平的工作,在数学家与普通人中都卓有声誉;他是个很有个性的矮个子数学家,小老头 Hadamard②,这是我们在 20 世纪 50 年代对他充满深情的称呼. 然而,没有一个数学图书馆收藏了 Hadamard 的全部数学

① 译自:*The Mathematical Intelligencer*,1991,13(1):23-29. 作者 Jean-Pieme Kahane,译者江嘉禾.

② 法语:Le petit père Hadamard. —— 译注

工作,因为(与某些逊色得多的数学家的工作不同)Hadamard 的工作从未被完整地收集出版过;巴黎也没有任何街道以他的名字命名,因此,他的传奇故事有必要重新加以传扬,尤其是在法国.

Jacques Hadamard 的一生持续了几乎一个世纪:从 1865 年 12 月 8 日到 1963 年 10 月 17 日,与 David Hilbert(1862—1943)大体生活在同一时期. Henri Poincaré(1854—1912)比他大十一岁,Emile Borel(1871—1956),René Baire(1874—1932)以及 Henri Lebesgue(1875—1941)都比他小. 19 世纪末是法国数学最为辉煌灿烂的时期. 毫无疑问,Poincaré 当时是数学泰斗[①]. 在年轻一代中 Hadamard 起着带头作用,下面将就集合论的情况来谈这一点.

本章分为两部分:第一部分追忆 Hadamard 漫长的一生以及他如何卷入他那个时代的各种事件,但对他的数学工作,则着墨不多;第二部分选择几个带有他的名字的专题和概念对其数学工作的丰富多彩进行介绍.

一、生活与时代

Jacques Hadamard 出身于 Lorraine 地区[②]的一个犹太家庭. 对于 Hadamard 家族,有一些踪迹可考:其先辈在 18 世纪曾是 Metz 城[③]的印刷商,在法国革命时期还有一位颇有名气的曾祖母. 在 Jacques Hadamard

---

① 法语:Le prince des mathématiciens. —— 译注

② 法国东北部地区. —— 译注

③ 法国东北部小城. —— 译注

出生前他家就定居在巴黎地区了,他的父亲在中学教文科,他的母亲是一位优秀的钢琴家.

上学时他门门功课都挺好,就是数学不行. 他在 1936 年曾说:"我的父母对子女们无力掌握算术基本问题而感到失望,我就是一个例子,因为直到七年级我的算术成绩都是倒数第一,或差不多是倒数第一."他的拉丁文和希腊文特别棒. 可是,由于一位教师的循循善诱,他发现了数学的美,便转到科学方面来,参加了综合工业大学(École Polytechnique) 和高等师范学院(École Normale Supérieure) 竞争激烈的入学考试,成绩都名列前茅,在综合工业大学考分之高是前所未有的,但他选择了高等师范学院(1884 年),在 Jules Tannery ("科学导师") 和 Emile Picard("特级教师") 的指导下学习. 他在高等师范学院毕业后,当了一名中学教师(Maurice Fréchet 是他的一名学生),同时准备他的论文. 不到一年时间他就获得博士学位(讨论 Taylor 级数定义的函数,1892 年),同他至爱的伴侣 Louise-Anna Tronel 结婚了(有一个美丽的爱情故事说,他们相爱了,他等得太久,结果她同另一个人订婚了,他吓了一跳,辩解,他成功了,他们结了婚,有五个孩子,看来是最美满的夫妻,直到 1960 年她逝世后,这桩持续了 68 年的婚姻才告结束),接着又获得"数学大奖",这是因为他关于整函数,特别是关于 Riemann 考虑过的函数 ζ 的工作

$$\zeta(t) = \Gamma\left(\frac{s}{2}+1\right)(s-1)\pi^{-\frac{s}{2}}\zeta(s) \quad \left(s=\frac{1}{2}+\mathrm{i}t\right)$$

他证明了 $\zeta(t)$ 具有下述形式

$$\zeta(t) = C\prod_{n=1}^{\infty}\left(1 - \frac{t^2}{\lambda_n^2}\right), \sum_{n=1}^{\infty} \frac{1}{|\lambda_n^2|} < \infty$$

这件事值得一谈. 巴黎科学院早就提议研究小于 x 的素数个数 $\pi(x)$,大家都以为大奖会授予 Stieltjes,因为他刚发表了一篇简报,说他已经证明了 Riemann 猜想. 可是,证明不曾出来;由于 $\zeta(t)$ 与 $\pi(x)$ 关系密切,所以 Hadamard 得了大奖. 四年后,他的确证明了素数定理:$\pi(x) \sim \mathrm{li}\, x$.

Hadamard 在青年时代有很多逸闻趣事,按照他女儿 Jacqueline 的说法,他是典型的学者 Cosinus[①]. 这是 20 世纪初一种夸张智能作用的连环画里的人物,学者 Cosinus 对生活琐事忘性之大让人难以置信;Hadamard 实际上就是这样. 这里有一个例子:他喜爱采集各种野生花草,有一次他带着他的小妹妹远征阿尔卑斯山采集花草,他把他的小妹妹放在一条冰河边,继续采集花草,后来他就回家了,就在这时他才想起他把小妹妹遗忘在一种危险境地里了. 1940 年还发生过一件更富戏剧性的事例,那时他成功地从法国动身来到美国,但却把装有美国签证和护照的手提箱忘在身后了.

从数学观点来看,1892—1912 年是 Hadamard 硕果累累的年代. Hadamard 离开 Bordeaux 之后就任于巴黎:1909 年他在法兰西学院任职,1912 年在巴黎科

① 法语:Le savant Cosinus. —— 译注

学院任职. 1909 年起著名的 Hadamard 讨论班在法兰西学院开办,他每年都从整个数学界挑选课题和讲演人. 那时他幸福快乐:聪明的孩子,音乐,还有要好的朋友,如 Borel,Lebesgue,物理学家 Paul Langevin,Jean Perrin,以及他们的德国朋友 Albert Einstein,他同 Hadamard 一起拉小提琴.

可是,对外部世界视而不见是不可能的. Hadamard 的一个亲戚 Alfred Dreyfus 上尉是法国总参谋部的属员,被控犯有间谍罪. 在当时沉闷的反犹太主义气氛下,没有证据他就遭到审讯、判刑,在相当奇怪的情况下被驱逐出境(1894 年). Hadamard 开始并不觉得有什么牵连,但是真相被一个一个的事实揭露出来:Dreyfus 是无辜的,有罪的是另一个军官. 法国出现了两派:Dreyfus 派(其中有 Zola[①],Clemenceau[②] 和 Hadamard)和反 Dreyfus 派(军队和天主教里大多数显要人物). 直到 1906 年 Dreyfus 上尉才恢复了军阶和公民权. 其间,Hadamard 积极参加 Dreyfus 派的人权团[③],他一直是该组织的中央委员,直到晚年才由他的女儿 Jacqueline 接任.

Dreyfus 案件对法国以及 Hadamard 的生活有重要的影响. 作为当时气氛的一个例证,Charles Hermite 有一次碰到 Hadamard,向他喊道:“你是个叛徒”(Hadamard,vous êtes un traitre),没等 Hadamard 反应过来,他又接

---

① Emile Zola(1840—1902),法国作家. —— 译注

② Georges Eugène Benjamin Clemenceau(1841—1929),法国政治家,在 1906—1909 年及 1917—1920 年两度任法国总理. —— 译注

③ 法语:Ligue des droits de l' homme. —— 译注

着说:“你‘背叛’了分析去搞几何”(Vous arez trahi l'analyse pour la géométrie). 这在当时是一个典型的不得体的戏谑之言,因为“叛逆”和“变节”是在那个时候法国社会生活里带刺的词.

1914 年, 另一场有重要影响的悲剧开始了[①]. Hadamard 的前两个儿子 Pierre 和 Etienne 在 1916 年被杀,在 Hadamard 写的讣告中说,这使他受到很大的打击. 此外,综合工业大学和高等师范学院几乎所有的学生也被杀害,第一次世界大战是对法国科学方面的一次灾难.

在 1918—1939 年,Hadamard 左倾,他是一位忠实的反法西斯主义者. 1938 年,Chamberlain,Daladier,Hilter 以及 Mussolini 签订了捷克斯洛伐克的慕尼黑协定[②],Hadamard 所在的派系(除共产党人外)是法国为之义愤填膺的少数派系之一. 下面是 Hadamard 寄给他在布拉格同事的一封信(由 Vladimir Korinek 博士和 Jacqueline 提供抄件):

---

① 指 1914—1918 年的第一次世界大战,下面说的两个儿子以及学生被杀,可能是指战死. —— 译注

② Neville Chamberlain(1869—1940),英国首相(1937— 1940),Edouard Daladier(1884—1970),法国总理(1938—1940),Adolf Hilter(1889—1945),德国法西斯总理(1933—1945),Benito Mussolini(1883—1945),意大利法西斯首相(1922—1943). 1938 年 9 月,英法为图苟安,纵容侵略,不惜牺牲他国利益,采取绥靖政策,由 Chamberlain,Daladier,Hilter 以及 Mussolini 在德国慕尼黑签订了把捷克斯洛伐克的苏德台地区割让给德国的协定,捷克斯洛伐克政府被迫接受,世称慕尼黑协定. —— 译注

> 亲爱的朋友们，在这些悲痛的日子里，无须告诉你们，我们同你们是多么亲近了，你们至少可以无愧而自豪地说，你们保持了崇高的荣誉，你们总统的态度以及他那恒定不忘的尊严，得到全世界的敬佩，也将得到历史的赞誉，人们有权期望这点，内在的正义也将记住这点，我们不能俯就出卖你们，也出卖我们的西方政府，紧紧地同你们握手.

1940 年法国战败后，Jacques，Louise 和 Jacqueline 得到美国签证，这事多亏犹太人联合委员会以及一位非常积极的加拿大青年科学家 Louis Rapkine 的帮助(前面已经提到 Hadamard 过去丢失手提箱的那件悲喜剧). 他们在纽约定居. Hadamard 在 Columbia 大学讲课，写他那本讲数学发明心理学的美妙的书. 1942 年，他在自由法国[①]中当军官的小儿子 Hathieu 去世了，这是 Hadamard 最后一个个人悲剧.

1944 年 Hadamard 回到巴黎，那时他没有住所，也没有书籍和文章可读，他都留在美国了，他得开始一种新生活. 他越来越被牵连到社会问题和政治问题上了，他的女儿 Jacqueline 参加了共产党，他也积极参加

① 1940 年 6 月 18 日，戴高乐在伦敦电台发表《告法国人民书》，宣布成立“自由法国”，领导法国的反侵略抵抗运动，1941 年 9 月组成领导机构“自由法国民族委员会”. —— 译注

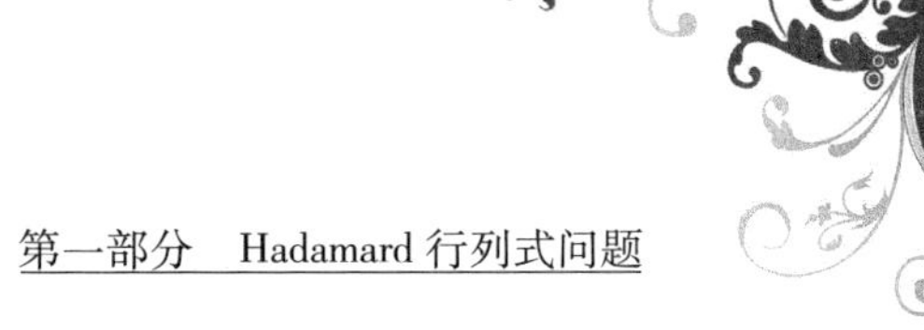

当时由 Frédéric Joliot-Curie[①] 领导的和平运动,有时他还被看成是共产党人. 这碰巧也对国际舞台产生了影响,1950 年,第二次世界大战后第一次国际数学家大会在麻省坎布里奇举行,Hadamard 被选为大会名誉主席. 可是, 当时正值冷战与麦卡锡主义[②]时代, 最初, Hadamard 被拒绝给以美国入境签证, 就像 Laurent Schwartz 被拒绝入境接受 Fields 奖的情况一样. 几位法国数学家同意参加大会,但更多的人说不愿意来,美国数学界发动强大攻势, 终于说服美国政府改变立场.

Hadamard 从青年时代起就一直从事数学教育,1932 年他担任国际数学教育委员会[③]的主席, 这是 Felix Klein,George Greenhill 以及 Henri Fehr 于 1908 年创办的. 1936 年他从法兰西学院退休. 从 1936 年他从事科学工作50 周年纪念直到他1963 年逝世,他接受了许多荣誉,我在这短短篇幅里就无法细述了. 他特别高兴的是自己获得了 Feltrinelli 奖,这是为了填补数学方面

---

① Frédéric Joliot-Curie(1900—1958), 法国的物理学家, 原姓 Joliot,1926 年与物理学家居里夫人的长女 Irène Curie(1897—1956) 结婚,1935 年夫妇共获诺贝尔化学奖. 第二次世界大战期间 Joliot-Curie 积极参加抵抗运动,1942 年加入法国共产党,1948 年领导建成法国第一个原子反应堆. 他是世界和平运动的领导人之一. 1951 年他任世界和平理事会主席. —— 译注

② Joseph Raymond McCarthy(1908—1957),美国参议员,1950—1954 年领导“抵制共产党渗透美国政府机构的活动”,以“亲共和反美活动” 为借口大量逮捕人,迫害美国进步力量,也称“麦卡锡主义”. —— 译注

③ 法语:Commission Internationale de l’Enseignement Mathématique. —— 译注

的诺贝尔奖而在 1955 年创设的. Vito Volterra 做了颁奖发言,意大利共和国总统颁奖(这在意大利真是一件大事),而 Hadamard 对法国大使觉得不便出席颁奖仪式而不快(也许这种不快是欢快的一部分).

在进入第二部分前让我对 Jacqueline Hadamard[①] 的帮助表示谢意,大部分未发表过的逸事均取自她的个人手稿,另一些则取自我的老师 Szolem Mandelbrojt 的讲述(真是很抱歉,我达不到他那种热情奔放、智趣盎然). 我在 20 世纪 50 年代初有几次亲自见到 Hadamard,有一次是在 Emile Faguet 大街他的家里,那是在大学城[②]附近在他的倡议下建造起来的一幢大学公寓. 除此以外,就是在各种会议上见到他,他总是迟到,总是踮着脚走进来,找一把椅子坐下,让他的指头咚咚地敲,直到别人请他讲几句话为止. 我记得最深的是他的面部表情. 从照片上看,最令人印象深刻的是他机敏的神态和经常转动的眼睛,他那时已 85 岁高龄,不仅是活着的奇人,而且还有真正活跃的头脑.

让我们来谈谈他遗留给我们的东西 —— 他的著作.

二、珠联璧合

Jacques Hadamard 写的学术文章和书籍约有 300 件,我们将选择属于他的几个结果和概念来谈.

---

① Jacqueline Hadamard 在本文完成后不久便去世了. —— 原注

② 法语:Cité Universitaire. —— 译注

1. **素数定理**

$\pi(x) \sim \text{li}\, x$(1896 年). 这个结果是一个老猜测了,据知是从 Riemann 假设派生出来的. Hadamard 证明这个结果可从 $\zeta(1+\mathrm{i}t)$ 不为零推出,并且实际上证明了 $\zeta(1+\mathrm{i}t) \neq 0$. 这个结果同时也由 Charles de la Vallée 独立证明. Hadamard 对 $\zeta(1+\mathrm{i}t) \neq 0$ 的证明是漂亮的. 他考虑 $\log \zeta(s) = \sum a_n n^{-s}$ 并利用 $a_n \geqslant 0$ 这个事实. 由于 $\zeta(s)$ 在 $s=1$ 处有极点,所以当 $\varepsilon \to 0$ 时有

$$\log \zeta(1+\varepsilon) = \log \frac{1}{\varepsilon} + O(1)$$

若 $\zeta(s)$ 在 $s=1+\mathrm{i}a$ 处有零点,则

$$\log \zeta(1+\mathrm{i}a+\varepsilon) = -\log \frac{1}{\varepsilon} + O(1)$$

所以(从 $a_n \geqslant 0$ 可见)对大多数 n 有 $n^{-\mathrm{i}a} \simeq -1$,从而对大多数 n 有 $n^{-2\mathrm{i}a} \simeq 1$,于是

$$\log \zeta(1+2\mathrm{i}a+\varepsilon) \simeq \log \frac{1}{\varepsilon}$$

这是不可能的,因为 $1+2\mathrm{i}a$ 是 $\zeta(s)$ 的规则点.

2. **上极限**

对于 Taylor 级数 $\sum c_n z^n$ 的收敛半径 R 的公式,$R = (\limsup |c_n|^{\frac{1}{n}})^{-1}$ 中使用了上极限(1892 年). 尽管这个公式在 Cauchy 的一本 1821 年的专著里就存在了,但 Hadamard 却是独立发现的,并且由此得出一些影响深远的结论. 这一公式提供了有关奇点位置的大量结果,并且是从函数的 Taylor 系数对函数的整体性

态进行深入研究的出发点. Hadamard 的《Taylor 级数与解析开拓》(*La série de Taylor et son prolongement analytique*,1901 年) 这本书是 Bieberbach 的《解析开拓》(*Analytische Fortsetzung*,1954 年) 所引 300 篇文章中大多数文章的源头所在.

3. **乘法定理**(1898 年)

这个结果是函数论中的一颗明珠. 粗略而言,这个结果说明,$\sum_{n=0}^{\infty} a_n b_n z^n$ 的奇点含于乘积集 $AB = \{\alpha\beta: \alpha \in A, \beta \in B\}$,其中 A 和 B 分别是 $\sum_{n=0}^{\infty} a_n z^n$ 和 $\sum_{n=0}^{\infty} b_n z^n$ 的奇点集. 这使我们想到另一个定理:卷积的支持含于其因子的支持之和. 这两个陈述非常相似(需要写成精确的陈述). Hadamard 的乘法定理实际上是(在卷积诞生之前)一个早期的绝好例证,说明了卷积方法的威力.

4. Hadamard **的缺项条件**$\frac{\lambda_{n+1}}{\lambda_n} > q > 1$

这个条件的出现也同解析开拓有关. 若此条件成立,则级数 $\sum_{n=1}^{\infty} a_n z^{\lambda_n}$ 不可开拓越过收敛圆(1892 年). 这是下述类型的一系列陈述的原型:如果具有已知谱的函数在某个区间上具有某个性质,该区间大于谱的某个密度,则该性质处处成立(这里,密度是零,性质则是解析性). Pólya,Mandelbrojt,Paley 和 Wiener,Ingham 以及许多其他的人都曾提出过这个类型的定理.

5. 三圆定理

这个定理说明,$\log M(e^{\sigma})$ 是 σ 的凸函数,其中 $M(r) = \sup_{|z|=r}|f(z)|$,而$f(z)$ 是环域 $r_0 < |z| < r_1$ 中的解析函数. 这个定理如果就条状区域而不是环域表示出来,则在插值理论中起着基本的作用(Riesz-Thorin 定理及值的复方法).

$\log M_n$ 具有“几乎凸性”,这里 $M_n = \sup_n |f^n(x)|$,而f是 $\mathbf{R}$ 上的 C^{∞} 函数. Hadamard 的定理说明,$M_1 \geqslant \sqrt{2}\sqrt{M_0M_2}$(1914 年),这是一个精确的估计. 对于这一类型的其他不等式的精确常数,则是 A. Kolmogorov, Szolem Mandelbrojt 以及 Henri Cartan 得到的.

6. 准解析性问题

令 $C(M_n)$ 表示在已知区间上满足条件 $|g^{(n)}(x)| \leqslant M_n$ 的 C^{∞} 函数 g 组成的类. $C(M_n)$ 的准解析性问题就是判定 $C(M_n)$ 中的函数是否由其在已知点处的芽确定. Hadamard 提出这个问题是与偏微分方程解的边界值有关的(1912 年). Denjoy 曾经推测过问题的解并得到部分证明,而完全的证明则是 Carleman 得到的,准解析性与谱性质之间的联系是 Mandelbrojt 引进的. Mandelbrojt 的一般问题如下:给定有关谱的某些性质 S,以及一类函数 C(例如 L^1,C^{∞},$C(M_n)$,…),考虑类 C 中满足性质 S 的函数;假设我们知道这样的函数在一个区间上,或者在一点的某个邻域内,或者在一点处的某个性质,试问:这个性质在多大程度上能给出有关这个函数本身的信息?这种问题在偏微分方程中,尤其是现在在控制论中是一再出现的.

7. 实部定理

最简形式的实部定理说明，$M(r) \leqslant 2A(2r)$，这里

$$M(r) = \sup_{|z|=r} |f(z)|, A(r) = \sup_{|z|=r} \operatorname{Re} f(z)$$

而$f(z)$ 是 $|z| < R$ 中的解析函数，在 0 处为零，此外 $2r < R$(1892 年). 这个结果对整函数的因子分解起着关键作用.

现在让我来解释一下 Hadamard 是怎样如 Hermite 所说"背叛"了分析去搞几何而变成"叛徒"的. 我想，Hermite 只见过 Hadamard 论述测地线、微分方程轨线以及 Poincaré 意义下的形势分析(即拓扑学)[①] 的工作(1896—1910)，而没有见到 Hadamard 的书《初等几何讲义》(*Leçons de Géométrie Èlémentaire*，1898 年)，这在中学教师中是相当有影响的一部著作.

8. 曲面的测地线

这是一个美妙的课题，主要的事实是 Hadamard 发现的. 在正曲率曲面上，每条不闭合的测地线都与每条闭合的测地线相交无限多次(1896 年). 在负曲率曲面上，任何两条测地线至多有一个公共点(这在 Hadamard 之前就知道了)；给定任何一段弧，存在唯一的一条测地线，具有同样的两个端点，属于同一个同伦类. 现在我们来谈最重要的结果，即关于渐近性态的结果，有四种情况：(1) 闭合测地线；(2) 趋向无穷的测地线；(3) 渐近趋向一条闭合测地线的测地线；(4) 与不同闭合测地线的邻域渐近相交的游移测地

---

① 拉丁文：analysis situs. —— 译注

线. 就最后这种情况而言,将要相交的邻域序列是相当任意的. Hadamard 的研究表明,给定一点 P,从点 P 出发的测地线,其性质如何依赖于其原始方向 θ. 这里突出地使用了 Cantor 引进的概念:相应于有界测地线的 θ 构成一个完全且全不连通的集合. 因此,有界性不被 θ 的无穷小变化所保持. Hadamard 的一段评论如下:

> 也许,天体力学的基本问题之一,即太阳系的稳定性问题,属于不适定问题的范畴. 实际上,如果不去研究太阳系的稳定性而对负曲率曲面的测地线考虑类似的问题,那么可以看出,任何稳定的轨线都可以经过原始数据的无穷小变化而变成一条完全不稳定的轨线,消失在无穷远处. 不过,就天文学的问题而言,任何原始数据都有一定的误差. 这种误差,不论多小,都可能产生所求结果的一种完全而绝对的扰动.

9. 偏微分方程

这是 Hadamard 从 1900 年直到晚年特别喜爱的课题.《波的传播及流体动力学讲义》(*Leçons sur la propagation des ondes et les équations de l'hydrodynamique*) 这部基本著作是 1903 年出版的. 他考虑了 Dirichlet 问题(在边界上的一个边界数据)和 Cauchy 问题(在原始子空间 $t = 0$ 上的两个数据).

对椭圆算子而言,Dirichlet 问题是适定问题,而对双曲算子而言,Cauchy 问题是适定问题.

10. Hadamard **意义下的适定问题**

这个词在偏微分方程中仍在使用. Hadamard 主张,适定问题不仅要求对已知数据有解且唯一,他还坚持解应该连续依赖于所给数据,只有这样的解才有物理意义.

为了精确提出这一概念,他引进了各种不同的邻域及连续性,从而引出函数空间、一般拓扑、泛函分析以及现代偏微分方程理论中使用的先验法. 值得注意的是,泛函(fonctionelle) 一词是 Hadamard 受到线函数(Volterra 的 fonctions de lignes) 的启发而提出的. 此外,他还对区间上的连续函数类上的线性泛函给出了一般的表达式(当然等价于 F. Riesz 定理,但写起来却不是那么简单).

11. **基本解**

基本解(solutions élémentaires,英文术语有时叫作 fundamental solutions) 也是 Hadamard 引进的概念,与 Laurent Schwartz 给出的意义稍有不同,这只是由于 Schwartz 的广义函数当时还不存在. 显然,Schwartz 的灵感大部分来自他的舅公 Hadamard.

在广义函数论中,最复杂的概念之一是发散积分的有限部分,这实际上是 Hadamard 引进并发展的(1908 年). 这是对形如$\int_0^1 x^{-a}f(x)\mathrm{d}x$($a>1$,$a$ 不是整数) 或一般的形如$\int_V G(x)^{-a}f(x)\mathrm{d}x$($x=(x_1,\cdots,x_n)$,

V 包含于超曲面 $G=0$ 中）的发散积分进行的漂亮而简单的计算. Hadamard 以此作为处理 Cauchy 问题的工具，可以在 n 是奇数时得到 Cauchy 问题的解，而在 n 是偶数时引进下降法，对 $n+1$ 解 Cauchy 问题，然后下降至 n.

偏微分方程是 Hadamard 在耶鲁大学讲演的课题（1920 年），由此产生了一本讲 Cauchy 问题及双曲型方程的很有启发性的书（英文版，1922 年；法文增补版，1932 年）.

1966 年在 Hadamard 诞辰百年举行的纪念会上，Laurent Schwartz 在谈到 Hadamard 的工作时，表达了一种共同的感觉，他说，Hadamard 对他那个时代有一种巨大的影响，所有现存的分析学家，都是直接或间接由他塑造成形的.

我给出的少数例子，只是 Hadamard 的数学工作很不完全的示范，我未曾涉及力学及变分学的领域. 让我再讲三个题目：行列式、集合论以及数学哲学.

Hadamard 关于行列式的不等式说明，行列式由各列的欧氏范数之积所控制. Hadamard 在论述这个题目的那篇短文（1893 年）中考虑了元素为 $+1$ 或 -1 的行列式以及 $n^{\frac{n}{2}}$ 这个界被达到的情形，于是（除 $n=1$ 或 2 外）必有 $n\equiv 0 \pmod 4$，Hadamard 还对 $n=2^k$，$n=12$，$n=20$ 这些情形构造了一些例子. 这样的例子（现在已经有直到 $n=264$ 的例子）被称为“Hadamard 行列式”，恰好在纠错码理论中起了作用.

Hadamard 给第一届国际数学家大会（苏黎世，

1897 年）的稿件是《论集合论的某些可能的应用》（*Sur certaines applications possibles de la théorie des ensembles*）. 现在去看这篇文章，你会发现其中引进了 Kolmogorov 的 ε 熵这一概念，但是它出现得太早而被人遗忘了. 1905 年，《法国数学会通报》（*Bulletin de la Société Mathématique de France*）发表了"关于集合论的 5 封信"，这是 Hadamard，Borel，Lebesgue 和 Baire 之间的通信记录. Hadamard 不仅是进行这样的通信的主角，而且提倡放手利用在当时刚引进的某些强有力的方法（即今所谓的 Zermelo 选择公理）. 我已经提到他在与测地线分类有关的问题上利用过 Cantor 集.

Hadamard 的数学哲学当时被称为理想主义的哲学，这不过是相对于 Borel 那种更富于构造性的观点而言. 他曾受到 Poincaré 的影响，而他自己却又在直观推断方面是最有影响的，他的著作《数学领域中发明创造的心理学》（1945 年）就是 George Pólya 的一个常备参考书.

这本书是一个例证，说明 Hadamard 能够为一般读者写些什么. 他懂得为何讲解、撰述有关数学的问题，而不仅仅是数学本身的问题. 他对数学有非常广博的了解. 他能够发展最抽象的部分，同时也能从物理思想汲取灵感. 我已经提到过他关心数学教育，他讲初等空间几何的书已经再版（这是说明几何在数学教育中复兴的一个好迹象）. 他论述科学教育的文章值得一读. 他对实验科学教学的关心超过了对数学教学的关心（现在有些问题尚待考虑），不幸的是，这些

文章很多都不易找到.

我相信,通过上文简短的回顾将使读者感到失望.如果这种失望能使读者进而阅读某些实质性的文章,我将感到高兴.如果读者能够触到 Jacques Hadamard 的有灵感的文章和著作,我就不只是高兴了.

第 二 部 分

Hadamard 矩阵问题

第二编

Hadamard 矩阵

Hadamard 矩阵（Ⅰ）

第 3 章

Hadamard 在 1893 年证明了，如果一个 $n \times n$ 复矩阵的所有元素的绝对值至多是 μ，那么这个矩阵的行列式的绝对值至多是 $\mu^n n^{\frac{n}{2}}$. 对每个正整数 n 都存在一个达到此上界的 $n \times n$ 复矩阵. 例如，对 $\mu = 1$，矩阵 $(\omega^{jk})(1 \leqslant j,k \leqslant n)$ 就是这样一个矩阵，其中 ω 是一个 n 次单位原根. 对 $n = 1,2$，这个矩阵是实的. 然而 Hadamard 也证明了，如果一个 $n \times n$ 实矩阵可以达到此上界，其中 $n > 2$，那么 n 必可被 4 整除.

不失一般性，我们可设 $\mu = 1$. 称一个达到上界 $n^{\frac{n}{2}}$ 的 $n \times n$ 实矩阵为 Hadamard 矩阵. 至今还未解决的一个公开问题为是否对每个可被 4 整除的正整数 n 都存在一个 $n \times n$ 的 Hadamard 矩阵.

Hadamard 不等式在 Fredholm 于 1900 年开启的线性积分方程理论中起了重要作用，部分地出于这一原因，很快就有人给出了很多推广和证明. Fredholm 的关于线性积分方程的方法已经被其他更好的方法代替了,但是 Hadamard 不等式却和一些数学的其他分支,例如,数论、组合学和群论产生了联系. Hadamard 矩阵已被用于增加光谱仪的精确度,设计农业试验和更正宇宙飞船信号传输中的错误.

无疑,一个好的数学问题总会及时找到其应用. 尽管 n 可被 4 整除是更多被关注和研究的情况,但是我们也将处理其他情况下的 Hadamard 问题,因为这些情况的进展可能也会引起 Hadamard 矩阵问题的进展.

一、什么是行列式?

两个线性方程联立的方程组

$$\begin{cases}\alpha_{11}\xi_1+\alpha_{12}\xi_2=\beta_1\\ \alpha_{21}\xi_1+\alpha_{22}\xi_2=\beta_2\end{cases}$$

当 $\delta_2=\alpha_{11}\alpha_{22}-\alpha_{12}\alpha_{21}\neq 0$ 时,具有唯一解

$$\xi_1=\frac{\beta_1\alpha_{22}-\beta_2\alpha_{12}}{\delta_2},\xi_2=-\frac{\beta_1\alpha_{21}-\beta_2\alpha_{11}}{\delta_2}$$

当 $\delta_2=0$ 时,这个方程组没有解或有一个以上的解.

类似地,三个线性方程联立的方程组

$$\begin{cases}\alpha_{11}\xi_1+\alpha_{12}\xi_2+\alpha_{13}\xi_3=\beta_1\\ \alpha_{21}\xi_1+\alpha_{22}\xi_2+\alpha_{23}\xi_3=\beta_2\\ \alpha_{31}\xi_1+\alpha_{32}\xi_2+\alpha_{33}\xi_3=\beta_3\end{cases}$$

当且仅当 $\delta_3\neq 0$ 时有唯一解,其中

$$\delta_3=\alpha_{11}\alpha_{22}\alpha_{33}+\alpha_{12}\alpha_{23}\alpha_{31}+\alpha_{13}\alpha_{21}\alpha_{32}-\alpha_{11}\alpha_{23}\alpha_{32}-\alpha_{12}\alpha_{21}\alpha_{33}-\alpha_{13}\alpha_{22}\alpha_{31}$$

以上考虑可扩展到有限多个线性方程联立的方程组. 方程组

$$\begin{cases}\alpha_{11}\xi_1 + \alpha_{12}\xi_2 + \cdots + \alpha_{1n}\xi_n = \beta_1 \\ \alpha_{21}\xi_1 + \alpha_{22}\xi_2 + \cdots + \alpha_{2n}\xi_n = \beta_2 \\ \vdots \\ \alpha_{n1}\xi_1 + \alpha_{n2}\xi_2 + \cdots + \alpha_{nn}\xi_n = \beta_n\end{cases}$$

当且仅当 $\delta_n \neq 0$ 时有唯一解,其中

$$\delta_n = \sum (\pm \alpha_{1k_1}\alpha_{2k_2}\cdots\alpha_{nk_n})$$

求和取遍 $1,2,\cdots,n$ 的 $n!$ 个排列 $k_1,k_2,\cdots,k_n$,当排列是偶的或奇的时,分别取"+"和"-".

我们默认所给的量 $\alpha_{jk},\beta_j(j,k = 1,\cdots,n)$ 都是实数,在这种情况下,解 $\xi_k(k = 1,\cdots,n)$ 也是实数. 然而当把所给的量都换成任意的域 F 中的元素时,这里所说的一切都仍然有效,这时,解也由 F 中的元素所组成. δ_n 是 F 中的元素,它由矩阵

$$\boldsymbol{A} = \begin{pmatrix}\alpha_{11} & \cdots & \alpha_{1n} \\ \vdots & & \vdots \\ \alpha_{n1} & \cdots & \alpha_{nn}\end{pmatrix}$$

唯一确定,我们将称 δ_n 是矩阵 $\boldsymbol{A}$ 的行列式,并记为 $\det \boldsymbol{A}$.

行列式曾出现在日本数学家 Seki(1683 年) 的工作中,后来又出现在 Leibniz(1693 年) 关于 L'Hospital 的工作中,但是这些工作都没有对后来的发展产生影响. 用行列式来表示线性方程组的解是由 Cramer(1750 年) 叙述的,但是对行列式本身的研究是从 Vandermonde(1771 年) 开始的. 现在意义上的"行列式(determinant)"一

词是 Cauchy 首先使用的,他系统地叙述了行列式理论. 这个理论在整个数学界的扩散在很大程度上要归功于 Jacobi 的清晰阐述.

在实际求解线性方程组时,Cramer 法则肯定要差于古老的消元法. 甚至在很多理论问题的讨论中,行列式也已被更简单的线性代数论证所代替. 有些学者甚至极端到主张从课程中取消行列式的程度. 然而行列式的几何解释使得它还有存在的价值.

设 $M_n(\mathbf{R})$ 表示所有元素都属于实数域 $\mathbf{R}$ 的 $n \times n$ 矩阵的集合. 设 $\boldsymbol{A} \in M_n(\mathbf{R})$,那么从 $\mathbf{R}^n$ 到它自身的线性映射 $\boldsymbol{x} \to \boldsymbol{A}\boldsymbol{x}$ 把任意超平行多面体的体积乘以一个固定的因子 $\mu(\boldsymbol{A}) > 0$. 显然:

(i) 对所有的 $\boldsymbol{A},\boldsymbol{B} \in M_n(\mathbf{R})$, $\mu(\boldsymbol{AB}) = \mu(\boldsymbol{A})\mu(\boldsymbol{B})$;

(ii) 对任意对角矩阵 $\boldsymbol{D} = \mathrm{diag}(1,\cdots,1,\alpha) \in M_n(\mathbf{R})$, $\mu(\boldsymbol{D}) = |\alpha|$.

(如果一个矩阵 $\boldsymbol{A} = (\alpha_{jk})$ 的元素满足当 $j \neq k$ 时,$\alpha_{jk} = 0$ 的条件,那么就用 $\mathrm{diag}(\alpha_{11},\alpha_{22},\cdots,\alpha_{nn})$ 表示它,并称它是对角矩阵.) 可以证明(把矩阵用下面要说的方法表示成初等矩阵的乘积)$\mu(\boldsymbol{A}) = |\det \boldsymbol{A}|$. 行列式的符号也有几何意义:根据映射 $\boldsymbol{x} \to \boldsymbol{A}\boldsymbol{x}$ 是保定向的或反定向的而有 $\det(\boldsymbol{A}) \geqslant 0$ 或 $\det(\boldsymbol{A}) \leqslant 0$.

现在设 F 是一个任意的域,并设 $M_n = M_n(F)$ 表示所有元素都属于 F 的 $n \times n$ 矩阵的集合. 我们要证明如上定义的行列式具有以下性质:

(i) 对所有的 $\boldsymbol{A},\boldsymbol{B} \in M_n$, $\det \boldsymbol{AB} = \det \boldsymbol{A} \cdot \det \boldsymbol{B}$;

(ii) 对任意对角矩阵 $\boldsymbol{D} = \mathrm{diag}(1,\cdots,1,\alpha) \in M_n$,

$\det \boldsymbol{D} = \alpha$.

此外,这两个性质实际上刻画了行列式的特征.

为了避免符号的复杂,我们首先考虑 $n = 2$ 的情况.

设 $\boldsymbol{U}_\lambda, \boldsymbol{V}_\mu$ 表示如下形式的矩阵

$$\boldsymbol{U}_\lambda = \begin{pmatrix} 1 & \lambda \\ 0 & 1 \end{pmatrix}, \boldsymbol{V}_\mu = \begin{pmatrix} 1 & 0 \\ \mu & 1 \end{pmatrix}$$

其中,$\lambda, \mu \in F$. 用 E 表示所有可表示为有限多个 $\boldsymbol{U}_\lambda$, $\boldsymbol{V}_\mu$ 的乘积的矩阵 $\boldsymbol{A} \in M_2$ 的集合. 由于矩阵的乘法是结合的,$\boldsymbol{I} \in E$,E 在矩阵乘法下显然是封闭的,以及 $\boldsymbol{U}_\lambda, \boldsymbol{V}_\mu$ 分别具有逆 $\boldsymbol{U}_{-\lambda}, \boldsymbol{V}_{-\mu}$,所以 E 在矩阵的乘法下是一个群.

我们证明如果 $\boldsymbol{A} \in M_2$,并且 $\boldsymbol{A} \neq \boldsymbol{O}$,那么存在 $\boldsymbol{S}$, $\boldsymbol{T} \in E$ 以及 $\delta \in F$ 使得 $\boldsymbol{SAT} = \mathrm{diag}(1, \delta)$.

对任何 $\rho \neq 0$,令

$$\boldsymbol{W} = \begin{pmatrix} 0 & -1 \\ 1 & 0 \end{pmatrix}, \boldsymbol{R}_\rho = \begin{pmatrix} \rho^{-1} & 0 \\ 1 & \rho \end{pmatrix}$$

那么 $\boldsymbol{W} = \boldsymbol{U}_{-1}\boldsymbol{V}_1\boldsymbol{U}_{-1} \in E$,并且也有 $\boldsymbol{R}_\rho \in E$. 如果设 $\sigma = 1 - \rho, \rho' = \rho^{-1}$ 以及 $\tau = \rho^2 - \rho$,那么

$$\boldsymbol{R}_\rho = \boldsymbol{V}_{-1}\boldsymbol{U}_\sigma\boldsymbol{V}_{\rho'}\boldsymbol{U}_\tau$$

设

$$\boldsymbol{A} = \begin{pmatrix} \alpha & \beta \\ \gamma & \delta \end{pmatrix}$$

其中,$\alpha, \beta, \gamma, \delta$ 不全为0. 用 $\boldsymbol{W}$ 左乘或右乘或左右都去乘 $\boldsymbol{A}$,我们可设 $\alpha \neq 0$. 现在用 $\boldsymbol{R}_\alpha$ 左乘 $\boldsymbol{A}$,我们可假设 $\alpha = 1$. 下面用 $\boldsymbol{U}_{-\beta}$ 右乘 $\boldsymbol{A}$,我们可进一步假设 $\beta = 0$. 最后,用 $\boldsymbol{V}_{-\gamma}$ 左乘 $\boldsymbol{A}$,我们也可假设 $\gamma = 0$.

上面的论证即使在 F 是一个除环时也仍然有效. 在下面的讨论中,我们将用到 F 的交换性.

我们现在要证明如果 $d:E\to F$ 是一个使得对所有的 $\boldsymbol{S},\boldsymbol{T}\in E$ 都有 $d(\boldsymbol{ST})=d(\boldsymbol{S})d(\boldsymbol{T})$ 的映射,那么对所有的 $\boldsymbol{S}\in E$ 有 $d(\boldsymbol{S})=0$ 或对所有的 $\boldsymbol{S}\in E$ 有 $d(\boldsymbol{S})=1$.

如果对某个 $\boldsymbol{T}\in E$ 有 $d(\boldsymbol{T})=0$, 那么 $d(\boldsymbol{I})=d(\boldsymbol{T})d(\boldsymbol{T}^{-1})=0$, 因而对所有的 $\boldsymbol{S}\in E$ 有 $d(\boldsymbol{S})=d(\boldsymbol{I})d(\boldsymbol{S})=0$. 因此现在我们可假设对所有的 $\boldsymbol{S}\in E$ 有 $d(\boldsymbol{S})\neq 0$,用同样的方法可证 $d(\boldsymbol{I})=1$ 以及对所有的 $\boldsymbol{S}\in E$ 有 $d(\boldsymbol{S}^{-1})=d(\boldsymbol{S})^{-1}$.

容易验证

$$\boldsymbol{U}_\lambda\boldsymbol{U}_\mu=\boldsymbol{U}_{\lambda+\mu},\boldsymbol{V}_\lambda\boldsymbol{V}_\mu=\boldsymbol{V}_{\lambda+\mu}$$
$$\boldsymbol{W}^{-1}=-\boldsymbol{W},\boldsymbol{W}^{-1}\boldsymbol{V}_\mu\boldsymbol{W}=\boldsymbol{U}_{-\mu}$$

由此得出

$$d(\boldsymbol{V}_\mu)=d(\boldsymbol{U}_{-\mu})=d(\boldsymbol{U}_\mu)^{-1}$$

还有,对任意 $\rho\neq 0$ 有

$$\boldsymbol{R}_\rho^{-1}\boldsymbol{U}_\lambda\boldsymbol{R}_\rho=\boldsymbol{U}_{\lambda\rho^2}$$

因此 $d(\boldsymbol{U}_{\lambda\rho^2})=d(\boldsymbol{U}_\lambda)$ 以及 $d(\boldsymbol{U}_{\lambda(\rho^2-1)})=1$.

如果 F 含有 3 个以上的元素,那么对某个非零的 $\rho\in F$ 有 $\rho^2-1\neq 0$. 由于当 λ 遍历 F 的所有非零元时, $\lambda(\rho^2-1)$ 也遍历 F 的所有非零元,这就得出对所有的 $\lambda\in F$, 有 $d(\boldsymbol{U}_\lambda)=1$, 因此对所有的 $\mu\in F$, 也有 $d(\boldsymbol{V}_\mu)=1$. 因而对所有的 $\boldsymbol{S}\in E$ 有 $d(\boldsymbol{S})=1$.

如果 F 只含有 2 个元素,那么只可能对所有的 $\boldsymbol{S}\in E$ 有 $d(\boldsymbol{S})=1$. 如果 F 只含有 3 个元素,那么对所有的 $\boldsymbol{S}\in E$ 有 $d(\boldsymbol{S})=\pm 1$. 因此 $d(\boldsymbol{S}^{-1})=d(\boldsymbol{S})$,因而 $d(\boldsymbol{S}^2)=$

1. 由于 $\boldsymbol{U}_2 = \boldsymbol{U}_1^2$ 以及 $\boldsymbol{U}_1 = \boldsymbol{U}_2^{-1}$，这就蕴涵对所有的 $\lambda \in F$ 有 $d(\boldsymbol{U}_\lambda) = 1$，剩下的证明和上面一样.

我们容易把前面的讨论扩展到高维情况上去. 对任意 $i,j \in \{1,\cdots,n\}$，$i \neq j$，设

$$\boldsymbol{U}_{ij}(\lambda) = \boldsymbol{I}_n + \lambda \boldsymbol{E}_{ij}$$

其中 $\boldsymbol{E}_{ij}$ 是一个 $n \times n$ 矩阵，除第 (i,j) 处的元素为 1 外，其余元素都是 0. 设 $SL_n(F)$ 表示所有可表示成有限多个 $\boldsymbol{U}_{ij}(\lambda)$ 形的矩阵之积的矩阵 $\boldsymbol{A} \in M_n$ 的集合. 那么 $SL_n(F)$ 在矩阵的乘法下构成一个群.

如果 $\boldsymbol{A} \in M_n$，并且 $\boldsymbol{A} \neq \boldsymbol{O}$，那么存在 $\boldsymbol{S},\boldsymbol{T} \in SL_n(F)$ 和正整数 $r \leqslant n$ 使得对某个 $\delta \in F$，下式成立

$$\boldsymbol{SAT} = \mathrm{diag}(\underbrace{1,\cdots,1}_{r-1\text{个}},\delta,\underbrace{0,\cdots,0}_{n-r\text{个}})$$

若 $r < n$，则称矩阵 $\boldsymbol{A}$ 是奇异的，而若 $r = n$，则称矩阵 $\boldsymbol{A}$ 是非奇异的. 因此当且仅当矩阵 $\boldsymbol{A} = (\alpha_{jk})$ 的转置 $\boldsymbol{A}^{\mathrm{T}} = (\alpha_{kj})$ 是非奇异的时，它才是非奇异的. 在非奇异的情况下，我们只需在 $\boldsymbol{A}$ 的一边乘以 $SL_n(F)$ 中的一个矩阵即可把它化为形式

$$\boldsymbol{D}_\delta = \mathrm{diag}(\underbrace{1,\cdots,1}_{n-1\text{个}},\delta)$$

由于如果 $\boldsymbol{SAT} = \boldsymbol{D}_\delta$，那么 $\boldsymbol{SA} = \boldsymbol{D}_\delta \boldsymbol{T}^{-1}$，而这蕴涵 $\boldsymbol{SA} = \boldsymbol{S}'\boldsymbol{D}_\delta$，其中 $\boldsymbol{S}' \in SL_n(F)$. 这是因为：

当 $i < j = n$ 时，$\boldsymbol{D}_\delta \boldsymbol{U}_{ij}(\lambda) = \boldsymbol{U}_{ij}(\lambda\delta^{-1})\boldsymbol{D}_\delta$；

当 $j < i = n$ 时，$\boldsymbol{D}_\delta \boldsymbol{U}_{ij}(\lambda) = \boldsymbol{U}_{ij}(\delta\lambda)\boldsymbol{D}_\delta$；

当 $i,j \neq n$，并且 $i \neq j$ 时，$\boldsymbol{D}_\delta \boldsymbol{U}_{ij}(\lambda) = \boldsymbol{U}_{ij}(\lambda)\boldsymbol{D}_\delta$.

像在 $n = 2$ 时一样可以证明如果 $d: SL_n(F) \to F$ 是

一个对所有的 $\boldsymbol{S},\boldsymbol{T}\in SL_n(F)$ 使得 $d(\boldsymbol{ST})=d(\boldsymbol{S})d(\boldsymbol{T})$ 的映射,那么对所有的 $\boldsymbol{S}$ 成立 $d(\boldsymbol{S})=0$ 或者对所有的 $\boldsymbol{S}$ 成立 $d(\boldsymbol{S})=1$.

定理 1　存在唯一的映射 $d:M_n\to F$,使得:

(i) 对所有的 $\boldsymbol{A},\boldsymbol{B}\in M_n$ 有 $d(\boldsymbol{AB})=d(\boldsymbol{A})d(\boldsymbol{B})$;

(ii) 对任意的 $\alpha\in F$,如果 $\boldsymbol{D}_\alpha=\mathrm{diag}(\underbrace{1,\cdots,1}_{n-1个},\alpha)$,那么 $d(\boldsymbol{D}_\alpha)=\alpha$.

证明　我们首先证明唯一性. 由于 $d(\boldsymbol{I})=d(\boldsymbol{D}_1)=1$,以及我们已经说过的结果,故必须有对每个 $\boldsymbol{S}\in SL_n(F)$ 都成立 $d(\boldsymbol{S})=1$. 同时还有,如果

$$\boldsymbol{H}=\mathrm{diag}(\eta_1,\cdots,\eta_{n-1},0)$$

那么,由于 $\boldsymbol{H}=\boldsymbol{D}_0\boldsymbol{H}$,所以 $d(\boldsymbol{H})=0$. 特别地,$d(\boldsymbol{O})=0$. 如果 $\boldsymbol{A}\in M_n$,并且 $\boldsymbol{A}\neq\boldsymbol{O}$,那么存在 $\boldsymbol{S},\boldsymbol{T}\in SL_n(F)$ 使得

$$\boldsymbol{SAT}=\mathrm{diag}(\underbrace{1,\cdots,1}_{r-1个},\delta,\underbrace{1,\cdots,1}_{n-r个})$$

其中 $1\leqslant r\leqslant n$ 并且 $\delta\neq0$. 由此就得出,当 $r<n$,即 $\boldsymbol{A}$ 是奇异的时,$d(\boldsymbol{A})=0$. 当 $r=n$,即 $\boldsymbol{A}$ 是非奇异的时,$\boldsymbol{SAT}=\boldsymbol{D}_\delta$,因此 $d(\boldsymbol{A})=\delta$. 这就证明了唯一性.

下面证明存在性. 对任意 $\boldsymbol{A}=(\alpha_{jk})\in M_n$,定义

$$\det\boldsymbol{A}=\sum_{\sigma\in I_n}(\mathrm{sgn}\,\sigma)\alpha_{1\sigma_1}\alpha_{2\sigma_2}\cdots\alpha_{n\sigma_n}$$

其中,σ 是 $1,2,\cdots,n$ 的一个排列(在上述定义中 σ_i 指在排列 σ 中第 i 个位置上的数,也就是说,把 σ 具体写出来就是 $\sigma=(\sigma_1,\sigma_2,\cdots,\sigma_n)$),根据 σ 是偶排列或是

奇排列,分别取 $\operatorname{sgn}(\sigma)=1$ 或 -1. 求和遍历所有排列的对称群 I_n. 现在我们将导出由此定义而得出的一些推论:

(i) 如果 $\boldsymbol{A}$ 的某一行的所有元素都是0,那么 $\det \boldsymbol{A}=0$.

证明　在 $\det \boldsymbol{A}$ 的表达式中,所有的项都将变成0.

(ii) 如果把 $\boldsymbol{A}$ 的某一行的元素都乘以 λ 所得出的矩阵记为 $\boldsymbol{B}$,那么 $\det \boldsymbol{B}=\lambda \det \boldsymbol{A}$.

证明　这也是显然的,因为 $\det \boldsymbol{A}$ 的每一项都恰含有任意一行的一个元素.

(iii) 如果 $\boldsymbol{A}$ 的两行元素相同,那么 $\det \boldsymbol{A}=0$.

证明　不妨设第一行和第二行的元素相同. 设 τ 是在一个排列中使得任意 $k>2$ 都保持固定,而交换1和2的排列所得的排列,则 τ 是一个奇排列(应该是 τ 的奇偶性与原来的排列相反),而我们可以写

$$\det \boldsymbol{A}=\sum_{\sigma\in A_n}\alpha_{1\sigma_1}\alpha_{2\sigma_2}\cdots\alpha_{n\sigma_n}-\sum_{\sigma\in A_n}\alpha_{1\sigma_{\tau_1}}\alpha_{2\sigma_{\tau_2}}\cdots\alpha_{n\sigma_{\tau_n}}$$

其中 A_n 是由所有偶排列组成的交错群. 在第二个和中

$$\alpha_{1\sigma_{\tau_1}}\alpha_{2\sigma_{\tau_2}}\cdots\alpha_{n\sigma_{\tau_n}}=\alpha_{1\sigma_2}\alpha_{2\sigma_1}\alpha_{3\sigma_3}\cdots\alpha_{n\sigma_n}$$

由于第一行和第二行的元素相同,所以两个和就抵消了.

(iv) 如果把 $\boldsymbol{A}$ 的某一行加上另一行的倍数所得出的矩阵记为 $\boldsymbol{B}$,那么

$$\det \boldsymbol{B}=\det \boldsymbol{A}$$

证明　不妨设 $\boldsymbol{B}$ 是把 $\boldsymbol{A}$ 的第二行的 λ 倍加到第一行所得的矩阵,那么

$$\det \boldsymbol{B} = \sum_{\sigma \in I_n} (\operatorname{sgn} \sigma) \alpha_{1\sigma_1} \alpha_{2\sigma_2} \cdots \alpha_{n\sigma_n} + \lambda \sum_{\sigma \in I_n} (\operatorname{sgn} \sigma) \alpha_{2\sigma_1} \alpha_{2\sigma_2} \cdots \alpha_{n\sigma_n}$$

上面式子中的第一个和是 $\det \boldsymbol{A}$，而第二个和由于是把 $\boldsymbol{A}$ 的第一行换成第二行所得的矩阵的行列式，所以根据(iii) 是0.

(v) 如果 $\boldsymbol{A}$ 是奇异的，那么 $\det \boldsymbol{A} = 0$.

证明 如果 $\boldsymbol{A}$ 是奇异的，那么 $\boldsymbol{A}$ 的某一行是其余行的线性组合. 因此从这一行逐次减去其余的行的一个倍数，就可使这一行变为一个元素都是0的行，根据(i) 可知对这个新的矩阵 $\boldsymbol{B}$，我们有 $\det \boldsymbol{B} = 0$，另外，根据(iv) 我们又有 $\det \boldsymbol{B} = \det \boldsymbol{A}$.

(vi) 如果 $\boldsymbol{A} = \operatorname{diag}(\delta_1, \cdots, \delta_n)$，那么 $\det \boldsymbol{A} = \delta_1 \cdots \delta_n$. 特别地，$\det \boldsymbol{D}_\alpha = \alpha$.

证明 在 $\det \boldsymbol{A}$ 的表达式中，仅有的非零项是其中 σ 为恒同排列的项，而恒同排列是偶排列.

(vii) 对所有的 $\boldsymbol{A}, \boldsymbol{B} \in M_n$ 有 $\det \boldsymbol{AB} = \det \boldsymbol{A} \cdot \det \boldsymbol{B}$.

证明 如果 $\boldsymbol{A}$ 是奇异的，那么 $\boldsymbol{AB}$ 也是奇异的，所以由(v) 得出 $\det \boldsymbol{AB} = 0 = \det \boldsymbol{A} \cdot \det \boldsymbol{B}$. 因此，我们不妨设 $\boldsymbol{A}$ 是非奇异的. 因而存在 $\boldsymbol{S} \in SL_n(F)$ 使得 $\boldsymbol{SA} = \boldsymbol{D}_\delta$，其中 $\delta \in F$. 由于根据 $SL_n(F)$ 的定义，左乘 $\boldsymbol{S}$ 对应于有限多个在(iv) 中所考虑过的算子，所以我们有

$$\det \boldsymbol{A} = \det \boldsymbol{SA} = \det \boldsymbol{D}_\delta$$

而

$$\det \boldsymbol{AB} = \det \boldsymbol{SAB} = \det \boldsymbol{D}_\delta \boldsymbol{B}$$

但是根据(vi)有 $\det \boldsymbol{D}_\delta = \delta$,根据(ii)又有 $\det \boldsymbol{D}_\delta \boldsymbol{B} = \delta \det \boldsymbol{B}$,因此 $\det \boldsymbol{AB} = \det \boldsymbol{A} \cdot \det \boldsymbol{B}$.

这就完成了存在性的证明.

二、Hadamard 矩阵

我们从得出 $\det \boldsymbol{A}^{\mathrm{T}}\boldsymbol{A}$ 的上界开始,其中 $\boldsymbol{A}$ 是一个 $n \times m$ 实矩阵. 如果 $m = n$,那么 $\det \boldsymbol{A}^{\mathrm{T}}\boldsymbol{A} = (\det \boldsymbol{A})^2$,并且关于 $\det \boldsymbol{A}^{\mathrm{T}}\boldsymbol{A}$ 的上界问题就和关于 $|\det \boldsymbol{A}|$ 的上界的 Hadamard 问题是一样的. 然而,就像我们将在下文中看到的那样,我们也对 $m < n$ 的情况感兴趣.

在叙述下面的结果时,我们用 $\|\boldsymbol{v}\|$ 表示向量 $\boldsymbol{v} = (\alpha_1, \cdots, \alpha_n)$ 的 Euclid 模,因此 $\|\boldsymbol{v}\| \geqslant 0$,并且 $\|\boldsymbol{v}\|^2 = \alpha_1^2 + \cdots + \alpha_n^2$. 这个结果的几何意义是给定长度的超平行多面体的体积当它的边互相垂直时达到最大.

性质1　设 $\boldsymbol{A}$ 是一个 $n \times m$ 实矩阵,其各列 $\boldsymbol{v}_1, \cdots, \boldsymbol{v}_m$ 是线性无关的,则

$$\det \boldsymbol{A}^{\mathrm{T}}\boldsymbol{A} \leqslant \prod_{k=1}^{m} \|\boldsymbol{v}_k\|^2$$

等号当且仅当 $\boldsymbol{A}^{\mathrm{T}}\boldsymbol{A}$ 是对角阵时成立.

证明　我们归纳地构造互相正交的向量 $\boldsymbol{w}_1, \cdots, \boldsymbol{w}_m$,使得 $\boldsymbol{w}_k$ 是 $\boldsymbol{v}_1, \cdots, \boldsymbol{v}_k$ 的线性组合,并且 $\boldsymbol{v}_k$ 的系数是 $1(1 \leqslant k \leqslant m)$. 令 $\boldsymbol{w}_1 = \boldsymbol{v}_1$,并设 $\boldsymbol{w}_1, \cdots, \boldsymbol{w}_{k-1}$ 已经确定. 我们令

$$\boldsymbol{w}_k = \boldsymbol{v}_k - \alpha_1 \boldsymbol{w}_1 - \cdots - \alpha_{k-1} \boldsymbol{w}_{k-1}$$

其中 $\alpha_j = [\boldsymbol{v}_k, \boldsymbol{w}_j]$,那么 $[\boldsymbol{w}_k, \boldsymbol{w}_j] = 0, 1 \leqslant j \leqslant k$. 此外,由于 $\boldsymbol{v}_1, \cdots, \boldsymbol{v}_k$ 是线性无关的,所以 $\boldsymbol{w}_k \neq \boldsymbol{0}$.

设$\boldsymbol{B}$是各列为$\boldsymbol{w}_1,\cdots,\boldsymbol{w}_m$的矩阵,那么从它们的构造方法就能得出

$$\boldsymbol{B}^{\mathrm{T}}\boldsymbol{B} = \mathrm{diag}(\delta_1,\cdots,\delta_n)$$

其中$\delta_k = \|\boldsymbol{w}_k\|^2$以及$\boldsymbol{AT} = \boldsymbol{B}$,这里$\boldsymbol{T}$是一个主对角线的元素都是1的上三角矩阵. 由于$\det \boldsymbol{T} = 1$,我们有

$$\det \boldsymbol{A}^{\mathrm{T}}\boldsymbol{A} = \det \boldsymbol{B}^{\mathrm{T}}\boldsymbol{B} = \prod_{k=1}^{m}\|\boldsymbol{w}_k\|^2$$

但是

$$\|\boldsymbol{\nu}_k\|^2 = \|\boldsymbol{w}_k\|^2 + |\alpha_1|^2\|\boldsymbol{w}_1\|^2 + \cdots + |\alpha_{k-1}|^2\|\boldsymbol{w}_{k-1}\|^2$$

所以$\|\boldsymbol{w}_k\|^2 \leqslant \|\boldsymbol{\nu}_k\|^2$,等号当且仅当$\boldsymbol{w}_k = \boldsymbol{\nu}_k$时成立.

推论1 设$\boldsymbol{A} = (\alpha_{jk})$是一个使得对所有的$j,k$都有$|\alpha_{jk}| \leqslant 1$的$n \times m$实矩阵,则

$$\det \boldsymbol{A}^{\mathrm{T}}\boldsymbol{A} \leqslant n^m$$

等号当且仅当对所有的$j,k,\alpha_{jk} = \pm 1$时成立,这时$\boldsymbol{A}^{\mathrm{T}}\boldsymbol{A} = n\boldsymbol{I}_m$.

证明 我们不妨设$\boldsymbol{A}$的各列是线性无关的,因为否则就有$\det \boldsymbol{A}^{\mathrm{T}}\boldsymbol{A} = 0$,结果已成立. 设$\boldsymbol{\nu}_k$是$\boldsymbol{A}$的第$k$列,那么$\|\boldsymbol{\nu}_k\|^2 \leqslant n$,等号仅在$|\alpha_{jk}| = 1(1 \leqslant j \leqslant n)$时成立. 由性质1即可得出结果.

若$n \times m$矩阵$\boldsymbol{A} = (\alpha_{jk})$满足条件:对所有的$j,k$都有$|\alpha_{jk}| = 1$以及$\boldsymbol{A}^{\mathrm{T}}\boldsymbol{A} = n\boldsymbol{I}_m$,则称它为H-矩阵. 若除此之外,还有$m = n$,则称$\boldsymbol{A}$是Hadamard矩阵.

如果$\boldsymbol{A}$是一个$n \times m$的H-矩阵,那么$m \leqslant n$. 此外,如果$\boldsymbol{A}$是一个n阶的Hadamard矩阵,那么对任意

$m < n$,由 $\boldsymbol{A}$ 的前 m 列构成的矩阵是一个 H－矩阵.（H－矩阵和 Hadamard 矩阵之间的这个区别是明显的,但是不是标准的.能否把一个任意的 H－矩阵扩充成一个 Hadamard 矩阵目前还是一个未证明的猜想.）

Hadamard 矩阵 $\boldsymbol{A}$ 的转置 $\boldsymbol{A}^{\mathrm{T}}$ 仍是一个 Hadamard 矩阵,因为 $\boldsymbol{A}^{\mathrm{T}} = n\boldsymbol{A}^{-1}$ 和 $\boldsymbol{A}$ 可交换. 1×1 单位矩阵是一个 Hadamard 矩阵. 2×2 矩阵

$$\begin{pmatrix} 1 & 1 \\ 1 & -1 \end{pmatrix}$$

也是一个 Hadamard 矩阵.

我们有一个相当简单的构造 H－矩阵的方法.设 $\boldsymbol{A} = (\alpha_{jk})$ 是一个 $n \times m$ 矩阵,而 $\boldsymbol{B} = (\beta_{il})$ 是一个 $q \times p$ 矩阵,则元素为 $\alpha_{jk}\beta_{il}$ 的 $nq \times mp$ 矩阵

$$\begin{pmatrix} \alpha_{11}\boldsymbol{B} & \alpha_{12}\boldsymbol{B} & \cdots & \alpha_{1m}\boldsymbol{B} \\ \alpha_{21}\boldsymbol{B} & \alpha_{22}\boldsymbol{B} & \cdots & \alpha_{2m}\boldsymbol{B} \\ \vdots & \vdots & & \vdots \\ \alpha_{n1}\boldsymbol{B} & \alpha_{n2}\boldsymbol{B} & \cdots & \alpha_{nm}\boldsymbol{B} \end{pmatrix}$$

称为 $\boldsymbol{A}$ 和 $\boldsymbol{B}$ 的 Kronecker 积,并用 $\boldsymbol{A} \otimes \boldsymbol{B}$ 表示.容易验证

$$(\boldsymbol{A} \otimes \boldsymbol{B})(\boldsymbol{C} \otimes \boldsymbol{D}) = \boldsymbol{AC} \otimes \boldsymbol{BD}$$

以及

$$(\boldsymbol{A} \otimes \boldsymbol{B})^{\mathrm{T}} = \boldsymbol{A}^{\mathrm{T}} \otimes \boldsymbol{B}^{\mathrm{T}}$$

从这些计算法则直接得出:如果 $\boldsymbol{A}_1$ 是一个 $n_1 \times m_1$ 的 H－矩阵,而 $\boldsymbol{A}_2$ 是一个 $n_2 \times m_2$ 的 H－矩阵,那么 $\boldsymbol{A}_1 \otimes \boldsymbol{A}_2$ 就是一个 $n_1n_2 \times m_1m_2$ 的 H－矩阵.因此,由于存在阶数为 1 和 2 的 Hadamard 矩阵,所以也存在阶数为 2

的任意次幂的 Hadamard 矩阵. Sylvester 于 1867 年就已知道这个结果.

性质 2 设 $\boldsymbol{A}=(\alpha_{jk})$ 是一个 $n\times m$ 的 H－矩阵. 如果 $n>1$,那么 n 是一个偶数,并且 $\boldsymbol{A}$ 的任意两个不同的列恰有 $\frac{n}{2}$ 行的元素相同. 如果 $n>2$,那么 n 可被 4 整除,并且 $\boldsymbol{A}$ 的任意三个不同的列恰有 $\frac{n}{4}$ 行的元素相同.

证明 如果 $j\neq k$,那么

$$\alpha_{1j}\alpha_{1k}+\cdots+\alpha_{nj}\alpha_{nk}=0$$

(上式中的项数 n 必须是偶数,并且 $+1$ 的数目和 -1 的数目各为 $\frac{n}{2}$). 由于当第 j 列和第 k 列在第 i 行的元素相同时 $\alpha_{ij}\alpha_{ik}=1$,否则 $\alpha_{ij}\alpha_{ik}=-1$,因而第 j 列和第 k 列中元素相同的行的数目各是 $\frac{n}{2}$.

如果 j,k,l 不同,那么

$$\sum_{i=1}^{n}(\alpha_{ij}+\alpha_{ik})(\alpha_{ij}+\alpha_{il})=\sum_{i=1}^{n}\alpha_{ij}^{2}=n$$

但是,如果第 j,k 和 l 列在第 i 行的元素都相同,那么 $(\alpha_{ij}+\alpha_{ik})(\alpha_{ij}+\alpha_{il})=4$,否则为 0. 所以第 j,k 和 l 列中元素相同的行的数目恰为 $\frac{n}{4}$.

由此可知,当 $n>2$ 时,Hadamard 矩阵的阶数 n 必须可被 4 整除. 还不知道是否对每个可被 4 整除的 n 都存在阶数为 n 的 Hadamard 矩阵. 然而我们已经知道,对 $n\leqslant 424$ 和一些 n 的无限的族,这一问题的答案是肯

定的. 我们限于注意由 Paley(1933 年) 所构造的一族 Hadamard 矩阵.

下面的引理可由矩阵的乘法法则立即验证.

引理 1　设 $\boldsymbol{C}$ 是主对角线元素为 0,其他元素是 1 或者 -1 并使得

$$\boldsymbol{C}^{\mathrm{T}}\boldsymbol{C} = (n-1)\boldsymbol{I}_n$$

的 $n \times n$ 矩阵,则:

如果 $\boldsymbol{C}$ 是反对称的(即 $\boldsymbol{C}^{\mathrm{T}} = -\boldsymbol{C}$),那么 $\boldsymbol{C}+\boldsymbol{I}$ 是 n 阶 Hadamard 矩阵,而如果 $\boldsymbol{C}$ 是对称的(即 $\boldsymbol{C}^{\mathrm{T}} = \boldsymbol{C}$),那么

$$\begin{pmatrix} \boldsymbol{C}+\boldsymbol{I} & \boldsymbol{C}-\boldsymbol{I} \\ \boldsymbol{C}-\boldsymbol{I} & -\boldsymbol{C}-\boldsymbol{I} \end{pmatrix}$$

是 $2n$ 阶 Hadamard 矩阵.

性质 3　设 q 是一个奇素数的幂,那么存在主对角线元素为 0,其余元素为 1 或 -1 的 $(q+1)\times(q+1)$ 矩阵,使得:

(i) $\boldsymbol{C}^{\mathrm{T}}\boldsymbol{C} = q\boldsymbol{I}_{q+1}$;

(ii) 当 $q \equiv 3 \pmod 4$ 时,$\boldsymbol{C}$ 是反对称的,当 $q \equiv 1 \pmod 4$ 时,$\boldsymbol{C}$ 是对称的.

证明　设 F 是包含 q 个元素的有限域. 由于 q 是奇数,所以 F 的元素不可能都是平方元. 对任意 $a \in F$,令

$$\chi(a) = \begin{cases} 0, & \text{如果 } a = 0 \\ 1, & \text{如果 } a \neq 0\text{,并且 } a = c^2\text{,其中 } c \in F \\ -1, & \text{如果 } a \text{ 不是一个平方元} \end{cases}$$

如果 $q = p$ 是一个素数,那么 F 在模 p 下是一个整数

域,而$\chi(a)=\left(\frac{a}{p}\right)$是 Legendre 符号,如果愿意,下面的证明可以仅限于这种情况.

由于 F 的乘法群是循环群,对所有的 $a,b\in F$,我们有

$$\chi(ab)=\chi(a)\chi(b)$$

由于非零的平方元的数目等于非平方元的数目,所以我们有

$$\sum_{a\in F}\chi(a)=0$$

由此得出对任意 $c\neq 0$,有

$$\begin{aligned}\sum_{b\in F}\chi(b)\chi(b+c)&=\sum_{b\neq 0}\chi(b)^2\chi(1+cb^{-1})\\&=\sum_{x\neq -1}\chi(x)=-1\end{aligned}$$

设 $0=a_0,a_1,\cdots,a_{q-1}$ 是 F 的元素,定义 $q\times q$ 矩阵 $\boldsymbol{Q}=(q_{jk})$ 如下

$$q_{jk}=\chi(a_j-a_k)\quad(0\leqslant j,k<q)$$

因此$\boldsymbol{Q}$是一个主对角线元素都是0,其余元素是 ± 1 的矩阵. 由我们在前面已讲过的内容可知,如果 $\boldsymbol{J}_m$ 表示所有元素都是 1 的 $m\times m$ 矩阵,那么

$$\boldsymbol{QJ}_q=\boldsymbol{O},\boldsymbol{Q}^{\mathrm{T}}\boldsymbol{Q}=q\boldsymbol{I}_q-\boldsymbol{J}_q$$

此外,由于$\chi(-1)=(-1)^{\frac{q-1}{2}}$,所以当 $q\equiv 3\pmod 4$ 时,$\boldsymbol{Q}$ 是反对称的,当 $q\equiv 1\pmod 4$ 时,$\boldsymbol{Q}$ 是对称的. 设 $\boldsymbol{e}_m$ 表示所有元素都是 1 的 $1\times m$ 矩阵,那么矩阵

$$\boldsymbol{C}=\begin{pmatrix}0 & \boldsymbol{e}_q\\ \pm\boldsymbol{e}_q^{\mathrm{T}} & \boldsymbol{Q}\end{pmatrix}$$

就显然满足要求,在上面的矩阵中当 $q\equiv\pm 1\pmod 4$

时,分别取“±”.

合并引理1和性质3我们就得出 Paley 的结果. 对任意奇素数 q, 当 $q\equiv 3(\bmod 4)$ 时, 存在 $q+1$ 阶 Hadamard 矩阵,当 $q\equiv 1(\bmod 4)$ 时,存在 $2(q+1)$ 阶 Hadamard 矩阵. 再应用 Kronecker 积的构造方法就得出当 $n\leqslant 100$ 时,除了 $n=92$,所有 $n\equiv 0(\bmod 4)$ 阶 Hadamard 矩阵的存在性.

92 阶 Hadamard 矩阵是由 Baumert, Golomb 和 Hall(1962 年) 使用计算机搜索和下面的由 Williamson (1944 年) 提出的方法发现的. 设 $\boldsymbol{A},\boldsymbol{B},\boldsymbol{C},\boldsymbol{D}$ 是元素都是 ± 1 的 d 阶矩阵,并设

$$\boldsymbol{H}=\begin{pmatrix} \boldsymbol{A} & \boldsymbol{B} & \boldsymbol{C} & \boldsymbol{D} \\ -\boldsymbol{D} & \boldsymbol{A} & -\boldsymbol{C} & \boldsymbol{B} \\ -\boldsymbol{B} & \boldsymbol{C} & \boldsymbol{A} & -\boldsymbol{D} \\ -\boldsymbol{C} & -\boldsymbol{B} & \boldsymbol{D} & \boldsymbol{A} \end{pmatrix}$$

即 $\boldsymbol{H}=\boldsymbol{A}\otimes\boldsymbol{I}+\boldsymbol{B}\otimes\boldsymbol{i}+\boldsymbol{C}\otimes\boldsymbol{j}+\boldsymbol{D}\otimes\boldsymbol{k}$,其中 $\boldsymbol{I},\boldsymbol{i},\boldsymbol{j},\boldsymbol{k}$ 是表示单位四元数的 4×4 矩阵. 可以立即验证如果

$$\boldsymbol{A}^{\mathrm{T}}\boldsymbol{A}+\boldsymbol{B}^{\mathrm{T}}\boldsymbol{B}+\boldsymbol{C}^{\mathrm{T}}\boldsymbol{C}+\boldsymbol{D}^{\mathrm{T}}\boldsymbol{D}=4d\boldsymbol{I}_d$$

以及当矩阵 $\boldsymbol{A},\boldsymbol{B},\boldsymbol{C},\boldsymbol{D}$ 中每两个不同的矩阵 $\boldsymbol{X},\boldsymbol{Y}$ 满足

$$\boldsymbol{X}^{\mathrm{T}}\boldsymbol{Y}=\boldsymbol{Y}^{\mathrm{T}}\boldsymbol{X}$$

时,$\boldsymbol{H}$ 是 $n=4d$ 阶的 Hadamard 矩阵. 第一个 Williamson 型 Hadamard 矩阵的无穷类是由 Turyn(1972 年) 发现的,他证明了所有 $n=2(q+1)$ 阶的 Hadamard 矩阵的存在性,其中 q 是一个素数的幂并且 $q\equiv 1(\bmod 4)$. Lagrange 的关于任何正整数都是四个平方数的和的定理表明:可能存在所有 $n\equiv 0(\bmod 4)$ 阶的 Williamson

型 Hadamard 矩阵.

Paley 构造的 Hadamard 矩阵都是对称的或者是形如$\boldsymbol{I}+\boldsymbol{S}$的矩阵,其中$\boldsymbol{S}$是一个反对称阵. 事实上,一直有人猜测对所有的$n\equiv 0(\bmod 4)$,这两种类型的 Hadamard 矩阵都存在.

三、称量的艺术

Yates(1935 年)注意到称量一定数量的物体时,如果适当地将它们组合之后再称量就可以用比分别称量它们更少的步骤来得出结果. 为确定起见,我们假定有m个对象,其质量通过称量$n\geqslant m$次确定. 整个实验过程可用一个$n\times m$矩阵$\boldsymbol{A}=(\alpha_{jk})$来表示. 若第$k$个对象的质量不通过第$j$次称量就可确定,则令$\alpha_{jk}=0$;若需要通过第$j$次称量才能确定,则根据将砝码放在天平的左边还是右边而分别令$\alpha_{jk}=1$或-1. 各个质量$\xi_1,\cdots,\xi_m$和称量的观察结果$\eta_1,\cdots,\eta_n$由线性方程组

$$\boldsymbol{y}=\boldsymbol{A}\boldsymbol{x} \tag{$*$}$$

所联系,其中$\boldsymbol{x}=(\xi_1,\cdots,\xi_m)^{\mathrm{T}}\in\mathbf{R}^m$,而$\boldsymbol{y}=(\eta_1,\cdots,\eta_n)^{\mathrm{T}}\in\mathbf{R}^n$.

我们将仍用$\|\boldsymbol{y}\|$表示向量$\boldsymbol{y}$的 Euclid 模. 设$\bar{\boldsymbol{x}}\in\mathbf{R}^m$是正确的质量的坐标,并设$\bar{\boldsymbol{y}}=\boldsymbol{A}\bar{\boldsymbol{x}}$. 如果由于测量的误差,$\boldsymbol{y}$的值的范围限制在$\mathbf{R}^n$的球$\|\boldsymbol{y}-\bar{\boldsymbol{y}}\|\leqslant\rho$中,那么$\boldsymbol{x}$的值的范围就限制在$\mathbf{R}^m$的椭球$(\boldsymbol{x}-\bar{\boldsymbol{x}})^{\mathrm{T}}\boldsymbol{A}^{\mathrm{T}}\boldsymbol{A}(\boldsymbol{x}-\bar{\boldsymbol{x}})\leqslant\rho^2$中. 由于椭球的体积是$[\det(\boldsymbol{A}^{\mathrm{T}}\boldsymbol{A})]^{-\frac{1}{2}}$乘以球的体积,所以我们可以认为所求的矩阵$\boldsymbol{A}$的最佳选择是使得椭球的体积最小. 因而

问题就化成在所有 $n \times m$ 矩阵 $\boldsymbol{A} = (\alpha_{jk})$ 中求出使得 $\det(\boldsymbol{A}^{\mathrm{T}}\boldsymbol{A})$ 最大的矩阵,其中 $\alpha_{jk} \in \{0, -1, 1\}$.

用前文中的与此不同的求最佳矩阵的方法可以导出一个与此类似的结果. 如果 $n > m$,那么线性方程组(*) 是超定的. 然而,对方程组(*) 的解的最小平方估计是

$$\boldsymbol{x} = \boldsymbol{C}\boldsymbol{y}$$

其中 $\boldsymbol{C} = (\boldsymbol{A}^{\mathrm{T}}\boldsymbol{A})^{-1}\boldsymbol{A}^{\mathrm{T}}$. 设 $\boldsymbol{a}_k \in \mathbf{R}^n$ 是 $\boldsymbol{A}$ 的第 k 列,并设 $\boldsymbol{c}_k^{\mathrm{T}} \in \mathbf{R}^n$,$\boldsymbol{c}_k$ 是 $\boldsymbol{C}$ 的第 k 行. 由于 $\boldsymbol{C}\boldsymbol{A} = \boldsymbol{I}_m$,所以我们有 $\boldsymbol{c}_k \cdot \boldsymbol{a}_k = 1$. 如果 $\boldsymbol{y}$ 的值的范围限制在 $\mathbf{R}^n$ 的球 $\| \boldsymbol{y} - \overline{\boldsymbol{y}} \| \leqslant \rho$ 中,那么 ξ_k 的值的范围就限制在实区间 $| \xi_k - \overline{\xi}_k | \leqslant \rho \| \boldsymbol{c}_k \|$ 中. 因此我们可认为对于质量 ξ_k 来说,所求矩阵 $\boldsymbol{A}$ 的最佳选择是使得 $\| \boldsymbol{c}_k \|$ 最小.

由 Schwarz 不等式可知

$$\| \boldsymbol{c}_k \| \, \| \boldsymbol{a}_k \| \geqslant 1$$

等号仅在 $\boldsymbol{c}_k^{\mathrm{T}}$ 和 $\boldsymbol{a}_k$ 成比例时成立. 同时由于 $\boldsymbol{A}$ 的元素的绝对值至多是 1,所以还有 $\| \boldsymbol{a}_k \| \leqslant \sqrt{n}$. 因而 $\| \boldsymbol{c}_k \| \geqslant \frac{1}{\sqrt{n}}$,等号当且仅当所有的 $\boldsymbol{a}_k$ 的绝对值都是 1,并且 $\boldsymbol{c}_k^{\mathrm{T}} = \frac{\boldsymbol{a}_k}{n}$ 时成立. 由此得出,所求矩阵的最佳选择是使得 $\xi_1, \cdots, \xi_m$ 中的每个数据的测量都达到最优,这时 $\boldsymbol{A}$ 的所有元素的绝对值都是 1,并且 $\boldsymbol{A}^{\mathrm{T}}\boldsymbol{A} = n\boldsymbol{I}_m$. 此外,在这种情况下,方程组(*) 的解的最小平方估计就是 $\boldsymbol{x} = \frac{\boldsymbol{A}^{\mathrm{T}}\boldsymbol{y}}{n}$. 这样每个个体的质量就可通过对测量值加减再除以 n 后

得出.

例如,对 $m = 3$ 和 $n = 4$,我们可取

$$A = \begin{pmatrix} + & + & + \\ + & + & - \\ - & + & + \\ + & - & + \end{pmatrix}$$

其中"+"和"-"分别代表1和-1,这时$A^{\mathrm{T}}A = 4I_3$. 通过适当设计称量程序,可以通过两次称量而得出每个个体的质量.

下面的结果表明,如果我们希望在所有元素为0,1或-1的$n \times m$矩阵A中求出使得$\det(A^{\mathrm{T}}A)$最大的矩阵,那么实际上我们只要把注意力限于元素为1或-1的矩阵即可.

性质4 设$\alpha < \beta$都是实数,用I表示所有$n \times m$矩阵$A = (\alpha_{jk})$的集合,其中对所有的j,k有$\alpha \leqslant \alpha_{jk} \leqslant \beta$. 那么存在一个$n \times m$矩阵$M = (\mu_{jk})$,使得对所有的$j,k$有$\mu_{jk} \in \{\alpha,\beta\}$,并且

$$\det M^{\mathrm{T}}M = \max_{A \in I} \det A^{\mathrm{T}}A$$

证明 对任意$n \times m$实矩阵A,对称矩阵$A^{\mathrm{T}}A$或者是正定的,这时$\det A^{\mathrm{T}}A > 0$,或者是半正定的,这时$\det A^{\mathrm{T}}A = 0$. 由于如果对每个$A \in I$,都有$\det A^{\mathrm{T}}A = 0$,那么结果是显然的,所以我们可设存在某个$A \in I$使得$\det A^{\mathrm{T}}A > 0$. 这蕴涵$m \leqslant n$. 把矩阵A分块为

$$A = (\boldsymbol{\nu} \quad B)$$

其中$\boldsymbol{\nu}$是A的第一列,而B是去掉第一列后剩下的矩阵. 那么

$$\boldsymbol{A}^{\mathrm{T}}\boldsymbol{A} = \begin{pmatrix} \boldsymbol{\nu}^{\mathrm{T}}\boldsymbol{\nu} & \boldsymbol{\nu}^{\mathrm{T}}\boldsymbol{B} \\ \boldsymbol{B}^{\mathrm{T}}\boldsymbol{\nu} & \boldsymbol{B}^{\mathrm{T}}\boldsymbol{B} \end{pmatrix}$$

其中 $\boldsymbol{B}^{\mathrm{T}}\boldsymbol{B}$ 也是正定的对称矩阵. 用

$$\begin{pmatrix} \boldsymbol{I} & -\boldsymbol{\nu}^{\mathrm{T}}\boldsymbol{B}(\boldsymbol{B}^{\mathrm{T}}\boldsymbol{B})^{-1} \\ \boldsymbol{O} & \boldsymbol{I} \end{pmatrix}$$

左乘 $\boldsymbol{A}^{\mathrm{T}}\boldsymbol{A}$ 并取行列式就看出

$$\det \boldsymbol{A}^{\mathrm{T}}\boldsymbol{A} = f(\boldsymbol{\nu})\det \boldsymbol{B}^{\mathrm{T}}\boldsymbol{B}$$

其中

$$f(\boldsymbol{\nu}) = \boldsymbol{\nu}^{\mathrm{T}}\boldsymbol{\nu} - \boldsymbol{\nu}^{\mathrm{T}}\boldsymbol{B}(\boldsymbol{B}^{\mathrm{T}}\boldsymbol{B})^{-1}\boldsymbol{B}^{\mathrm{T}}\boldsymbol{\nu}$$

我们可以把 $f(\boldsymbol{\nu})$ 写成 $f(\boldsymbol{\nu}) = \boldsymbol{\nu}^{\mathrm{T}}\boldsymbol{Q}\boldsymbol{\nu}$ 的形式,其中

$$\boldsymbol{Q} = \boldsymbol{I} - \boldsymbol{P}, \boldsymbol{P} = \boldsymbol{B}(\boldsymbol{B}^{\mathrm{T}}\boldsymbol{B})^{-1}\boldsymbol{B}^{\mathrm{T}}$$

从 $\boldsymbol{P}^{\mathrm{T}} = \boldsymbol{P} = \boldsymbol{P}^2$ 我们得出 $\boldsymbol{Q}^{\mathrm{T}} = \boldsymbol{Q} = \boldsymbol{Q}^2$. 因此 $\boldsymbol{Q} = \boldsymbol{Q}^{\mathrm{T}}\boldsymbol{Q}$ 是半正定的对称矩阵.

设 $\boldsymbol{\nu} = \theta\boldsymbol{\nu}_1 + (1-\theta)\boldsymbol{\nu}_2$,其中 $\boldsymbol{\nu}_1$ 和 $\boldsymbol{\nu}_2$ 是两个固定的向量,而 $\theta \in \mathbf{R}$. 那么 $f(\boldsymbol{\nu})$ 是一个关于 θ 的二次多项式 $q(\theta)$,由于 $\boldsymbol{Q}$ 是半正定的,所以其首项系数

$$\boldsymbol{\nu}_1^{\mathrm{T}}\boldsymbol{Q}\boldsymbol{\nu}_1 - \boldsymbol{\nu}_2^{\mathrm{T}}\boldsymbol{Q}\boldsymbol{\nu}_1 - \boldsymbol{\nu}_1^{\mathrm{T}}\boldsymbol{Q}\boldsymbol{\nu}_2 + \boldsymbol{\nu}_2^{\mathrm{T}}\boldsymbol{Q}\boldsymbol{\nu}_2$$

是非负的. 这就得出在区间[0,1]中 $q(\theta)$ 在端点达到最大值.

设

$$\mu = \sup_{\boldsymbol{A} \in I} \det \boldsymbol{A}^{\mathrm{T}}\boldsymbol{A}$$

由于 $\det \boldsymbol{A}^{\mathrm{T}}\boldsymbol{A}$ 是含 mn 个变元 α_{jk} 的连续函数,并且可以把 I 看成是 $\mathbf{R}^{mn}$ 中的紧致集合,所以 μ 是有限的并且存在一个矩阵 $\boldsymbol{A} \in I$ 使得 $\det \boldsymbol{A}^{\mathrm{T}}\boldsymbol{A} = \mu$. 对矩阵 $\boldsymbol{A}$ 反复进行前面的论证,我们就可用一个每一列的第一个元素都是 α 或 β 并仍使得 $\det \boldsymbol{A}^{\mathrm{T}}\boldsymbol{A} = \mu$ 的矩阵代替它. 这些

操作都不会影响由 $\boldsymbol{A}$ 的后 $m-1$ 列所构成的子矩阵 $\boldsymbol{B}$. 交换 $\boldsymbol{A}$ 的第一列和第 k 列并不改变 $\det \boldsymbol{A}^{\mathrm{T}}\boldsymbol{A}$ 的值,因此我们可通过这一方法对 $\boldsymbol{A}$ 的每一列进行上面的论证.

性质 4 的证明实际上说明如果 C 是 $\mathbf{R}^n$ 中的紧致子集,并且如果 I 是所有的列都在 C 中的 $n \times m$ 矩阵 $\boldsymbol{A}$ 的集合,那么就存在一个 $n \times m$ 矩阵 $\boldsymbol{M}$ 使得它的列都是 C 的最值点,并且使得

$$\det \boldsymbol{M}^{\mathrm{T}}\boldsymbol{M} = \sup_{A \in I} \det \boldsymbol{A}^{\mathrm{T}}\boldsymbol{A}$$

这里,称 $\boldsymbol{e} \in C$ 是 C 的最值点的意思是不存在不同的 $\boldsymbol{\nu}_1, \boldsymbol{\nu}_2 \in C$ 以及 $\theta \in (0,1)$ 使得 $\boldsymbol{e} = \theta\boldsymbol{\nu}_1 + (1-\theta)\boldsymbol{\nu}_2$.

前面我们讨论了用天平测量的问题,如果用弹簧秤代替天平,那么我们可类似地导出在所有的 $n \times m$ 矩阵 $\boldsymbol{B} = (\beta_{jk})$ 中求使得 $\det(\boldsymbol{B}^{\mathrm{T}}\boldsymbol{B})$ 最大的矩阵的问题,其中根据第 k 个对象是否涉及第 j 次称量而令 $\beta_{jk} = 1$ 或 0. 其他类型的测量也可导致同样的问题. 光谱仪可把电磁波排列成光线束,其中每一束光线都有特定的波长. 代替分别测量每一束光线的强度,我们可以通过关闭或打开管子的开口而测量各种组合的光线束的强度.

现在我们将证明在 $m = n$ 的情况下,天平测量问题和弹簧秤测量问题本质上是等价的.

引理2 设 $\boldsymbol{B}$ 是一个 $(n-1) \times (n-1)$ 的0 - 1矩阵(即元素都是 0 或 1 的矩阵),而 $\boldsymbol{J}_n$ 是一个元素都是 1 的 $n \times n$ 矩阵,则

$$\boldsymbol{A} = \boldsymbol{J}_n - \begin{pmatrix} \boldsymbol{O} & \boldsymbol{O} \\ \boldsymbol{O} & 2\boldsymbol{B} \end{pmatrix}$$

就是一个元素都是 1 或 -1 的 $n\times n$ 矩阵,它的第一行和第一列都是 1,并且

$$\det \boldsymbol{A} = (-2)^{n-1}\det \boldsymbol{B}$$

此外,每个第一行和第一列都是 1 的元素都是 1 或 -1 的 $n\times n$ 矩阵都可表示成上述形式.

证明 由于

$$\boldsymbol{A} = \begin{pmatrix} 1 & \boldsymbol{0} \\ \boldsymbol{e}_{n-1}^{\mathrm{T}} & \boldsymbol{I} \end{pmatrix}\begin{pmatrix} 1 & \boldsymbol{e}_{n-1} \\ \boldsymbol{0} & -2\boldsymbol{B} \end{pmatrix}$$

其中 $\boldsymbol{e}_m$ 表示含 m 个 1 的行向量,矩阵 $\boldsymbol{A}$ 的行列式是 $(-2)^{n-1}\det \boldsymbol{B}$. 引理的其余部分是显然的.

设 $\boldsymbol{A}$ 是一个元素都是 ±1 的 $n\times n$ 矩阵,通过用 -1 乘以 $\boldsymbol{A}$ 的行和列,我们可使得它的第一行和第一列的元素都是 1 而不改变 $\det \boldsymbol{A}^{\mathrm{T}}\boldsymbol{A}$ 的值. 由引理 2 得出如果 α_n 是所有 $n\times n$ 矩阵 $\boldsymbol{A} = (\alpha_{jk})$ 中 $\det \boldsymbol{A}^{\mathrm{T}}\boldsymbol{A}$ 的最大值,其中,$\alpha_{jk}\in\{-1,1\}$,β_{n-1} 是所有 $(n-1)\times(n-1)$ 矩阵 $\boldsymbol{B} = (\beta_{jk})$ 中 $\det \boldsymbol{B}^{\mathrm{T}}\boldsymbol{B}$ 的最大值,其中,$\beta_{jk}\in\{0,1\}$,则

$$\alpha_n = 2^{n-2}\beta_{n-1}$$

四、一些矩阵论的知识

在直角坐标系中,一个中心在原点的椭圆具有形式

$$Q = ax^2 + 2bxy + cy^2 = \text{const} \tag{1}$$

这不是通常所用的椭圆的方程,因为其中包含交叉项 $2bxy$. 然而我们可以通过旋转坐标轴使得椭圆的长轴位于一条坐标轴上,而短轴位于另一条坐标轴上,从而使得它的方程具有通常的形式. 由于椭圆的长轴和短轴互相垂直,因此这是可以做到的. 我们现在可以

解析地验证这些断言.

用矩阵的符号可把 Q 表示成 $Q = \boldsymbol{z}^{\mathrm{T}}\boldsymbol{A}\boldsymbol{z}$,其中

$$\boldsymbol{A} = \begin{pmatrix} a & b \\ b & c \end{pmatrix}, \boldsymbol{z} = \begin{pmatrix} x \\ y \end{pmatrix}$$

坐标的旋转的坐标变换可表示成 $\boldsymbol{z} = \boldsymbol{T}\boldsymbol{w}$,其中

$$\boldsymbol{T} = \begin{pmatrix} \cos\theta & -\sin\theta \\ \sin\theta & \cos\theta \end{pmatrix}, \boldsymbol{w} = \begin{pmatrix} u \\ v \end{pmatrix}$$

因此 $Q = \boldsymbol{w}^{\mathrm{T}}\boldsymbol{B}\boldsymbol{w}$,其中 $\boldsymbol{B} = \boldsymbol{T}^{\mathrm{T}}\boldsymbol{A}\boldsymbol{T}$,具体写出来就是

$$\boldsymbol{B} = \begin{pmatrix} a' & b' \\ b' & c' \end{pmatrix}$$

其中

$$b' = b(\cos^2\theta - \sin^2\theta) - (a-c)\sin\theta\cos\theta$$

为消去交叉项,我们选取 θ 使得

$$b(\cos^2\theta - \sin^2\theta) = (a-c)\sin\theta\cos\theta$$

即

$$2b\cos 2\theta = (a-c)\sin 2\theta$$

或者

$$\tan 2\theta = \frac{2b}{a-c}$$

上面的论证也适用于双曲线,因为可以用(1) 型的方程表示它. 我们现在想把这些结果推广到高维. 一个中心在原点的 n 维的锥可表示成

$$Q = \boldsymbol{x}^{\mathrm{T}}\boldsymbol{A}\boldsymbol{x} = \mathrm{const}$$

其中 $\boldsymbol{x} \in \mathbf{R}^n$,而 $\boldsymbol{A}$ 是一个 $n \times n$ 的实对称矩阵. 旋转的类似物是一个保持 Euclid 长度,即使得 $\boldsymbol{x}^{\mathrm{T}}\boldsymbol{x} = \boldsymbol{y}^{\mathrm{T}}\boldsymbol{y}$ 的线性变换 $\boldsymbol{x} = \boldsymbol{T}\boldsymbol{y}$. 当且仅当

$$T^{T}T = I$$

时才能使所有的 $y \in \mathbf{R}^n$ 满足这一要求. 满足上述要求的矩阵 T 称为正交矩阵. 因此,如果 T 是正交的,那么就有 $T^{T} = T^{-1}$ 以及 $TT^{T} = I$. 有关实对称矩阵的一个最重要的事实是主轴变换:

定理2 设 H 是一个 $n \times n$ 的实对称矩阵,那么存在一个 $n \times n$ 的实正交矩阵 U 使得 $U^{T}HU$ 是对角阵

$$U^{T}HU = \mathrm{diag}(\lambda_1, \cdots, \lambda_n)$$

证明 设 $f: \mathbf{R}^n \to \mathbf{R}$ 是由

$$f(x) = x^{T}Hx$$

定义的映射. 由于 f 是连续的以及单位球面 $S = \{x \in \mathbf{R}^n : x^{T}x = 1\}$ 是紧致的,所以

$$\lambda_1 = \sup_{x \in S} f(x)$$

是有限的,并且存在 $x_1 \in S$ 使得 $f(x_1) = \lambda_1$. 我们要证明如果 $x \in S$ 并且 $x^{T}x_1 = 0$,那么也有 $x^{T}Hx_1 = 0$.

对任意实数 ε,设

$$y = \frac{x_1 + \varepsilon x}{\sqrt{1 + \varepsilon^2}}$$

那么,由于 x 和 x_1 是互相正交的单位向量,所以也有 $y \in S$. 因此,由 x_1 的定义就得出 $f(y) \leqslant f(x_1)$. 但是,由于 H 是对称的,所以 $x_1^{T}Hx = x^{T}Hx_1$,因而

$$f(y) = \frac{f(x_1) + 2\varepsilon x^{T}Hx_1 + \varepsilon^2 f(x)}{1 + \varepsilon^2}$$

由此得出,当 ε 充分小时就有

$$f(y) = f(x_1) + 2\varepsilon x^{T}Hx_1 + O(\varepsilon^2)$$

如果 $x^{T}Hx_1 \neq 0$,那么可选择 ε 和它的符号相同,这就

得出$f(\boldsymbol{y})>f(\boldsymbol{x}_1)$,矛盾.

在单位球面S和超平面$\boldsymbol{x}^{\mathrm{T}}\boldsymbol{x}_1=0$的交上,函数$f$在某个点$\boldsymbol{x}_2$处达到最大值$\lambda_2$. 类似地,在单位球面$S$和所有使得$\boldsymbol{x}^{\mathrm{T}}\boldsymbol{x}_1=\boldsymbol{x}^{\mathrm{T}}\boldsymbol{x}_2=0$的$\boldsymbol{x}$构成的$n-2$维子空间的交上,$f$在某个点$\boldsymbol{x}_3$处达到最大值$\lambda_3$. 继续这一过程,我们得到$n$个互相正交的单位向量$\boldsymbol{x}_1,\cdots,\boldsymbol{x}_n$. 此外,如果$j>k$,那么就有$\boldsymbol{x}_j^{\mathrm{T}}\boldsymbol{H}\boldsymbol{x}_k=0$. 因此这就得出以$\boldsymbol{x}_1,\cdots,\boldsymbol{x}_n$为列的矩阵$\boldsymbol{U}$满足所有的要求.

应该注意,如果$\boldsymbol{U}$是任意使得$\boldsymbol{U}^{\mathrm{T}}\boldsymbol{H}\boldsymbol{U}=\mathrm{diag}(\lambda_1,\cdots,\lambda_n)$的矩阵,那么,由于$\boldsymbol{U}\boldsymbol{U}^{\mathrm{T}}=\boldsymbol{I}$,所以$\boldsymbol{U}$的列$\boldsymbol{x}_1,\cdots,\boldsymbol{x}_n$满足

$$\boldsymbol{H}\boldsymbol{x}_j=\lambda_j\boldsymbol{x}_j\quad(1\leqslant j\leqslant n)$$

所以λ_j是$\boldsymbol{H}$的特征值,而$\boldsymbol{x}_j(1\leqslant j\leqslant n)$是对应的特征向量.

若实对称矩阵$\boldsymbol{A}$对每个实向量$\boldsymbol{x}\neq\boldsymbol{0}$都有$\boldsymbol{x}^{\mathrm{T}}\boldsymbol{A}\boldsymbol{x}>0$,则称$\boldsymbol{A}$是正定的(若实对称矩阵$\boldsymbol{A}$对每个实向量$\boldsymbol{x}\neq\boldsymbol{0}$都有$\boldsymbol{x}^{\mathrm{T}}\boldsymbol{A}\boldsymbol{x}\geqslant 0$,并且存在某个$\boldsymbol{x}\neq\boldsymbol{0}$使得等号成立,则称$\boldsymbol{A}$是半正定的). 从定理2得出:如果在两个实对称矩阵之中有一个是正定的,那么可使得它们同时对角化,尽管变换矩阵不一定是正交的.

定理3 设$\boldsymbol{A}$和$\boldsymbol{B}$都是$n\times n$实对称矩阵,其中$\boldsymbol{A}$是正定的,那么就存在一个非奇异的$n\times n$实矩阵$\boldsymbol{T}$使得$\boldsymbol{T}^{\mathrm{T}}\boldsymbol{A}\boldsymbol{T}$和$\boldsymbol{T}^{\mathrm{T}}\boldsymbol{B}\boldsymbol{T}$都是对角矩阵.

证明 由定理2可知,存在一个实正交矩阵$\boldsymbol{U}$使得$\boldsymbol{U}^{\mathrm{T}}\boldsymbol{A}\boldsymbol{U}$是对角矩阵

$$\boldsymbol{U}^{\mathrm{T}}\boldsymbol{A}\boldsymbol{U}=\mathrm{diag}(\lambda_1,\cdots,\lambda_n)$$

此外，由于 $\boldsymbol{A}$ 是正定的，所以 $\lambda_j > 0(1 \leqslant j \leqslant n)$. 因此存在 $\delta_j > 0$ 使得 $\delta_j^2 = \dfrac{1}{\lambda_j}$. 令 $\boldsymbol{D} = \mathrm{diag}(\delta_1, \cdots, \delta_n)$，那么 $\boldsymbol{D}^{\mathrm{T}}\boldsymbol{U}^{\mathrm{T}}\boldsymbol{A}\boldsymbol{U}\boldsymbol{D} = \boldsymbol{I}$. 再由定理 2，存在实正交矩阵 $\boldsymbol{V}$ 使得

$$\boldsymbol{V}^{\mathrm{T}}(\boldsymbol{D}^{\mathrm{T}}\boldsymbol{U}^{\mathrm{T}}\boldsymbol{B}\boldsymbol{U}\boldsymbol{D})\boldsymbol{V} = \mathrm{diag}(\mu_1, \cdots, \mu_n)$$

是对角矩阵，因此我们可取 $\boldsymbol{T} = \boldsymbol{U}\boldsymbol{D}\boldsymbol{V}$.

现在我们将用定理 3 得出 Fischer(1908 年) 不等式.

性质 5　设 $\boldsymbol{G}$ 是一个正定的实对称矩阵，并且

$$\boldsymbol{G} = \begin{pmatrix} \boldsymbol{G}_1 & \boldsymbol{G}_2 \\ \boldsymbol{G}_2^{\mathrm{T}} & \boldsymbol{G}_3 \end{pmatrix}$$

是 $\boldsymbol{G}$ 的任意分块，则

$$\det \boldsymbol{G} \leqslant \det \boldsymbol{G}_1 \cdot \det \boldsymbol{G}_3$$

等号当且仅当 $\boldsymbol{G}_2 = \boldsymbol{O}$ 时成立.

证明　由于 $\boldsymbol{G}_3$ 也是正定的，所以我们可以把 $\boldsymbol{G}$ 表示成 $\boldsymbol{G} = \boldsymbol{Q}^{\mathrm{T}}\boldsymbol{H}\boldsymbol{Q}$ 的形式，其中

$$\boldsymbol{Q} = \begin{pmatrix} \boldsymbol{I} & \boldsymbol{O} \\ \boldsymbol{G}_3^{-1}\boldsymbol{G}_2^{\mathrm{T}} & \boldsymbol{I} \end{pmatrix}, \boldsymbol{H} = \begin{pmatrix} \boldsymbol{H}_1 & \boldsymbol{O} \\ \boldsymbol{O} & \boldsymbol{G}_3 \end{pmatrix}$$

$\boldsymbol{H}_1 = \boldsymbol{G}_1 - \boldsymbol{G}_2\boldsymbol{G}_3^{-1}\boldsymbol{G}_2^{\mathrm{T}}$. 由于 $\det \boldsymbol{G} = \det \boldsymbol{H}_1 \cdot \det \boldsymbol{G}_3$，我们只需证明 $\det \boldsymbol{H}_1 \leqslant \det \boldsymbol{G}_1$，并且等号仅在 $\boldsymbol{G}_2 = \boldsymbol{O}$ 时成立即可.

由于 $\boldsymbol{G}_1$ 和 $\boldsymbol{H}_1$ 都是正定的，因而可将它们同时对角化. 设 $\boldsymbol{G}_1$ 和 $\boldsymbol{H}_1$ 都是 $p \times p$ 矩阵，则存在非奇异的实矩阵 $\boldsymbol{T}$ 使得

$$\boldsymbol{T}^{\mathrm{T}}\boldsymbol{G}_1\boldsymbol{T} = \mathrm{diag}(\gamma_1, \cdots, \gamma_p), \boldsymbol{T}^{\mathrm{T}}\boldsymbol{H}_1\boldsymbol{T} = \mathrm{diag}(\delta_1, \cdots, \delta_p)$$

由于 $\boldsymbol{G}_3^{-1}$ 是正定的，所以对任意 $\boldsymbol{u} \in \mathbf{R}^p$ 有

$$u^{T}(G_1 - H_1)u \geqslant 0$$

因而 $\gamma_i \geqslant \delta_i > 0(i = 1,\cdots,p)$ 以及 $\det H_1 \leqslant \det G_1$. 此外,当且仅当 $\gamma_i = \delta_i(i = 1,\cdots,p)$ 时,$\det H_1 = \det G_1$.

因此,如果 $\det H_1 = \det G_1$,那么 $H_1 = G_1$,即 $G_2G_3^{-1}G_2^{T} = O$. 因而对任意向量 $w = G_2^{T}v$,有 $w^{T}G_3^{-1}w = 0$. 由于 $w^{T}G_3^{-1}w = 0$ 蕴涵 $w = 0$,这就得出 $G_2 = O$.

从性质 5 用归纳法就得出:

性质6 设 $G = (\gamma_{jk})$ 是一个正定的实对称 $m \times m$ 矩阵,则

$$\det G \leqslant \gamma_{11}\gamma_{22}\cdots\gamma_{mm}$$

等号当且仅当 G 是对角阵时成立.

对矩阵 $G = A^{T}A$ 应用性质 6,我们又重新得出性质 1. 性质 6 可以用以下方式精确化:

性质7 设 $G = (\gamma_{jk})$ 是一个正定的实对称 $m \times m$ 矩阵,则

$$\det G \leqslant \gamma_{11}\prod_{j=2}^{m}\left(\gamma_{jj} - \frac{\gamma_{1j}^2}{\gamma_{11}}\right)$$

等号当且仅当 $\gamma_{jk} = \dfrac{\gamma_{1j}\gamma_{1k}}{\gamma_{11}}(2 \leqslant j \leqslant k \leqslant m)$ 时成立.

证明 设

$$T = \begin{pmatrix} 1 & g \\ 0 & I_{m-1} \end{pmatrix}$$

其中 $g = \left(-\dfrac{\gamma_{12}}{\gamma_{11}},\cdots,-\dfrac{\gamma_{1m}}{\gamma_{11}}\right)$,则

$$T^{T}GT = \begin{pmatrix} \gamma_{11} & 0 \\ 0 & H \end{pmatrix}$$

其中 $\boldsymbol{H}=(\eta_{jk})$ 是一个正定的实对称 $(m-1)\times(m-1)$ 矩阵,其元素为

$$\eta_{jk}=\gamma_{jk}-\frac{\gamma_{1j}\gamma_{1k}}{\gamma_{11}}\quad(2\leqslant j\leqslant k\leqslant m)$$

由于 $\det \boldsymbol{G}=\gamma_{11}\det \boldsymbol{H}$,所以从性质 6 即得出所要的结果.

现在我们将导出某些关于正定矩阵的行列式的进一步的结果,在下文中,我们将把这些结果应用到 Hadamard 问题上. 我们仍用 $\boldsymbol{J}_m$ 表示元素全部是 1 的 $m\times m$ 矩阵.

引理 3　设 $\boldsymbol{C}=\alpha\boldsymbol{I}_m+\beta\boldsymbol{J}_m$,其中,$\alpha,\beta$ 是实数,则

$$\det \boldsymbol{C}=\alpha^{m-1}(\alpha+m\beta)$$

此外,如果 $\det \boldsymbol{C}\neq 0$,那么 $\boldsymbol{C}^{-1}=\gamma\boldsymbol{I}_m+\delta\boldsymbol{J}_m$,其中 $\delta=-\dfrac{\beta}{\alpha(\alpha+m\beta)},\gamma=\dfrac{1}{\alpha}$.

证明　从 $\boldsymbol{C}$ 的除第一行之外的各行减去第一行,然后把所得矩阵的除第一列之外的其余各列都加到第一列上. 这些操作不改变 $\boldsymbol{C}$ 的行列式并把 $\boldsymbol{C}$ 变成一个上三角阵,其主对角线上有一个 $\alpha+m\beta$(在第一行第一列处)和 $m-1$ 个 α(在主对角线的其余位置上). 所以 $\det \boldsymbol{C}=\alpha^{m-1}(\alpha+m\beta)$.

如果 $\det \boldsymbol{C}\neq 0$,并且 γ,δ 是引理 3 中定义的数,那么从 $\boldsymbol{J}_m^2=m\boldsymbol{J}_m$ 直接得出

$$(\alpha\boldsymbol{I}_m+\beta\boldsymbol{J}_m)(\gamma\boldsymbol{I}_m+\delta\boldsymbol{J}_m)=\boldsymbol{I}_m$$

性质 8　设 $\boldsymbol{G}=(\gamma_{jk})$ 是一个正定的实对称 $m\times m$ 矩阵,其中对所有的 j,k 有 $|\gamma_{jk}|\geqslant\beta$,对所有的 j 有

$\gamma_{jj} \leqslant \alpha + \beta, \alpha, \beta > 0$,则

$$\det \boldsymbol{G} \leqslant \alpha^{m-1}(\alpha + m\beta) \tag{2}$$

此外,等号成立的充分必要条件是存在一个主对角线元素为 ± 1 的对角阵 $\boldsymbol{D}$ 使得

$$\boldsymbol{DGD} = \alpha \boldsymbol{I}_m + \beta \boldsymbol{J}_m$$

证明 当 $m = 1$ 时,结果是平凡的,而当 $m = 2$ 时,结果是容易验证的,所以我们假设 $m > 2$ 并对 m 采用归纳法. 用 $\boldsymbol{DGD}$ 代替 $\boldsymbol{D}$,其中 $\boldsymbol{D}$ 是一个对角阵,其主对角线元素的绝对值等于 1. 我们可假设当 $2 \leqslant k \leqslant m$ 时,$\gamma_{1k} \geqslant 0$. 由于行列式是行的线性函数,我们有

$$\det \boldsymbol{G} = (\gamma_{11} - \beta)\delta + \eta$$

其中 δ 是从 $\boldsymbol{G}$ 中去掉第一行和第一列所得的矩阵的行列式,而 η 是把 $\boldsymbol{G}$ 中的 γ_{11} 换成 β 所得的矩阵 $\boldsymbol{H}$ 的行列式. 根据归纳法假设有

$$\delta \leqslant \alpha^{m-2}(\alpha + m\beta - \beta)$$

如果 $\eta \leqslant 0$,那么由此得出

$$\det \boldsymbol{G} \leqslant \alpha^{m-1}(\alpha + m\beta - \beta) < \alpha^{m-1}(\alpha + m\beta)$$

因此我们现在假设 $\eta > 0$. 这时 $\boldsymbol{H}$ 是正定的,因为去掉它的第一行和第一列后所得的子矩阵是正定的. 由性质 7,有

$$\eta \leqslant \beta \prod_{j=2}^{m} \left(\gamma_{jj} - \frac{\gamma_{1j}^2}{\beta} \right)$$

等号仅在 $\gamma_{jk} = \dfrac{\gamma_{1j}\gamma_{1k}}{\beta}(2 \leqslant j \leqslant k \leqslant m)$ 时成立. 因此 $\eta \leqslant \alpha^{m-1}\beta$,等号仅在 $\gamma_{jj} = \alpha + \beta(2 \leqslant j \leqslant m)$,并且 $\gamma_{jk} = \beta(1 \leqslant j \leqslant k \leqslant m)$ 时成立. 所以

$$\det \boldsymbol{G} \leqslant \alpha^{m-1}(\alpha + m\beta - \beta) + \alpha^{m-1}\beta = \alpha^{m-1}(\alpha + m\beta)$$

等号仅在 $\boldsymbol{G} = \alpha\boldsymbol{I}_m + \beta\boldsymbol{J}_m$ 时成立.

若一个方形矩阵的每一行和每一列都只有一个非零元素,且这个非零元素是 1 或 −1,则称这个矩阵是符号排列矩阵.

性质9　设 $\boldsymbol{G} = (\gamma_{jk})$ 是一个正定的实对称 $m \times m$ 矩阵,其中对所有的 j 有 $\gamma_{jj} \leqslant \alpha + \beta$,并且对所有的 j,k 有 $\gamma_{jk} = 0$ 或 $|\gamma_{jk}| \geqslant \beta, \alpha, \beta > 0$.

此外,我们还假设 $\gamma_{ik} = \gamma_{jk} = 0$ 蕴涵 $\gamma_{ij} \neq 0$,则:

当 m 是偶数时

$$\det \boldsymbol{G} \leqslant \alpha^{m-2}\left(\alpha + \frac{m\beta}{2}\right)^2 \tag{3}$$

当 m 是奇数时

$$\det \boldsymbol{G} \leqslant \alpha^{m-2}\left(\alpha + \frac{(m+1)\beta}{2}\right)\left(\alpha + \frac{(m-1)\beta}{2}\right) \tag{3'}$$

此外,等号成立的充分必要条件是存在一个符号排列矩阵 $\boldsymbol{U}$ 使得

$$\boldsymbol{U}^{\mathrm{T}}\boldsymbol{G}\boldsymbol{U} = \begin{pmatrix} \boldsymbol{L} & \boldsymbol{O} \\ \boldsymbol{O} & \boldsymbol{M} \end{pmatrix}$$

其中,当 m 是偶数时

$$\boldsymbol{L} = \boldsymbol{M} = \alpha\boldsymbol{I}_{\frac{m}{2}} + \beta\boldsymbol{J}_{\frac{m}{2}}$$

当 m 是奇数时

$$\boldsymbol{L} = \alpha\boldsymbol{I}_{\frac{m+1}{2}} + \beta\boldsymbol{J}_{\frac{m+1}{2}}, \boldsymbol{M} = \alpha\boldsymbol{I}_{\frac{m-1}{2}} + \beta\boldsymbol{J}_{\frac{m-1}{2}}$$

证明　我们将建立如下不等式

$$\det \boldsymbol{G} \leqslant \alpha^{m-2}(\alpha + s\beta)(\alpha + m\beta - s\beta) \tag{4}$$

其中 s 是 $\boldsymbol{G}$ 的各行中零元素的最大数目. 由于把式(4)

的右边看成实变量 s 的函数时，它在 $s = \frac{m}{2}$ 处达到最大值，并且它在 $s = \frac{m+1}{2}$ 处和在 $s = \frac{m-1}{2}$ 处有相同的函数值，因此式(4) 蕴涵式(3) 和(3′). 式(4) 也蕴涵，如果在式(3) 和(3′) 中等号成立，那么当 m 是偶数时，$s = \frac{m}{2}$，而当 m 是奇数时，$s = \frac{m+1}{2}$ 或者 $s = \frac{m-1}{2}$.

当 $m = 2$ 时，容易验证式(4) 成立. 所以我们假设 $m > 2$ 并使用归纳法. 通过在行和列中施行同样的符号排列，我们不妨设在 $\boldsymbol{G}$ 的第二行中零元素的数目最大，并用 s 表示这个数目. 我们还可假设第一行中非零元素都是正的并都在零元素之前. 经过这些操作后，性质中关于 $\boldsymbol{G}$ 的所有假设仍都满足.

设 s' 是第一行中零元素的数目，并设 $r' = m - s'$. 就像在性质 8 的证明中那样，我们有

$$\det \boldsymbol{G} = (\gamma_{11} - \beta)\delta + \eta$$

其中 δ 是从 $\boldsymbol{G}$ 中去掉第一行和第一列所得的矩阵的行列式，而 η 是把 $\boldsymbol{G}$ 中的 γ_{11} 换成 β 所得的矩阵 $\boldsymbol{H}$ 的行列式. 我们把 $\boldsymbol{H}$ 分块如下

$$\boldsymbol{H} = \begin{pmatrix} \boldsymbol{L} & \boldsymbol{N} \\ \boldsymbol{N}^{\mathrm{T}} & \boldsymbol{M} \end{pmatrix}$$

其中，$\boldsymbol{L}$，$\boldsymbol{M}$ 分别是阶数为 r'，s' 的方形矩阵. 我们这样构造这些矩阵，使得 $\boldsymbol{L}$ 的第一行的所有元素都是正的，并且 $\boldsymbol{N}$ 的第一行的所有元素都是 0. 此外，根据假设可知，$\boldsymbol{M}$ 的所有元素的绝对值都大于或等于 β.

根据归纳法假设，有

$$\delta \leqslant \alpha^{m-3}(\alpha + s\beta)(\alpha + m\beta - \beta - s\beta)$$

如果$\eta \leqslant 0$,那么我们将立即得出带有严格不等号的式(4)成立. 因此现在我们假设$\eta > 0$. 这时$\boldsymbol{H}$是正定的,因而由 Fischer 不等式(性质5)有$\eta \leqslant \det \boldsymbol{L} \cdot \det \boldsymbol{M}$,等号仅在$\boldsymbol{N} = \boldsymbol{O}$时成立. 而由性质7,有

$$\det \boldsymbol{L} \leqslant \beta \prod_{j=2}^{r'} \left(\gamma_{jj} - \frac{\gamma_{1j}^2}{\beta} \right) \leqslant \alpha^{r'-1}\beta$$

由性质8有

$$\det \boldsymbol{M} \leqslant \alpha^{s'-1}(\alpha + s'\beta)$$

所以

$$\det \boldsymbol{G} \leqslant \alpha^{m-2}(\alpha + s\beta)(\alpha + m\beta - \beta - s\beta) + \alpha^{m-2}\beta(\alpha + s'\beta)$$

由于$s' \leqslant s$,这就得出式(4)成立,并且当$s' \neq s$时严格的不等式成立.

如果在式(4)中等号成立,那么由性质7,$\boldsymbol{L} = \alpha \boldsymbol{I}_{r'} + \beta \boldsymbol{J}_{r'}$,而由性质8,经过正规化后,我们也必须有$\boldsymbol{M} = \alpha \boldsymbol{I}_{s'} + \beta \boldsymbol{J}_{s'}$.

五、对 Hadamard 行列式问题的应用

我们已经看见,如果$\boldsymbol{A}$是一个元素都是± 1的$n \times m$实矩阵,那么$\det(\boldsymbol{A}^{\mathrm{T}}\boldsymbol{A}) \leqslant n^m$,并且在$n > 2$而且不能被4整除时严格的不等式成立. 这就产生了一个问题,在这种情况下,$\det(\boldsymbol{A}^{\mathrm{T}}\boldsymbol{A})$的最大值是什么?在下文中,我们将应用前面的结果对这个问题给出某些解答. 我们首先考虑n是奇数的情况.

性质10　设$\boldsymbol{A} = (\alpha_{jk})$是一个$n \times m$矩阵,其中对所有的$j,k$,$\alpha_{jk} = \pm 1$,如果$n$是奇数,那么

$$\det(A^{\mathrm{T}}A) \leqslant (n-1)^{m-1}(n-1+m)$$

此外,等号当且仅当 $n \equiv 1 \pmod 4$ 时成立,并且,通过改变 A 的某些列的符号后,有

$$A^{\mathrm{T}}A = (n-1)I_m + J_m$$

证明 我们可设 $\det(A^{\mathrm{T}}A) \neq 0$,因而 $m \leqslant n$. 这时 $A^{\mathrm{T}}A = G = (\gamma_{jk})$ 是正定的实对称矩阵. 对所有的 j, k 有

$$\gamma_{jk} = \alpha_{1j}\alpha_{1k} + \cdots + \alpha_{nj}\alpha_{nk}$$

是一个整数,并且 $\gamma_{jj} = n$. 此外,对所有的 j,k,γ_{jk} 作为奇数个 ± 1 的和是一个奇数. 因此,矩阵 G 满足性质 8 的假设,并且在其中 $\alpha = n-1, \beta = 1$. 现在除了关于当等号成立时,我们必须有 $n \equiv 1 \pmod 4$ 的注记,其余的所有结论都可从性质 8 得出.

但是,如果 $G = (n-1)I_m + J_m$,那么当 $j \neq k$ 时 $\gamma_{jk} = 1$. 现在用性质 2 证明中的论述就得出 A 的任意两个不同的列中,恰有 $\frac{n+1}{2}$ 行的元素相同以及 A 的任意三个不同的列中,恰有 $\frac{n+3}{4}$ 行的元素相同,由此就得出 $n \equiv 1 \pmod 4$.

即使当 $n \equiv 1 \pmod 4$ 时也不能保证性质 10 中的上界被达到. 然而,可以把问题归结为当 $m \neq n$ 时 H-矩阵的存在性. 为此我们假设 $m \leqslant n-1$ 以及存在一个 $(n-1) \times m$ 的 H-矩阵 B. 令

$$A = \begin{pmatrix} B \\ e_m \end{pmatrix}$$

其中 $\boldsymbol{e}_m$ 仍然表示含 m 个 1 的行向量,那么

$$\boldsymbol{A}^{\mathrm{T}}\boldsymbol{A} = (n-1)\boldsymbol{I}_m + \boldsymbol{J}_m$$

另外,如果 $m = n$,那么性质 10 中的等号仅在非常严格的限制条件下才能成立. 由于这时

$$(\det \boldsymbol{A})^2 = \det \boldsymbol{A}^{\mathrm{T}}\boldsymbol{A} = (n-1)^{n-1}(2n-1)$$

并且由于 n 是奇数,这就得出 $2n-1$ 是一个整数的平方. 是否当 $m = n$ 以及 $2n-1$ 是一个整数的平方时,性质 10 的上界总能达到目前还是一个尚未解决的公开问题. 然而,只要极值矩阵是存在的,我们就可以相当精确地刻画它的特征:

性质 11　设 $\boldsymbol{A} = (\alpha_{jk})$ 是一个 $n \times n$ 矩阵,其中 $n > 1$ 是一个奇数,并且对所有的 j,k 有 $\alpha_{jk} = \pm 1$,则

$$\det \boldsymbol{A}^{\mathrm{T}}\boldsymbol{A} \leqslant (n-1)^{n-1}(2n-1)$$

此外,如果等号成立,那么 $n \equiv 1 \pmod 4$,$2n-1 = s^2$,其中 s 是一个整数. 还有,在改变 $\boldsymbol{A}$ 的某些行和列的符号后,矩阵 $\boldsymbol{A}$ 必须满足

$$\boldsymbol{A}^{\mathrm{T}}\boldsymbol{A} = (n-1)\boldsymbol{I}_n + \boldsymbol{J}_n, \boldsymbol{A}\boldsymbol{J}_n = s\boldsymbol{J}_n$$

证明　由性质 10 和前面的注记,只需证明如果存在一个使得

$$\boldsymbol{A}^{\mathrm{T}}\boldsymbol{A} = (n-1)\boldsymbol{I}_n + \boldsymbol{J}_n$$

成立的矩阵 $\boldsymbol{A}$,那么通过改变 $\boldsymbol{A}$ 的某些行和列的符号后,我们就可以保证 $\boldsymbol{A}\boldsymbol{J}_n = s\boldsymbol{J}_n$ 也成立.

由于 $\det(\boldsymbol{A}\boldsymbol{A}^{\mathrm{T}}) = \det(\boldsymbol{A}^{\mathrm{T}}\boldsymbol{A})$,从性质 10 就得出存在一个对角矩阵 $\boldsymbol{D}$,使得 $\boldsymbol{D}^2 = \boldsymbol{I}_n$ 以及

$$\boldsymbol{D}\boldsymbol{A}\boldsymbol{A}^{\mathrm{T}}\boldsymbol{D} = (n-1)\boldsymbol{I}_n + \boldsymbol{J}_n = \boldsymbol{A}^{\mathrm{T}}\boldsymbol{A}$$

把 $\boldsymbol{A}$ 换成 $\boldsymbol{D}\boldsymbol{A}$ 我们得出 $\boldsymbol{A}\boldsymbol{A}^{\mathrm{T}} = \boldsymbol{A}^{\mathrm{T}}\boldsymbol{A}$,因而 $\boldsymbol{A}$ 可以和 $\boldsymbol{A}^{\mathrm{T}}$

交换,从而也可和 $\boldsymbol{J}_n$ 交换. 因此 $\boldsymbol{A}$ 的行和列必须有同样的和 s,并且 $\boldsymbol{A}\boldsymbol{J}_n = s\boldsymbol{J}_n = \boldsymbol{A}^{\mathrm{T}}\boldsymbol{J}_n$,此外,由于

$$s^2\boldsymbol{J}_n = s\boldsymbol{A}^{\mathrm{T}}\boldsymbol{J}_n = \boldsymbol{A}^{\mathrm{T}}\boldsymbol{A}\boldsymbol{J}_n = (2n-1)\boldsymbol{J}_n$$

所以 $2n-1 = s^2$.

当 $n \equiv 3(\mathrm{mod}\ 4)$ 时,$\det(\boldsymbol{A}^{\mathrm{T}}\boldsymbol{A})$ 的最大值是什么仍然是一个谜. 现在我们考虑剩下的情况,即 n 是偶数但是不能被 4 整除的情况.

性质 12 设 $\boldsymbol{A} = (\alpha_{jk})$ 是一个 $n \times m$ 矩阵,其中 $2 \leqslant m \leqslant n$,对所有的 j,k,$\alpha_{jk} = \pm 1$. 如果 $n \equiv 2(\mathrm{mod}\ 4)$,并且 $n > 2$,那么当 m 是偶数时

$$\det(\boldsymbol{A}^{\mathrm{T}}\boldsymbol{A}) \leqslant (n-2)^{m-2}(n-2+m)^2$$

当 m 是奇数时

$$\det(\boldsymbol{A}^{\mathrm{T}}\boldsymbol{A}) \leqslant (n-2)^{m-2}(n-1+m)(n-3+m)$$

此外,等号成立的充分必要条件是存在一个符号排列矩阵 $\boldsymbol{U}$ 使得

$$\boldsymbol{U}^{\mathrm{T}}\boldsymbol{A}^{\mathrm{T}}\boldsymbol{A}\boldsymbol{U} = \begin{pmatrix} \boldsymbol{L} & \boldsymbol{O} \\ \boldsymbol{O} & \boldsymbol{M} \end{pmatrix}$$

其中,当 m 是偶数时

$$\boldsymbol{L} = \boldsymbol{M} = (n-2)\boldsymbol{I}_{\frac{m}{2}} + 2\boldsymbol{J}_{\frac{m}{2}}$$

当 m 是奇数时

$$\boldsymbol{L} = (n-2)\boldsymbol{I}_{\frac{m+1}{2}} + 2\boldsymbol{J}_{\frac{m+1}{2}}, \boldsymbol{M} = (n-2)\boldsymbol{I}_{\frac{m-1}{2}} + 2\boldsymbol{J}_{\frac{m-1}{2}}$$

证明 我们只需证明 $\boldsymbol{G} = \boldsymbol{A}^{\mathrm{T}}\boldsymbol{A}$ 满足性质 9 的假设,其中 $\alpha = n-2$,$\beta = 2$. 我们当然有 $\gamma_{jj} = n$. 此外,由于 n 是偶数,以及

$$\gamma_{jk} = \alpha_{1j}\alpha_{1k} + \cdots + \alpha_{nj}\alpha_{nk}$$

所以所有的 γ_{jk} 都是偶数. 因此,如果 $\gamma_{jk} \neq 0$,那么 $|\gamma_{jk}| \geqslant$

2. 最后,如果 j,k,l 都是不同的,并且 $\gamma_{jl}=\gamma_{kl}=0$,那么

$$\sum_{i=1}^{n}(\alpha_{ij}+\alpha_{ik})(\alpha_{ij}+\alpha_{il})=n+\gamma_{jk}$$

由于 $n\equiv 2(\bmod 4)$,这就得出也有 $\gamma_{jk}\equiv 2(\bmod 4)$,因而 $\gamma_{jk}\neq 0$.

我们仍然无法保证性质 12 中的上界可以达到. 然而,当 $m\neq n,n-1$ 时,我们可以把问题归结为 H - 矩阵的存在性. 由于,如果假设 $m\leqslant n-2$ 以及存在一个 $(n-2)\times m$ 的 H - 矩阵 $\boldsymbol{B}$,那么可令

$$\boldsymbol{A}=\begin{pmatrix}\boldsymbol{B}\\ \boldsymbol{C}\end{pmatrix}$$

其中

$$\boldsymbol{C}=\begin{pmatrix}\boldsymbol{e}_r & \boldsymbol{e}_s\\ \boldsymbol{e}_r & -\boldsymbol{e}_s\end{pmatrix}$$

以及 $r+s=m$,于是就有

$$\boldsymbol{A}^{\mathrm{T}}\boldsymbol{A}=\begin{pmatrix}(n-2)\boldsymbol{I}_r+2\boldsymbol{J}_r & \boldsymbol{O}\\ \boldsymbol{O} & (n-2)\boldsymbol{I}_s+2\boldsymbol{J}_s\end{pmatrix}$$

因而当 m 是偶数时,只要取 $r=s=\frac{m}{2}$ 就可达到性质 12 中的上界,而当 m 是奇数时,只要取 $r=\frac{m+1}{2}$,$s=\frac{m-1}{2}$ 就可达到性质 12 中的上界.

现在设 $m=n$ 以及

$$\boldsymbol{A}^{\mathrm{T}}\boldsymbol{A}=\begin{pmatrix}\boldsymbol{L} & \boldsymbol{O}\\ \boldsymbol{O} & \boldsymbol{L}\end{pmatrix}$$

其中 $\boldsymbol{L}=(n-2)\boldsymbol{I}_{\frac{n}{2}}+2\boldsymbol{J}_{\frac{n}{2}}$. 设 $\boldsymbol{B}$ 是从 $\boldsymbol{A}$ 中去掉最后一

列所得的子矩阵,则

$$\boldsymbol{B}^{\mathrm{T}}\boldsymbol{B}=\begin{pmatrix}\boldsymbol{L} & \boldsymbol{O}\\ \boldsymbol{O} & \boldsymbol{M}\end{pmatrix}$$

其中$\boldsymbol{M}=(n-2)\boldsymbol{I}_{\frac{n}{2}-1}+2\boldsymbol{J}_{\frac{n}{2}-1}$. 因此,如果当$m=n$时,性质 12 中的上界可以达到,那么当$m=n-1$时,它也可以达到. 此外,由于

$$\det(\boldsymbol{A}\boldsymbol{A}^{\mathrm{T}})=\det(\boldsymbol{A}^{\mathrm{T}}\boldsymbol{A})$$

从性质 12 就得出存在符号排列矩阵 $\boldsymbol{U}$ 使得

$$\boldsymbol{U}\boldsymbol{A}\boldsymbol{A}^{\mathrm{T}}\boldsymbol{U}^{\mathrm{T}}=\boldsymbol{A}^{\mathrm{T}}\boldsymbol{A}$$

把 $\boldsymbol{A}$ 换成 $\boldsymbol{U}\boldsymbol{A}$ 我们得出 $\boldsymbol{A}\boldsymbol{A}^{\mathrm{T}}=\boldsymbol{A}^{\mathrm{T}}\boldsymbol{A}$. 因而 $\boldsymbol{A}$ 和 $\boldsymbol{A}^{\mathrm{T}}$ 可交换. 设 $\boldsymbol{A}$ 可表示为以下分块矩阵

$$\boldsymbol{A}=\begin{pmatrix}\boldsymbol{X} & \boldsymbol{Y}\\ \boldsymbol{Z} & \boldsymbol{W}\end{pmatrix}$$

其中的块是阶数为$\frac{n}{2}$ 的方阵,那么就得出 $\boldsymbol{X},\boldsymbol{Y},\boldsymbol{Z},\boldsymbol{W}$ 都可和 $\boldsymbol{L}$ 相交换. 这表示 $\boldsymbol{X}$ 的任何一行或任何一列都有相同的和x. 类似地,$\boldsymbol{Y},\boldsymbol{Z},\boldsymbol{W}$ 的任何一行或任何一列也都有相同的和,我们分别用 y,z,w 来表示这些和. 通过把 $\boldsymbol{A}$ 换成

$$\begin{pmatrix}\boldsymbol{I}_{\frac{n}{2}} & \boldsymbol{O}\\ \boldsymbol{O} & \pm\boldsymbol{I}_{\frac{n}{2}}\end{pmatrix}\boldsymbol{A}\begin{pmatrix}\pm\boldsymbol{I}_{\frac{n}{2}} & \boldsymbol{O}\\ \boldsymbol{O} & \pm\boldsymbol{I}_{\frac{n}{2}}\end{pmatrix}$$

我们可设 $x,y,w\geqslant 0$. 我们有

$$\boldsymbol{X}^{\mathrm{T}}\boldsymbol{X}+\boldsymbol{Z}^{\mathrm{T}}\boldsymbol{Z}=\boldsymbol{Y}^{\mathrm{T}}\boldsymbol{Y}+\boldsymbol{W}^{\mathrm{T}}\boldsymbol{W}=\boldsymbol{L},\boldsymbol{X}^{\mathrm{T}}\boldsymbol{Y}+\boldsymbol{Z}^{\mathrm{T}}\boldsymbol{W}=\boldsymbol{O}$$

和

$$\boldsymbol{X}\boldsymbol{X}^{\mathrm{T}}+\boldsymbol{Y}\boldsymbol{Y}^{\mathrm{T}}=\boldsymbol{Z}\boldsymbol{Z}^{\mathrm{T}}+\boldsymbol{W}\boldsymbol{W}^{\mathrm{T}}=\boldsymbol{L},\boldsymbol{X}\boldsymbol{Z}^{\mathrm{T}}+\boldsymbol{Y}\boldsymbol{W}^{\mathrm{T}}=\boldsymbol{O}$$

用 $\boldsymbol{J}$ 右乘,我们得出

$$x^2+z^2=y^2+w^2=2n-2,xy+zw=0$$

和

$$x^2+y^2=z^2+w^2=2n-2,xz+yw=0$$

把上面两式相加就得出 $x^2=w^2$，因此 $x=w$. 所以 $z^2=y^2$. 由于 $xy+zw=0$，所以 $z=-y$.

特别地，这说明性质12中的上界当 $m=n\equiv 2(\mathrm{mod}\ 4)$ 时可以达到，那么 $2n-2=x^2+y^2$，其中 x,y 都是整数. 当且仅当对每个使得 $p\equiv 3(\mathrm{mod}\ 4)$，且 p 的可整除 $n-1$ 的最高次幂是偶数时，上述表达式才可能成立. 因此，当 $m=n=22$ 时，性质12中的上界不可能达到. 另外，当 $m=n=6$ 时，$2n-2=10=9+1$，而只要取 $\boldsymbol{W}=\boldsymbol{X}=\boldsymbol{J}_3$ 以及 $\boldsymbol{Z}=-\boldsymbol{Y}=2\boldsymbol{I}_3-\boldsymbol{J}_3$ 就可以得出极值矩阵 $\boldsymbol{A}$.

当 $m=n$ 并且 $2n-2$ 是平方和时，是否性质12中的上界一定能达到目前还是一个未解决的公开问题. 我们也不知道，如果极值矩阵存在，那么是否总能取 $\boldsymbol{W}=\boldsymbol{X}$ 和 $\boldsymbol{Z}=-\boldsymbol{Y}$.

第 三 编

Hadamard 矩阵的性质

Hadamard 矩阵的若干性质及应用①

第4章

通化师范学院(今长白山大学)数学系的李武明教授 2004 年利用 $2^n \times 2^n$ Hadamard 矩阵,引入 n - 量子比特 Hadamard 门,可用于讨论量子计算中的有关问题.

一、引言与注记

Hadamard 矩阵在光谱学、编码理论及量子计算[1] 等方面均有应用. 本章考察 Hadamard 矩阵的有关性质,并用于讨论量子计算中的有关问题. 本章论及的 Hadamard 矩阵特指由 Sylvester 方法构造的 2^n 阶的矩阵[2],可具体表述如下

$$\boldsymbol{H}_{2^n} = \begin{pmatrix} \boldsymbol{H}_{2^{n-1}} & \boldsymbol{H}_{2^{n-1}} \\ \boldsymbol{H}_{2^{n-1}} & -\boldsymbol{H}_{2^{n-1}} \end{pmatrix} \quad (n \in \mathbf{Z}_+)$$

$$\boldsymbol{H}_1 = (1) \tag{1}$$

当 $n > 1$ 时,可由矩阵的张量积将式(1)定义为

① 本章摘编自《商丘师范学院学报》,2004,20(2):61-62,68.

$$\boldsymbol{H}_{2^n} = \boldsymbol{H}_2 \leftarrow \boldsymbol{H}_{2^{n-1}} \tag{2}$$

关注 Hadamard 矩阵的如下性质

$$\boldsymbol{H}_{2^n}^2 = 2^n \boldsymbol{I}_{2^n} \tag{3}$$

定义

$$\boldsymbol{W}_2 = \frac{1}{\sqrt{2}}\boldsymbol{H}_2, \boldsymbol{W}_{2^n} = \boldsymbol{W}_2 \leftarrow \boldsymbol{W}_{2^{n-1}} \quad (1 < n \in \mathbf{Z}) \tag{4}$$

则有

$$\boldsymbol{W}_{2^n}^2 = \boldsymbol{I}_{2^n}, |\det \boldsymbol{W}_{2^n}| = 1 \tag{5}$$

$\boldsymbol{W}_{2^n}$ 作为 2^n 阶的幺正矩阵,可用于表述 n - 量子比特量子逻辑门(下文详述).

二、Hadamard 矩阵的性质

引理 1　令 h_{ij} 为 $\boldsymbol{H}_{2^n}$ 中第 i 行第 j 列的元素,$i_{n-1}\cdots i_1 i_0$ 与 $j_{n-1}\cdots j_1 j_0$ 分别为 $i-1$ 与 $j-1$ 的 n 位二进制表示. 令 $\sigma_{ij} = \sum_{k=0}^{n-1} i_k j_k$,则有

$$h_{ij} = (-1)^{\sigma_{ij}}$$

证明　用数学归纳法证明. 当 $n = 1$ 时,$\sigma_{11} = \sigma_{12} = \sigma_{21} = 0, \sigma_{22} = 1 \Rightarrow h_{11} = h_{12} = h_{21} = 1, h_{22} = -1$,结论成立. 假定当 $n = k$ 时结论成立,则当 $n = k + 1$ 时,参照式(1),令

$$\boldsymbol{H}_{2^{k+1}} = \begin{pmatrix} \boldsymbol{H}_{2^k} & \boldsymbol{H}_{2^k} \\ \boldsymbol{H}_{2^k} & -\boldsymbol{H}_{2^k} \end{pmatrix} = \begin{pmatrix} \boldsymbol{H}_{2^k}^{11} & \boldsymbol{H}_{2^k}^{12} \\ \boldsymbol{H}_{2^k}^{21} & -\boldsymbol{H}_{2^k}^{22} \end{pmatrix}$$

对于上式,当 $1 \leqslant i,j \leqslant k$ 时,由归纳假定可知,结论成立,即结论对子块 $\boldsymbol{H}_{2^k}^{11}$ 中的元素成立;在子块 $\boldsymbol{H}_{2^k}^{12}$ 中,其第 i 行第 j 列元素恰为矩阵 $\boldsymbol{H}_{2^{k+1}}$ 中第 i 行第 $2^k + j$ 列元

素，设 i 与 j 对应的 k 位二进制数依次为 $i_{k-1}\cdots i_1 i_0$ 及 $j_{k-1}\cdots j_1 j_0$，则 i 及 2^k+j 对应的 $k+1$ 位二进制数依次为 $0i_{k-1}\cdots i_1 i_0$ 及 $1j_{k-1}\cdots j_1 j_0$，故有

$$\sigma_{i,2^k+j} = 0 \cdot 1 + \sum_{t=0}^{k-1} i_t j_t = \sigma_{ij}$$

可知结论对子块 $\boldsymbol{H}_{2^k}^{12}$ 中的元素成立；同理，结论对子块 $\boldsymbol{H}_{2^k}^{21}$ 中的元素也成立；子块 $\boldsymbol{H}_{2^n}^{22}$ 中第 i 行第 j 列元素为矩阵 $\boldsymbol{H}_{2^{k+1}}$ 中第 2^k+i 行第 2^k+j 列元素，故有

$$\sigma_{2^k+i,2^k+j} = 1 \cdot 1 + \sigma_{ij}$$

可知子块 $\boldsymbol{H}_{2^k}^{22}$ 中第 i 行第 j 列元素为子块 $\boldsymbol{H}_{2^k}^{11}$ 中对应元素的相反数，即结论对子块 $\boldsymbol{H}_{2^k}^{22}$ 中的元素也成立.

为了由 Hadamard 矩阵表示相关量子逻辑门，我们先给出量子比特的相关概念. 1－量子比特态空间为二维 Hilbert 空间，其基态可由 Dirac 符号表示为 $|0\rangle$，$|1\rangle$，相应的矩阵表示为

$$|0\rangle = \begin{pmatrix}1\\0\end{pmatrix}, |1\rangle = \begin{pmatrix}0\\1\end{pmatrix} \tag{6}$$

1－量子比特的一般态为二维 Hilbert 空间中的单位向量，可表示为

$$a_0|0\rangle + a_1|1\rangle \tag{7}$$

其中 a_0, a_1 为复数，$|a_0|^2+|a_1|^2=1$.

n－量子比特态空间为 2^n 维的 Hilbert 空间，基态为 $|x_0x_1\cdots x_{n-1}\rangle, x_i \in \{0,1\}$，可由张量积将基态表示为矩阵形式

$$|x_0x_1\cdots x_{n-1}\rangle, x_i \in \{0,1\} = |x_0\rangle \leftarrow |x_1\rangle \leftarrow \cdots \leftarrow |x_{n-1}\rangle \tag{8}$$

其中每个$|x_i\rangle$可看作由式(6)定义的2×1矩阵. 故$n-$量子比特基态可表示为$2^n\times1$矩阵. 由十进制数，可将$n-$量子比特基态全体依字典序写出,$|0\rangle,|1\rangle,\cdots,|2^n-1\rangle$,对应矩可表示为

$$(1,0,0,\cdots,0,0)^{\mathrm{T}},(0,1,0,\cdots,0,0)^{\mathrm{T}},\cdots,(0,0,0,\cdots,0,1)^{\mathrm{T}} \tag{9}$$

$n-$量子比特的一般态可看作2^n维 Hilbert 空间中的单位向量

$$\sum_{i=0}^{2^n-1} a_i|i\rangle \tag{10}$$

其中$\sum_{i=0}^{2^n-1}|a_i|^2=1$.

由 Hadamard 矩阵$\boldsymbol{H}_{2^n}$构造的式(4)中的矩阵$\boldsymbol{W}_{2^n}$,称为$n-$量子比特 Hadamard 门,可应用于量子计算及量子信息处理等领域.

例1 1-量子比特 Hadamard 门$\boldsymbol{W}_2$的具体作用如下

$$\boldsymbol{W}_2|0\rangle=\sqrt{\frac{1}{2}}(|0\rangle+|1\rangle),\boldsymbol{W}_2|1\rangle=\sqrt{\frac{1}{2}}(|0\rangle-|1\rangle) \tag{11}$$

式(11)的一般表达式为

$$\boldsymbol{W}_2|x\rangle=\frac{1}{\sqrt{2}}((-1)^x|x\rangle+|1-x\rangle) \tag{12}$$

例2 2-量子比特 Hadamard 门$\boldsymbol{W}_4$的具体作用如下

$$\begin{cases}\boldsymbol{W}_4|00\rangle=\frac{1}{2}(|00\rangle+|01\rangle+|10\rangle+|11\rangle)\\ \boldsymbol{W}_4|01\rangle=\frac{1}{2}(|00\rangle-|01\rangle+|10\rangle-|11\rangle)\\ \boldsymbol{W}_4|10\rangle=\frac{1}{2}(|00\rangle+|01\rangle-|10\rangle-|11\rangle)\\ \boldsymbol{W}_4|11\rangle=\frac{1}{2}(|00\rangle-|01\rangle-|10\rangle+|11\rangle)\end{cases} \tag{13}$$

式(13)的一般表达式为

$$\begin{aligned} W_4 | x_0x_1\rangle &= \frac{1}{2}(|0\rangle + (-1)^{x_0}|1\rangle)(|0\rangle + (-1)^{x_1}|1\rangle) \\ &= \frac{1}{2}(|00\rangle + (-1)^{x_1}|01\rangle + \\ &\quad (-1)^{x_0}|10\rangle + (-1)^{x_0+x_1}|11\rangle) \end{aligned} \tag{14}$$

对 n - 量子比特 Hadamard 门 $\boldsymbol{W}_{2^n}$,由引理1可得如下定理.

定理1　对 n - 量子比特 Hadamard 门 $\boldsymbol{W}_{2^n}$,由十进制数将 n - 量子比特基态

$$|00\cdots0\rangle, |01\cdots0\rangle, \cdots, |11\cdots1\rangle$$

表示为

$$|0\rangle, |1\rangle, \cdots, |2^n - 1\rangle$$

则有

$$\boldsymbol{W}_{2^n} | k\rangle = \frac{1}{\sqrt{2^n}}\left(\sum_{i=0}^{2^n-1}(-1)^{\sigma_{i+1,k+1}}|i\rangle\right) \quad (k \in \{0,1,\cdots,2^n-1\}) \tag{15}$$

参考文献

[1] SLEATOR T, WEINFURTER H. Realizable universal quantum logic gates[J]. Phys. Rev. Lett. ,1995,74(20):4087-4090.

[2] 程云鹏. 矩阵论[M]. 西安:西北工业大学出版社,1999.

关于 Hadamard 矩阵的几个结论[①]

第5章

黑龙江八一农垦大学文理学院的董继学、张虹两位教授给出了 Hadamard 矩阵的定义、性质以及 Hadamard 矩阵的定理及构造，同时介绍了邻接矩阵，得出了 $n=4,8$ 阶 Hadamard 矩阵又是图的邻接矩阵.

Hadamard 矩阵是近年来在工程技术中应用比较广泛的一种矩阵.

定义1（Hadamard矩阵） 若 n 阶方阵 $\boldsymbol{H}_n$ 的元素全为 1 或 -1，且满足

$$\boldsymbol{H}_n\boldsymbol{H}_n^{\mathrm{T}}=n\boldsymbol{I}_n \tag{1}$$

则称 $\boldsymbol{H}_n$ 为一个 n 阶 Hadamard 矩阵. 此时 $\boldsymbol{H}_n^{\mathrm{T}}$ 为 $\boldsymbol{H}_n$ 的转置，$\boldsymbol{I}_n$ 为 n 阶单位矩阵.

一个元素为 ± 1 的 n 阶方阵 $\boldsymbol{H}_n$ 满足式(1)的充要条件是：

$\boldsymbol{H}_n$ 的 n 个行两两正交，或

① 本章摘编自《黑龙江工程学院学报（自然科学版）》，2005，19(2)：60-62.

$$\boldsymbol{H}_n\boldsymbol{H}_n^{\mathrm{T}} = n\boldsymbol{I}_n \Leftrightarrow \boldsymbol{H}_n^{\mathrm{T}}\boldsymbol{H}_n = n\boldsymbol{I}_n \tag{2}$$

故 $\boldsymbol{H}_n$ 为 Hadamard 矩阵的充要条件是 $\boldsymbol{H}_n^{\mathrm{T}}$ 为 Hadamard 矩阵. 也可以说，一个元素全为 ± 1 的 n 阶方阵是 Hadamard 矩阵的充分条件是它的 n 个列两两正交.

由于

$$\boldsymbol{H}_1 = (1), \boldsymbol{H}_2 = \begin{pmatrix} 1 & 1 \\ 1 & -1 \end{pmatrix}$$

$$\boldsymbol{H}_1\boldsymbol{H}_1^{\mathrm{T}} = (1) \times (1) = (1) = 1 \times \boldsymbol{I}_1$$

$$\boldsymbol{H}_2\boldsymbol{H}_2^{\mathrm{T}} = \begin{pmatrix} 1 & 1 \\ 1 & -1 \end{pmatrix}\begin{pmatrix} 1 & 1 \\ 1 & -1 \end{pmatrix} = \begin{pmatrix} 2 & 0 \\ 0 & 2 \end{pmatrix}$$

$$= 2\begin{pmatrix} 1 & 0 \\ 0 & 1 \end{pmatrix} = 2\boldsymbol{I}_2$$

根据 Hadamard 矩阵的定义知

$$\boldsymbol{H}_1 = (1) \text{ 及 } \boldsymbol{H}_2 = \begin{pmatrix} 1 & 1 \\ 1 & -1 \end{pmatrix}$$

为 Hadamard 矩阵. 因此，1 阶及 2 阶 Hadamard 矩阵是存在的.

Hadamard 矩阵有如下一些性质：

(1) 若 $\boldsymbol{H}_n$ 是 n 阶 Hadamard 矩阵，则 $\det \boldsymbol{H}_n = n^{\frac{n}{2}}$ 或 $\det \boldsymbol{H}_n = -n^{\frac{n}{2}}$.

(2) 若 $\boldsymbol{H}_n$ 是 Hadamard 矩阵，则 $\boldsymbol{H}_n^{\mathrm{T}}$ 也是 Hadamard 矩阵.

证明　由于 $\boldsymbol{H}_n$ 是非奇异矩阵，式(1) 两边同时左乘 $\boldsymbol{H}_n^{\mathrm{T}}$ 和右乘 $(\boldsymbol{H}_n^{\mathrm{T}})^{-1}$ 得 $\boldsymbol{H}_n^{\mathrm{T}}\boldsymbol{H}_n = n\boldsymbol{I}_n$，即 $\boldsymbol{H}_n^{\mathrm{T}}(\boldsymbol{H}_n^{\mathrm{T}})^{\mathrm{T}} = n\boldsymbol{I}_n$，此外，$\boldsymbol{H}_n^{\mathrm{T}}$ 也是以 1 或 -1 为元素构成的 n 阶矩阵，

因此,$\boldsymbol{H}_n^{\mathrm{T}}$ 也是 Hadamard 矩阵.

(3) 若 $\boldsymbol{H}_n$ 是 $n(n > 2)$ 阶 Hadamard 矩阵,则 n 是 4 的倍数.

证明 设 $\boldsymbol{H}_n = (h_{ij})_{n\times n}$,则由式(1) 得

$$h_{11}^2 + h_{12}^2 + \cdots + h_{1n}^2 = n$$
$$h_{11}h_{21} + h_{12}h_{22} + \cdots + h_{1n}h_{2n} = 0$$
$$h_{11}h_{31} + h_{12}h_{32} + \cdots + h_{1n}h_{3n} = 0$$
$$h_{21}h_{31} + h_{22}h_{32} + \cdots + h_{2n}h_{3n} = 0$$

从而

$$\begin{aligned}&(h_{11} + h_{21})(h_{11} + h_{31}) + \\ &(h_{12} + h_{22})(h_{12} + h_{32}) + \cdots + \\ &(h_{1n} + h_{2n})(h_{1n} + h_{3n}) \\ =\ & h_{11}^2 + h_{12}^2 + \cdots + h_{1n}^2 = n \end{aligned} \tag{3}$$

由于 $h_{1i} + h_{2i}, h_{1i} + h_{3i}(i = 1,2,\cdots,n)$ 或为0,或为2,因此,式(3) 左端是4 的倍数,从而 n 是4 的倍数.

(4) 任意交换 Hadamard 矩阵的两行(或列),用 -1 乘Hadamard矩阵的任意一行(或列) 的所有元素,仍得 Hadamard 矩阵.

定义2 对任一Hadamard矩阵,总可以通过上述两种变换使其第一行和第一列的元素都是 1,这样的矩阵称为正规 Hadamard 矩阵.

由定义知:$\boldsymbol{H}_1 = (1)$ 是 1 阶(正规)Hadamard 矩阵;

$\boldsymbol{H}_2 = \begin{pmatrix} 1 & 1 \\ 1 & -1 \end{pmatrix}$是 2 阶(正规)Hadamard 矩阵;

一般地,$2^k(k = 1,2,\cdots)$ 阶(正规)Hadamard 矩

阵为

$$\boldsymbol{H}_{2^k} = \begin{pmatrix} \boldsymbol{H}_{2^{k-1}} & \boldsymbol{H}_{2^{k-1}} \\ \boldsymbol{H}_{2^{k-1}} & -\boldsymbol{H}_{2^{k-1}} \end{pmatrix} \quad (k = 1,2,\cdots)$$

这种构造 Hadamard 矩阵的方法称为 Sylvester 法.

由上面的定义及性质可以得到如下结论:

定理 1　$n > 2$,$\boldsymbol{H}_n$ 是 Hadamard 矩阵的必要条件是:n 是 4 的倍数.

证明　设 $\boldsymbol{H}_n = (a_{ij})_{n\times n}$,因为 $\boldsymbol{H}_n\boldsymbol{H}_n^{\mathrm{T}} = n\boldsymbol{I}_n$,所以

$$\sum_{k=1}^{n} a_{ik}a_{jk} = \begin{cases} 0, & i \neq j \\ n, & i = j \end{cases}$$

$$\begin{aligned} &\sum_{k=1}^{n} (a_{1k} + a_{2k})(a_{1k} + a_{3k}) \\ = &\sum_{k=1}^{n} a_{1k}^2 + \sum_{k=1}^{n} a_{1k}a_{2k} + \sum_{k=1}^{n} a_{1k}a_{3k} + \sum_{k=1}^{n} a_{2k}a_{3k} \\ = &\ n \end{aligned}$$

然而,$a_{1k} + a_{2k}$ 的结果可能为 $+2,0,-2$,$a_{1k} + a_{3k}$ 也一样.

故 $\sum\limits_{k=1}^{n} (a_{1k} + a_{2k})(a_{1k} + a_{3k})$ 各项或为 $+4$,或为 -4,或为 0,总和是 4 的倍数,所以 n 是 4 的倍数.

定理 2　若 $\boldsymbol{H}_m = (a_{ij}^{(m)})_{m\times m}$,$\boldsymbol{H}_n = (a_{ij}^{(n)})_{n\times n}$ 是 Hadamard 矩阵,则 $\boldsymbol{H}_{mn} = (a_{ij}^{(m)}\boldsymbol{H}_n)$ 是 $(mn)\times(mn)$ 的 Hadamard 矩阵,其中,$a_{ij}^{(m)}\boldsymbol{H}_n = (a_{ij}^{(m)}a_{nk}^{(n)})_{n\times n}$,即矩阵 $a_{ij}^{(m)}\boldsymbol{H}_n$ 的第 n 行第 k 列的元素为 $a_{ij}^{(m)}a_{nk}^{(n)}$.

证明　矩阵$(a_{ij}^{(m)}\boldsymbol{H}_n)$的元素都是 $+1,-1$,而且每行每列都有$\dfrac{mn}{2}$个 $+1$,$\dfrac{mn}{2}$个 -1.

故每行自身的内积都等于 mn，而不同的两行的内积等于 $\boldsymbol{H}_m$ 中对应两行的内积乘以 $\boldsymbol{H}_n$ 中对应两行的内积，故结果为零. 根据 Hadamard 矩阵的定义，矩阵 $\boldsymbol{H}_{mn}$ 是 $m \times n$ 阶的 Hadamard 矩阵.

推论1 若 $\boldsymbol{H}_n$ 是Hadamard矩阵，则 $\begin{pmatrix} \boldsymbol{H}_n & \boldsymbol{H}_n \\ \boldsymbol{H}_n & -\boldsymbol{H}_n \end{pmatrix}$ 也是 Hadamard 矩阵.

证明 令

$$\boldsymbol{A} = \begin{pmatrix} \boldsymbol{H}_n & \boldsymbol{H}_n \\ \boldsymbol{H}_n & -\boldsymbol{H}_n \end{pmatrix}, \boldsymbol{A}^{\mathrm{T}} = \begin{pmatrix} \boldsymbol{H}_n^{\mathrm{T}} & \boldsymbol{H}_n^{\mathrm{T}} \\ \boldsymbol{H}_n^{\mathrm{T}} & -\boldsymbol{H}_n^{\mathrm{T}} \end{pmatrix}$$

$$\begin{aligned} \boldsymbol{A}\boldsymbol{A}^{\mathrm{T}} &= \begin{pmatrix} \boldsymbol{H}_n & \boldsymbol{H}_n \\ \boldsymbol{H}_n & -\boldsymbol{H}_n \end{pmatrix} \begin{pmatrix} \boldsymbol{H}_n^{\mathrm{T}} & \boldsymbol{H}_n^{\mathrm{T}} \\ \boldsymbol{H}_n^{\mathrm{T}} & -\boldsymbol{H}_n^{\mathrm{T}} \end{pmatrix} \\ &= \begin{pmatrix} 2\boldsymbol{H}_n\boldsymbol{H}_n^{\mathrm{T}} & \boldsymbol{O} \\ \boldsymbol{O} & 2\boldsymbol{H}_n\boldsymbol{H}_n^{\mathrm{T}} \end{pmatrix} \\ &= 2\begin{pmatrix} n\boldsymbol{I}_n & \\ & n\boldsymbol{I}_n \end{pmatrix} = 2n\boldsymbol{I}_{2n} \end{aligned}$$

则由 Hadamard 矩阵的定义知，$\boldsymbol{A} = \begin{pmatrix} \boldsymbol{H}_n & \boldsymbol{H}_n \\ \boldsymbol{H}_n & -\boldsymbol{H}_n \end{pmatrix}$ 也为 Hadamard 矩阵.

如果 $\boldsymbol{H}_2$ 为 Hadamard 矩阵，那么由推论 1 知，$\begin{pmatrix} \boldsymbol{H}_2 & \boldsymbol{H}_2 \\ \boldsymbol{H}_2 & -\boldsymbol{H}_2 \end{pmatrix}$ 为 4 阶 Hadamard 矩阵.

由 ± 1 组成的所有 2 阶 Hadamard 矩阵有

$$\begin{pmatrix}1 & 1\\1 & -1\end{pmatrix},\begin{pmatrix}1 & -1\\1 & 1\end{pmatrix},\begin{pmatrix}-1 & 1\\1 & 1\end{pmatrix},\begin{pmatrix}1 & 1\\-1 & 1\end{pmatrix},\begin{pmatrix}1 & -1\\-1 & -1\end{pmatrix}$$

$$\begin{pmatrix}-1 & -1\\-1 & 1\end{pmatrix},\begin{pmatrix}-1 & -1\\1 & -1\end{pmatrix},\begin{pmatrix}1 & -1\\1 & -1\end{pmatrix},\begin{pmatrix}-1 & 1\\-1 & -1\end{pmatrix}$$

$$\begin{pmatrix}-1 & -1\\1 & 1\end{pmatrix},\begin{pmatrix}1 & -1\\-1 & 1\end{pmatrix},\begin{pmatrix}-1 & 1\\1 & -1\end{pmatrix},\begin{pmatrix}-1 & 1\\-1 & 1\end{pmatrix}$$

则由推论 1 知,由这些 2 阶 Hadamard 矩阵构成的 4 阶矩阵

$$\begin{pmatrix}1 & 1 & 1 & 1\\1 & -1 & 1 & -1\\1 & 1 & -1 & -1\\1 & -1 & -1 & 1\end{pmatrix},\begin{pmatrix}1 & -1 & 1 & -1\\1 & 1 & 1 & 1\\1 & -1 & -1 & 1\\1 & 1 & -1 & -1\end{pmatrix}$$

$$\begin{pmatrix}-1 & 1 & -1 & 1\\1 & 1 & 1 & 1\\-1 & 1 & 1 & -1\\1 & 1 & -1 & -1\end{pmatrix},\begin{pmatrix}1 & 1 & 1 & 1\\-1 & 1 & -1 & 1\\1 & 1 & -1 & -1\\-1 & 1 & 1 & -1\end{pmatrix}$$

$$\begin{pmatrix}1 & -1 & 1 & -1\\-1 & -1 & -1 & -1\\1 & -1 & -1 & 1\\-1 & -1 & 1 & 1\end{pmatrix},\begin{pmatrix}-1 & 1 & -1 & 1\\-1 & -1 & -1 & -1\\-1 & 1 & 1 & -1\\-1 & -1 & 1 & 1\end{pmatrix}$$

$$\begin{pmatrix}-1 & -1 & -1 & -1\\-1 & 1 & -1 & 1\\-1 & -1 & 1 & 1\\-1 & 1 & 1 & -1\end{pmatrix},\begin{pmatrix}-1 & -1 & -1 & -1\\1 & -1 & 1 & -1\\-1 & -1 & 1 & 1\\1 & -1 & -1 & 1\end{pmatrix}$$

是 4 阶 Hadamard 矩阵.

由 Hadamard 矩阵的定义易见，对于一个 Hadamard 矩阵施行如下四种变换中的任一种或相继施行这些变换若干次，所得的矩阵仍然是一个 Hadamard 矩阵. 这四种变换是：

(1) 行换序；

(2) 列换序；

(3) 将某一行乘以 -1；

(4) 将某一列乘以 -1.

若两个 Hadamard 矩阵可经过有限次的变换互化,则称它们为等价的 Hadamard 矩阵.

若一个 Hadamard 矩阵的第一行和第一列的所有元素均为 1,则称 Hadamard 矩阵是规范的. 显然,任意一个 n 阶 Hadamard 矩阵可经过有限次(事实上不超过 $2n-1$ 次）的(3),(4) 型变换化为一个规范的 Hadamard 矩阵. 由此可知,任何一个 Hadamard 矩阵都等价于某个规范的 Hadamard 矩阵.

可以证明,上述这 8 个 4 阶 Hadamard 矩阵经过变换,最后均等价于 4 阶正规 Hadamard 矩阵

$$\begin{pmatrix} 1 & 1 & 1 & 1 \\ 1 & 1 & -1 & -1 \\ 1 & -1 & 1 & -1 \\ 1 & -1 & -1 & 1 \end{pmatrix}$$

所以,用同样的方法由上述 4 阶 Hadamard 矩阵构成的 8 阶 Hadamard 矩阵可表示为

$$
\boldsymbol{H}_n=\begin{pmatrix}
1 & 1 & 1 & 1 & 1 & 1 & 1 & 1\\
1 & 1 & -1 & -1 & 1 & 1 & -1 & -1\\
1 & -1 & 1 & -1 & 1 & -1 & 1 & -1\\
1 & -1 & -1 & 1 & 1 & -1 & -1 & 1\\
1 & 1 & 1 & 1 & -1 & -1 & -1 & -1\\
1 & 1 & -1 & -1 & -1 & -1 & 1 & 1\\
1 & -1 & 1 & -1 & -1 & 1 & -1 & 1\\
1 & -1 & -1 & 1 & -1 & 1 & 1 & -1
\end{pmatrix}
$$

定义 3　设图 G 的顶点集 $V(G)=\{V_1,V_2,\cdots,V_p\}$，令

$$
a_{ij}=\begin{cases}-1, & 若 V_i 与 V_j 邻接\\ 1, & 若 V_i 与 V_j 不邻接或 i=j\end{cases}
$$

则称由元素 $a_{ij}(i,j=1,2,\cdots,p)$ 构成的 p 阶矩阵为图 G 的邻接矩阵，记作 $\boldsymbol{A}(G)$ 或简记作 $\boldsymbol{A}$.

由定义 3 知，图的邻接矩阵是一个主对角线上的元素均为 1，其余元素为 -1 或 1 的对称矩阵，并且它的任一行或列的元素的和等于相应顶点的度. 反之，若给定一个主对角线上的元素均为 1，其余元素为 -1 或 1 的对称矩阵 $\boldsymbol{A}$，则可以唯一地确定一个图 G，以 $\boldsymbol{A}$ 为其邻接矩阵. 于是图的许多性质可以被反映到邻接矩阵中来. 比如：

(1) 邻接矩阵的行与列相同的顶点次序排列，置换行和相应的列，即重新安排顶点的次序. 如果在邻接矩阵 $\boldsymbol{A}$ 中交换两行(同时交换相应的两列)，那么 $G_1\cong G_2$，当且仅当存在一个置换矩阵 $\boldsymbol{P}$，使

$$
\boldsymbol{A}(G_2)=\boldsymbol{P}^{-1}\boldsymbol{A}(G_1)\boldsymbol{P}
$$

事实上,由于邻接矩阵是由标定图做出的,若 $\boldsymbol{A}_1$ 和 $\boldsymbol{A}_2$ 是同一个图 G 的两种不同标定的邻接矩阵,则必存在一个置换矩阵 $\boldsymbol{P}$,使

$$\boldsymbol{A}_1 = \boldsymbol{P}^{-1}\boldsymbol{A}_2\boldsymbol{P}$$

(2) 一个图 G 是连通的,当且仅当对 $V(G)$ 的每一个两分划 (V_1, V_2),恒存在一条边,它的两个端点分别属于 V_1 和 V_2. 用矩阵的语言来说就是:G 是连通的,当且仅当没有 G 的顶点的一种标定法,使它的邻接矩阵具有分块形式

$$\boldsymbol{A}(G) = \begin{pmatrix} \boldsymbol{A}_1(G) & \\ & \boldsymbol{A}_2(G) \end{pmatrix}$$

参考文献

[1] 王朝瑞. 图论[M]. 北京:北京理工大学出版社,2001.

[2] 卢开澄. 组合数学[M]. 北京:清华大学出版社,1991.

[3] MALINOW M R, MCLAUGHLIN P, KOHLER G O, et al. Prevention of elevated cholesterolemia in monkeys by Medicago saliva saponins[J]. Steroids, 1976(29):105-110.

[4] 武怀勤. 两个负系数 P 叶函数族的 Hadamard 积[J]. 数学研究, 2003, 36(3):261-265.

[5] 许向阳. 广义判断矩阵 Hadamard 积的若干性质[J]. 株洲工学院学报, 2002, 16(4):26-27.

第四编

关于 Hadamard 矩阵的几个猜想

Hadamard 矩阵(Ⅱ)①

第6章

一、引言

Hadamard 矩阵,如果作为正交矩阵从 Sylvester[1] 算起,已经有了一百多年的历史. 然而 Hadamard 矩阵引起人们更多的注意和兴趣,还是近年来它在实验设计法,特别是在迅猛发展的电子技术中得到应用以后的事情. 例如,美国 1969 年的"水手"号火星探险遥测系统采用了一个以 32 阶 Hadamard 矩阵的行为基础的纠错码(Hall[2]).

Hadamard 矩阵是以两个离散值 +1 和 -1 为其元素的一种方阵. 由于这个特性,Hadamard 矩阵自然而然地同各种离散问题结合起来开拓它的应用领域,Hadamard 矩阵的应用可以分为理论上的应用和实际上的应用,在理论上的应用中包括多面体论、实验设计法、编码理论和比赛理论,等等;在实际上的应用中

① 本章摘编自《数学的实践与认识》,1978(4):55-67.

包括网络理论、逻辑电路理论、自动机理论、Fourier 谱分析和 Walsh 函数,等等. 不言而喻,Hadamard 矩阵的一切应用都归结为其正交性的灵活运用.

中国科学院数学研究所刘璋温研究员给出构造 Hadamard 矩阵的若干方法,并概观一些关于 Hadamard 矩阵的性质、存在性和猜想. 关于 Hadamard 矩阵的深入研究和其在各方面的应用,读者可参看本章末尾所列的文献,特别是其中的 Wallis-Street-Wallis[3] 和喜安善市[4] 的成果. 前者对 Hadamard 矩阵做了深入的研究,并举出了 Hadamard 矩阵在十多个方面,包括在理论中的应用,而后者则侧重论述 Hadamard 矩阵在电子通信技术中的应用.

二、预备知识

Hadamard 矩阵是以 +1 和 −1 为元素且任意两行互为正交的一种方阵. 这就是说,当一个 $n \times n$ 矩阵

$$\boldsymbol{A} = \begin{pmatrix} a_{11} & a_{12} & \cdots & a_{1n} \\ a_{21} & a_{22} & \cdots & a_{2n} \\ \vdots & \vdots & & \vdots \\ a_{n1} & a_{n2} & \cdots & a_{nn} \end{pmatrix}$$

的元素 a_{ij} 取值为 +1 或 −1,且满足正交性条件

$$\sum_{k=1}^{n} a_{ik}a_{jk} = \begin{cases} 0, & i \neq j \\ n, & i = j \end{cases} \tag{1}$$

时,矩阵 $\boldsymbol{A}$ 叫作(n 阶)Hadamard 矩阵.

容易看出,条件(1) 可以表示为

$$\boldsymbol{A}\boldsymbol{A}^{\mathrm{T}} = n\boldsymbol{I}_n \tag{2}$$

此处 $\boldsymbol{A}^{\mathrm{T}}$ 是 $\boldsymbol{A}$ 的转置,$\boldsymbol{I}_n$ 是 $n \times n$ 单位矩阵.

Hadamard[5] 证明了：$n \times n$ 实方阵 $\boldsymbol{A} = (a_{ij})$，在条件 $|a_{ij}| \leqslant 1$ 下其行列式 $\det \boldsymbol{A}$ 的绝对值

$$|\det \boldsymbol{A}| \leqslant n^{\frac{n}{2}}$$

而当等号成立，即

$$|\det \boldsymbol{A}| = n^{\frac{n}{2}} \tag{3}$$

时，这个矩阵便是 Hadamard 矩阵. Hadamard 矩阵的名称就是由此产生的.

(2) 与(3) 是等价的.

(2)⇒(3)：设 $\boldsymbol{A}\boldsymbol{A}^{\mathrm{T}} = n\boldsymbol{I}_n$，则由 $\det(\boldsymbol{A}\boldsymbol{A}^{\mathrm{T}}) = \det(n\boldsymbol{I}_n)$ 得

$$\det(\boldsymbol{A})\det(\boldsymbol{A}^{\mathrm{T}}) = n^n$$

由 $\det(\boldsymbol{A}^{\mathrm{T}}) = \det(\boldsymbol{A})$ 推出

$$(\det \boldsymbol{A})^2 = n^n$$

于是

$$|\det \boldsymbol{A}| = n^{\frac{n}{2}}$$

(3)⇒(2) 也成立，但证明复杂，这里从略.

我们留意，Hadamard 矩阵的转置也是一个 Hadamard 矩阵，因为

$$\begin{aligned}\boldsymbol{A}^{\mathrm{T}}\boldsymbol{A} &= \boldsymbol{I}_n\boldsymbol{A}^{\mathrm{T}}\boldsymbol{A} = \boldsymbol{A}^{-1}\boldsymbol{A}\boldsymbol{A}^{\mathrm{T}}\boldsymbol{A} = \boldsymbol{A}^{-1}n\boldsymbol{I}_n\boldsymbol{A} \\ &= n\boldsymbol{I}_n\boldsymbol{A}^{-1}\boldsymbol{A} = n\boldsymbol{I}_n\boldsymbol{I}_n = n\boldsymbol{I}_n\end{aligned}$$

此处 $\boldsymbol{A}^{-1}$ 是 $\boldsymbol{A}$ 的逆，并且由于 $|\det \boldsymbol{A}| = n^{\frac{n}{2}} \neq 0$，故这个逆是存在的. 可见 Hadamard 矩阵的列向量也互为正交.

以下，Hadamard 矩阵简称为 H－矩阵. 最简单的 H－矩阵是 1 阶和 2 阶 H－矩阵

$$\boldsymbol{H}_1 = (1), \boldsymbol{H}_2 = \begin{pmatrix} 1 & 1 \\ 1 & -1 \end{pmatrix} \tag{4}$$

$\boldsymbol{H}_1$ 虽然平凡,但 $\boldsymbol{H}_2$ 是有用的. 以后我们将会看到,由 $\boldsymbol{H}_2$ 可以产生更多的高阶 H－矩阵. 2 阶 H－矩阵还有

$$\begin{pmatrix} 1 & -1 \\ 1 & 1 \end{pmatrix}, \begin{pmatrix} -1 & 1 \\ 1 & 1 \end{pmatrix}, \begin{pmatrix} 1 & 1 \\ -1 & 1 \end{pmatrix}, \cdots$$

从一个 H－矩阵 $\boldsymbol{H}$ 经过下列操作产生的矩阵 $\boldsymbol{H}^*$ 仍然是一个 H－矩阵,并称 $\boldsymbol{H}^*$ 等价于 $\boldsymbol{H}$,而这种操作则称为等价变换.

(1) 交换任意两行;

(2) 交换任意两列;

(3) 以 -1 乘任意行的所有元素;

(4) 以 -1 乘任意列的所有元素.

通过操作(3) 和(4),可以把任意一个 H－矩阵变换为第一行和第一列的所有元素都为 $+1$ 的 H－矩阵. 第一行和第一列的所有元素都为 $+1$ 的 H－矩阵,叫作正规 H－矩阵. 例如,式(4) 中的 $\boldsymbol{H}_2$ 是正规的. 但是正规 H－矩阵不是唯一的. 事实上,在一个正规 H－矩阵中对除第一行和第一列以外的行和列施行操作(1) 或(2) 后,这个矩阵仍然保持正规性.

从一个 n 阶正规 H－矩阵去掉第一行和第一列后剩下的 $(n-1) \times (n-1)$ 矩阵,叫作正规 H－矩阵的柱心(core). 式(4) 中的 $\boldsymbol{H}_2$ 的柱心是(-1). 柱心为循环矩阵的正规 H－矩阵,叫作正规循环 H－矩阵,或简称为循环 H－矩阵. 一个 $n \times n$ 矩阵 $\boldsymbol{A} = (a_{ij})$ 叫作循环的,如果 $a_{ij} = a_{1,j-i+1}$,此处 $j-i+1$ 依模 n 简化. 例如

$$\begin{pmatrix} 1 & 2 & 3 & 4 \\ 4 & 1 & 2 & 3 \\ 3 & 4 & 1 & 2 \\ 2 & 3 & 4 & 1 \end{pmatrix}$$

是一个循环矩阵. 4 阶正规 H－矩阵

$$\boldsymbol{H}_4 = \begin{pmatrix} 1 & 1 & 1 & 1 \\ 1 & -1 & 1 & -1 \\ 1 & -1 & -1 & 1 \\ 1 & 1 & -1 & -1 \end{pmatrix} \tag{5}$$

是循环的,其柱心是

$$\begin{pmatrix} -1 & 1 & -1 \\ -1 & -1 & 1 \\ 1 & -1 & -1 \end{pmatrix}$$

如果整个 H－矩阵是循环的,那么这个 H－矩阵叫作完全循环 H－矩阵. 迄今为止,人们只知道有一个完全循环 H－矩阵

$$\begin{pmatrix} 1 & 1 & 1 & -1 \\ -1 & 1 & 1 & 1 \\ 1 & -1 & 1 & 1 \\ 1 & 1 & -1 & 1 \end{pmatrix}$$

（完全）循环 H－矩阵的一个优点是,只要记得其中的一行,便可把整个矩阵写下来. 此外,循环 H－矩阵在应用上是重要的,它与编码理论中的伪随机序列有着密切的关系. 关于循环 H－矩阵的构造、性质和应用,喜安善市做了详细的论述,感兴趣的读者可以参看文献[4].

那么,对什么样的阶数 n 存在 H－矩阵呢?式(4)和(5)给出了 $n=1,2,4$ 阶 H－矩阵的例子. 我们考虑 $n>2$ 的情形.

设 $\boldsymbol{H}$ 为一个 n 阶 H－矩阵,其元素为 h_{ij},那么由式(1)有

$$\sum_{j=1}^{n}(h_{1j}+h_{2j})(h_{1j}+h_{3j})=\sum_{j=1}^{n}h_{1j}^{2}=n$$

由于 $h_{1j}+h_{2j}$ 和 $h_{1j}+h_{3j}$ 要么是0,要么是 ± 2,故上式左边的积和必须是4的倍数. 因此我们证明了下列的定理.

定理1 如果 $\boldsymbol{H}_n$ 是一个 n 阶 H－矩阵,$n>2$,那么 n 必须是4的倍数.

由此可见,当 $n>2$ 时,$n\equiv 0 \pmod 4$ 是 H－矩阵存在的一个必要条件,但仍未证明这是充分条件. 在 $n\leqslant 200$ 的4的倍数中,除 $n=188$ 以外,已经确认 H－矩阵的存在性. 于是人们猜想,$n\equiv 0 \pmod 4$ 是 H－矩阵存在的一个充分条件.

三、构造 H－矩阵的 Kronecker 积法

构造 H－矩阵的一个最简单的方法是由两个已知 H－矩阵的 Kronecker 积来构造另一个 H－矩阵.

设 $\boldsymbol{A}=(a_{ij})$ 是一个 $m\times m$ 矩阵,$\boldsymbol{B}=(b_{ij})$ 是一个 $n\times n$ 矩阵. 那么 $\boldsymbol{A}$ 与 $\boldsymbol{B}$ 的 Kronecker 积 $\boldsymbol{A}\otimes\boldsymbol{B}$ 是由

$$\boldsymbol{A}\otimes\boldsymbol{B}=\begin{pmatrix} a_{11}\boldsymbol{B} & a_{12}\boldsymbol{B} & \cdots & a_{1m}\boldsymbol{B} \\ a_{21}\boldsymbol{B} & a_{22}\boldsymbol{B} & \cdots & a_{2m}\boldsymbol{B} \\ \vdots & \vdots & & \vdots \\ a_{m1}\boldsymbol{B} & a_{m2}\boldsymbol{B} & \cdots & a_{mm}\boldsymbol{B} \end{pmatrix}$$

定义的 $mn \times mn$ 矩阵. 容易看出,Kronecker 积有下列性质

$$a(\boldsymbol{A} \otimes \boldsymbol{B}) = (a\boldsymbol{A}) \otimes \boldsymbol{B} = \boldsymbol{A} \otimes (a\boldsymbol{B}) \quad (a \text{ 为纯量})$$

$$(\boldsymbol{A}_1 + \boldsymbol{A}_2) \otimes \boldsymbol{B} = \boldsymbol{A}_1 \otimes \boldsymbol{B} + \boldsymbol{A}_2 \otimes \boldsymbol{B}$$

$$\boldsymbol{A} \otimes (\boldsymbol{B}_1 + \boldsymbol{B}_2) = \boldsymbol{A} \otimes \boldsymbol{B}_1 + \boldsymbol{A} \otimes \boldsymbol{B}_2$$

$$(\boldsymbol{A} \otimes \boldsymbol{B})(\boldsymbol{C} \otimes \boldsymbol{D}) = \boldsymbol{AC} \otimes \boldsymbol{BD}$$

$$(\boldsymbol{A} \otimes \boldsymbol{B})^{\mathrm{T}} = \boldsymbol{A}^{\mathrm{T}} \otimes \boldsymbol{B}^{\mathrm{T}}$$

$$\begin{aligned}(\boldsymbol{A} \otimes \boldsymbol{B}) &= (\boldsymbol{A} \otimes \boldsymbol{I}_n)(\boldsymbol{I}_m \otimes \boldsymbol{B}) \\ &= (\boldsymbol{I}_m \otimes \boldsymbol{B})(\boldsymbol{A} \otimes \boldsymbol{I}_n)\end{aligned}$$

$$(\boldsymbol{A} \otimes \boldsymbol{B}) \otimes \boldsymbol{C} = \boldsymbol{A} \otimes (\boldsymbol{B} \otimes \boldsymbol{C})$$

此处$\boldsymbol{A},\boldsymbol{A}_1,\boldsymbol{A}_2,\boldsymbol{C}$是$m \times m$矩阵,$\boldsymbol{B},\boldsymbol{B}_1,\boldsymbol{B}_2,\boldsymbol{D}$是$n \times n$矩阵.

定理2　如果$\boldsymbol{H}_m$和$\boldsymbol{H}_n$分别是m阶和n阶 H - 矩阵,那么它们的 Kronecker 积 $\boldsymbol{H}_m \otimes \boldsymbol{H}_n$ 是一个 mn 阶 H - 矩阵.

证明　由上述 Kronecker 积的性质立刻得到

$$\begin{aligned}(\boldsymbol{H}_m \otimes \boldsymbol{H}_n)(\boldsymbol{H}_m \otimes \boldsymbol{H}_n)^{\mathrm{T}} &= (\boldsymbol{H}_m \otimes \boldsymbol{H}_n)(\boldsymbol{H}_m^{\mathrm{T}} \otimes \boldsymbol{H}_n^{\mathrm{T}}) \\ &= \boldsymbol{H}_m\boldsymbol{H}_m^{\mathrm{T}} \otimes \boldsymbol{H}_n\boldsymbol{H}_n^{\mathrm{T}} \\ &= m\boldsymbol{I}_m \otimes n\boldsymbol{I}_n = mn\boldsymbol{I}_{mn}\end{aligned}$$

可见 $\boldsymbol{H}_m \otimes \boldsymbol{H}_n$ 是一个 mn 阶 H - 矩阵.

这个定理虽然简单,却提供给我们一些优美的结果. 这些结果可以叙述为下列几个系.

系 1　如果 $\boldsymbol{H}_n$ 是一个 n 阶 H - 矩阵,那么

$$\boldsymbol{H}_{2n} = \begin{pmatrix} \boldsymbol{H}_n & \boldsymbol{H}_n \\ \boldsymbol{H}_n & -\boldsymbol{H}_n \end{pmatrix}$$

是一个 $2n$ 阶 H - 矩阵.

证明 在定理2中设 $m=2$,并取 $\boldsymbol{H}_2$ 为由式(4)给出的2阶H-矩阵即可.

利用已知的2阶H-矩阵 $\boldsymbol{H}_2$,我们得到一族 2^k 阶H-矩阵

$$\boldsymbol{H}_{2^k}=\underbrace{\boldsymbol{H}_2\otimes\boldsymbol{H}_2\otimes\cdots\otimes\boldsymbol{H}_2}_{k个}$$

这样我们有:

系2 如果存在一个 n 阶H-矩阵,那么必存在一个 $2^k n$ 阶H-矩阵,$k\geqslant 1$.

在历史上,早在1867年,Sylvester曾用同样的方法得到了一族 2^k 阶H-矩阵. 因此,作为Kronecker积的一个特例,用2阶H-矩阵由Kronecker积依序得到的 2^k 阶H-矩阵,叫作Sylvester扩大. 由Sylvester扩大得到的H-矩阵,由于它有许多特点,是应用范围非常广泛的一族H-矩阵. 例如,如果作为2阶H-矩阵,我们取式(4)中的正规H-矩阵 $\boldsymbol{H}_2$,那么所得的H-矩阵 $\boldsymbol{H}_{2^k}$ 也是正规的,而且是对称的.

四、构造H-矩阵的二次剩余法

自Hadamard以后,构造H-矩阵的最大进展应归功于Paley[6]的研究. Paley是在解决多面体论的问题中研究H-矩阵的. Paley对 $p^r\equiv 3(\bmod 4)$ 的素数 p,得到 p^r+1 阶H-矩阵,r 为正整数;对 $p^r\equiv 1(\bmod 4)$ 的素数 p,得到 $2(p^r+1)$ 阶H-矩阵. 这样,除上述Sylvester扩大以外,还存在着素数无限序列的H-矩阵. 下面我们就来介绍Paley的构造法.

设 p 为一个奇素数. 若同余式

$$x^2\equiv a(\bmod p)$$

有整数解，则称 a 为（模 p 的）二次剩余，否则称 a 为（模 p 的）二次非剩余.

由数论定理知道，在关于模 p 的 $p-1$ 个剩余类中，有一半是二次剩余，另一半是二次非剩余. 求二次剩余有两种方法，一个是由 $1,2,\cdots,\frac{p-1}{2}$ 的平方得到的，另一个是由 p 的原根的偶数（包含0）次幂得到的. 例如，令 $p=7$，则

$$1^2=1,2^2=4,3^3=9\equiv 2(\bmod 7)$$

即1，4，2是7的二次剩余，从而3，5，6是7的二次非剩余. 由于7的原根是3，故

$$3^0=1,3^2=9\equiv 2(\bmod 7),3^4=81\equiv 4(\bmod 7)$$

是7的二次剩余.

考虑 Galois 域 $GF(p^r)$，p 为素数，r 为正整数. 令 α 为 $GF(p^r)$ 的原根，则 $GF(p^r)$ 的非零元素可表示为 α 的幂 $\alpha^i(0\leqslant i\leqslant p^r-2)$. 因此，$GF(p^r)$ 可以写成

$$GF(p^r)=\{0,\alpha^0,\alpha,\alpha^2,\cdots,\alpha^{p^r-2}\}$$

这里引进在 $GF(p^r)$ 上定义的特征函数 $\chi(a)$ 如下

$$\chi(0)=0$$

$$\chi(a)=\begin{cases}1, & \text{若 } a \text{ 是二次剩余}\\ -1, & \text{若 } a \text{ 是二次非剩余}\end{cases}$$

例如，由于7的二次剩余是1，2，4，二次非剩余是3，5，6，故 $GF(7)$ 的非零元素的特征函数 χ 是

$$\chi(1)=\chi(2)=\chi(4)=1$$

$$\chi(3)=\chi(5)=\chi(6)=-1$$

现在，我们来推导 $\chi(a)$ 的几个重要性质.

引理 1

(1)$\chi(ab)=\chi(a)\chi(b), a,b\in GF(p^r)$;

(2)$\chi(1)=1$;

(3)$\chi(-1)=\begin{cases}1, & 当 p^r\equiv 1 (\bmod 4)\\ -1, & 当 p^r\equiv 3 (\bmod 4)\end{cases}$.

证明 由于 $GF(p^r)$ 的非零元素可以表示为其原根的幂,故(1)是容易推出的.

对 $GF(p^r)$ 的原根 α,有

$$\alpha^{p^r-1}=1$$

由于 p^r-1 是偶数,α^{p^r-1} 是一个平方数,故 1 也是一个平方数,于是(2)得证.

由上式有

$$\alpha^{p^r-1}-1=(\alpha^{\frac{p^r-1}{2}}-1)(\alpha^{\frac{p^r-1}{2}}+1)=0$$

然而 $\alpha^0=1,\alpha,\alpha^2,\cdots,\alpha^{p^r-2}$ 都不相同,故 $\alpha^{\frac{p^r-1}{2}}\neq 1$,从而

$$\alpha^{\frac{p^r-1}{2}}=-1$$

当 $p^r\equiv 1(\bmod 4)$ 时,$p^r=4t+1$,故 $\frac{p^r-1}{2}$ 是偶数;当 $p^r\equiv 3(\bmod 4)$ 时,$p^r=4t-1$,故 $\frac{p^r-1}{2}$ 是奇数. 由此可见,当 $p^r\equiv 1(\bmod 4)$ 时,$\alpha^{\frac{p^r-1}{2}}$ 是一个平方数,而当 $p^r\equiv 3(\bmod 4)$ 时,$\alpha^{\frac{p^r-1}{2}}$ 是一个非平方数,于是(3)得证.

引理 2

(1) $\sum\limits_{a\in GF(p^r)}\chi(a)=0$;

(2) $\sum\limits_{a\in GF(p^r)}\chi(a)\chi(a+b)=-1, b\neq 0$.

证明　我们有

$$\sum_{a\in GF(p^r)}\chi(a)=\chi(0)+\chi(1)+\sum_{i=1}^{p^r-2}\chi(\alpha^i)$$

由于p^r-2是奇数，故最后一项求和$\sum\chi(\alpha^i)=-1$. 于是(1)得证.

再证(2). 若$a=0$，则

$$\chi(0)\chi(0+b)=0$$

对$a\neq 0$，我们有

$$a+b=a(1+a^{-1}b)$$

令$c=1+a^{-1}b$，则当a在$GF(p^r)$的非零元素中变化时，c在$GF(p^r)$的除1以外的所有元素中变化. 因此

$$\begin{aligned}&\sum_{a\in GF(p^r)}\chi(a)\chi(a+b)\\&=\sum_{\substack{a\in GF(p^r)\\a\neq 0}}\chi(a)^2\chi(1+a^{-1}b)\\&=\sum_{\substack{c\in GF(p^r)\\c\neq 1}}\chi(c)\\&=\sum_{c\in GF(p^r)}\chi(c)-\chi(1)\\&=0-1=-1\end{aligned}$$

令$q=p^r$，并令$a_0,a_1,a_2,\cdots,a_{q-1}$为$GF(q)$的元素，使得$a_0=0$和$a_{q-i}=-a_i,i=1,2,\cdots,q-1$. 置$q_{ij}=\chi(a_i-a_j)$，并构造一个以$q_{ij}$为元素的$q\times q$矩阵

$$\boldsymbol{Q}=(q_{ij})\tag{6}$$

则$\boldsymbol{Q}$的主对角线上的元素为0，其他元素为± 1. 由于

$$q_{ji}=\chi(a_j-a_i)=\chi(-1)\chi(a_i-a_j)=\chi(-1)q_{ij}$$

从引理1之(3)推出

$$\boldsymbol{Q}^{\mathrm{T}} = \boldsymbol{Q}, q \equiv 1 (\bmod 4) \quad (\boldsymbol{Q} \text{ 的对称性}) \tag{7}$$

$$\boldsymbol{Q}^{\mathrm{T}} = -\boldsymbol{Q}, q \equiv 3 (\bmod 4) \quad (\boldsymbol{Q} \text{ 的斜对称性}) \tag{8}$$

引理 3

$$\boldsymbol{Q}\boldsymbol{J}_q = \boldsymbol{J}_q\boldsymbol{Q} = \boldsymbol{O}, \boldsymbol{Q}\boldsymbol{Q}^{\mathrm{T}} = q\boldsymbol{I}_q - \boldsymbol{J}_q$$

此处 $\boldsymbol{J}_q$ 是元素全为 1 的 $q \times q$ 矩阵.

证明 第一个式子可由引理 2 之(1) 的归纳得到. 令 $\boldsymbol{Q}\boldsymbol{Q}^{\mathrm{T}} = (b_{ij})$,则

$$b_{ij} = \sum_{t=0}^{q-1} \chi(a_i - a_t)\chi(a_j - a_t)$$

当 $i = j$ 时,右边求和中的各项在 $t = i$ 时全为 0,而在 $t \neq i$ 时全为 1,因此 $b_{ii} = q - 1$. 当 $i \neq j$ 时,令 $a = a_i - a_t, b = a_j - a_i$,则

$$\chi(a_i - a_t)\chi(a_j - a_t) = \chi(a)\chi(a + b)$$

因此,由引理 2 之(2) 推出 $b_{ij} = -1$. 这样第二个式子得证.

定理 3 如果 $p^r \equiv 3(\bmod 4)$, p 是素数,那么存在一个 $p^r + 1$ 阶 H - 矩阵.

证明 令 $q = p^r$. 用式(6) 定义的 $\boldsymbol{Q}$ 构造一个 $(q+1) \times (q+1)$ 矩阵

$$\boldsymbol{S} = \begin{pmatrix} 0 & \boldsymbol{1}^{\mathrm{T}} \\ -\boldsymbol{1} & \boldsymbol{Q} \end{pmatrix}$$

此处 $\boldsymbol{1}$ 是分量全为 1 的 q 维列向量,那么由式(8) 推出

$$\boldsymbol{S}^{\mathrm{T}} = -\boldsymbol{S}$$

从而由引理 3 得到

$$\boldsymbol{S}\boldsymbol{S}^{\mathrm{T}} = \begin{pmatrix} 0 & \boldsymbol{1}^{\mathrm{T}} \\ -\boldsymbol{1} & \boldsymbol{Q} \end{pmatrix}\begin{pmatrix} 0 & -\boldsymbol{1}^{\mathrm{T}} \\ \boldsymbol{1} & \boldsymbol{Q}^{\mathrm{T}} \end{pmatrix}$$

$$= \begin{pmatrix} \mathbf{1}^{\mathrm{T}}\mathbf{1} & \mathbf{1}^{\mathrm{T}}\boldsymbol{Q}^{\mathrm{T}} \\ \boldsymbol{Q}\mathbf{1} & \mathbf{1}\mathbf{1}^{\mathrm{T}} + \boldsymbol{Q}\boldsymbol{Q}^{\mathrm{T}} \end{pmatrix}$$

$$= \begin{pmatrix} q & \mathbf{0} \\ \mathbf{0} & q\boldsymbol{I}_q \end{pmatrix} = q\boldsymbol{I}_{q+1}$$

令

$$\boldsymbol{H}_{q+1} = \boldsymbol{I}_{q+1} + \boldsymbol{S} \tag{9}$$

则 $\boldsymbol{H}_{q+1}$ 的元素全为 ± 1,并且

$$\begin{aligned} \boldsymbol{H}_{q+1}\boldsymbol{H}_{q+1}^{\mathrm{T}} &= (\boldsymbol{I}_{q+1} + \boldsymbol{S})(\boldsymbol{I}_{q+1} + \boldsymbol{S}^{\mathrm{T}}) \\ &= \boldsymbol{I}_{q+1} + \boldsymbol{S} + \boldsymbol{S}^{\mathrm{T}} + \boldsymbol{S}\boldsymbol{S}^{\mathrm{T}} \\ &= \boldsymbol{I}_{q+1} + q\boldsymbol{I}_{q+1} \\ &= (q+1)\boldsymbol{I}_{q+1} \end{aligned}$$

因此,$\boldsymbol{H}_{q+1}$ 是一个 $q+1$ 阶 H－矩阵.

由系 2,我们有:

系 3　如果 $p^r \equiv 3 \pmod 4$,p 是素数,那么必存在一个 $2^k(p^r+1)$ 阶 H－矩阵,$k \geqslant 1$.

定理 4　如果 $p^r \equiv 1 \pmod 4$,p 是素数,那么存在一个 $2(p^r+1)$ 阶 H－矩阵.

证明　令 $q = p^r$,再令 $m = q+1$. 用式(6)定义的 $\boldsymbol{Q}$ 构造一个 $m \times m$ 矩阵 $\boldsymbol{S}_m$ 如下

$$\boldsymbol{S}_m = \begin{pmatrix} 0 & \mathbf{1}^{\mathrm{T}} \\ \mathbf{1} & \boldsymbol{Q} \end{pmatrix}$$

此处 $\mathbf{1}$ 是分量全为 1 的 q 维列向量. 那么由式(7)推出

$$\boldsymbol{S}_m^{\mathrm{T}} = \boldsymbol{S}_m$$

因此,从引理 3 得到

$$\boldsymbol{S}_m\boldsymbol{S}_m^{\mathrm{T}} = (m-1)\boldsymbol{I}_m$$

令

$$\boldsymbol{H}_{2m}=\boldsymbol{S}_m\otimes\begin{pmatrix}1&1\\1&-1\end{pmatrix}+\boldsymbol{I}_m\otimes\begin{pmatrix}1&-1\\-1&-1\end{pmatrix}\tag{10}$$

则 $\boldsymbol{H}_{2m}$ 的元素全为 ± 1,并且

$$\begin{aligned}\boldsymbol{H}_{2m}\boldsymbol{H}_{2m}^{\mathrm{T}}&=\left[\boldsymbol{S}_m\otimes\begin{pmatrix}1&1\\1&-1\end{pmatrix}+\boldsymbol{I}_m\otimes\begin{pmatrix}1&-1\\-1&-1\end{pmatrix}\right]\times\\&\quad\left[\boldsymbol{S}_m^{\mathrm{T}}\otimes\begin{pmatrix}1&1\\1&-1\end{pmatrix}^{\mathrm{T}}+\boldsymbol{I}_m\otimes\begin{pmatrix}1&-1\\-1&-1\end{pmatrix}^{\mathrm{T}}\right]\\&=\boldsymbol{S}_m\boldsymbol{S}_m^{\mathrm{T}}\otimes\begin{pmatrix}1&1\\1&-1\end{pmatrix}\begin{pmatrix}1&1\\1&-1\end{pmatrix}^{\mathrm{T}}+\\&\quad\boldsymbol{S}_m\otimes\begin{pmatrix}1&1\\1&-1\end{pmatrix}\begin{pmatrix}1&-1\\-1&-1\end{pmatrix}^{\mathrm{T}}+\\&\quad\boldsymbol{S}_m^{\mathrm{T}}\otimes\begin{pmatrix}1&-1\\-1&-1\end{pmatrix}\begin{pmatrix}1&1\\1&-1\end{pmatrix}^{\mathrm{T}}+\\&\quad\boldsymbol{I}_m\otimes\begin{pmatrix}1&-1\\-1&-1\end{pmatrix}\begin{pmatrix}1&-1\\-1&-1\end{pmatrix}^{\mathrm{T}}\\&=(m-1)\boldsymbol{I}_m\otimes\begin{pmatrix}2&0\\0&2\end{pmatrix}+\boldsymbol{S}_m\otimes\begin{pmatrix}0&-2\\2&0\end{pmatrix}+\\&\quad\boldsymbol{S}_m^{\mathrm{T}}\otimes\begin{pmatrix}0&2\\-2&0\end{pmatrix}+\boldsymbol{I}_m\otimes\begin{pmatrix}2&0\\0&2\end{pmatrix}\\&=2(m-1)\boldsymbol{I}_{2m}+2\boldsymbol{I}_{2m}=2m\boldsymbol{I}_{2m}\end{aligned}$$

因此,$\boldsymbol{H}_{2m}$ 是一个 $2m$ 阶 H - 矩阵.

由系 2,我们有:

系4 如果$p^r\equiv 1(\bmod 4)$,p 是素数,那么必存在一个 $2^k\cdot 2(p^r+1)$ 阶 H - 矩阵,$k\geqslant 1$.

关于构造 H - 矩阵的其他方法,可参看 Hall[7] 和 Wallis-Street-Wallis[3] 的文章.

五、H－矩阵的构造举例

作为定理3和定理4的应用,我们举例说明H－矩阵的构造.

设 p 为素数. 如果所有整数都由 mod p 来考虑,我们得到一个有 p 个元素的 Galois 域 $GF(p)$. 如果选定一个以 $GF(p)$ 的元素为系数的 r 次不可约多项式 $f(x)$,那么所有形式为

$$\alpha_0 x^{r-1}+\alpha_1 x^{r-2}+\cdots+\alpha_{r-2}x+\alpha_{r-1} \tag{11}$$

的元素,由 mod $f(x)$ 来考虑,形成一个域. 由于每个 α_i 可取 p 个值,故形如(11)的元素总共有 p^r 个. 这样一来,我们又得到一个有 p^r 个元素的 Galois 域 $GF(p^r)$.

例1　构造一个12阶H－矩阵.

作为定理3的一个应用,考虑由素数 $p=11\equiv 3(\bmod 4)$ 所形成的域来构造. 由 mod 11 来考虑所有整数,我们得到一个 Galois 域

$$GF(11)=\{0,1,2,3,4,5,6,7,8,9,10\}$$

这时,其元素 $\{a_i, 0\leqslant i\leqslant 10\}$ 可以表示为 $a_i=i$,且 $11-i=-i$. 由于 $GF(11)$ 的原根是2,其非零元素可作为2的幂得到(mod 11)

$$2^0=1,2^1=2,2^2=4,2^3=8,2^4\equiv 5$$

$$2^5\equiv 10,2^6\equiv 9,2^7\equiv 7,2^8\equiv 3,2^9\equiv 6$$

这样一来,$GF(11)$ 的非零元素的特征函数 χ 是

$$\chi(1)=\chi(3)=\chi(4)=\chi(5)=\chi(9)=1$$

$$\chi(2)=\chi(6)=\chi(7)=\chi(8)=\chi(10)=-1$$

由此立刻得到由式(6)定义的矩阵 $\boldsymbol{Q}$. 于是利用式(9)便可构造一个12阶H－矩阵.

其中“+”代表 +1，“-”代表 -1.

$$
\begin{pmatrix}
+ & + & + & + & + & + & + & + & + & + & + & + \\
+ & - & + & - & + & + & + & - & - & - & + & - \\
+ & - & - & + & - & + & + & + & - & - & - & + \\
+ & + & - & - & + & - & + & + & + & - & - & - \\
+ & - & + & - & - & + & - & + & + & + & - & - \\
+ & - & - & + & - & - & + & - & + & + & + & - \\
+ & - & - & - & + & - & - & + & - & + & + & + \\
+ & + & - & - & - & + & - & - & + & - & + & + \\
+ & + & + & - & - & - & + & - & - & + & - & + \\
+ & + & + & + & - & - & - & + & - & - & + & - \\
+ & - & + & + & + & - & - & - & + & - & - & + \\
+ & + & - & + & + & + & - & - & - & + & - & -
\end{pmatrix}
$$

我们留意，如此得到的 H - 矩阵是循环的，但不是对称的. 由于 $\boldsymbol{S}$ 是斜对称的，故此类 H - 矩阵叫作斜对称 H - 矩阵. 读者可以试一试，利用定理 4 的方法，由 $p=5\equiv 1 \pmod 4$ 可以构造一个对称的 12 阶 H - 矩阵.

例 2 构造一个 20 阶 H - 矩阵.

作为定理 4 的一个应用，我们考虑由素数幂 $p^r=3^2\equiv 1 \pmod 4$ 所形成的 $GF(3^2)$ 来构造. 由于 $p=3$，故存在一个 Galois 域 $GF(3)=\{0,1,2\}$. 在以 $GF(3)$ 的元素为系数的二次多项式（x^2 的系数为 1）中，不可约的是 x^2+1, x^2+x+2, x^2+2x+2. 这里我们以 $f(x)=x^2+1$ 为模来构造 $GF(3^2)$. $GF(3^2)$ 的元素是 $0,1,2,x,x+1,x+2,2x,2x+1,2x+2$. 若选取 $x+1$ 作为原根，则 $GF(3^2)$ 的非零元素可作为 $x+1$ 的幂得到（$\bmod f(x)$）

$$(x+1)^0=1,(x+1)^1=x+1$$

$$(x+1)^2\equiv 2x,(x+1)^3\equiv 2x+1$$

$$(x+1)^4 \equiv 2, (x+1)^5 \equiv 2x+2$$

$$(x+1)^6 \equiv x, (x+1)^7 \equiv x+2$$

由此立刻得到非零元素的特征函数χ如下

$$\chi(1) = \chi(2x) = \chi(2) = \chi(x) = 1$$

$$\chi(x+1) = \chi(2x+1) = \chi(2x+2) = \chi(x+2) = -1$$

把 $GF(9)$ 的元素 $a_0, a_1, a_2, \cdots, a_{9-1}$ 排成 $a_0 = 0$, $a_{9-i} = -a_i, i = 1,2,\cdots,8$,我们得到

$$a_0 = 0, a_1 = 1, a_2 = x, a_3 = x+1, a_4 = x+2$$

$$a_5 = 2x+1, a_6 = 2x+2, a_7 = 2x, a_8 = 2$$

这样一来,我们容易得到一个以$\chi(a_i - a_j)$为(i,j)-元素$(0 \leqslant i,j \leqslant 8)$的$9 \times 9$矩阵$\boldsymbol{Q}$. 例如,$(0,1)$-元素是

$$\chi(a_0 - a_1) = \chi(0-1) = \chi(-1) = 1$$

$(1,2)$-元素是

$$\chi(a_1 - a_2) = \chi(1-x) = \chi(2x+1) = -1$$

$$\boldsymbol{Q} = \begin{pmatrix} 0 & + & + & - & - & - & - & + & + \\ + & 0 & - & + & - & + & - & - & + \\ + & - & 0 & + & + & - & - & + & - \\ - & + & + & 0 & + & + & - & - & - \\ - & - & + & + & 0 & - & + & - & + \\ - & + & - & + & - & 0 & + & + & - \\ - & - & - & - & + & + & 0 & + & + \\ + & - & + & - & - & + & + & 0 & - \\ + & + & - & - & + & - & + & - & 0 \end{pmatrix}$$

这样利用式(10)立刻得到一个20阶H-矩阵.

我们留意,如此得到的H-矩阵是对称的,但不是循环的. 由于 $\boldsymbol{S}_m$ 是对称的,故此类 H - 矩阵叫作对称 H - 矩阵. 读者可以试一试,利用定理 3 的方法,由 $p=19\equiv 3(\mathrm{mod}\ 4)$ 可以构造一个循环的、斜对称的 20 阶 H - 矩阵.

关于构造对称的和斜对称的 H - 矩阵的其他方法,可参看 Goethals-Seidel[8],Turyn[9],Whiteman[10],特别是 Wallis-Street-Wallis[3] 文章中的有关章节.

六、关于 H - 矩阵的几个猜想

现在,我们考察由前两部分给出的方法究竟能够构造哪些阶数的 H - 矩阵. 考虑阶数 $n\leqslant 200$.

(1) 由定理 1 得到的 H - 矩阵的阶数有

$$4=2^2,8=2^3,16=2^4,32=2^5,64=2^6,128=2^7$$

(2) 由定理 3 及系 3 得到的 H - 矩阵的阶数有

$$4=3+1,8=7+1,12=11+1,16=2(7+1)$$
$$20=19+1,24=2(11+1),28=3^3+1$$
$$32=2^2(7+1),40=2(19+1),44=43+1$$
$$48=2^2(11+1),56=2(3^3+1),60=59+1$$
$$64=2^3(7+1),68=67+1,72=71+1$$
$$80=2^2(19+1),84=83+1,88=2(43+1)$$
$$96=2^3(11+1),104=103+1,108=107+1$$
$$112=2^2(3^3+1),120=2(59+1),128=2^4(7+1)$$
$$132=131+1,136=2(67+1),140=139+1$$
$$144=2(71+1),152=151+1,160=2^3(19+1)$$
$$164=163+1,168=2(83+1),176=2^2(43+1)$$
$$180=179+1,192=2^4(11+1),200=199+1$$

(3) 由定理 4 及系 4 得到的 H - 矩阵的阶数有

$$12=2(5+1),20=2(3^2+1),24=2\cdot 2(5+1)$$
$$28=2(13+1),36=2(17+1),40=2\cdot 2(3^2+1)$$
$$48=2^2\cdot 2(5+1),52=2(5^2+1),56=2\cdot 2(13+1)$$
$$60=2(29+1),72=2\cdot 2(17+1),76=2(37+1)$$
$$80=2^2\cdot 2(3^2+1),84=2(41+1),96=2^3\cdot 2(5+1)$$
$$100=2(7^2+1),104=2\cdot 2(5^2+1),108=2(53+1)$$
$$112=2^2\cdot 2(13+1),120=2\cdot 2(29+1),124=2(61+1)$$
$$144=2^2\cdot 2(17+1),148=2(73+1),152=2\cdot 2(37+1)$$
$$160=2^3\cdot 2(3^2+1),164=2(9^2+1),168=2\cdot 2(41+1)$$
$$180=2(89+1),192=2^4\cdot 2(5+1),196=2(97+1)$$
$$200=2\cdot 2(7^2+1)$$

由此看出,在 $n\leqslant 200$ 范围内满足 $n\equiv 0(\bmod 4)$ 但由前两部分的方法解决不了存在性的 H-矩阵的阶数有六个,它们是

$$92,116,156,172,184,188$$

Paley 以后,对 H-矩阵的构造贡献最大的是 Williamson[11]. Williamson 对正的奇数 k,提出构造 $4k$ 阶 H-矩阵的方法,并成功地构造出了 172 阶 H-矩阵. 后来,Baumert-Golomb-Hall[12] 和 Baumert[13] 利用 Williamson 方法,并借助于电子计算机进行探索,分别找到了 92 阶和 116 阶 H-矩阵. 接着 Baumert-Hall[14] 又得到了 156 阶 H-矩阵. 由于 92 阶 H-矩阵的存在性,又由定理 1,184 阶 H-矩阵可由 2 阶和 92 阶 H-矩阵的 Kronecker 积得到.

到此,对满足 $n\leqslant 200$ 和 $n\equiv 0(\bmod 4)$ 的 n,H-矩阵的存在性仍未解决的只有

$$n = 188$$

的情形.

在文献[3]的第四部分中,J. S. Wallis 对满足 $n \leqslant 4\,000, n \equiv 0 \pmod 4$ 的 n 列出了已知的 H－矩阵.

尽管 H－矩阵在各方面的应用越来越广泛,但是在数学上仍然存在着许多尚未解决的问题. 一般认为正确但未被证明的命题,数学上叫作“猜想”. 关于 H－矩阵,有下列几个猜想:

猜想 1 存在 $4k$ 阶 H－矩阵,k 是正整数.

猜想 2 存在 $4k$ 阶 Williamson 型 H－矩阵,k 是正的奇数.

猜想 3 由等价变换可把一个 H－矩阵变换为对称的和斜对称的 H－矩阵.

猜想 4 除 4 阶的情形以外,不存在完全循环 H－矩阵.

在这些猜想中,猜想 1 是最根本的. 许多人认为这个猜想是对的,但迄今仍未得到证明. 要证明这个猜想,就得表明 $4k$ 阶 H－矩阵的存在性. 这需要做两方面的工作,一是研究一种完全崭新的、带有普遍性的构造方法;二是找出一种新途径,把已知的 H－矩阵或有关知识加以推广,使能选出新的 H－矩阵. 如前面所说,在这方面,Williamson 的贡献是很大的,他对正的奇数 k,发现了构造 $4k$ 阶 H－矩阵的方法(由于篇幅的限制,不在这里介绍了). 虽然 Williamson 方法不是一般的证明 H－矩阵的存在定理,但是由该方法系统地进行探索的结果,都无例外地找到了所需阶数的 H－

矩阵,迄今仍未发现反例. 上述由 Williamson 方法探索而得到的$4k=92,116,156$和172 阶 H - 矩阵中,k都是正的奇数. 猜想 2 就是由此产生的.

$k=47$,即$4k=188$的情形仍未解决,其原因据说是情况数太多,使用电子计算机的时间过长不便于计算. 若能从理论的研究上减少情况数,缩短计算机程序,恐怕也能做到. 另外,Turyn[9] 和 Whiteman[15] 相继对特殊的正奇数k,证明了 Williamson 型 H - 矩阵的存在性. 由于这种奇数列是无穷地存在的,可知 Williamson 型 H - 矩阵是无穷地存在的,从而猜想2 的真实性增加了. Baumert-Hall 还证明了,若 $4k$ 阶 Williamson 型 H - 矩阵存在,则必存在 $12k$ 阶 H - 矩阵. 156 阶 H - 矩阵就是这样得到的.

明显地,式(4) 中的 H - 矩阵 $\boldsymbol{H}_2$ 是对称的. 不言而喻,在交换列后产生的

$$\boldsymbol{H}_2^* = \begin{pmatrix} 1 & 1 \\ -1 & 1 \end{pmatrix}$$

仍然是一个 H - 矩阵. 由于 $\boldsymbol{H}_2^*$ 可以表示为一个单位矩阵和一个斜对称矩阵之和

$$\boldsymbol{H}_2^* = \begin{pmatrix} 1 & 0 \\ 0 & 1 \end{pmatrix} + \begin{pmatrix} 0 & 1 \\ -1 & 0 \end{pmatrix}$$

故 $\boldsymbol{H}_2^*$ 是斜对称的.

式(5) 中的 H - 矩阵 $\boldsymbol{H}_4$ 既不是对称的,又不是斜对称的. 但是,在交换列后产生的

$$
\boldsymbol{H}_4^* = \begin{pmatrix} 1 & 1 & 1 & 1 \\ 1 & 1 & -1 & -1 \\ 1 & -1 & 1 & -1 \\ 1 & -1 & -1 & 1 \end{pmatrix}
$$

是对称的;以 -1 乘第二、三、四行后产生的

$$
\boldsymbol{H}_4^{**} = \begin{pmatrix} 1 & 1 & 1 & 1 \\ -1 & 1 & -1 & 1 \\ -1 & 1 & 1 & -1 \\ -1 & -1 & 1 & 1 \end{pmatrix}
$$

是斜对称的,因为

$$
\boldsymbol{H}_4^{**} = \begin{pmatrix} 1 & 0 & 0 & 0 \\ 0 & 1 & 0 & 0 \\ 0 & 0 & 1 & 0 \\ 0 & 0 & 0 & 1 \end{pmatrix} + \begin{pmatrix} 0 & 1 & 1 & 1 \\ -1 & 0 & -1 & 1 \\ -1 & 1 & 0 & -1 \\ -1 & -1 & 1 & 0 \end{pmatrix}
$$

这样,乍看起来,猜想 3 也成立,但仍未得到证明.

猜想 4 恐怕也是真实的,因为迄今仍未发现反例.

参考文献

[1] SYLVESTER J J. Thoughts on inverse orthogonal matrices, simultaneous sign successions, and tesselated pavements in two or more colours, with applications to Newton's rule, ornamental tile-work, and the theory of numbers[J]. Phil. Mag. ,1867,34(4):461-475.

[2] HALL M Jr. Automorphisms of Hadamard matrices[J]. SIAM J. Appl. Math. ,1969,7:1094-1101.

[3] WALLIS W D,STREET A P, WALLIS J S. Combinatorics: room squares,

sum-free sets, Hadamard matrices[M]. Berlin:Springer-Verlag, 1972.

[4] 喜安善市. Hadamard 行列 とその 应用(1 – 5)[J]. 电子通信学会志,1974,57:17-27,189-198,290-302,562-575,697-711.

[5] HADAMARD J. Résolution d'une question relative aux déterminants[J]. Bull. Sci. Math. ,1893,17:240-246.

[6] PALEY R E A C. On orthogonal matrices[J]. J. Math. Phys. , 1933, 12:311-320.

[7] HALL M Jr. Combinatorial theory[M]. Waltham, Mass.: Blaisdell Publishing Company,1967.

[8] GOETHALS J M, SEIDEL J J. A skew Hadamard matrix of order 36[J]. J. Austral. Math. Soc. ,1970,11:343-344.

[9] TURYN R J. An infinite class of Williamson matrices[J]. J. Combinatorial Theory, 1972,12A(3):319-321.

[10] WHITEMAN A L. An infinite family of skew-Hadamard matrices[J]. Pacific J. Math. , 1971,38:817-822.

[11] WILLIAMSON J. Hadamard's determinant theorem and the sum of four squares[J]. Duke Math. J. , 1944,11:65-81.

[12] BAUMERT L D, GOLOMB S W, HALL M Jr. Discovery of an Hadamard matrix of order 92[J]. Bull. Amer. Math. Soc. , 1962, 68:237-238.

[13] BAUMERT L D. Hadamard matrices of the Williamson type[J]. Math. Comp. ,1965,19(91):442-447.

[14] BAUMERT L D, HALL M Jr. A new construction for Hadamard matrices[J]. Bull. Amer. Math. Soc. , 1965,71:169-170.

[15] WHITEMAN A L. An infinite family of Hadamard matrices of Williamson type[J]. J. Combinatorial Theory, 1973,14A:334-340.

[16] WALLIS J. (v,k,λ)-configurations and Hadamard matrices[J]. J. Austral. Math. Soc. ,1970,11(3):297-309.

关于 Hadamard 矩阵的第四个猜想①

第 7 章

由于 Hadamard 矩阵广泛地被应用于各个科学领域，所以，近几十年 Hadamard 矩阵的研究引起人们更多的注意与兴趣. 刘璋温研究员在文献[1]中总结了这方面近几十年的研究成果，并给出了关于 Hadamard 矩阵的四个著名猜想. 本章证明了这四个猜想中的第四个猜想.

定理 1 如果 $\boldsymbol{H}_n$ 是 n 阶完全循环 Hadamard 矩阵,那么 $n = 4$.

Hadamard 矩阵,如果作为正交矩阵从 Sylvester[2] 算起,已经有了一百多年的历史. 然而,Hadamard 矩阵引起人们更多的注意与兴趣,还是近几十年的事情,近几十年来人们在这方面取得了不少成果,但还有很多待解决的问题.

文献[1] 中提出了关于 Hadamard 矩阵的四个猜想,海南师范学院的黄国泰

① 本章摘编自《数学的实践与认识》,1988(4):68-70.

教授证实了这四个猜想中的第四个猜想. 其主要结果如下：

定理 2 如果 $\boldsymbol{H}_{4k}$ 是 $4k$ 阶完全循环 Hadamard 矩阵,那么 $k=1$.

一、预备知识

若一个 n 阶矩阵

$$\boldsymbol{A}=\begin{pmatrix} a_{11} & a_{12} & \cdots & a_{1n} \\ a_{21} & a_{22} & \cdots & a_{2n} \\ \vdots & \vdots & & \vdots \\ a_{n1} & a_{n2} & \cdots & a_{nn} \end{pmatrix}$$

的元素 a_{ij} 取值为 $+1$ 或 -1,且满足正交性条件

$$\sum_{k=1}^{n} a_{ik}a_{jk}=\begin{cases} 0, & i\neq i \\ n, & i=j \end{cases} \tag{1}$$

则称 $\boldsymbol{A}$ 为 n 阶 Hadamard 矩阵,简称为 n 阶 H - 矩阵.

容易看出,条件(1) 可以表示为

$$\boldsymbol{A}\boldsymbol{A}^{\mathrm{T}}=n\boldsymbol{I}_n \tag{2}$$

其中,$\boldsymbol{A}^{\mathrm{T}}$ 是 $\boldsymbol{A}$ 的转置,$\boldsymbol{I}_n$ 是 n 阶单位矩阵.

如果 H - 矩阵是循环的,那么这个 H - 矩阵叫作完全循环 H - 矩阵.

设 $S=\{1,\cdots,n\}$ 为 n 元集合,S 上的子集系 $\mathscr{A}=\{s_1,\cdots,s_n\}$ 称为 H - 矩阵 $\boldsymbol{A}$ 的关联子集系. 如果 $a_{ij}=1$,那么 $j\in s_i$.

由条件(1) 得

$$|s_i\Delta s_j|=\frac{n}{2}\quad(1\leqslant i\neq j\leqslant n) \tag{3}$$

其中,$s_i\Delta s_j$ 表示集合 s_i 与 s_j 的对称差,$|s_i\Delta s_j|$ 表示集

合 $s_i \Delta s_j$ 的元素个数.

反之,设 $S = \{1, \cdots, n\}$ 为 n 元集合,$\mathscr{A} = \{s_1, \cdots, s_n\}$ 是 S 上的子集系,且满足条件(3),则矩阵

$$\boldsymbol{A} = \begin{pmatrix} a_{11} & a_{12} & \cdots & a_{1n} \\ a_{21} & a_{22} & \cdots & a_{2n} \\ \vdots & \vdots & & \vdots \\ a_{n1} & a_{n2} & \cdots & a_{nn} \end{pmatrix}$$

是 H - 矩阵,其中

$$a_{ij} = \begin{cases} 1, & j \in s_i \\ -1, & j \notin s_i \end{cases}$$

如果 $\boldsymbol{A}$ 是完全循环的 H - 矩阵,那么它的关联子集系 $\mathscr{A} = \{s_1, \cdots, s_n\}$ 满足

$$\sigma(s_i) = \begin{cases} s_{i+1}, & i \neq n \\ s_1, & i = n \end{cases} \tag{4}$$

其中

$$\sigma(s_i) = \{\sigma(j) : j \in s_i\}, \sigma(j) = \begin{cases} j+1, & j \neq n \\ 1, & j = n \end{cases}$$

二、定理的证明

引理 1 设 $\mathscr{A} = \{s_1, \cdots, s_n\}$ 是 H - 矩阵 $\boldsymbol{A}$ 的关联子集系,$\mathscr{A}^{\mathrm{T}} = \{s'_1, \cdots, s'_n\}$ 是 H - 矩阵 $\boldsymbol{A}^{\mathrm{T}}$ 的关联子集系,且有

$$|s_i| = |s_j|, |s'_i| = |s'_j| \quad (1 \leqslant i \neq j \leqslant n)$$

那么 $\frac{n}{4}$ 必是某个正整数的平方.

证明 设 $|s_i| = l, i = 1, \cdots, n$. 因为

$$|s_i \Delta s_j| = |s_i| + |s_j| - 2|s_i \cap s_j|$$

$$= \frac{n}{2} \quad (1 \leqslant i \neq j \leqslant n)$$

所以

$$l = \frac{n}{4} + |s_i \cap s_j| \quad (1 \leqslant i \neq j \leqslant n) \tag{5}$$

记 $t = |s_i \cap s_j|$，现在考虑 $s_1 \cap s_i (i = 1, \cdots, n)$，对任意 $x \in s_1$，有 $l - 1$ 个 $s_i (1 < i \leqslant n)$ 含元素 x，(由 $|s'_j| = l$) 所以

$$\sum_{i=2}^{n} |s_1 \cap s_i| = l(l - 1) \tag{6}$$

又 $|s_1 \cap s_i| = |s_1 \cap s_j|, 1 < i \neq j \leqslant n$，得

$$\sum_{i=2}^{n} |s_1 \cap s_i| = (n - 1)t \tag{7}$$

结合式(5) ~ (7) 有

$$\begin{cases} l(l - 1) = (n - 1)t \\ l = \dfrac{n}{4} + t \end{cases} \tag{8}$$

解方程组(8) 得

$$t = \frac{n}{4} \pm \sqrt{\frac{n}{4}}, l = \frac{n}{2} \pm \sqrt{\frac{n}{4}}$$

因为 $t = |s_i \cap s_j|$，所以 $\sqrt{\frac{n}{4}}$ 必为整数，从而引理得证.

定理 2 的证明　由式(2)，不妨设 $S = \{1, \cdots, 4k\}$ 上的子集系 $\mathscr{A} = \{s_1, \sigma(s_1), \cdots, \sigma^{4k-1}(s_1)\}$ 是 $\boldsymbol{H}_{4k}$ 的关联子集系，$\mathscr{A}^{\mathrm{T}} = \{s'_1, \cdots, s'_{4k}\}$ 是 $\boldsymbol{H}_{4k}^{\mathrm{T}}$ 的关联子集系.

显然

$$|s_1| = |\sigma(s_1)| = \cdots = |\sigma^{4k-1}(s_1)|$$

$$|s'_i| = |s'_j| \quad (1 \leqslant i \neq j \leqslant 4k)$$

由引理 1,不失一般性,设

$$|s_1| = 2k - \sqrt{k}$$

$$|s_1 \cap \sigma^j(s_1)| = k - \sqrt{k} \quad (j = 2,\cdots,4k)$$

记

$$m(x,y) = \min\{x - y \equiv i(\bmod 4k),\ y - x \equiv 4k - i(\bmod 4k)\}$$

显然

$$1 \leqslant m(x,y) \leqslant 2k$$

因为 s_1 中有 $\binom{2k - \sqrt{k}}{2}$ 对不同元素对,且每一元素对 $x,y \in s_1$ 有 $m(x,y)$ 值($1 \leqslant m(x,y) \leqslant 2k$),又由完全循环的定义知,对每一 $i(1 \leqslant i \leqslant 4k - 1)$ 有且仅有 $k - \sqrt{k}$ 对元素 $x,y \in s_1$,使得

$$x - y \equiv i(\bmod 4k) \text{ 或 } y - x \equiv i(\bmod 4k)$$

所以有

$$\binom{2k - \sqrt{k}}{2} = 2k(k - \sqrt{k}) \tag{9}$$

化简式(9) 得 $k = \sqrt{k}$,即 $k = 1$. 证毕.

注　本章完成以后笔者发现 Hadamard 矩阵这一猜想已在文献[3] 中被证明,但是,本章的证明方法与文献[3] 不同,且比文献[3] 简洁.

参考文献

[1] 刘璋温. Hadamard 矩阵[J]. 数学的实践与认识,1978(4):55-67.

[2] SYLVESTER J J. Thoughts on inverse orthogonal matrices, simultaneous sign successions, and tesselated pavements in two or more colours, with applications to Newton's rule, ornamental tile-work, and the theory of numbers[J]. Phil. Mag., 1867,34(4):461-475.

[3] 张西华. 不存在 $4k(k>1)$ 阶完全循环的 Hadamard 矩阵的猜想的证明[J]. 科学通报,1984(24):1485.

不存在 $4k(k>1)$ 阶完全循环的 Hadamard 矩阵的猜想的证明[①]

第 8 章

在文献[1]中，刘璋温研究员综述过 Hadamard 矩阵(以下简称 H - 矩阵)的研究状况. 不存在 $4k(k>1)$ 阶完全循环的 H - 矩阵，是未证明的猜想之一. 湖北黄冈师范专科学校的张西华教授 1983 年证明了它. 为此，我们先引入如下定义.

定义 1 一个向量的分量仅在集 $\{0,1\}$ 上取值时，称为 Boole 向量. Boole 向量

$$\boldsymbol{a} \xlongequal{\text{记作}} \langle a_1, a_2, \cdots, a_n \rangle$$

的分量含 1 的个数，称为它的长度，记作 $|\boldsymbol{a}|$，显然 $|\boldsymbol{a}| = \sum_{i=1}^{n} a_i$.

定义 2 两个 $4k$ 维 Boole 向量 $\boldsymbol{a}, \boldsymbol{b}$ 满足 $|\boldsymbol{a} \oplus \boldsymbol{b}| = 2k$，就称为互相正交的 Boole 向量.

① 本章摘编自《科学通报》，1984(24):1485-1486.

其中 $\oplus$ 为异或运算. 两个向量的异或运算是相应分量进行异或运算. 显然有

$$|\boldsymbol{a}\oplus\boldsymbol{b}| = |\boldsymbol{a}| + |\boldsymbol{b}| - 2|\boldsymbol{a}\wedge\boldsymbol{b}| \tag{1}$$

其中“$\wedge$”为逻辑乘. 两个向量的逻辑乘是对应分量进行逻辑乘.

定义3　任意两行(列)在定义2的意义下互为正交的方阵,称为行行正交的 Boole 矩阵,简称为 B - 矩阵.

显然,H - 矩阵与 B - 矩阵是一一对应的.

事实上,将 H - 矩阵中的元素 -1 改作1,1 改作0,就得 B - 矩阵,反之亦然.

定义4　形如

$$\begin{pmatrix} b_1 & b_2 & \cdots & b_{4k} \\ b_{4k} & b_1 & \cdots & b_{4k-1} \\ \vdots & \vdots & & \vdots \\ b_2 & b_3 & \cdots & b_1 \end{pmatrix} \tag{2}$$

的 B - 矩阵,称为完全循环的 B - 矩阵,简称为 B_0 - 矩阵.

显然,B_0 - 矩阵与完全循环的 H - 矩阵也是一一对应的. 我们有:

引理1　设 p 表示 B_0 - 矩阵的任一行(列)向量的长度,则

$$p = k + l \quad (l \geqslant 0) \tag{3}$$

$$|\langle b_1\wedge b_j, b_2\wedge b_{(j+1)'}, \cdots, b_{4k}\wedge b_{(j+4k-1)'}\rangle| = l \tag{4}$$

其中 $(j+s)' \equiv j+s \pmod{4k}$, $j = 2,3,\cdots,4k$; $s = 1,2,\cdots,4k-1$.

证明　式(3) 显然,式(4) 可由式(3)、式(1) 以及正交性定义得证.

由向量长度的定义和引理1中的式(3),引理1中的式(4) 就是下列非线性方程组

$$\begin{cases} b_1b_2 + b_2b_3 + \cdots + b_{4k}b_1 = l \\ b_1b_3 + b_2b_4 + \cdots + b_{4k}b_2 = l \\ \qquad\qquad \vdots \\ b_1b_{4k} + b_2b_1 + \cdots + b_{4k}b_{4k-1} = l \\ b_1 + b_2 + \cdots + b_{4k} = k + l \end{cases} \tag{5}$$

引理2　当 $k > 1$ 时,方程组(5) 没有 $b_i = 0,1$ 的解.

证明　分两步,首先证明 $l = k \pm \sqrt{k}$ 是方程组(5) 有解的必要条件. 为此,我们将方程组(5) 的前 $4k - 1$ 个方程左右两边分别相加得

$$\begin{aligned} & b_1(b_2 + b_3 + \cdots + b_{4k}) + \\ & b_2(b_3 + b_4 + \cdots + b_1) + \cdots + \\ & b_{4k}(b_1 + b_2 + \cdots + b_{4k-1}) \\ = {} & (4k - 1)l \end{aligned}$$

利用方程组(5) 的最后一个等式得

$$(k + l)(k + l - 1) = (4k - 1)l$$

即

$$(k - l)^2 = k$$

所以

$$l = k \pm \sqrt{k}$$

其次,我们证明当 $k > 1$ 时,方程组(5) 没有 $b_i =$

0,1 的解. 为确定起见,我们取 $l = k - \sqrt{k}$($l = k + \sqrt{k}$ 的情况类似).

将方程组(5) 的前 $4k - 1$ 个方程左右两边分别相乘得

$$\prod_{j=1}^{4k-1} \left(\sum_{i=1}^{4k} b_i b_{(j+i)'} \right) = (k - \sqrt{k})^{4k-1} \tag{6}$$

其中

$$(j + i)' \equiv j + i (\bmod 4k)$$

由于方程组(5) 的前 $4k - 1$ 个方程中,每三个方程的左边都没有两个因子的下标完全相同的项,因此,在方程(6) 的左边的展开式中,每项至少包含 $4k - 1$ 个不同下标的因子. 又因为

$$4k - 1 > k + l = 2k - \sqrt{k}$$

$\forall k \in I$(I 为自然数集),所以左边展开式的各项皆为零,于是得 $k - \sqrt{k} = 0$,但 $k > 1$,故方程组(5) 对 $k > 1$ 没有 $b_i = 0,1$ 的解.

由引理 1,2,即得:

定理 1 不存在 $4k(k > 1)$ 阶 B_0 - 矩阵,换句话说,不存在 $4k(k > 1)$ 阶完全循环的 Hadamard 矩阵.

参考文献

[1] 刘璋温. Hadamard 矩阵[J]. 数学的实践与认识,1978(4):55-67.

关于《不存在 $4k(k>1)$ 阶完全循环的 Hadamard 矩阵的猜想的证明》一文的注[①]

第 9 章

刘璋温综述了 Hadamard 矩阵(简称为H－矩阵)的研究状况,并引出了一些未获证明的猜想(参见《数学的实践与认识》,1978(4):55-67). 张西华给出了其中猜想4(不存在 $4k(k>1)$ 阶完全循环H－矩阵)的一个证明(参见《科学通报》,1984,29(24):1485-1486).

南京工学院(现东南大学)数理系的潘建中教授认为张老师文章中的论证是不完整的,尽管猜想4确实是正确的,并指出张老师文章中错误之所在,然后对证明做一补充. 以下仍按张老师文章中之记号.

张老师文章中证明的关键显然是要证明其中之方程组(5)当 $k>1$ 时无解. 其中已经证明:方程组(5)有解须 $l=k\pm\sqrt{k}$.

① 本章摘编自《科学通报》,1986(9):719.

张老师文章中的错误在于将方程组(5)的前$4k-1$个方程看作是独立的,实际上方程组(5)的第一个与倒数第二个方程、第二个与倒数第三个方程……分别是相同的. 因此只有$2k$个独立的方程. 这样一来文中引理2的证明对$l=k+\sqrt{k}$就不能成立,然而对$l=k-\sqrt{k}$则仍成立.

因此只需证明不存在满足$l=k+\sqrt{k}$的完全循环B－矩阵.

引理1　不存在满足$l=k+\sqrt{k}$或

$$P=2k+\sqrt{k}\quad(k>1)$$

的完全循环B－矩阵.

证明　用反证法. 假设引理不成立,即存在满足$l=k+\sqrt{k}$或$P=2k+\sqrt{k}(k>1)$的完全循环B－矩阵. 设其为

$$\boldsymbol{B}_0=(b_{ij}^{(0)})_{n\times n},b_{ij}^{(0)}=0,1$$

令

$$\boldsymbol{B}_1=(1-b_{ij}^{(0)})_{n\times n}$$

则得一新的矩阵,其元素为0或1,且显然$\boldsymbol{B}_1$仍然是完全循环B－矩阵. 但此时

$$P_1=4k-P=2k-\sqrt{k}$$

从而

$$l_1=P_1-k=k-\sqrt{k}$$

因此证得存在满足$l=k-\sqrt{k}(k>1)$的完全循环B－矩阵,得到矛盾. 从而猜想4正确.

关于高维 Hadamard 矩阵猜想的证明①

第10章

所谓 n 维 m 阶 m^n Hadamard 矩阵(以下简称 H－矩阵)

$$A = (A_{h(0),h(1),\cdots,h(n-1)})$$

是指其满足如下条件:

(1) $A_{h(0),h(1),\cdots,h(n-1)} = \pm 1 \quad (0 \leqslant h(0), h(1),\cdots,h(n-1) \leqslant m-1)$;

(2) $\sum\limits_{p}\sum\limits_{q}\cdots\sum\limits_{r} A_{pq\cdots ra} \cdot A_{pq\cdots rb} = m^{n-1}\delta_{ab}$(这里,$(p,q,\cdots,r,c)$ 是 $(h(0), h(1),\cdots,h(n-1))$ 的任一置换,$\delta_{ab} = \begin{cases}1, & 当 a = b\\0, & 当 a \neq b\end{cases}$).

熟知的普通 Hadamard 矩阵是当 $n = 2$ 时 m^2 H－矩阵. 文献[1]中猜想 e 指出:普通 m^2 H－矩阵的阶数 m,只限于 1,2,4k 的事实,当 $n > 2$ 时对 m^n H－矩阵已不再存在如此限制,但必须限定 m 为偶数!那么,是否存在任意维数及各种

① 本章摘编自《应用数学与计算数学学报》,1990,4(2):88,91-92.

偶数阶的高维 H – 矩阵?吉林师范学院数学系的高明谦教授 1990 年对此猜想做出肯定回答并给出构造性证明.

定义 1 设 $2^{s-1} < m \leqslant 2^s$,若对 m^n 高维矩阵 $\boldsymbol{A} = (A_{h(0),\cdots,h(n-1)})$ 的每个下标变量 $h(j)\,(j = 0,\cdots,n-1)$ 用二进制变量表达式表达

$$h(j) = \sum_{i=0}^{s-1} h(i,j)2^i$$

则以各 $(h(0,j),\cdots,h(s-1,j))^{\mathrm{T}}$ 为列所构成的 $s \times n$ 矩阵

$$\boldsymbol{B} = (h(i,j)) = \begin{pmatrix} h(0,0) & \cdots & h(0,n-1) \\ \vdots & & \vdots \\ h(s-1,0) & \cdots & h(s-1,n-1) \end{pmatrix}$$

称为 $\boldsymbol{A}$ 的下标变量进制表达阵,简称为下标变量矩阵.

定义 2 一个(0,1)矩阵称为行平衡的,若它满足:(1)它的各列互不相同;(2)它的每一行中 0 的个数与 1 的个数相等.

例如,从 0 到 15,从 1 到 14⋯⋯从 7 到 8;所分别对应的 4×16 阶,4×14 阶⋯⋯4×2 阶二进制表达(0,1)矩阵都是行平衡的.

定理 1 对下标变量矩阵

$$\boldsymbol{B}_{4\times5} = \begin{pmatrix} h(0,0) & \cdots & h(0,4) \\ \vdots & & \vdots \\ h(3,0) & \cdots & h(3,4) \end{pmatrix}$$

规定 $f(\boldsymbol{B}) = \sum_{j=0}^{4}\sum_{i=j}^{3} h(i,j)h(j,i+1)$,并令 $1 \leqslant h(j) \leqslant$

$14(j=0,\cdots,4)$,则矩阵

$$\boldsymbol{A}=(A_{h(0),\cdots,h(4)})=((-1)^{f(\boldsymbol{B})})$$

是一个 5 维 14 阶 H - 矩阵.

证明　任意固定 $t(0\leqslant t\leqslant 4)$,比如对于 $t=0$,任意取定 $h(0)$ 的两值 $a\neq b$,设有二进制表达式

$$a=\sum_{i=0}^{3}a_i2^i,b=\sum_{i=0}^{3}b_i2^i$$

则

$$\begin{aligned}&\sum_{1\leqslant h(1),h(2),h(3),h(4)\leqslant 14}A_{a,h(1),\cdots,h(4)}\cdot A_{b,h(1),\cdots,h(4)}\\&=\sum_{1\leqslant h(1),h(2),h(3),h(4)\leqslant 14}(-1)^{\sum_{i=0}^{3}(a_i+b_i)h(0,i+1)}\\&=\sum_{1\leqslant h(1),h(2),h(3),h(4)\leqslant 14}[(-1)^{(a_0+b_0)h(0,1)}\cdot\\&\quad(-1)^{(a_1+b_1)h(0,2)}\cdot(-1)^{(a_2+b_2)h(0,3)}\cdot(-1)^{(a_3+b_3)h(0,4)}]\\&=[\sum_{h(1)=1}^{14}(-1)^{(a_0+b_0)h(0,1)}]\cdot[\sum_{h(2)=1}^{14}(-1)^{(a_1+b_1)h(0,2)}]\cdot\\&\quad[\sum_{h(3)=1}^{14}(-1)^{(a_2+b_2)h(0,3)}]\cdot[\sum_{h(4)=1}^{14}(-1)^{(a_3+b_3)h(0,4)}]\end{aligned}$$

因 $a\neq b$,故必存在某个 $i(0\leqslant i\leqslant 3)$ 使 $a_i+b_i=1$,故上面四个因子的第 i 个:$\sum_{h(i)=1}^{14}(-1)^{h(0,i)}=7-7=0$(这是因为对 $h(i)$ 赋以从 1 到 14 所得的二进制表达阵是行平衡的). 当 $a=b$ 时,上式值为 14^4.

同理对 $t=1,2,3,4$ 均有类似的反映正交性的等式,故知 $\boldsymbol{A}$ 为 14^5 H - 矩阵.

定理 2　设 $m\leqslant 2^4$,当用定理 1 的方法构造 5 维 H - 矩阵时,若限定每个 $h(j)$ 只取 m 个整数值:8 -

$\frac{m}{2} \leqslant h(j) \leqslant 7+\frac{m}{2}$，则所得矩阵 $\boldsymbol{A}$ 为一个 m^5 H－矩阵.

这样我们就得到了 $12^5,10^5,\cdots,4^5,2^5$ 等一系列 m^5 H－矩阵，并且我们可以证明有一般性的定理：

定理3　对 $n>2$ 及偶数 $m \leqslant 2^{n-1}$，若给定下标变量矩阵 $\boldsymbol{B}=(h(i,j))_{(n-1)\times n}(i=0,1,\cdots,n-2;j=0,1,\cdots,n-1)$，规定函数

$$f(\boldsymbol{B})=\sum_{j=0}^{n-1}\sum_{i=j}^{n-2} h(i,j)h(j,i+1)$$

并对每个 $h(j)$ 限定取值

$$2^{n-1}-\frac{m}{2} \leqslant h(j) \leqslant 2^{n-1}-1+\frac{m}{2}$$

则矩阵 $\boldsymbol{A}=(A_{h(0),\cdots,h(n-1)})=((-1)^{f(\boldsymbol{B})})$ 是一个 n 维 m 阶的 Hadamard 矩阵.

我们看到，用一个比较统一而简洁的方法可以一次性地构造出任意 $n>2$ 维及各种偶数阶的高维 Hadamard 矩阵，因而，我们已经回答了猜想.

参考文献

[1] SHLICHTA P. Higher-dimensional Hadamard matrices[J]. IEEE Trans. on Inform. Theory, 1979, 25(5): 566-572.

[2] 杨义先. 高维 Hadamard 矩阵的几个猜想之证明[J]. 科学通报, 1986(2): 85-88.

关于循环 Hadamard 矩阵存在的必要条件①

第 11 章

定义 1 形如

$$H_1 = \begin{pmatrix} h_1 & h_2 & h_3 & \cdots & h_N \\ h_N & h_1 & h_2 & \cdots & h_{N-1} \\ \vdots & \vdots & \vdots & & \vdots \\ h_2 & h_3 & h_4 & \cdots & h_1 \end{pmatrix}$$

或

$$H_2 = \begin{pmatrix} h_1 & h_2 & h_3 & \cdots & h_N \\ h_2 & h_3 & h_4 & \cdots & h_1 \\ \vdots & \vdots & \vdots & & \vdots \\ h_N & h_1 & h_2 & \cdots & h_{N-1} \end{pmatrix}$$

的矩阵称为 N 阶完全循环矩阵，并称 $\boldsymbol{H}_1$ 和 $\boldsymbol{H}_2$ 分别为右循环和左循环矩阵.

定义 2 如果 $\boldsymbol{H}_1$ 和 $\boldsymbol{H}_2$ 还是 2 维 Hadamard 矩阵，那么就称之为循环 Hadamard 矩阵(简称为循环 H - 矩阵).

① 本章摘编自《北京邮电大学学报》,1995,18(2):32-36.

关于循环 H－矩阵的存在性问题有一个存疑多年但至今尚未解决的猜想，即：

循环 Hadamard 猜想：当 $k \geqslant 1$ 时，不存在 $4k$ 阶的循环 H－矩阵.

许多学者对此猜想进行了研究[1-5]，但最终还是没有解决此猜想，不过已知道只有当 $N = 4k^2$ 时，才可能存在 $N \times N$ 的循环 H－矩阵.

北京邮电大学信息工程系的于凯、陆传赉两位教授 1995 年讨论了循环 H－矩阵存在的必要条件，本章仅讨论右循环矩阵，下面所说的循环矩阵也都是右循环矩阵.

一、循环 H－矩阵的特征值

令矩阵 $\boldsymbol{C}$ 为如下形式

$$\boldsymbol{C} = \begin{pmatrix} 0 & 1 & 0 & \cdots & 0 \\ 0 & 0 & 1 & \cdots & 0 \\ \vdots & \vdots & \vdots & & \vdots \\ 0 & 0 & 0 & \cdots & 1 \\ 1 & 0 & 0 & \cdots & 0 \end{pmatrix}_{N \times N}$$

对于任何循环矩阵

$$\boldsymbol{P} = \begin{pmatrix} P_1 & P_2 & P_3 & \cdots & P_N \\ P_N & P_1 & P_2 & \cdots & P_{N-1} \\ \vdots & \vdots & \vdots & & \vdots \\ P_2 & P_3 & P_4 & \cdots & P_1 \end{pmatrix}$$

有

$$\boldsymbol{P} = P_1 \boldsymbol{I}_N + P_2 \boldsymbol{C} + P_3 \boldsymbol{C}^2 + \cdots + P_N \boldsymbol{C}^{N-1} = \sum_{i=1}^{N} P_i \boldsymbol{C}^{i-1}$$

其中,$\boldsymbol{I}_N$ 为单位矩阵,$\boldsymbol{C}^0 = \boldsymbol{I}_N$.

特别地,对于循环 H - 矩阵也有

$$\boldsymbol{H} = \sum_{i=1}^{N} h_i \boldsymbol{C}^{i-1}$$

其中,$(h_1, h_2, \cdots, h_N)$ 为循环 H - 矩阵的第 1 行.

为讨论方便,我们令

$$f(t) = h_1 + h_2 t + \cdots + h_N t^{N-1}$$

那么有

$$\boldsymbol{H} = f(\boldsymbol{C})$$

为讨论循环 H - 矩阵的特征值,我们需如下引理:

引理 1 矩阵 $\boldsymbol{C}$ 的特征值为 $\mathrm{e}^{\mathrm{i}\frac{2\pi k}{N}}, k = 0, 1, \cdots, N-1$.

证明 设 $\boldsymbol{C}$ 的特征值为 λ,由

$$\det | \lambda \boldsymbol{I}_N - \boldsymbol{C} | = 0$$

可知

$$\lambda^N - 1 = 0$$

所以

$$\lambda = \mathrm{e}^{\mathrm{i}\frac{2\pi k}{N}} \quad (k = 0, 1, \cdots, N-1)$$

有了上述引理,我们就可求出循环 H - 矩阵的特征值.

定理 1 如果 $\boldsymbol{H}$ 为循环 H - 矩阵,那么它的特征值为

$$f(\omega^k) \quad (k = 0, 1, \cdots, N-1)$$

其中

$$f(t) = \sum_{i=1}^{N} h_i t^{i-1}, \omega = \mathrm{e}^{\mathrm{i}\frac{2\pi}{N}}$$

而$(h_1,h_2,\cdots,h_N)$为循环 H－矩阵的第1行，而且有$|f(\omega^k)|=\sqrt{N}$.

证明　由上面的讨论可知

$$\boldsymbol{H}=f(\boldsymbol{C})$$

而$\boldsymbol{C}$的特征值为$\omega^k,k=0,1,\cdots,N-1$，所以$\boldsymbol{H}$的特征值为$f(\omega^k)$.

又由于$\boldsymbol{H}$为循环 H－矩阵，所以

$$\boldsymbol{H}\cdot\boldsymbol{H}^{\mathrm{T}}=N\boldsymbol{I}_N$$

即$\frac{1}{\sqrt{N}}\cdot\boldsymbol{H}$为一个正交阵，而正交阵的特征值的模为1，即有

$$\left|\frac{f(\omega^k)}{\sqrt{N}}\right|=1$$

所以

$$|f(\omega^k)|=\sqrt{N}$$

二、关于循环 H－矩阵存在的几个必要条件

在下面的讨论中，我们用$(h_1,h_2,\cdots,h_N)$表示循环 H－矩阵的第1行元素，而且令$N=4k^2$，这是由于只有当N为$4k^2$的形式时，才可能存在N阶循环H－矩阵.

令：

a为$\{h_i\}$中取$+1$的个数，$1\leqslant i\leqslant 4k^2$；

b为$\{h_i\}$中取-1的个数，$1\leqslant i\leqslant 4k^2$；

c为$\{h_{2i-1}\}$中取$+1$的个数，$1\leqslant i\leqslant 2k^2$；

d为$\{h_{2i}\}$中取$+1$的个数，$1\leqslant i\leqslant 2k^2$；

e为$\{h_{4i}\}$中取$+1$的个数，$1\leqslant i\leqslant k^2$；

f 为 $\{h_{4i+1}\}$ 中取 $+1$ 的个数, $0 \leqslant i \leqslant k^2-1$.

关于 a, b 有如下结论:

定理2[6] 如果存在 $N \times N$ 的循环 H－矩阵, $N = 4k^2$, 那么 $a = 2k^2 \pm k, b = 2k \mp k$.

关于 c 与 d 有如下结论:

定理 3 如果存在 $N \times N$ 的循环 H－矩阵, $N = 4k^2$, 那么 c, d 必须满足下列 2 个条件之一:

①$c = k^2, d = k^2 \pm k$;

②$c = k^2 \pm k, d = k^2$.

证明 由

$$|f(\omega^i)| = \sqrt{N} = 2k$$

令 $i = \dfrac{N}{2} = 2k^2$, 有

$$|f(1)| = \sqrt{N}$$

即

$$\left|\sum_{i=1}^{2k^2} h_{2i} - \sum_{i=1}^{2k^2} h_{2i-1}\right| = \sqrt{N}$$

又由于 $|f(1)| = \sqrt{N}$, 即

$$\left|\sum_{i=1}^{2k^2} h_{2i} - \sum_{i=1}^{2k^2} h_{2i-1}\right| = \sqrt{N}$$

而

$$\sum_{i=1}^{2k^2} h_{2i} = 2d - 2k^2, \sum_{i=1}^{2k^2} h_{2i-1} = 2c - 2k^2$$

所以有

$$\begin{cases} 2d - 2k^2 = 0 \\ |2c - 2k^2| = \sqrt{N} \end{cases} \text{或} \begin{cases} 2c - 2k^2 = 0 \\ |2d - 2k^2| = \sqrt{N} \end{cases}$$

即

$$\begin{cases}c = k^2 \\ d = k^2 \pm k\end{cases} \text{或} \begin{cases}c = k^2 \pm k \\ d = k^2\end{cases}$$

实际上,我们只需讨论$c = k^2 + k, d = k^2$的情况,对于其他情况,我们可以通过循环移位和逐项取反的变化来变成这种情况. 例如当$c = k^2, d = k^2 - k$时,我们可以把$\{h_i\}$左移一位,然后逐位取反而变为$\{h'_i\}$,这时$\{h'_i\}$仍然可成为循环 H-矩阵的第1行元素,而它的$c = k^2 + k, d = k^2$.

所以在下面的讨论中,我们都假定$c = k^2 + k$,$d = k^2$.

关于e与f有如下结论:

定理4　如果存在$N \times N$的循环 H-矩阵,那么

$$k^4 + k^3 - (2e + 2f)k^2 - 2fk + 2e^2 + 2f^2 = 0$$

证明　因为$N = 4k^2$,所以我们可令$i = \frac{N}{4} = k^2$,代入$f(\omega^i)$中有

$$|f(\omega^i)| = |f(i)| = \sqrt{N} = 2k$$

即

$$\left(\sum_{i=0}^{k2-1} h_{4i+1} - \sum_{i=0}^{k2-1} h_{4i+3}\right)^2 + \left(\sum_{i=0}^{k2-1} h_{4i+2} - \sum_{i=1}^{k2} h_{4i}\right)^2 = 4k^2$$

考虑到e, f的定义,有

$$\sum_{i=1}^{k2} h_{4i} = e - (k^2 - e) = 2e - k^2$$

$$\sum_{i=0}^{k2-1} h_{4i+1} = f - (k^2 - f) = 2f - k^2$$

又因为$d = k^2$,而$\{h_{4i}\}$中取$+1$的个数为e,所以

$\{h_{4i+2}\}$ 中取 $+1$ 的个数为 k^2-e，所以

$$\sum_{i=0}^{k^2-1} h_{4i+2} = (k^2-e)-(k^2-k^2+e) = k^2-2e$$

同理可知 $\{h_{4i+3}\}$ 中取 $+1$ 的个数为 k^2+k-f，所以

$$\sum_{i=0}^{k^2-1} h_{4i+3} = k^2+2k-2f$$

将上述各式代入

$$\left(\sum_{i=0}^{k^2-1} h_{4i+1} - \sum_{i=0}^{k^2-1} h_{4i+3}\right)^2 + \left(\sum_{i=0}^{k^2-1} h_{4i+2} - \sum_{i=1}^{k^2} h_{4i}\right)^2 = 4k^2$$

即得

$$(2e-k^2-k^2+2e)^2+(2f-k^2-k^2-2k+2f)^2 = 4k^2$$

化简即得证.

推论 1 关于 e 与 f 有

$$\frac{1}{2}(k^2-k) \leqslant e \leqslant \frac{1}{2}(k^2+k), \frac{k^2}{2} \leqslant f \leqslant \frac{k^2}{2}+k$$

证明 把 e,f 满足的等式改写成如下形式

$$2f^2-(2k^2+2k)f+k^4+k^3+2e^2-2ek^2 = 0$$

把上式看成关于 f 的二次方程，对于特定的 e，此方程有正整数解，故 e 必须满足

$$\Delta = (2k^2+2k)^2-8(k^4+k^3+2e^2-2ek^2) \geqslant 0$$

即

$$-4e^2+4ek^2+k^2-k^4 \geqslant 0$$

而要使上式成立，必须 $e_1 \leqslant e \leqslant e_2$，其中 e_1 与 e_2 为方程 $-4e^2+4ek^2+k^2-k^4=0$ 的解，解此方程有

$$e_1 = \frac{k^2-k}{2}, e_2 = \frac{k^2+k}{2}$$

所以有

$$\frac{k^2-k}{2}\leqslant e\leqslant\frac{k^2+k}{2}$$

同样,可得到 f 的界.

考察定理 4 的等式,我们发现它可改写成

$$(2f-k-k^2)^2+(k^2-2e)^2=k^2$$

令 $R=2f-k-k^2, I=k^2-2e$,那么

$$k^2=R^2+I^2$$

如果 $R\neq 0, I\neq 0$,那么 k^2 就可表示成2个非零的完全平方数之和,但并非所有的 k^2 都有如此表示. 关于不定方程 $z^2=x^2+y^2$,有如下 2 个引理:

引理2　如果 $x>0, y>0, z>0$,且 $(x,y,z)=1$, x,y,z 为不定方程 $z^2=x^2+y^2$ 的整数解,那么一定存在 $a>0, b>0, (a,b)=1$,使得

$$x=2ab, y=a^2-b^2, z=a^2+b^2$$

或者

$$x=a^2-b^2, y=2ab, z=a^2+b^2$$

引理3　令正整数 $n=S^2n_0(n_0>1)$,且 n_0 没有平方因子,那么 $n=x^2+y^2(x\geqslant 0, y\geqslant 0)$ 的充要条件为 n_0 只有满足如下条件的质因数 P

$$P=2 \text{ 或者 } P\equiv 1(\bmod 4)$$

有了上述引理,我们可以在某些情况下,确定 e,f 的值.

定理5　设 $\boldsymbol{H}$ 为 $N\times N$ 的循环 H－矩阵, $N=4k^2$,如果 k 为素数,而且 $k\neq 2, k\not\equiv 1(\bmod 4)$,那么必有

$$\begin{cases} e = \dfrac{k^2}{2} \\ f = \dfrac{k^2}{2} \text{或} \dfrac{k^2 + k}{2} \end{cases}$$

或者

$$\begin{cases} e = \dfrac{k^2 \pm k}{2} \\ f = \dfrac{k^2 + k}{2} \end{cases}$$

证明 因为

$$k^2 = R^2 + I^2 = (2f - k - k^2)^2 + (k^2 - 2e)^2$$

但由假设及引理2、引理3可知,R 与 I 中必须有一个为零.

当 $R = 0$ 时,有

$$\begin{cases} e = \dfrac{k^2 \pm k}{2} \\ f = \dfrac{k^2 + k}{2} \end{cases}$$

当 $I = 0$ 时,有

$$\begin{cases} e = \dfrac{k^2}{2} \\ f = \dfrac{k^2}{2} \text{或} \dfrac{k^2 + k}{2} \end{cases}$$

三、讨论

循环 H - 矩阵与 Barker 序列有着密切的关系,关于 Barker 序列,我们已经知道,不存在 $N > 13$ 的奇数长的 Barker 序列,但对偶数长的 Barker 序列的存在性问题,可以转化为循环 H - 矩阵的存在性问题,所以,

我们上面所讨论的循环 H - 矩阵的必要条件,也完全适用于 Barker 序列.

参考文献

[1] ADAMS W W,GOLDSTEIN L J. Introduction to number theory[M]. Englewood Cliffs,N. J. :Prentice-Hall,Inc. ,1995.

[2] 张西华. 不存在 $4k(k>1)$ 阶完全循环的 Hadamard 矩阵的猜想的证明[J]. 科学通报,1984,29(24):1485.

[3] 潘建中. 关于"不存在 $4k(k>1)$ 阶完全循环的 H 阵的猜想之证明"一文的注[J]. 科学通报,1986,31(9):719.

[4] 黄国泰. 关于 Hadamard 矩阵的第四个猜想[J]. 数学的实践与认识,1988(4):70-72.

[5] 李世群,杨义先. 关于循环哈达玛猜想的讨论[J]. 北京邮电学院学报,1990,13(1):10-13.

[6] 李世群. Hadamard 矩阵与最佳二元阵列的研究[D]. 北京:北京邮电大学,1988.

[7] 杨义先,林须端. 编码密码学[M]. 北京:人民邮电出版社,1992.

关于 Hadamard 矩阵的若干结果[①]

第 12 章

一、引言与预备

Hadamard 矩阵是以 +1 和 -1 为元素且任意两行互为正交的一种方阵，即：当 $n\times n$ 矩阵 $\boldsymbol{A}=(a_{ij})$ 的元素 $a_{ij}=\pm 1$ 且满足正交性条件

$$\sum_{k=1}^{n} a_{ik}a_{jk}=\begin{cases}0, & i\neq j\\ n, & i=j\end{cases}$$

时，矩阵 $\boldsymbol{A}$ 叫作 n 阶 Hadamard 矩阵[1].

易见，$\boldsymbol{A}=(a_{ij})_{n\times n}$ 是 Hadamard 矩阵，当且仅当 $\boldsymbol{A}\boldsymbol{A}^{\mathrm{T}}=n\boldsymbol{I}_n$. 此处 $\boldsymbol{A}^{\mathrm{T}}$ 是 $\boldsymbol{A}$ 的转置，$\boldsymbol{I}_n$ 是 $n\times n$ 单位矩阵.

1867 年 Sylvester[2] 从正交性思想中提出了 Hadamard 矩阵，至今已有一百多年的历史. 近几十年由于获得许多重要的应用，Hadamard 矩阵正引起人们更多的注意和兴趣.

① 本章摘编自《东南大学学报》，1998，28(5)：143-147.

关于 Hadamard 矩阵的中心问题是 Hadamard 猜想,即:对于任意正整数 $n = 4k(k \geqslant 1)$,至少存在一个 $n \times n$ 的 Hadamard 矩阵.

Hadamard 猜想的提出已有近百年的历史,至今尚未得到解决,只有部分的结果. 已有资料表明,268 以内所有 4 的倍数阶的 Hadamard 矩阵已被构造出来[3],阶数属 $\{2^r\}$ 等 9 类数及其和的 Hadamard 矩阵的存在性也已知道[4]. 但离对任意正整数 $n(4 \mid n)$ 证明 Hadamard 矩阵存在还差得很远. 要真正解决 Hadamard 猜想,还需对 Hadamard 矩阵的性质做更深入的研究,从中发现新的方法才有可能. 杭州大学数学系的李方教授、东南大学应用数学系的刘海生教授 1998 年对 Hadamard 矩阵的性质做了一些探讨,给出了 $4k \times 4k$ 的 Hadamard 矩阵存在的一些必要条件,希望能对 Hadamard 猜想的研究有所裨益.

易见,设 $\boldsymbol{H}$ 是 $n \times n$ 的 Hadamard 矩阵$(n > 2)$,则 n 一定是 4 的倍数[5]. 因此我们只需讨论 $4k \times 4k$ 的矩阵,这里 $k \geqslant 1$.

由文献[6]知,从一个 Hadamard 矩阵 $\boldsymbol{H}$ 经过下列操作产生的矩阵 $\boldsymbol{H}^*$ 仍然是一个 H - 矩阵,并称 $\boldsymbol{H}^*$ 等价于 $\boldsymbol{H}$,而这种操作则称为等价变换:① 交换任意两行;② 交换任意两列;③ 以 -1 乘任意行的所有元素;④ 以 -1 乘任意列的所有元素. 由等价变换③和④可把任意一个 Hadamard 矩阵变为第 1 行和第 1 列的所有元素均为 $+1$ 的 Hadamard 矩阵. 第 1 行和第 1 列的元素均为 $+1$ 的 Hadamard 矩阵称为正规 Hadamard 矩阵. 从一个正规 Hadamard 矩阵去掉第 1 行和第 1 列后剩下的$(n-1)\times(n-1)$的矩阵称为正规 Hadamard 矩阵的柱心.

归一矩阵的定义为:若$\boldsymbol{A}=(a_{ij})_{n\times n}$的各行(或各列)中所有元素之和都为某一常数,则称$\boldsymbol{A}$是归一矩阵.

二、结果与证明

下面一律用“+”表示$+1$,用“-”表示-1.

若$\boldsymbol{H}$是$4k$阶正规 Hadamard 矩阵,即$\boldsymbol{H}$形如

$$\begin{pmatrix} + & + & \cdots & + & + \\ + & & & & \\ \vdots & & \boldsymbol{B} & & \\ + & & & & \\ + & & & & \end{pmatrix}$$

则$\boldsymbol{B}$是柱心. 我们有:

命题 1 $\boldsymbol{B}$为归一的$(4k-1)\times(4k-1)$的矩阵.

证明 设$\boldsymbol{H}=\begin{pmatrix}\boldsymbol{\alpha}_1\\ \vdots \\ \boldsymbol{\alpha}_n\end{pmatrix}$,其中$\boldsymbol{\alpha}_i$是$\boldsymbol{H}$的行向量,$i=1,\cdots,n$,则由$\boldsymbol{H}\boldsymbol{H}^{\mathrm{T}}=n\boldsymbol{I}$得$\boldsymbol{\alpha}_1\boldsymbol{\alpha}_i^{\mathrm{T}}=0,i=2,3,\cdots,n$. 所以$\boldsymbol{\alpha}_i$中“$+1$”和“$-1$”的个数各为一半,为$2k$个,但$\boldsymbol{H}$是正规的,故$\boldsymbol{\alpha}_i$的第一个元素是$+1$,从而$\boldsymbol{B}$的每一行有$2k$个$-1$,有$2k-1$个$+1$. 于是$\boldsymbol{B}$的每行元素之和是$-1$. 同理可得,$\boldsymbol{B}$的每列元素之和亦是$-1$. 因此$\boldsymbol{B}$是归一的.

下面给出$4k$阶 Hadamard 矩阵存在的一个必要条

件,并给出其元素符号的一个粗略分布.

对任一 Hadamard 矩阵都可进行正规化,因此设 $4k$ 阶 Hadamard 矩阵 $\boldsymbol{H}$ 的首行为 $(++\cdots+)$,首列为 $(++\cdots+)^{\mathrm{T}}$.

由命题 1 的证明可知,除第 1 行和第 1 列以外,其余行和列有且仅有 $2k$ 个“+”,$2k$ 个“-”,故第 2 行和第 2 列分别除去 $a_{21}=1$ 和 $a_{12}=1$,还余 $2k-1$ 个“+”和 $2k$ 个“-”. 于是由等价变换①和②,可作列和行交换,使得

$$a_{2i}=+1 \quad (i=2,3,\cdots,2k)$$
$$a_{2i}=-1 \quad (i=2k+1,\cdots,4k)$$
$$a_{i2}=+1 \quad (i=2,3,\cdots,2k)$$
$$a_{i2}=-1 \quad (i=2k+1,\cdots,4k)$$

即 $\boldsymbol{H}$ 变成形如下式的 Hadamard 矩阵

$$\boldsymbol{H}=\begin{pmatrix} + & + & + & \cdots & + & + & \cdots & + \\ + & + & + & \cdots & + & \underbrace{- \ \cdots \ -}_{2k个} & & \\ + & + & & & & & & \\ \vdots & \vdots & & & & & & \\ + & + & & & & & & \\ + & - & & & & & & \\ \vdots & \vdots & \left.\right\} 2k个 & & \boldsymbol{J} & & & \\ + & - & & & & & & \end{pmatrix} \tag{1}$$

据式(1),可证明:

引理 1 若 $4k$ 阶 Hadamard 矩阵存在且形如式(1),则对第 $i=3,\cdots,4k$ 行来说,$a_{i1},a_{i2},\cdots,a_{i,2k}$ 中有 k

个元素为“+”，k 个元素为“-”，$a_{i,2k+1},\cdots,a_{i,4k}$ 中有 k 个元素为“+”，k 个元素为“-”；对称地，对第 $j=3,\cdots,4k$ 列来说，$a_{1j},\cdots,a_{2k,j}$ 中有 k 个元素为“+”，k 个元素为“-”，$a_{2k+1,j},\cdots,a_{4k,j}$ 中有 k 个元素为“+”，k 个元素为“-”.

证明　分两种情形讨论第 $i=3,\cdots,4k$ 行.

(1) 若 $a_{i1},\cdots,a_{i,2k}$ 中有多于 k 个元素为“+”，则与第 2 行 $(+ + \cdots + - \cdots -)$ 前 $2k$ 个“+”元素相比较而言，相同项个数大于 k. 而第 i 行中“+”的个数为 $2k$，故 $a_{i,2k+1},\cdots,a_{i,4k}$ 中“-”的个数大于 k，且与第 2 行后 $2k$ 个元素相比较而言，相同项个数大于 k. 因此第 i 行与第 2 行对应位置相同项个数大于 $2k$，这与正交性要求的 $\boldsymbol{\alpha}_2\boldsymbol{\alpha}_i^{\mathrm{T}}=0$ 矛盾.

(2) 若 $a_{i1},\cdots,a_{i,2k}$ 中有少于 k 个元素为“+”，则与第 2 行 $(+ \cdots + \cdots - \cdots -)$ 前 $2k$ 个元素相比较而言，相同项个数小于 k. 而第 i 行中“+”的个数为 $2k$，故 $a_{i,2k+1},\cdots,a_{i,4k}$ 中“-”的个数小于 k，且与第 2 行后 $2k$ 个元素相比较而言，相同项个数小于 k. 因此第 i 行与第 2 行对应位置相同项个数小于 $2k$，这与正交性要求的 $\boldsymbol{\alpha}_2\boldsymbol{\alpha}_i^{\mathrm{T}}=0$ 矛盾.

由(1)和(2)知，对 $i=3,\cdots,4k$，第 i 行的前 $2k$ 项中有 k 个“+”，k 个“-”，后 $2k$ 项中有 k 个“+”，k 个“-”，对称地，可证明列的同样的结论.

由引理 1，可进一步推出：

定理 1　对 $k\geqslant 2$，若 $4k$ 阶 Hadamard 矩阵 $\boldsymbol{H}$ 存在，则 $\boldsymbol{H}$ 可通过等价变换变成形如

$$
\boldsymbol{H}_0=\left(\begin{array}{ccccc:ccc}
+ & + & + & \cdots & + & + & \cdots & + \\
+ & + & + & \cdots & + & - & \cdots & - \\
+ & + & & & & & & \\
\vdots & \vdots & & \boldsymbol{A} & & \boldsymbol{B} & & \\
+ & + & & & & & & \\
\hdashline
+ & - & & & & & & \\
\vdots & \vdots & & \boldsymbol{C} & & \boldsymbol{D} & & \\
+ & - & & & & & &
\end{array}\right) \tag{2}
$$

的 Hadamard 矩阵，其中$\boldsymbol{A}$:$(2k-2)\times(2k-2)$，$\boldsymbol{B}$:$(2k-2)\times 2k$，$\boldsymbol{C}$:$2k\times(2k-2)$，$\boldsymbol{D}$:$2k\times 2k$，$\boldsymbol{A}$ 的首行首列的前 $k-2$ 个元素均为 $+1$，$\boldsymbol{D}$ 的末行末列的后 k 个元素均为 $+1$，并且满足表 1 的符号分布.

表 1

矩阵		$\boldsymbol{A}$	$\boldsymbol{B}$	$\boldsymbol{C}$	$\boldsymbol{D}$
“+”的个数	行	$k-2$	k	$k-1$	k
	列	$k-2$	$k-1$	k	k
“-”的个数	行	k	k	$k-1$	k
	列	k	$k-1$	k	k

这时我们称 $\boldsymbol{H}_0$ 是 $\boldsymbol{H}$ 的规范型.

证明　由上述讨论，$\boldsymbol{H}$ 可通过等价变换变成式(1)的形式，将 $\boldsymbol{J}$ 分块，可得

$$
\boldsymbol{J}=\begin{pmatrix}\boldsymbol{A}_{(2k-2)\times(2k-2)} & \boldsymbol{B}_{(2k-2)\times 2k} \\ \boldsymbol{C}_{2k\times(2k-2)} & \boldsymbol{D}_{2k\times 2k}\end{pmatrix}
$$

据此，表 1 的符号分布由引理 1 显然可得.

由于 $\boldsymbol{A}$ 的外围的左边两列和上边两行均由“+”元素组成，故可对 $\boldsymbol{A}$ 所在行列作 ①② 型等价变换，使 $\boldsymbol{A}$ 的首行首列前 $k-2$ 个元素均为“+”；然后，同理可对

$\boldsymbol{D}$ 所在行列作 ①② 型等价变换，使 $\boldsymbol{D}$ 的末行末列后 k 个元素均为“+”. 由于 $\boldsymbol{A}$ 和 $\boldsymbol{D}$ 所在行列均不相重，故对 $\boldsymbol{D}$ 的变换不影响 $\boldsymbol{A}$.

因为我们作的都是等价变换，所以形如式(2) 的矩阵 $\boldsymbol{H}_0$ 仍是 Hadamard 矩阵.

关于 $\boldsymbol{H}_0$ 的分块 $\boldsymbol{A}$ 和 $\boldsymbol{D}$，有进一步结论：

定理2 当 $k\geqslant 5$ 时，$\boldsymbol{A}$ 不可能是循环矩阵；当 $k\geqslant 6$ 时，$\boldsymbol{D}$ 不可能是循环矩阵.

证明 假设 $\boldsymbol{A}$ 是循环矩阵. 由于 $\boldsymbol{A}$ 的首行是

$$(\underbrace{+\cdots+}_{k-2\text{个}}\underbrace{-\cdots-}_{k\text{个}})$$

由 $\boldsymbol{A}$ 的循环性知，$\boldsymbol{A}$ 的第 2 行与首行恰有 2 个对应元素不同，第 3 行与首行恰有 4 个对应元素不同，第 3 行与第 2 行恰有 2 个对应元素不同. 由于 $\boldsymbol{H}_0$ 是 Hadamard 矩阵，$\boldsymbol{H}_0$ 的各行两两正交，于是可推出，$\boldsymbol{B}$ 的第 2 行与首行恰有 2 个对应元素相同，第 3 行与首行恰有 4 个对应元素相同，第 3 行与第 2 行恰有 2 个对应元素相同.

但是，由于 $\boldsymbol{B}$ 所在的列和 $\boldsymbol{A}$ 所在的列不重合，故可对 $\boldsymbol{B}$ 所在的列作等价变换 ② 使其首行变成

$$(\underbrace{+\cdots+}_{k\text{个}}\underbrace{-\cdots-}_{k\text{个}})$$

而变换后的 $\boldsymbol{H}_0$ 仍为 Hadamard 矩阵. 因此不妨假设从一开始 $\boldsymbol{B}$ 的首行就是

$$(+\cdots+-\cdots-)$$

这时由于 $\boldsymbol{B}$ 的第 2 行与首行恰有 2 个元素相同，故第 2 行前 k 个元素中恰有一个“+”，后 k 个元素中恰有 $k-$

1 个“+”. 不妨设第 2 行是

$$(\underbrace{-\cdots-}_{k-1个}+-\underbrace{+\cdots+}_{k-1个})$$

B 的第 3 行与首行恰有 4 个元素相同，故第 3 行前 k 个元素中恰有 2 个“+”，后 k 个元素中恰有 $k-2$ 个“+”. 比较第 2 行后 k 个元素中恰有 $k-1$ 个“+”，第 3 行后 k 个元素中恰有 $k-2$ 个“+”，不难看出第 2 行和第 3 行的后 k 个元素中至少有 $k-3$ 个对应位置元素均为“+”，比如情形

$$\begin{pmatrix} - & + & + & + \cdots + \\ \underset{首行}{+} & - & - & \underbrace{+\cdots+}_{k-3个} \end{pmatrix}$$

但 $k\geqslant 5$，故 $k-3\geqslant 2$. 对称地，第 2 行和第 3 行前 k 个元素中至少有 $k-3$ 个对应位置元素均为“-”. 于是，第 2 行和第 3 行至少有 $(k-3)+(k-3)=2(k-3)\geqslant 4$ 个对应位置元素相同，这与前面由 **A** 的循环性推出的“**B** 的第 3 行与第 2 行恰有 2 个对应元素相同”是矛盾的. 因此 **A** 的循环性是不成立的.

假设 **D** 是循环矩阵，则同理可由 **D** 的循环性直接推出 **C** 的倒数第 3 行与倒数第 2 行恰有 2 个对应元素相同. 另外，利用与 **A** 的证明同样的方法，可由“**C** 的倒数第 2 行与末行恰有 2 个元素相同”及“**C** 的倒数第 3 行与末行恰有 4 个元素相同”推出 **C** 的倒数第 2 行和倒数第 3 行至少有 $2((k-1)-3)\geqslant 4$ 个对应元素相同，从而导出矛盾.

参考文献

[1] HEDAYAT B A, WALLIS W D. Hadamard matrices and their applications[J]. The Annals of Statistics, 1978,6(6):1184-1236.

[2] SYLVESTER J J. Thoughts on inverse orthogonal matrices, simultaneous sign successions and tesselated pavements in two or more colours, with applications to Newton's rule, ornamental tile-work, and the theory of numbers[J]. Phil. Mag., 1867, 34(4):461-475.

[3] 山本幸一. 268 次アタヌ一行列の癸见[J]. 数学セ之ナ一,1985, 4:42-44.

[4] 刘璋温. Hadamard 矩阵[J]. 数学的实践与认识,1978(4):55-67.

[5] HALL M Jr. Combinatorial theory[M]. 2nd ed. New York: A Wiley-Interscience Publication, 1986.

[6] 杨义先, 林须端. 编码密码学[M]. 北京: 人民邮电出版社, 1992:56-72.

第五编

高维 Hadamard 矩阵

第 13 章　4 维 2 阶 Hadamard 矩阵的分类[①]

一、引言

所谓 n 维 m 阶 m^n Hadamard 矩阵(简称为 H－矩阵),就是满足下面两个条件的 n 维矩阵 $\boldsymbol{A} = (A_{ij\cdots z})$.

条件 1:$A_{ij\cdots z} = \pm 1(0 \leqslant i,j,\cdots,z \leqslant m-1)$,其中 $A_{ij\cdots z}$ 的下标有 n 个.

条件 2

$$\sum_p \sum_q \cdots \sum_y A_{pq\cdots ya}A_{pq\cdots yb} = m^{n-1}\delta_{ab}$$

(这里$(pq\cdots yn)$是$(ij\cdots z)$的任意一个置换,$\delta_{ab} = \begin{cases}1, & 当 a = b\\0, & 当 a \neq b\end{cases}$). 容易看出当 $n=2$ 时,它就是以前大家所熟知的 Hadamard 矩阵. 关于高维 Hadamard 矩阵的细节可见文献[1].

文献[1]找出了所有的 2^3 H－矩阵. 可是 2^4 H－矩阵有几个呢?文献[1]未能解决此问题,只具体给出了六个这样的 H－

① 本章摘编自《系统科学与数学》,1987,7(1):40-46.

矩阵(图1),并断言2^4 H－矩阵至少有18个.北京邮电学院的杨义先、胡正名两位教授1987年首次用Boole函数作工具来研究2^4 H－矩阵,并完美地解决了2^4 H－矩阵的计数问题.我们的结论是2^4 H－矩阵共有4 448个,并且还将它们很清楚地分为19个类,使它们的解析式一目了然.

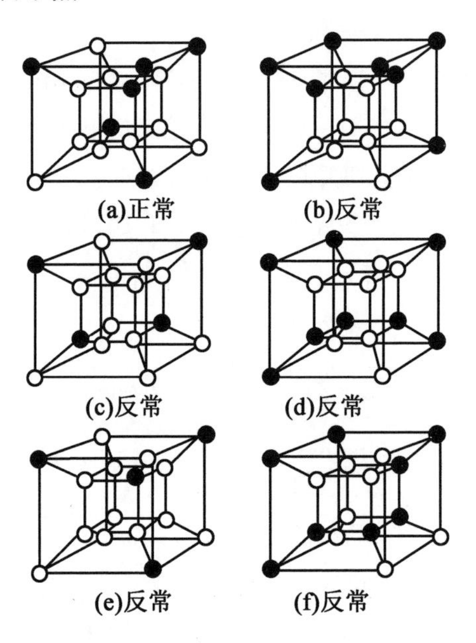

图1　文献[1]所给出的六个2^4 H－矩阵

虽然文献[2-4]做了一些工作,但是关于高维Hadamard矩阵还有许多问题有待解决.

二、准备工作

定义1　设$f(i,j,k,l)$和$g(i,j,k,l)$是两个四元Boole函数.如果存在(i,j,k,l)的某个置换$\tau(\cdot)$使得

$$f(i,j,k,l) = g(\tau(i,j,k,l))$$

那么就称$f(i,j,k,l)$与$g(i,j,k,l)$等价.

所有只含二次单项式的 Boole 函数$\{b_1ij + b_2ik + b_3il + b_4kl + b_5jk + b_6jl : b_i = 0 \text{或} 1, 1 \leqslant i \leqslant 6\}$按照定义 1 中所述的等价关系能分为 10 个等价类. 下面的表 1 就是这 10 个类的一组代表(详细论证略).

表 1　只含二次单项式的四元 Boole 函数的一组代表

$f_1(i,j,k,l) = ij$	$f_6(i,j,k,l) = ij + ik + jl$
$f_2(i,j,k,l) = ij + ik$	$f_7(i,j,k,l) = ij + ik + il + jk$
$f_3(i,j,k,l) = ij + kl$	$f_8(i,j,k,l) = ij + ik + jl + lk + ik$
$f_4(i,j,k,l) = ij + ik + il$	$f_9(i,j,k,l) = ij + ik + il + jk + jl$
$f_5(i,j,k,l) = ij + ik + kj$	$f_{10}(i,j,k,l) = ij + ik + il + jk + jl + kl$

三、解决问题

由于每个 2^4 H－矩阵都能表示成

$$\boldsymbol{H} = ((-1)^{B(i,j,k,l)}) \quad (0 \leqslant i,j,k,l \leqslant 1)$$

的形式,其中$B(i,j,k,l)$是某个四元Boole函数,所以,若能找出使上面的$\boldsymbol{H}$是2^4 H－矩阵的一切四元 Boole 函数,那么我们就找尽了2^4 H－矩阵. 但是我们知道四元 Boole 函数共有$2^{16} > 65\,000$个,所以要想用试验法来解决此问题几乎是不可能的. 即使是借助于计算机找尽了2^4 H－矩阵,但找出的 H－矩阵也是杂乱无章的,并且这样做既无理论价值也无实用意义. 下面我们将用分类的办法来解决此问题.

注　本章使用的方法原则上适用于n维 2 阶 H－矩阵,但是当n很大时运算量很大.

定义 2　称能使$((-1)^{B(i,j,k,l)})$为2^4 H－矩阵的 Boole 函数$B(i,j,k,l)$为四元 H－Boole 函数.

定义 3 称 Boole 函数 $f(\cdot)$ 的真值表中 1 的个数为 $f(\cdot)$ 的重量，记为 $\omega(f)$.

由 2^4 H－矩阵的定义可得：

引理 1 $B(i,j,k,l)$ 是四元 H－Boole 函数的充要条件是下面这四个三元 Boole 函数的重量为 4：

(1) $B(0,j,k,l)+B(1,j,k,l)$；

(2) $B(i,0,k,l)+B(i,1,k,l)$；

(3) $B(i,j,0,l)+B(i,j,1,l)$；

(4) $B(i,j,k,0)+B(i,j,k,1)$.

引理 2 如果 $B(i,j,k,l)$ 是四元 H－Boole 函数，那么，$B(i,j,k,l)+a_0+a_1i+a_2j+a_3k+a_4l$（$a_i$ 为 0 或 1）也是 H－Boole 函数.

引理 3 如果 $B(i,j,k,l)$ 是 H－Boole 函数，并且 $G(i,j,k,l)$ 与 $B(i,j,k,l)$ 等价，那么 $G(i,j,k,l)$ 也是四元 H－Boole 函数.

引理 4 设 $f(i,j,k)$ 和 $g(i,j,k)$ 是两个三元 Boole 函数，那么

$$\omega(f+g)=\omega(f)+\omega(g)-2\omega(fg)$$

这里将 $f(\cdot)$，$g(\cdot)$ 当作三元 Boole 函数看待. 特别对三元 Boole 函数有

$$\omega(i)=4,\omega(ij)=2,\omega(ijk)=1$$

引理 2 告诉我们，如果能求出形如

$$\begin{aligned}B(i,j,k,l)=\ & b_1ij+b_2ik+b_3il+b_4jk+\\ & b_5jl+b_6kl+c_1ijk+c_2ijl+\\ & c_3ikl+c_4jkl+d_1ijkl\end{aligned}$$

的 H－Boole 函数的个数 N，那么四元 H－Boole 函数就

共有 $2^5N = 32N$ 个.

由引理 3 和准备工作中的表 1 可知,如果能求出下面 11 种形式的互不等价的 H - Boole 函数,那么所有不含线性项的四元 H - Boole 函数都与其中某个等价.

形式 1:$B_1(i,j,k,l) = [c_1ijk + c_2ijl + c_3ikl + c_4jkl] + d_1ijkl$.

形式 2:$B_2(i,j,k,l) = f_1(i,j,k,l) + B_1(i,j,k,l)$.

形式 3:$B_3(i,j,k,l) = f_2(i,j,k,l) + B_1(i,j,k,l)$.

形式 4:$B_4(i,j,k,l) = f_3(i,j,k,l) + B_1(i,j,k,l)$.

形式 5:$B_5(i,j,k,l) = f_4(i,j,k,l) + B_1(i,j,k,l)$.

形式 6:$B_6(i,j,k,l) = f_5(i,j,k,l) + B_1(i,j,k,l)$.

形式 7:$B_7(i,j,k,l) = f_6(i,j,k,l) + B_1(i,j,k,l)$.

形式 8:$B_8(i,j,k,l) = f_7(i,j,k,l) + B_1(i,j,k,l)$.

形式 9:$B_9(i,j,k,l) = f_8(i,j,k,l) + B_1(i,j,k,l)$.

形式 10:$B_{10}(i,j,k,l) = f_9(i,j,k,l) + B_1(i,j,k,l)$.

形式 11:$B_{11}(i,j,k,l) = f_{10}(i,j,k,l) + B_1(i,j,k,l)$.

上面各 $f_m(i,j,k,l)$ 如准备工作中的表 1 所示.

现在我们就来求以上各种形式的互不等价的 Boole 函数. 由于方法相似,所以我们只将第一个详细写出,其他简写.

(1) 由引理 1 知,要使形式 1 的 Boole 函数为 H - Boole 函数,当且仅当

$$\begin{cases} \omega(B_1(0,j,k,l) + B_1(1,j,k,l)) = 4 \\ \omega(B_1(i,0,k,l) + B_1(i,1,k,l)) = 4 \\ \omega(B_1(i,j,0,l) + B_1(i,j,1,l)) = 4 \\ \omega(B_1(i,j,k,0) + B_1(i,j,k,1)) = 4 \end{cases}$$

将此方程组具体写出来就是

$$\begin{cases}\omega(c_3kl+c_1jk+c_2jl+d_1jkl)=4 & \text{(A)}\\ \omega(c_4kl+c_1ik+c_2il+d_1ikl)=4 & \text{(B)}\\ \omega(c_1ij+c_3il+c_4jl+d_1ijl)=4 & \text{(C)}\\ \omega(c_2ij+c_3ik+c_4jk+d_1ijk)=4 & \text{(D)}\end{cases}$$

式(A)左边 $=2c_3+\omega[c_1jk+c_2jl+d_1jkl]-2c_3[c_1+c_2+d_1]_{\bmod 2}$

(这里利用了引理 4, $[m]_{\bmod 2}\equiv m(\bmod 2)$)

式(B)左边 $=2c_4+\omega[c_1ik+c_2il+d_1ikl]-2c_4[c_1+c_2+d_1]_{\bmod 2}$

考虑到 Boole 函数的重量不因变量用何字母表示而改变,故由(A)-(B)可得

$$(c_3-c_4)(1-[c_1+c_2+d_1]_{\bmod 2})=0 \qquad \text{(E)}$$

同理,由(C)-(D)可得

$$(c_1-c_2)(1-[c_3+c_4+d_1]_{\bmod 2})=0 \qquad \text{(F)}$$

联立方程(A)至(F)得其解为

$$c_1=c_2=c_3=c_4=1,d_1=0$$

于是可知形式 1 中只有一个 H - Boole 函数,记为

$$A_1(i,j,k,l)=ijk+ijl+jkl+ikl$$

为了以后方便起见,先规定如下几个符号

$$\begin{cases}{}_1B_m(j,k,l)\triangleq B_m(0,j,k,l)+B_m(1,j,k,l)\\ {}_2B_m(i,k,l)\triangleq B_m(i,0,k,l)+B_m(i,1,k,l)\\ {}_3B_m(i,j,l)\triangleq B_m(i,j,0,l)+B_m(i,j,1,l)\\ {}_4B_m(i,j,k)\triangleq B_m(i,j,k,0)+B_m(i,j,k,1)\end{cases}$$

$$(1\leqslant m\leqslant 11)$$

（2）由于方程组

$$\begin{cases}\omega({}_1B_2(j,k,l)) = 4\\ \omega({}_2B_2(i,k,l)) = 4\\ \omega({}_3B_2(i,j,l)) = 4\\ \omega({}_4B_2(i,j,k)) = 4\end{cases}$$

无解,故形式 2 中无 H－Boole 函数.

（3）由于方程组

$$\begin{cases}\omega({}_1B_3(j,k,l)) = 4\\ \omega({}_2B_3(i,k,l)) = 4\\ \omega({}_3B_3(i,j,l)) = 4\\ \omega({}_4B_3(i,j,k)) = 4\end{cases}$$

无解,故形式 3 中无 H－Boole 函数.

（4）方程组

$$\begin{cases}\omega({}_1B_4(j,k,l)) = 4\\ \omega({}_2B_4(i,k,l)) = 4\\ \omega({}_3B_4(i,j,l)) = 4\\ \omega({}_4B_4(i,j,k)) = 4\end{cases}$$

的解为

$$c_1 = c_2 = c_3 = c_4 = d_1 = 0$$

故形式4 中有一个 H－Boole 函数,它是 $A_2(i,j,k,l) = ij + kl$.

（5）方程组

$$\begin{cases}\omega({}_1B_5(j,k,l)) = 4\\ \omega({}_2B_5(i,k,l)) = 4\\ \omega({}_3B_5(i,j,l)) = 4\\ \omega({}_4B_5(i,j,k)) = 4\end{cases}$$

有五组解:

①$c_1 = c_2 = c_3 = c_4 = d_1 = 0$;

②$c_1 = c_2 = c_3 = 0, c_4 = 1, d_1 = 0$;

③$c_1 = 1, c_2 = c_3 = 0, c_4 = 1, d_1 = 0$;

④$c_1 = 0, c_2 = 1, c_3 = 0, c_4 = 1, d_1 = 0$;

⑤$c_1 = c_2 = 0, c_3 = c_4 = 1, d_1 = 0$.

因为解 ③④⑤ 所对应的 Boole 函数等价,所以形式 5 中有三个互不等价的 H - Boole 函数,它们分别是

$$A_3(i,j,k,l) = ij + ik + il$$

$$A_4(i,j,k,l) = ij + ik + il + jkl$$

$$A_5(i,j,k,l) = ij + ik + il + ijk + jkl$$

(6) 方程组

$$\begin{cases} \omega({}_1B_6(j,k,l)) = 4 \\ \omega({}_2B_6(i,k,l)) = 4 \\ \omega({}_3B_6(i,j,l)) = 4 \\ \omega({}_4B_6(i,j,k)) = 4 \end{cases}$$

有一组解

$$c_1 = c_2 = c_3 = c_4 = 1, d_1 = 0$$

所以形式 6 中有一个 H - Boole 函数,它是

$$A_6(i,j,k,l) = ij + ik + kj + ijk + ijl + ikl + jkl$$

(7) 方程组

$$\begin{cases} \omega({}_1B_7(j,k,l)) = 4 \\ \omega({}_2B_7(i,k,l)) = 4 \\ \omega({}_3B_7(i,j,l)) = 4 \\ \omega({}_4B_7(i,j,k)) = 4 \end{cases}$$

有两组解：

①$c_1 = c_2 = c_3 = c_4 = d_1 = 0$；

②$c_1 = c_2 = 0, c_3 = c_4 = 1, d_1 = 0$.

故形式 7 中有两个 H - Boole 函数，分别是

$$A_7(i,j,k,l) = ij + ik + jl$$

$$A_8(i,j,k,l) = ij + ik + jl + ikl + jkl$$

（8）方程组

$$\begin{cases} \omega({}_1B_8(j,k,l)) = 4 \\ \omega({}_2B_8(i,k,l)) = 4 \\ \omega({}_3B_8(i,j,l)) = 4 \\ \omega({}_4B_8(i,j,k)) = 4 \end{cases}$$

有三组解：

①$c_1 = 1, c_2 = c_3 = 0, c_4 = 1, d_1 = 0$；

②$c_1 = c_2 = c_3 = c_4 = d_1 = 0$；

③$c_1 = c_2 = c_3 = 0, c_4 = 1, d_1 = 0$.

故形式 8 中有三个互不等价的 H - Boole 函数，分别是

$$A_9(i,j,k,l) = ij + ik + il + jk + jkl$$

$$A_{10}(i,j,k,l) = ij + ik + il + jk + ijk + jkl$$

$$A_{11}(i,j,k,l) = ij + ik + il + jk$$

（9）方程组

$$\begin{cases} \omega({}_1B_9(j,k,l)) = 4 \\ \omega({}_2B_9(i,k,l)) = 4 \\ \omega({}_3B_9(i,j,l)) = 4 \\ \omega({}_4B_9(i,j,k)) = 4 \end{cases}$$

有六组解：

①$c_1 = c_2 = c_3 = c_4 = d_1 = 0$;

②$c_1 = c_2 = c_3 = c_4 = 1, d_1 = 0$;

③$c_1 = 0, c_2 = 1, c_3 = 0, c_4 = 1, d_1 = 0$;

④$c_1 = 1, c_2 = 0, c_3 = 1, c_4 = 0, d_1 = 0$;

⑤$c_1 = c_2 = 0, c_3 = c_4 = 1, d_1 = 0$;

⑥$c_1 = c_2 = 1, c_3 = c_4 = 0, d_1 = 0$.

但是③与④所对应的Boole函数等价；⑤与⑥所对应的Boole函数等价，所以形式9中共有四个互不等价的H－Boole函数，它们分别是

$$A_{12}(i,j,k,l) = ij + ik + jl + kl$$

$$A_{13}(i,j,k,l) = ij + ik + jl + kl + ijk + ijl + jkl + ikl$$

$$A_{14}(i,j,k,l) = ij + ik + jl + kl + ijl + jkl$$

$$A_{15}(i,j,k,l) = ij + ik + jl + kl + ijk + ijl$$

（10）方程组

$$\begin{cases} \omega({}_1B_{10}(j,k,l)) = 4 \\ \omega({}_2B_{10}(i,k,l)) = 4 \\ \omega({}_3B_{10}(i,j,l)) = 4 \\ \omega({}_4B_{10}(i,j,k)) = 4 \end{cases}$$

有三组解：

①$c_1 = c_2 = c_3 = c_4 = d_1 = 0$;

②$c_1 = c_2 = c_3 = 0, c_4 = 1, d_1 = 0$;

③$c_1 = c_2 = 0, c_3 = 1, c_4 = d_1 = 0$.

但是②与③所对应的Boole函数是等价的，所以形式10中有两个互不等价的H－Boole函数，分别是

$$A_{16}(i,j,k,l) = ij + ik + il + jk + jl$$

$$A_{17}(i,j,k,l)=ij+ik+il+jk+jl+ikl$$

(11) 方程组

$$\begin{cases}\omega({}_1B_{11}(j,k,l))=4\\ \omega({}_2B_{11}(i,k,l))=4\\ \omega({}_3B_{11}(i,j,l))=4\\ \omega({}_4B_{11}(i,j,k))=4\end{cases}$$

有五组解:

①$c_1=c_2=c_3=c_4=d_1=0$;

②$c_1=c_2=c_3=0,c_4=1,d_1=0$;

③$c_1=c_2=0,c_3=1,c_4=d_1=0$;

④$c_1=0,c_2=1,c_3=c_4=d_1=0$;

⑤$c_1=1,c_2=c_3=c_4=d_1=0$.

但是②③④⑤所对应的 Boole 函数是等价的,故形式 11 中有两个互不等价的 H – Boole 函数,记为

$$A_{18}(i,j,k,l)=ij+ik+il+jk+jl+kl$$

$$A_{19}(i,j,k,l)=ij+ik+il+jk+jl+kl+jkl$$

综上所述,形式1至形式11中共有19个互不等价的 H – Boole 函数. 因此,如果不考虑线性项,那么可将一切不含线性项的 H – Boole 函数分为 19 个等价类 $X_1,\cdots,X_{19}$,使得 X_m 由与 $A_m(i,j,k,l)$ 等价的四元 H – Boole 函数组成. 如果考虑线性项,那么也可以将一切四元 H – Boole 函数分为 19 个互不相交的类 $Y_1,\cdots,Y_{19}$(注意:此时不是等价类),其中

$$Y_m\triangleq\{f(i,j,k,l)+g(i,j,k,l):f(\cdot)\in X_m,\ g(\cdot)\text{ 是任意线性项}\}$$

到此为止 4 维 2 阶 Hadamard 矩阵的内部结构已

经很清楚了,即 $\boldsymbol{H}$ 是 2^4 H - 矩阵,当且仅当它所对应的 Boole 函数属于某个 $Y_m(1 \leqslant m \leqslant 19)$. 用初等方法可求得

$$A_m(i,j,k,l) \quad (1 \leqslant m \leqslant 19)$$

经过四元置换后,共可得 139 个不同的 H - Boole 函数(详细论证略). 再利用引理 2 知 2^4 H - 矩阵的总个数为 $2^5 \times 139 = 4\,448$.

参考文献

[1] SHLICHTA P. Higher-dimensional Hadamard matrices[J]. IEEE Trans. on Inform. Theory,1979,25(5):566-572.

[2] 杨义先. 高维 Hadamard 矩阵的几个猜想之证明[J]. 科学通报,1986(2):85.

[3] 杨义先. N 维 2 阶 Hadamard 矩阵[J]. 北京邮电学院学报,1991,14(4):1-8.

[4] HAMMER J, SEBERRY J R. Higher dimensional orthogonal designs and applications[J]. IEEE Trans. on Inform. Theory,1981,27(6):772-779.

第 14 章

5 维 2 阶 Hadamard 矩阵的计数问题①

一、引言

高维 Hadamard 矩阵是 P. J. Shlichta 首先于 1971 年提出的[1]. 在文献[2]中, 他又对此进行了更深入的研究, 同时也提出了许多新的未解决的问题(注:其中某些问题已被我们解决, 参见文献[4]和[5]), 紧接着 J. Hammer 和 J. R. Seberry 从更广泛的观点讨论了高维 Hadamard 矩阵, 并指出它可以在保密编码、纠错编码和数字信号处理等领域中得到应用[3].

n 维 2 阶 Hadamard 矩阵共有多少个?这是一个至今未能解决的问题. 当 $n=2$ 或 3 时, 在文献[2]中用穷举法找尽了 2 维和 3 维 2 阶 Hadamard 矩阵, 可是在 $n=4$ 时, 穷举法就失效了. 北京邮电学院信息工程系的潘新安、杨义先两位教授 1987 年用新的方法解决了此问题

① 本章摘编自《北京邮电学院学报》,1987,10(4):11-18.

(见文献[4]). 在本章中,我们对 $n=5$ 的情形进行了一些研究,首次得到了一些定量的结果,当然,我们还未最后完全解决它. 但是,本章中用 Boole 函数来研究 Hadamard 矩阵这一方法比以前的方法有效得多. 本章所介绍的方法可以推广到一般 n 的情形.

二、n 元 H - Boole 函数的定义及其性质

定义 1 n 维矩阵

$$\boldsymbol{H}=(H_{h(1)h(2)\cdots h(n)})\quad (0\leqslant h(i)\leqslant m-1)$$

称为 n 维 m 阶 Hadamard 矩阵(简称为 H - 矩阵),如果 $H_{h(1)\cdots h(n)}=\pm 1$,并且

$$\begin{aligned}&\sum_{0\leqslant h(2),\cdots,h(n)\leqslant m-1}H_{ah(2)\cdots h(n)}\times H_{bh(2)\cdots h(n)}\\&=\sum_{0\leqslant h(1),h(3),\cdots,h(n)\leqslant m-1}H_{h(1)ah(3)\cdots h(n)}\times H_{h(1)bh(3)\cdots h(n)}\\&=\cdots\\&=\sum_{0\leqslant h(1),h(2),\cdots,h(n-1)\leqslant m-1}H_{h(1)\cdots h(n-1)a}\times H_{h(1)\cdots h(n-1)b}\\&=m^{n-1}\delta_{ab}\end{aligned}$$

定义 2 设 $f(x_1,\cdots,x_n)$, $g(x_1,\cdots,x_n)$ 是两个 n 元 Boole 函数, 如果存在 $(x_1,\cdots,x_n)$ 的某个置换 $\tau(\cdot)$ 使得

$$f(x_1,\cdots,x_n)=g(\tau(x_1,\cdots,x_n))$$

那么就称 $f(\cdot)$ 与 $g(\cdot)$ 等价.

定义 3 如果 n 元 Boole 函数 $f(x_1,\cdots,x_n)$ 使得矩阵 $((-1)^{f(x_1,\cdots,x_n)})\triangleq(A_{x_1\cdots x_n})\triangleq\boldsymbol{A}(0\leqslant x_1,\cdots,x_n\leqslant 1)$ 是 n 维 2 阶 Hadamard 矩阵,那么就称 $f(x_1,\cdots,x_n)$ 是 n 元H - Boole 函数.

由定义 3 可见,n 维 2 阶 Hadamard 矩阵与 n 元

H -Boole 函数是一一对应的,因此它们的计数问题是一致的. 我们只需研究 5 元 H - Boole 函数的计数就行了.

定理 1　$f(x_1,\cdots,x_n)$ 是 n 元 H - Boole 函数的充要条件是下面这几个 $n-1$ 元 Boole 函数的重量为 2^{n-2}：

$$g_1(x_2,\cdots,x_n)\triangleq f(1,x_2,\cdots,x_n)+f(0,x_2,\cdots,x_n)$$

$$g_2(x_1,x_3,\cdots,x_n)\triangleq f(x_1,1,x_3,\cdots,x_n)+f(x_1,0,x_3,\cdots,x_n)$$

$$\vdots$$

$$g_n(x_1,\cdots,x_{n-1})\triangleq f(x_1,\cdots,x_{n-1},1)+f(x_1,\cdots,x_{n-1},0)$$

证明　由定义 3 和 H - 矩阵的定义立即可得.

定理 2　如果 $f(x_1,\cdots,x_n)$ 是 H - Boole 函数, $g(x_1,\cdots,x_n)$ 与 $f(x_1,\cdots,x_n)$ 等价,那么 $g(x_1,\cdots,x_n)$ 也是H - Boole 函数.

证明　显然.

定理 3　如果 $f(x_1,\cdots,x_n)$ 是 n 元 $(n\geqslant 3)$ H - Boole 函数,那么 $f(x_1,\cdots,x_n)$ 中一定不含 n 次项 $x_1x_2\cdots x_n$.

(证明略.)

定理 4　设 $f(x_1,\cdots,x_n)$ 是一个 n 元 H - Boole 函数, $g(x_1,\cdots,x_n)=a_0+a_1x_1+\cdots+a_nx_n$ ($a_i=0$ 或 1) 是任意一个 n 元线性 Boole 函数,那么 $f(x_1,\cdots,x_n)+g(x_1,\cdots,x_n)$ 是一个 n 元 H - Boole 函数.

(证明略.)

任意一个 5 元 Boole 函数都可以写成

$$f(x_1,\cdots,x_5)$$
$$=a_0+\sum_{i=1}^{5}a_ix_i+\sum_{1\leqslant i<j\leqslant 5}b_{ij}x_ix_j+\sum_{1\leqslant i<j<k\leqslant 5}c_{ijk}x_ix_jx_k+$$
$$\sum_{1\leqslant i<j<k<l\leqslant 5}d_{ijkl}x_ix_jx_kx_l+ex_1x_2x_3x_4x_5$$

由定理 3 知，要使 $f(x_1,\cdots,x_5)$ 是 5 元 H – Boole 函数，必须有 $e=0$. 由定理 4 知，加上线性项后，对 $f(x_1,\cdots,x_5)$ 是否是 H – Boole 函数不产生任何影响. 如果求出形如

$$\sum_{1\leqslant i<j\leqslant 5}b_{ij}x_ix_j+\sum_{1\leqslant i<j<k\leqslant 5}c_{ijk}x_ix_jx_k+\sum_{1\leqslant i<j<k<l\leqslant 5}d_{ijkl}x_ix_jx_kx_l$$

的 5 元 H – Boole 函数的个数为 N，那么全体 5 元 H – Boole 函数的个数就为 $2^6N=64N$. 但要彻底地解决这一问题（也就是求出 N），需要很大的运算量，所以下面我们只给出一些特殊类型的 5 元 H – Boole 函数. 对于其他类型，读者可以仿此进行计算.

三、形如 $a_0+\sum_{i=1}^{5}a_ix_i+\sum_{1\leqslant i<j\leqslant 5}b_{ij}x_ix_j$ 的 H – Boole 函数

定理 5 形如 $a_0+\sum_{i=1}^{m}a_ix_i+\sum_{1\leqslant i<j\leqslant m}b_{ij}x_ix_j$ 的 H – Boole 函数共有

$$2^{m+1}\{2^{\frac{m(m-1)}{2}}+\sum_{k=1}^{m}(-1)^kC_m^k2^{\frac{m(m-1)}{2}-\frac{k(2m-k-1)}{2}}\}$$

个.

证明 由定理 4 知，只需证明形如

$$g(x_1,\cdots,x_m)=\sum_{1\leqslant i<j\leqslant m}b_{ij}x_ix_j$$

的 H - Boole 函数的个数为 $2^{\frac{m(m-1)}{2}} + \sum_{k=1}^{m}(-1)^k C_m^k \cdot 2^{\frac{m(m-1)}{2}-\frac{k(2m-k-1)}{2}}$ 即可. 由定理 1 知 $g(x_1,\cdots,x_m)$ 是 H - Boole 函数当且仅当如下 $m-1$ 元 Boole 函数的重量都为 2^{m-2}:

$$\begin{aligned} & h_k(x_1,\cdots,x_{k-1},x_{k+1},\cdots,x_m) \\ = & g(x_1,\cdots,x_{k-1},0,x_{k+1},\cdots,x_m) + \\ & g(x_1,\cdots,x_{k-1},1,x_{k+1},\cdots,x_m) \\ = & \sum_{i=1}^{k-1} b_{ik}x_i + \sum_{j=k+1}^{m} b_{kj}x_j \quad (1 \leqslant k \leqslant m) \end{aligned}$$

又因为非零且非常数的 $m-1$ 元线性 Boole 函数的重量均为 2^{m-2},所以 $g(x_1,\cdots,x_m)$ 是 H - Boole 函数当且仅当对任意 $1 \leqslant k \leqslant m$,有 $b_{1k},b_{2k},\cdots,b_{k-1,k},b_{k,k+1},b_{k,k+2},\cdots,b_{km}$ 不全为 0,因此所求 $g(x_1,\cdots,x_m)$ 的个数等于没有一行全为 0,形如

$$\begin{pmatrix} 0 & b_{12} & b_{13} & \cdots & b_{1m} \\ b_{12} & 0 & b_{23} & \cdots & b_{2m} \\ b_{13} & b_{23} & 0 & \cdots & b_{3m} \\ \vdots & \vdots & \vdots & & \vdots \\ b_{1m} & b_{2m} & b_{3m} & \cdots & 0 \end{pmatrix} \quad (其中\ b_{ij} = 0\ 或\ 1)$$

的矩阵的个数.

记 A_k 为第 k 行全为 0 的上述形式的矩阵的集合, $N(A_k)$ 表示 A_k 中元素的个数.

由组合数学中的容斥原理可得

$$N(A_1\cup A_2\cup\cdots\cup A_m)$$
$$=\sum_{i=1}^{m}N(A_i)-\sum_{1\leqslant i<j\leqslant m}N(A_i\cap A_j)+$$
$$\sum_{1\leqslant i<j<k\leqslant m}N(A_i\cap A_j\cap A_k)-\cdots+$$
$$(-1)^{m-1}N(A_1\cap\cdots\cap A_m)$$

而现在

$$N(A_{i_1}\cap\cdots\cap A_{i_k})=2^{\frac{m(m-1)}{2}-\frac{k(2m-k-1)}{2}}$$

由此可知

$$N(A_1\cup\cdots\cup A_m)=\sum_{k=1}^{m}(-1)^{k-1}\mathrm{C}_m^k 2^{\frac{m(m-1)}{2}-\frac{k(2m-k-1)}{2}}$$

又由 $N(\overline{A})=N-N(A)$ 可知,所求 $g(x_1,\cdots,x_m)$ 的个数就是

$$2^{\frac{m(m-1)}{2}}-\sum_{k=1}^{m}(-1)^{k-1}\mathrm{C}_m^k 2^{\frac{m(m-1)}{2}-\frac{k(2m-k-1)}{2}}$$

证毕.

四、形如 $\sum\limits_{1\leqslant i<j<k<l\leqslant 5}c_{ijkl}x_ix_jx_kx_l$ 的 H - Boole 函数

定理 6 仅由 k 个不同的 $n-1$ 次单项式所组成的 n 元 Boole 函数 $f(x_1,\cdots,x_n)$ 的重量为 $\omega(f)=2\left[\frac{k+1}{2}\right]$(其中$[x]$指 x 的整数部分).

证明 应用归纳法即可得证(略).

定理 7 如果 $n>4$,那么就不存在仅由 $n-1$ 次单项式所组成的 n 元 H - Boole 函数.

(证明略.)

当 $n=5$ 时,由上面的定理知,形如

$$\sum_{1\leqslant i<j<k<l\leqslant 5} c_{ijkl}x_ix_jx_lx_k$$

的 5 元 H - Boole 函数不存在.

五、形如 $\sum_{1\leqslant i<j\leqslant 5} b_{ij}x_ix_j + \sum_{1\leqslant i<j<k<l\leqslant 5} c_{ijkl}x_ix_jx_kx_l$ 的 H - Boole 函数

对于这一形式,我们把它进一步分为 5 组. 第 i 组为包含 i 个四次项,其余为二次项的 Boole 函数类.

例如,第一组为包含一个四次项 $\sum_{1\leqslant i<j\leqslant 5} b_{ij}x_ix_j + x_ix_jx_kx_l$ 的Boole 函数类,我们来看这一类中有多少 H - Boole 函数.

性质 1　设 $g = x_1x_2x_3 + a_1x_1 + a_2x_2 + a_3x_3 + a_4x_4(a_i \in \{0,1\})$ 为一个 4 元 Boole 函数. 则

$$\omega(g) = 8 \Leftrightarrow a_4 = 1$$

此性质很容易验证.

应用这一性质,我们便可以分析一般形式,不失一般性,可以假设四次项为 $x_1x_2x_3x_4$,从而

$$g = x_1x_2x_3x_4 + a_1x_1x_2 + a_2x_1x_3 + a_3x_1x_4 + a_4x_1x_5 + a_5x_2x_3 + a_6x_2x_4 + a_7x_2x_5 + a_8x_3x_4 + a_9x_3x_5 + a_{10}x_4x_5$$

由性质 1 知 g 成为 H - Boole 函数的充要条件为

$$a_4 = a_7 = a_9 = a_{10} = 1$$

所以包含一个四次项(其余为二次项)的 5 元 H - Boole 函数有 $C_5^1 \cdot 2^6 = 5 \cdot 2^6 = 320$ 个. 同理,利用两个 H - Boole 函数等价的概念以及变元的对称性,不难得出:

第二组有 640 个 5 元 H - Boole 函数;

第三组不存在 5 元 H - Boole 函数;

第四组有 30 个 5 元 H - Boole 函数;

第五组有 12 个 5 元 H - Boole 函数.

从而形如 $\sum\limits_{1\leqslant i<j\leqslant 5} b_{ij}x_ix_j + \sum\limits_{1\leqslant i<j<k<l\leqslant 5} c_{ijkl}x_ix_jx_kx_l$ 的 5 元 H - Boole 函数共有 $320+640+30+12=1\ 002$ 个.

六、形如 $\sum\limits_{1\leqslant i<j<k\leqslant 5} a_{ijk}x_ix_jx_k$ 的 H - Boole 函数

首先,形如 $\sum\limits_{1\leqslant i<j<k\leqslant 5} a_{ijk}x_ix_jx_k$ 的 Boole 函数按定义 2 中的等价关系进行分类,可求出等价类代表共 30 个(见下文),直接验证可知只有 r_{24} 才是 5 元 H - Boole 函数,而 r_{25} 经过置换可得到 $C_5^2=10$ 个互不相同的 5 元 H - Boole 函数,所以形如 $\sum\limits_{1\leqslant i<j<k\leqslant 5} a_{ijk}x_ix_jx_k$ 的 5 元 H -Boole 函数共有 10 个.

现将等价类代表 $r_1,\cdots,r_{30}$ 列出如下:

(1) 含一项的代表

$$r_1 = x_1x_2x_3$$

简记为 $r_1=(123)$.

(2) 含二项的代表

$$r_2 = x_1x_2x_3 + x_1x_2x_4 \triangleq (123)+(124)$$

$$r_3 = (123)+(145)$$

(3) 含三项的代表

$$r_4 = (123)+(124)+(125)$$

$$r_5 = (123)+(124)+(145)$$

$$r_6 = (123)+(124)+(134)$$

$$r_7 = (123)+(124)+(135)$$

（4）含四项的代表

$$r_8 = (123) + (124) + (125) + (134)$$

$$r_9 = (123) + (124) + (135) + (145)$$

$$r_{10} = (123) + (124) + (134) + (234)$$

$$r_{11} = (123) + (124) + (134) + (235)$$

$$r_{12} = (123) + (124) + (135) + (245)$$

（5）含五项的代表

$$r_{13} = (123) + (124) + (125) + (134) + (135)$$

$$r_{14} = (123) + (124) + (125) + (134) + (234)$$

$$r_{15} = (123) + (124) + (125) + (134) + (235)$$

$$r_{16} = (123) + (124) + (125) + (134) + (345)$$

（6）含六项的代表

$$r_{17} = (123) + (124) + (125) + (134) + (135) + (145)$$

$$r_{18} = (123) + (124) + (125) + (134) + (135) + (234)$$

$$r_{19} = (123) + (124) + (125) + (134) + (145) + (235)$$

$$r_{20} = (123) + (124) + (134) + (135) + (234) + (245)$$

$$r_{21} = (123) + (124) + (134) + (135) + (235) + (245)$$

（7）含七项的代表

$$r_{22} = (123) + (124) + (125) + (134) + (135) + (145) + (234)$$

$$r_{23} = (123) + (124) + (125) + (134) + (135) + (235) + (245)$$

$$r_{24} = (123) + (124) + (125) + (134) + (135) + (234) + (235)$$

$$r_{25} = (123) + (124) + (125) + (134) + (135) + (234) + (245)$$

$$r_{26} = (123) + (124) + (134) + (135) + (145) + (235) + (245)$$

（8）含八项的代表

$$r_{27} = (123) + (124) + (125) + (134) + (135) + (145) + (234) + (235)$$

$$r_{28} = (123) + (124) + (134) + (135) + (145) + (234) + (235) + (245)$$

(9) 含九项的代表

$$r_{29} = \sum_{1 \leqslant i < j < k \leqslant 5} x_i x_j x_k - x_3 x_4 x_5$$

(10) 含十项的代表

$$r_{30} = \sum_{1 \leqslant i < j < k \leqslant 5} x_i x_j x_k$$

七、形如 $\sum\limits_{1 \leqslant i < j < k \leqslant 5} a_{ijk} x_i x_j x_k + \sum\limits_{1 \leqslant i < j < k < l \leqslant 5} b_{ijkl} x_i x_j x_k x_l$ 的 H - Boole 函数

由上文不难推出任何形如

$$\sum_{1 \leqslant i < j < k \leqslant 5} a_{ijk} x_i x_j x_k + g(x_1, x_2, x_3, x_4, x_5)$$

(其中 $g(x_1, \cdots, x_5) = b_1 x_2 x_3 x_4 x_5 + b_2 x_1 x_3 x_4 x_5 + b_3 x_1 x_2 x_4 x_5 + b_4 x_1 x_2 x_3 x_5 + b_5 x_1 x_2 x_3 x_4$) 的 Boole 函数都与某一个形如 $r_i + g$ 的 Boole 函数等价(r_i 如上文所述). 所以,若能求出形如 $r_1 + g, r_2 + g, \cdots, r_{30} + g$ 的 5 元 H - Boole 函数的等价类代表,则问题就解决了. 为此分如下步骤:

(1) 由于仅由三次单项式组成的 4 元 Boole 函数的重量小于 8,所以当 r_i 中不出现 x_5 时,$r_i + g$ 就不是 5 元H - Boole 函数,即当 $r = r_1, r_2, r_6, r_{10}$ 时,$r_i + g$ 不是 5 元 H - Boole 函数.

(2) 仅由一个二次单项式和 k 个三次单项式组成的 4 元 Boole 函数的重量小于 8,所以当 x_5 在 r_i 中只出现一次时,$r_i + g$ 不是 5 元 H - Boole 函数. 此时的 r_i 有 $r_3, r_4, r_5, r_7, r_8, r_{11}, r_{14}, r_{17}$.

(3) 当 $r(x_1, \cdots, x_4, 0) + r(x_1, \cdots, x_4, 1)$ 的重量等于 4 时,要使 $r_i + g$ 是 5 元 H - Boole 函数,必须有

$$[r(x_1, \cdots, x_4, 0) + r(x_1, \cdots, x_4, 1)] \cdot$$

$$[g(x_1,\cdots,x_4,0)+g(x_1,\cdots,x_4,1)]=0$$

并且要求 $g(x_1,\cdots,x_4,0)+g(x_1,\cdots,x_4,1)$ 的重量为 4(一般情况是:$W[g(x_1,\cdots,x_4,0)+g(x_1,\cdots,x_4,1)]\leqslant 4$),满足上面的条件的 r_i 有 $r_9,r_{13},r_{15},r_{18},r_{22},r_{23},r_{26},r_{28}$. 经验证:

①$r_{26}+g$ 中有一类 H - Boole 函数,它对应于

$$b_1=0,b_2=b_3=b_4=b_5=1$$

而此类经过置换后可得 $C_5^2C_3^2=30$ 个互不相同的 5 元 H - Boole 函数.

②$r_{28}+g$ 中有一类 H - Boole 函数,它对应于

$$b_5=0,b_1=b_2=b_3=b_4=1$$

而此类经过置换后可得 $C_5^1C_4^2=30$ 个 5 元 H - Boole 函数.

③ 其余的 r_i+g 均不是 5 元 H - Boole 函数.

(4) 考虑剩下的各种可能情况,即 $r_{12},r_{16},r_{19},r_{20},r_{21},r_{22},r_{24},r_{25},r_{27},r_{29},r_{30}$. 经验证:

①$r_{29}+g$ 中有一类 H - Boole 函数,它是

$$r_{29}+x_2x_3x_4x_5+x_1x_3x_4x_5+x_1x_2x_4x_5+x_1x_2x_3x_5$$

此类经过置换后可得 $C_5^1C_4^2=30$ 个 5 元 H - Boole 函数.

②$r_{30}+g$ 中有一类 H - Boole 函数,它是

$$r_{30}+x_1x_3x_4x_5+x_1x_2x_3x_5+x_1x_2x_3x_4$$

它经过置换后可得 C_5^1 个互不相同的 5 元 H - Boole 函数.

③ 其余的 r_i+g 均不是 5 元 H - Boole 函数.

综上所述可知,形如

$$\sum_{1\leqslant i<j<k\leqslant 5} a_{ijk}x_ix_jx_k + \sum_{1\leqslant i<j<k<l\leqslant 5} c_{ijkl}x_ix_jx_kx_l$$

的5元H－Boole 函数共有 30 + 30 + 30 + 5 + 10 = 105 个(其中包括全部由三次项组成的情形)，到此我们便得到了本章中的全部结果.

参考文献

[1] SHLICHTA P J. Three and four dimensional Hadamard matrices[J]. Bull. Amer. Phys. Soc. Ser. 11,1971,16:825-826.

[2] SHLICHTA P J. Higher-dimensional Hadamard matrices[J]. IEEE Trans. on Inform. Theory,1979,25(5):566-572.

[3] HAMMER J, SEBERRY J R. Higher dimensional orthogonal designs and applications[J]. IEEE Trans. on Inform. Theory, 1981,27(6):772-779.

[4] 杨义先,胡正名. 四维二阶 Hadamard 矩阵的分类[J]. 系统科学与数学,1987,7(1):40-46.

[5] 杨义先. 高维 Hadamard 矩阵的几个猜想之证明[J]. 科学通报,1986(2):85.

[6] 杨义先,朱庆棠. 高维矩阵的运算和应用[J]. 成都电讯工程学院学报,1987,16(2):191-199.

第15章　n 维 2 阶 Hadamard 矩阵①

近年来,高维 Hadamard 矩阵的理论与应用研究受到了国内外学者们的重视. 在此方面已有多篇文章发表[1-14]. 我们曾经解决过高维 Hadamard 矩阵存在性问题的几个猜想[1-5],对高维 Hadamard 矩阵在数字信号处理、纠错编码和现代密码中的应用问题也进行过一些探讨[6-9],我们还解决了 4 维 2 阶 Hadamard 矩阵和 5 维 2 阶 Hadamard 矩阵的计数问题[10-12]. 但是,目前国际上在对一般 n 维 2 阶 Hadamard 矩阵的研究方面几乎还没取得重要进展,究其原因是缺乏一种适用于研究一般 n 维 2 阶 Hadamard 矩阵的有效工具.

通过对 4 维 2 阶和 5 维 2 阶 Hadamard 矩阵的具体分析,我们发现有一种特殊的 Boole 函数(称为 H - Boole 函数)能作

① 本章摘编自《北京邮电学院学报》,1991,14(4):1-8.

为研究一般 n 维 2 阶 Hadamard 矩阵的有力工具. 北京邮电学院信息工程系的杨义先教授 1991 年利用 H - Boole 函数作工具,用十分简单的方法解决了近十年来国际上一直未能解决的有关 n 维 2 阶 Hadamard 矩阵的几个问题.

为方便计,我们先在此复述 H - Boole 函数的定义和一个重要引理[13]:

定义 1 称 $f(x_1,\cdots,x_n)$ 为 n 元 H - Boole 函数,假如如下 n 个 $n-1$ 元 Boole 函数的重量都是 2^{n-2}:

$$g_1(x_2,\cdots,x_n) \triangleq f(0,x_2,\cdots,x_n)+f(1,x_2,\cdots,x_n)$$

$$g_2(x_1,x_3,\cdots,x_n) \triangleq f(x_1,0,x_3,\cdots,x_n)+f(x_1,1,x_3,\cdots,x_n)$$

$$\vdots$$

$$g_n(x_1,\cdots,x_{n-1}) \triangleq f(x_1,\cdots,x_{n-1},0)+f(x_1,\cdots,x_{n-1},1)$$

引理 1 $f(x_1,\cdots,x_n)$ 是 n 元 H - Boole 函数当且仅当矩阵 $\boldsymbol{A}=(A_{x_1\cdots x_n})=((-1)^{f(x_1,\cdots,x_n)})$ 是一个 n 维 2 阶 Hadamard 矩阵.

上述定义和引理在本章中起着关键作用,请读者注意.

一、解决第一个问题

一个 n 维 m 阶 Hadamard 矩阵称为完全不正则(Absolutely Improper)的 Hadamard 矩阵,当且仅当它的一切低维截面都不是低维 Hadamard 矩阵. 对一些特殊的正整数 n 和 m,曾有人找到过 n 维 m 阶完全不正则的 Hadamard 矩阵[1-2],可是关于一般的 n 维 2 阶 Hadamard 矩阵情况又怎样呢?为此 Shlichta 提出了如下问题(见文献[1]第 569 页):“是否存在 4 维 2 阶完

全不正则的 Hadamard 矩阵?"

借助于笔者以前所做的工作[10] 已经可以回答此问题. 因为在文献[10] 中我们已找尽了一切 4 维 2 阶 Hadamard 矩阵,只需对这 4 128 个结果进行逐一检验即可. 但是这样做不但工作量很大,而且也不具有普遍性,因此下面我们将用 H - Boole 函数作工具回答一个更普遍的存在性问题:"是否存在 n 维 2 阶完全不正则的 Hadamard 矩阵?"

如下定理 1 就是对这个问题的回答.

定理 1　当 $n \geqslant 3$ 时 n 维 2 阶完全不正则的 Hadamard 矩阵是不存在的.

证明　用反证法. 设 $\boldsymbol{A} = ((-1)^{f(x_1,\cdots,x_n)})$ 就是一个 n 维 2 阶完全不正则的 Hadamard 矩阵.

如果 $f(x_1,\cdots,x_n)$ 的多项式表达式中至少有一个次数大于或等于 2 的单项式 $x_{i_1}x_{i_2}\cdots x_{i_n}$, 那么必有 $f(1,\cdots,1,x_{i_1},1,\cdots,1,x_{i_2},1,\cdots,1) = x_{i_1}x_{i_2} + ax_{i_1} + bx_{i_2} + c(a,b,c$ 为 0 或 1), 因此 $\boldsymbol{A}$ 就有一个截面 $((-1)^{f(1,\cdots,1,x_{i_1},1,\cdots,1,x_{i_2},1,\cdots,1)})$ 是 2 维 2 阶 Hadamard 矩阵,这与 $\boldsymbol{A}$ 是完全不正则的 Hadamard 矩阵相矛盾,所以 $f(x_1,\cdots,x_n)$ 只能是线性 Boole 函数,而线性 Boole 函数显然不可能是 H - Boole 函数,又矛盾了. 证毕.

从上面的过程可见,只要拥有合适的研究工具就完全有可能用十分简单的方法解决难度较大的问题.

二、解决第二个问题

前面第一个问题是存在性方面的问题,现在要解决的第二个问题以及下一部分中的第三个问题都是有关构造法方面的问题.

由于 n 维 2 阶 Hadamard 矩阵在高维 Hadamard 矩阵理论中占有十分独特的地位,因此如何构造这样的矩阵就自然地成为一个重要课题. 1979 年美国学者 Shlichta 通过猜测得到了几个很直观的构造法[4],并且借助于计算机验算了低维情形($n = 2,3,4,5$) 下这些构造法的正确性. 但是对一般的 n 维情形,这些构造法仍然正确吗?由于以前没有合适的研究工具,所以近十年以来人们一直未能对这些构造法的正确性加以肯定或否定,现在借助于 H - Boole 函数我们就可以很容易地解决此问题,这也就是下面的任务.

Shlichta[1] 所猜测的一种构造法是按如下步骤对 n 维 2 阶矩阵着色后可能得到 n 维 2 阶 Hadamard 矩阵:① 将一对对极(Antipodal)$n - 2$ 维层中的一个全涂成黑色,另一个全涂成白色;② 将剩下的位置看作上面两个 $n - 2$ 维层之间的链,并分别交替地涂上黑色和白色.

从上述构造法的叙述中就可以看出,如果没有 H -Boole 函数作工具,要想确定此构造法的正确性,几乎是无处下手. 下面借助于 H - Boole 函数,我们来严格地证明上述构造法对任意 n 都正确.

证明的关键是要将此构造方法用 Boole 函数的语言表示出来.

容易验证上述构造法可等价地表示为如下推测:n 元 Boole 函数 $f(x_1,\cdots,x_n)$ 如果满足下述两个条件,那么它就是一个 n 元 H - Boole 函数.

条件 Ⅰ：$f(x_1,\cdots,x_{n-2},1,1)=1$，$f(x_1,\cdots,x_{n-2},0,0)=0$.

条件 Ⅱ：$h_1(x_1,\cdots,x_{n-2})\triangleq f(x_1,\cdots,x_{n-2},0,1)$ 和 $h_2(x_1,\cdots,x_{n-2})\triangleq f(x_1,\cdots,x_{n-2},1,0)$ 的重量均为 2^{n-3}，并且当 $h_i(a_1,\cdots,a_{n-2})=1$（或0）时，必有

$$\begin{aligned}h_i(\bar{a}_1,a_2,\cdots,a_{n-2})&=h_i(a_1,\bar{a}_2,\cdots,a_{n-2})\\&=\cdots\\&=h_i(a_1,\cdots,a_{n-3},\bar{a}_{n-2})\\&=0(\text{或}1)\end{aligned}$$

这里 $\bar{a}\triangleq 1-a$，$i=1$ 或 2.

注　上述问题用Boole函数来表达时有多种方式（例如可用以下条件 α 和条件 β 来代替上面的条件 Ⅰ 和条件 Ⅱ），但是由下面的引理2就可知所有不同表示法都是等价的，因此只需就第一种表示法进行证明.

条件 α：$f(1,0,x_3,\cdots,x_n)=1$，$f(1,1,x_3,\cdots,x_n)=0$.

条件 β：$r_1(x_3,\cdots,x_n)\triangleq f(0,0,x_3,\cdots,x_n)$ 和 $r_2(x_3,\cdots,x_n)\triangleq f(0,1,x_3,\cdots,x_n)$ 的重量都为 2^{n-3}，并且当 $r_i(a_3,\cdots,a_n)=1$（或0）时必有

$$\begin{aligned}r_i(\bar{a}_3,a_4,\cdots,a_n)&=r_i(a_3,\bar{a}_4,\cdots,a_n)\\&=\cdots\\&=r_i(a_3,\cdots,a_{n-1},\bar{a}_n)\\&=0(\text{或}1)\end{aligned}$$

这里 $i=1$ 或 2，$\bar{a}\triangleq 1-a$.

引理2[12]　如果 $f(x_1,\cdots,x_n)$ 是 n 元 H－Boole 函数，那么 $f(x_1,\cdots,x_{k-1},1-x_k,x_{k+1},\cdots,x_n)$ $(1\leqslant k\leqslant n)$ 和 $f(\tau(x_1,\cdots,x_n))$ 也都是 n 元 H－Boole 函数. 此处

$\tau(\cdot)$ 是$(x_1,\cdots,x_n)$的任意一个置换.

上述等价推测的证明：由于 $x_1,\cdots,x_{n-2}$ 的地位是相同的，所以，若能证明 $n-1$ 元 Boole 函数

$$A(x_2,\cdots,x_n)\triangleq f(0,x_2,\cdots,x_n)+f(1,x_2,\cdots,x_n)$$

的重量为 2^{n-2}，那么如下 $n-3$ 个 $n-1$ 元 Boole 函数的重量均为 2^{n-2}：

$$f(x_1,0,x_3,\cdots,x_n)+f(x_1,1,x_3,\cdots,x_n)$$

$$\vdots$$

$$f(x_1,\cdots,x_{n-3},0,x_{n-1},x_n)+f(x_1,\cdots,x_{n-3},1,x_{n-1},x_n)$$

看 $A(x_2,\cdots,x_n)$ 的重量

$$\begin{aligned}&A(x_2,\cdots,x_{n-2},1,1)\\=&f(0,x_2,\cdots,x_{n-2},1,1)+f(1,x_2,\cdots,x_{n-2},1,1)\\=&0+0=0\end{aligned}$$

$$\begin{aligned}&A(x_2,\cdots,x_{n-2},0,0)\\=&f(0,x_2,\cdots,x_{n-2},0,0)+f(1,x_2,\cdots,x_{n-2},0,0)\\=&1+1=0\end{aligned}$$

$$\begin{aligned}&A(x_2,\cdots,x_{n-2},0,1)\\=&f(0,x_2,\cdots,x_{n-2},0,1)+f(1,x_2,\cdots,x_{n-2},0,1)\\=&h_1(0,x_2,\cdots,x_{n-2})+h_1(1,x_2,\cdots,x_{n-2})\\=&0+1(\text{或}\ 1+0)=1\end{aligned}$$

$$\begin{aligned}&A(x_2,\cdots,x_{n-2},1,0)\\=&f(0,x_2,\cdots,x_{n-2},1,0)+f(1,x_2,\cdots,x_{n-2},1,0)\\=&h_2(0,x_2,\cdots,x_{n-2})+h_2(1,x_2,\cdots,x_{n-2})\\=&0+1(\text{或}\ 1+0)=1\end{aligned}$$

由以上 4 个等式就知 $A(x_2,\cdots,x_n)$ 的重量为 2^{n-2}.

再考虑$B(x_1,\cdots,x_{n-2},x_n)\triangleq f(x_1,\cdots,x_{n-2},0,x_n)+f(x_1,\cdots,x_{n-2},1,x_n)$的重量

$$\begin{aligned}B(x_1,\cdots,x_{n-2},0)&=f(x_1,\cdots,x_{n-2},0,0)+\\&\quad f(x_1,\cdots,x_{n-2},1,0)\\&=1+h_2(x_1,\cdots,x_{n-2})\end{aligned}$$

而因为$h_2(x_1,\cdots,x_{n-2})$的重量为2^{n-3},所以$B(\cdot)$在形如$(x_1,\cdots,x_{n-2},0)$的2^{n-2}个点中的2^{n-3}个点上取值为1.

$$\begin{aligned}B(x_1,\cdots,x_{n-2},1)&=f(x_1,\cdots,x_{n-2},0,1)+\\&\quad f(x_1,\cdots,x_{n-2},1,1)\\&=h_1(x_1,\cdots,x_{n-2})+0\\&=h_1(x_1,\cdots,x_{n-2})\end{aligned}$$

而因为$h_1(x_1,\cdots,x_{n-2})$的重量为2^{n-3},所以$B(\cdot)$在形如$(x_1,\cdots,x_{n-2},1)$的2^{n-2}个点中的2^{n-3}个点上取值为1,故$B(x_1,\cdots,x_{n-2},x_n)$的重量为$2^{n-3}+2^{n-3}=2^{n-2}$.

仿上可知$C(x_1,\cdots,x_{n-1})\triangleq f(x_1,\cdots,x_{n-1},0)+f(x_1,\cdots,x_{n-1},1)$的重量也是$2^{n-2}$.

综合以上结果再利用定义1和引理1就立即可知$f(x_1,\cdots,x_n)$的确是一个n元H-Boole函数. 证毕.

由于肯定了上述推测的正确性,从而也就严格地证明了Shlichta的上述n维2阶Hadamard矩阵构造法是正确的. 于是第二个问题就被完美地解决了. 不难看出我们的方法也很简单.

三、解决第三个问题

上面我们肯定了Shlichta于1979年给出的一种n

维 2 阶 Hadamard 矩阵的构造法，下面我们将解决 Shlichta 给出的另一种构造法的正确性判定问题.

Shlichta 给出的另一种构造法是按如下步骤对 n 维 2 阶矩阵着色后可能得到 n 维 2 阶 Hadamard 矩阵：黑色顶点个数为总顶点个数的 $\frac{1}{4}$，并且没有两个黑点是相互连接的.

与上面相似，前人已经在计算机上对低维情形 ($n=2,3,4,5$) 的正确性进行过验算，但是由于缺乏合适的研究工具使得此构造法对一般 n 维情形的正确性至今还是一个谜. 现在我们用 H - Boole 函数来严格地证明它的正确性.

证明构造法正确的关键仍然是将此构造法用 Boole 函数等价地叙述为如下推测：如果 ①n 元 Boole 函数 $f(x_1,\cdots,x_n)$ 的重量为 2^{n-2}，并且 ② 当 $f(a_1,\cdots,a_n)=1$ 时必有

$$
\begin{aligned}
f(\bar{a}_1,a_2,\cdots,a_n) &= f(a_1,\bar{a}_2,\cdots,a_n) \\
&= \cdots \\
&= f(a_1,\cdots,a_{n-1},\bar{a}_n) = 0
\end{aligned}
$$

那么 $f(\cdot)$ 就是一个 H - Boole 函数.

现在只需证明此推测正确就行了.

证明 先看 $g(x_1,\cdots,x_{n-1}) \triangleq f(x_1,\cdots,x_{n-1},0)+f(x_1,\cdots,x_{n-1},1)$ 的重量：

将 $GF(2)$ 上长度为 n 的二进码向量(共 2^n 个)分为 2^{n-1} 组 $X_1,X_2,\cdots,X_{2^{n-1}}$，每组中含两个向量. $(a_1,\cdots,$

a_{n-1},a_n)与($b_1,\cdots,b_{n-1},b_n$)属于同一组当且仅当($a_1,\cdots,a_{n-1}$) = ($b_1,\cdots,b_{n-1}$).

由②知$f(x_1,\cdots,x_n)$在每个组X_i中最多只取一次"1",而由①知$\omega(f)=2^{n-1}$($\omega(f)$表示$f(\cdot)$的重量),所以必有$f(x_1,\cdots,x_n)$在每个组X_i中取一次并且只取一次"1".

如果$f(a_1,\cdots,a_n)=1$,那么由②有

$$f(a_1,\cdots,a_{n-1},\bar{a}_n)=0$$

所以

$$\begin{aligned}g(a_1,\cdots,a_{n-1}) &= f(a_1,\cdots,a_{n-1},a_n)+\\ &\quad f(a_1,\cdots,a_{n-1},\bar{a}_n)\\ &= 1+0=1\end{aligned}$$

因此

$$\omega(g)\geqslant\omega(f)=2^{n-2}$$

又如果$g(a_1,\cdots,a_{n-1})=1$,即

$$f(a_1,\cdots,a_{n-1},1)+f(a_1,\cdots,a_{n-1},0)=1$$

那么$f(a_1,\cdots,a_{n-1},1)$与$f(a_1,\cdots,a_{n-1},0)$中有且只有一个"1",所以$\omega(g)\leqslant\omega(f)=2^{n-2}$.

综上所述$\omega(g)=2^{n-2}$.

仿上可知如下$n-1$个$n-1$元 Boole 函数的重量全为2^{n-2}:

$$f(x_1,\cdots,x_{n-2},0,x_n)+f(x_1,\cdots,x_{n-2},1,x_n)$$

$$\vdots$$

$$f(0,x_2,\cdots,x_n)+f(1,x_2,\cdots,x_n)$$

利用定义1就知$f(x_1,\cdots,x_n)$是 H - Boole 函数.

证毕.

四、n 维 2 阶 Hadamard 矩阵计数问题的几个结果

n 维 2 阶 Hadamard 矩阵的计数问题历来就是一个难度较大的问题. 关于此方面的研究十几年来几乎未取得重大突破. 目前国际上仅知的结果是 2 维 2 阶 Hadamard 矩阵有 8 个[1],3 维 2 阶 Hadamard 矩阵有 16 个[2],4 维 2 阶 Hadamard 矩阵有 4 128 个[10],5 维 2 阶 Hadamard 矩阵有 12 086 336 个[11-12],从上述几个结果可以看出 n 维 2 阶 Hadamard 矩阵的个数似乎规律性不是很强. 因此其计数问题可能很难. 下面我们利用 H –Boole 函数给出几个有关计数问题的局部结果,当然这离 n 维 2 阶 Hadamard 矩阵计数问题的彻底解决还差得很远. 欢迎有兴趣的读者加入我们的行列.

由引理 1 知 n 维 2 阶 Hadamard 矩阵的个数与 n 元 H – Boole 函数的个数是一回事. 所以下面的两个结果(定理2、定理3)就采用 H – Boole 函数的语言来叙述.

定理 2 形如

$$f(x_1,\cdots,x_n) = a_0 + \sum_{i=1}^{m} a_i x_i + \sum_{1\leqslant i<j\leqslant m} b_{ij} x_i x_j$$

的 H – Boole 函数共有

$$2^{m+1}\{2^{\frac{m(m-1)}{2}} + \sum_{k=1}^{m}(-1)^k C_m^k 2^{\frac{m(m-1)}{2}-\frac{k(2m-k-1)}{2}}\}$$

个.

证明 只需证明形如

$$g(x_1,\cdots,x_m) = \sum_{1\leqslant i<j\leqslant m} b_{ij} x_i x_j$$

的 H - Boole 函数共有$2^{\frac{m(m-1)}{2}}+\sum_{k=1}^{m}(-1)^{k}C_{m}^{k}2^{\frac{m(m-1)}{2}-\frac{k(2m-k-1)}{2}}$个即可. 由引理 1 知 $g(x_1,\cdots,x_m)$ 是 H - Boole 函数当且仅当如下 $m-1$ 元 Boole 函数的重量为 2^{m-2}:

$$\begin{aligned}&h_k(x_1,\cdots,x_{k-1},x_{k+1},\cdots,x_m)\\ \triangleq\ &g(x_1,\cdots,x_{k-1},0,x_{k+1},\cdots,x_m)+\\ &g(x_1,\cdots,x_{k-1},1,x_{k+1},\cdots,x_m)\\ =\ &\sum_{i=1}^{k-1}b_{ik}x_i+\sum_{j=k+1}^{m}b_{kj}x_j\quad(1\leqslant k\leqslant m)\end{aligned}$$

而非零且不含常数项的 $m-1$ 元线性 Boole 函数的重量都是 2^{m-2}, 所以对任意 $1\leqslant k\leqslant m$ 必须有 b_{1k}, $b_{2k},\cdots,b_{k-1,k},b_{k,k+1},b_{k,k+2},\cdots,b_{km}$ 不全为 0.

因此所求 $g(x_1,\cdots,x_m)$ 的个数也就是没有一行全为 0 的形如

$$\begin{pmatrix}0&b_{12}&b_{13}&\cdots&b_{1m}\\ b_{12}&0&b_{23}&\cdots&b_{2m}\\ b_{13}&b_{23}&0&\cdots&b_{3m}\\ \vdots&\vdots&\vdots&&\vdots\\ b_{1m}&b_{2m}&b_{3m}&\cdots&0\end{pmatrix}\quad(\text{其中 } b_{ij}=0\text{ 或 }1)$$

的矩阵的个数.

记 A_k 为第 k 行全为 0 的上述形式的矩阵的集合, $N(X)$ 表示集合 X 中元素的个数.

根据逐步淘汰公式,可得

$$N(A_1\cup\cdots\cup A_m)=\sum_{i=1}^{m}N(A_i)-\sum_{1\leqslant i<j\leqslant m}N(A_i\cap A_j)+$$

$$\sum_{1\leqslant i<j<k\leqslant m} N(A_i \cap A_j \cap A_k) - \cdots +$$
$$(-1)^{m-1} N(A_1 \cap \cdots \cap A_m)$$

而现在

$$N(A_{i_1} \cap \cdots \cap A_{i_k}) = 2^{\frac{m(m-1)}{2}-[(m-1)k-\frac{k(k-1)}{2}]}$$
$$= 2^{\frac{m(m-1)}{2}-\frac{k(2m-k-1)}{2}}$$

由此

$$N(A_1 \cup \cdots \cup A_m)$$
$$= \sum_{k=1}^{m} (-1)^{k-1} C_m^k 2^{\frac{m(m-1)}{2}-\frac{k(2m-k-1)}{2}}$$

于是可知所求 $g(x_1,\cdots,x_m)$ 的个数为

$$2^{\frac{m(m-1)}{2}} - \sum_{k=1}^{m} (-1)^{k-1} C_m^k 2^{\frac{m(m-1)}{2}-\frac{k(2m-k-1)}{2}}$$

证毕.

引理 3[13] 如果 $f(x_1,\cdots,x_n)$ 是 n 元 H - Boole 函数,那么

$$f(x_1,\cdots,x_n) + a_0 + \sum_{i=1}^{n} a_i x_i \quad (a_i = 0 \text{ 或 } 1)$$

也是 n 元 H - Boole 函数.

引理 4[13] 设 $f(x_1,\cdots,x_n)$ 是 n 元 H - Boole 函数, $\tau(\cdot)$ 是数集 $\{1,2,\cdots,n\}$ 的任意一个置换. 那么 $g(x_1,\cdots,x_n) \triangleq f(\tau(x_1,\cdots,x_n))$ 也是 n 元 H - Boole 函数.

引理 5[13] 设 $f(x_1,\cdots,x_n)$ 和 $g(x_1,\cdots,x_n)$ 是两个 n 元 Boole 函数. 那么

$$\omega(f+g) = \omega(f) + \omega(g) - 2\omega(fg)$$

其中 $\omega(f)$ 表示 n 元 Boole 函数 f 的重量.

定理 3 形如

$$f(x_1,\cdots,x_m) = a_0 + \sum_{i=1}^{m} a_i x_i + \sum_{1\leqslant i<j\leqslant m} b_{ij}x_ix_j + x_{i_1}x_{i_2}\cdots x_{i_k}$$

(其中 $1\leqslant i_1 < i_2 < \cdots < i_k \leqslant m, 3\leqslant k\leqslant m-1$) 的 m 元 H - Boole 函数共有

$$2^{m+1}\times C_m^k \times 2^{\frac{k(k-1)}{2}}\Big\{2^{\frac{m(m-1)}{2}-\frac{k(k-1)}{2}} - \sum_{s=1}^{m}(-1)^{s-1}\sum_{r=0}^{k} C_k^r C_{m-k}^{s-r}\times 2^{(m-k)(k-r)}\times 2^{\frac{(m-k)(m-k-1)}{2}-[(m-k-1)(s-r)-\frac{(s-r)(s-r-1)}{2}]}\Big\}$$

个.

证明 由引理 3 和引理 4 知，只需证明形如 $\sum\limits_{1\leqslant i<j\leqslant m} b_{ij}x_ix_j + x_1x_2\cdots x_k$ 的 H - Boole 函数共有

$$2^{\frac{k(k-1)}{2}}\Big\{2^{\frac{m(m-1)}{2}-\frac{k(k-1)}{2}} - \sum_{s=1}^{m}(-1)^{s-1}\sum_{r=0}^{k} C_k^r C_{m-k}^{s-r}\times 2^{(m-k)(k-r)+\frac{(m-k)(m-k-1)}{2}-[(m-k-1)(s-r)-\frac{(s-r)(s-r-1)}{2}]}\Big\}$$

个就行了.

而由引理 1 知，使 $\sum\limits_{1\leqslant i<j\leqslant m} b_{ij}x_ix_j + x_1x_2\cdots x_k$ 是 m 元 H -Boole 函数的充要条件是：当 $1\leqslant i\leqslant k$ 时

$$\omega\Big(\sum_{j=1}^{i-1} b_{ji}x_j + \sum_{j=i+1}^{m} b_{ij}x_j + x_1x_2\cdots x_{i-1}x_{i+1}\cdots x_m\Big) = 2^{m-2} \qquad (1)$$

当 $k+1\leqslant i\leqslant m$ 时

$$\omega\Big(\sum_{j=1}^{i-1} b_{ji}x_j + \sum_{j=i+1}^{m} b_{ij}x_j\Big) = 2^{m-2} \qquad (2)$$

仿定理 2 知上面的式(2) 成立等价于：对任意给定的 $i(k+1\leqslant i\leqslant m)$，$b_{1i},b_{2i},\cdots,b_{i-1,i},b_{i,i+1},\cdots,b_{im}$ 中

至少有一个为1.

上面的式(1) 成立等价于:对任意给定的 $i(1 \leqslant i \leqslant k)$, $b_{i,k+1}, b_{i,k+2}, \cdots, b_{im}$ 中至少有一个为1. 实际上必要性是显然的. 再看充分性:如果 $b_{i,k+1}, \cdots, b_{im}$ 全部为0,那么

$$\begin{aligned}
&\omega\left(\sum_{j=1}^{i-1} b_{ij}x_j + \sum_{j=i+1}^{k} b_{ij}x_j + x_1\cdots x_{i-1}x_{i+1}\cdots x_k\right) \\
\xlongequal{\text{由引理5}} &\omega\left(\sum_{j=1}^{i-1} b_{ji}x_j + \sum_{j=i+1}^{k} b_{ij}x_j\right) + \omega(x_1\cdots x_{i-1}x_{i+1}\cdots x_k) - \\
&2\omega\left[\left(\sum_{j=1}^{i-1} b_{ji} + \sum_{j=i+1}^{k} b_{ij}\right)x_1\cdots x_{i-1}x_{i+1}\cdots x_k\right] \\
&= 2^{m-2} + 2^{m-k} - 2^{m-k+1}\left[\left(\sum_{j=1}^{i-1} b_{ji} + \sum_{j=i+1}^{k} b_{ij}\right) \bmod 2\right]
\end{aligned}$$

(最后这一等式是由于在对 $m-1$ 元 Boole 函数求重量). 容易看出上式是不可能等于 2^{m-2} 的,即充分性证毕.

由(1) 和(2) 的等价条件可知, $b_{ij}(1 \leqslant i < j \leqslant k)$ 是不受任何限制的,因此要证明定理3 只需证明:没有一行全为0 的形如

$$\begin{pmatrix}
0 & 0 & \cdots & 0 & b_{1,k+1} & b_{1,k+2} & \cdots & b_{1m} \\
0 & 0 & \cdots & 0 & b_{2,k+1} & b_{2,k+2} & \cdots & b_{2m} \\
\vdots & \vdots & & \vdots & \vdots & \vdots & & \vdots \\
0 & 0 & \cdots & 0 & b_{k,k+1} & b_{k,k+2} & \cdots & b_{km} \\
b_{1,k+1} & b_{2,k+1} & \cdots & b_{k,k+1} & 0 & b_{k+1,k+2} & \cdots & b_{k+1,m} \\
\vdots & \vdots & & \vdots & \vdots & \vdots & & \vdots \\
b_{1m} & b_{2m} & \cdots & b_{km} & b_{k+1,m} & b_{k+2,m} & \cdots & 0
\end{pmatrix}$$

$$(b_{ij} = 0 \text{ 或 } 1)$$

的矩阵的个数为

$$2^{\frac{m(m-1)}{2}-\frac{k(k-1)}{2}} - \left\{ \sum_{s=1}^{m} (-1)^{s-1} \sum_{r=0}^{k} C_k^r C_{m-k}^{s-r} \times 2^{(m-k)(k-r)+\frac{(m-k)(m-k-1)}{2}-\left[(m-k-1)(s-r)-\frac{(s-r)(s-r-1)}{2}\right]} \right\}$$

就行了,而这可以完全仿照定理 2 的证明得出,不再复述. 证毕.

参考文献

[1] SHLICHTA P J. Higher-dimensional Hadamard matrices[J]. IEEE Trans. on Inform. Theory, 1979, 25(5):566-572.

[2] HAMMER J,SEBERRY J R. Higher dimensional orthogonal designs and applications[J]. IEEE Trans. on Inform. Theory,1981,27(6):772-779.

[3] SHLICHTA P J. Three and four dimensional Hadamard matrices[J]. Bull. Amer. Phys. Soc. Ser. 11,1971,16:825-826.

[4] 杨义先. 高维 Hadamard 矩阵的几个猜想之证明[J]. 科学通报, 1986(2):85.

[5] 杨义先,胡正名. 高维 Hadamard 猜想的新证明[J]. 系统科学与数学,1988,8(1):52-55.

[6] 杨义先,朱庆棠. 高维矩阵的运算和应用[J]. 成都电讯工程学院学报,1987,16(2):191-199.

[7] 杨义先. 高维矩阵在密码中的应用[J]. 电子学报,1987, 增刊:283-284.

[8] 杨义先. 高维 Hadamard 矩阵的构造[J]. 北京邮电学院学报,1988, 11(2):34-38.

[9] 杨义先. 高维 Wash-Hadamard 变换[J]. 北京邮电学院学报,1988,11(2):22-30.

[10] 杨义先,胡正名. 四维二阶 Hadamard 矩阵的分类[J]. 系统科学与数学,1987,7(1):40-46.

[11] 潘新安,杨义先. 5 维 2 阶 Hadamard 矩阵的计数问题[J]. 北京邮电学院学报,1987,10(4):11-18.

[12] 李世群. 5 维 2 阶 Hadamard 矩阵计数问题的解决[J]. 北京邮电学院学报,1988,11(2):17-21.

[13] 杨义先. n 元 H - 布尔函数[J]. 北京邮电学院学报,1988,11(3):1-9.

3 维 6 阶 Hadamard 矩阵的发现①

第 16 章

Hadamard 矩阵(以下简称为 H－矩阵)的存在性问题,历来是人们比较感兴趣的问题之一. 我们知道,2 维 H－矩阵的阶数 n 必为 4 的倍数,即 $n = 4t$(除 $n = 1,2$ 以外),并且人们早就猜测:对于任意的正整数 t,都存在 $n = 4t$ 阶的 2 维 H－矩阵. 目前,当 $n < 268$ 时,也都找到了具体的例子. 对高维的情况,当维数 $m \geqslant 4$ 时,杨义先等在文献[1] 中给出了很好的回答,但对于维数 $m = 3$ 时,是否也存在着 $n = 2t$(t 为奇数) 阶的 H－矩阵?文献[1] 未能解决这个问题,仅指出 3 维 6 阶 H－矩阵的存在性仍是个谜. 北京邮电学院信息工程系的李世群教授 1992 年利用最佳二元阵列[2] 来解开这个谜,并具体地构造出一个 3 维 6 阶的 H－矩阵.

① 本章摘编自《系统科学与数学》,1992,12(3):277-279.

定义 1　设 $\boldsymbol{S}=[S(x_1,x_2,\cdots,x_n)]$，$S(x_1,x_2,\cdots,x_n)=\pm 1(0\leqslant x_i\leqslant N_i-1,i=1,2,\cdots,n)$ 是一个 n 维 $N_1\times N_2\times\cdots\times N_n$ 阶的二元阵列. 如果其自相关函数 $\varphi(\tau_1,\tau_2,\cdots,\tau_n)$ 满足

$$\begin{aligned}&\varphi(\tau_1,\tau_2,\cdots,\tau_n)\\=&\sum_{\substack{0\leqslant x_i\leqslant N_i-1\\1\leqslant i\leqslant n}}S(x_1,x_2,\cdots,x_n)\cdot\\&S(x_1+\tau_1,x_2+\tau_2,\cdots,x_n+\tau_n)\\=&\begin{cases}N_1\cdot N_2\cdot\cdots\cdot N_n, & \text{当 }\tau_1=\tau_2=\cdots=\tau_n=0\text{ 时}\\0, & \text{当 }1\leqslant\tau_i\leqslant N_i-1,1\leqslant i\leqslant n\text{ 时}\end{cases}\end{aligned}$$

则称阵列 $\boldsymbol{S}$ 为 n 维 $N_1\times N_2\times\cdots\times N_n$ 阶的最佳二元阵列，其中元素 $\boldsymbol{S}$ 的下标值 $x_i+\tau_i$ 均理解为 $(x_i+\tau_i)\bmod N_i$，$i=1,2,\cdots,n$. 这就是说，最佳二元阵列的所有异相自相关函数值都为 0.

根据此定义及高维 H－矩阵的定义[1]，我们不难得到[4]：

定理 1　如果 $\boldsymbol{S}=[S(x_1,x_2,\cdots,x_n)](0\leqslant x_i\leqslant N-1,i=1,2,\cdots,n)$ 是 n 维 $N\times N\times\cdots\times N$ 阶的最佳二元阵列，则 $n+1$ 维阵列

$$\begin{aligned}\boldsymbol{H}&=[H(x_1,x_2,\cdots,x_n,x_{n+1})]\\&=[S(x_1+x_{n+1},x_2+x_{n+1},\cdots,x_n+x_{n+1})]\end{aligned}$$

$(0\leqslant x_i\leqslant N-1,i=1,2,\cdots,n+1)$ 必为一个 $n+1$ 维 N 阶的 H－矩阵，其中下标 x_i+x_{n+1} 均指 $(x_i+x_{n+1})\bmod N$.

证明　设 $0\leqslant\alpha,\beta\leqslant N-1$. 因为 $\boldsymbol{S}$ 是最佳二元阵列，所以有

$$\sum_{0\leqslant x_1,\cdots,x_n\leqslant N-1} H(x_1,x_2,\cdots,x_n,\alpha)\cdot H(x_1,x_2,\cdots,x_n,\beta)$$

$$=\sum_{0\leqslant x_1,\cdots,x_n\leqslant N-1} S(x_1+\alpha,x_2+\alpha,\cdots,x_n+\alpha)\cdot S(x_1+\beta,x_2+\beta,\cdots,x_n+\beta)$$

$$=\sum_{0\leqslant y_1,\cdots,y_n\leqslant N-1} S(y_1,y_2,\cdots,y_n)\cdot S(y_1+(\beta-\alpha),y_2+(\beta-\alpha),\cdots,y_n+(\beta-\alpha))$$

$$=N^n\cdot\delta_{\alpha\beta}=\begin{cases}N^n, & \text{当}\ \alpha=\beta\ \text{时}\\ 0, & \text{当}\ \alpha\neq\beta\ \text{时}\end{cases}$$

同理,对于其他任意的 $i(1\leqslant i\leqslant n)$,可以证明

$$\sum_{\substack{0\leqslant x_j\leqslant N-1\\ j\neq i}} H(x_1,\cdots,x_{i-1},\alpha,x_{i+1},\cdots,x_n,x_{n+1})\cdot H(x_1,\cdots,x_{i-1},\beta,x_{i+1},\cdots,x_n,x_{n+1})$$

$$=N^n\cdot\delta_{\alpha\beta}$$

因此由高维 H－矩阵的定义立即得知,阵列 $\boldsymbol{H}$ 确实是一个 H－矩阵.

由此定理知,如果存在 2 维 $2t$(t 为奇数) 阶的最佳二元阵列,那么相应地就可以找到一个 3 维 $2t$ 阶的 H－矩阵. 这样,我们就把 3 维 H－矩阵的存在性问题转化为 2 维最佳二元阵列的存在性问题. 尽管最佳二元阵列的存在性目前也仍未能得到很好的解决[3],但当 $t=3$(即阶数 $n=6$) 时,借助计算机却不难找到一个 2 维 6×6 阶的最佳二元阵列如下

$$
\boldsymbol{S}=\begin{pmatrix}
- & + & + & + & + & - \\
+ & - & + & + & + & - \\
+ & + & - & + & + & - \\
+ & + & + & - & + & - \\
+ & + & + & + & - & - \\
- & - & - & - & - & +
\end{pmatrix}
$$

其中“+”代表+1,“-”代表-1.

这样,由上面的定理1立即可知,2维阵列

$$
\boldsymbol{H}=[H(x_1,x_2,x_3)]=[S(x_1+x_3,x_2+x_3)]
$$

$$
=\left(\begin{pmatrix}
- & + & + & + & + & - \\
+ & - & + & + & + & - \\
+ & + & - & + & + & - \\
+ & + & + & - & + & - \\
+ & + & + & + & - & - \\
- & - & - & - & - & +
\end{pmatrix}
\begin{pmatrix}
- & + & + & + & - & + \\
+ & - & + & + & - & + \\
+ & + & - & + & - & + \\
+ & + & + & - & - & + \\
- & - & - & - & + & - \\
+ & + & + & + & - & -
\end{pmatrix}
\begin{pmatrix}
- & + & + & - & + & + \\
+ & - & + & - & + & + \\
+ & + & - & - & + & + \\
- & - & - & + & - & - \\
+ & + & + & - & - & + \\
+ & + & + & - & + & -
\end{pmatrix}\right.
$$

$$
\left.\begin{pmatrix}
- & + & - & + & + & + \\
+ & - & - & + & + & + \\
- & - & + & - & - & - \\
+ & + & - & - & + & + \\
+ & + & - & + & - & + \\
+ & + & - & + & + & -
\end{pmatrix}
\begin{pmatrix}
- & - & + & + & + & + \\
- & + & - & - & - & - \\
+ & - & - & + & + & + \\
+ & - & + & - & + & + \\
+ & - & + & + & - & + \\
+ & - & + & + & + & -
\end{pmatrix}
\begin{pmatrix}
+ & - & - & - & - & - \\
- & - & + & + & + & + \\
- & + & - & + & + & + \\
- & + & + & - & + & + \\
- & + & + & + & - & + \\
- & + & + & + & + & -
\end{pmatrix}\right).
$$

是一个3维6阶的 Hadamard 矩阵,从而也就解开了关于3维6阶H-矩阵是否存在这个谜.我们还猜测,一般的3维$2t$(t为奇数)阶的H-矩阵也应是存在的,但还有待证实.

参考文献

[1] 杨义先,胡正名. 高维 Hadamard 猜想的新证明[J]. 系统科学与数学,1988,8(1):52-55.

[2] BOMER L, ANTWEILER M. Perfect binary arrays with 36 elements[J]. Electron. Lett., 1987,23(14):730-732.

[3] LÜKE H D. Zweidimensionale folgen mit perfekten periodischen korrelations funktionen[J]. Frequenz,1987,41(6/7):131-137.

[4] 杨义先,林须端. 编码密码学[M]. 北京:人民邮电出版社,1992.

第六编

高维 Hadamard 矩阵的构造

高维 Hadamard 矩阵的构造①

第 17 章

一、引言

n 维矩阵 $\boldsymbol{H}=(H_{h(1)\cdots h(n)})(0\leqslant h(1),\cdots,h(n)\leqslant m-1)$ 称为 n 维 m 阶 Hadamard 矩阵[1]（简称为 n 维 H－矩阵），当且仅当 $H_{h(1)\cdots h(n)}=\pm 1$，并且

$$\begin{aligned}&\sum_{0\leqslant h(2),\cdots,h(n)\leqslant m-1} H_{ah(2)\cdots h(n)}\cdot H_{bh(2)\cdots h(n)}\\&=\sum_{0\leqslant h(1),h(3),\cdots,h(n)\leqslant m-1} H_{h(1)ah(3)\cdots h(n)}\cdot H_{h(1)bh(3)\cdots h(n)}\\&=\cdots\\&=\sum_{0\leqslant h(1),\cdots,h(n-1)\leqslant m-1} H_{h(1)\cdots h(n-1)a}\cdot H_{h(1)\cdots h(n-1)b}\\&=m^{n-1}\delta_{ab}\end{aligned}$$

关于高维 Hadamard 矩阵目前已有许多构造法，但是在文献[3]之前人们只能构造出阶数为 $4K$ 的 n 维 H－矩阵，

① 本章摘编自《北京邮电学院学报》，1988，11(2)：31-38.

文献[3]虽然首次构造出了阶数为 $2K$ 的 n 维 H - 矩阵,但是 n 与 K 要受到许多限制. 北京邮电学院信息工程系的杨义先教授 1988 年给出更有效的高维 H - 矩阵的构造法,例如得到了一个很强的结果:如果著名的 Hadamard 猜想:"对任意 $4K$,存在阶数为 $4K$ 的 2 维 Hadamard 矩阵"正确,那么对任意 $n(n > 3)$ 和任意正整数 K 都存在阶数为 $2K$ 的 n 维 H - 矩阵. 本章给出的构造法不使用任何高深的数学工具这一点从具体应用的角度来看是很有意义的. 关于高维 Hadamard 矩阵的应用将在文献[4]中给出.

二、构造法

定理 1 设 $\boldsymbol{A} = (A_{ij})$ 是一个 2 维 $(2t)^s$ 阶的 H - 矩阵,令

$$B_{x_0\cdots x_{s-1}y_0\cdots y_{s-1}} \triangleq A_{\{(2t)^{s-1}x_{s-1}+(2t)^{s-2}x_{s-2}+\cdots+(2t)x_1+x_0\}\{(2t)^{s-1}y_{s-1}+\cdots+y_0\}}$$

那么矩阵 $\boldsymbol{B} = (B_{x_0\cdots x_{s-1}y_0\cdots y_{s-1}})$ 就是一个 $2s$ 维 $2t$ 阶的 Hadamard 矩阵.

证明

$$\sum_{\substack{0\leqslant x_1,\cdots,x_{s-1}\leqslant 2t-1\\ 0\leqslant y_1,\cdots,y_{s-1}\leqslant 2t-1}} B_{ax_1\cdots x_{s-1}y_0\cdots y_{s-1}} \cdot B_{bx_1\cdots x_{s-1}y_0\cdots y_{s-1}}$$

$$= \sum_{x_1,\cdots,x_{s-1}}\sum_{y_0,\cdots,y_{s-1}} A_{\{(2t)^{s-1}x_{s-1}+\cdots+(2t)x_1+a\}\{(2t)^{s-1}y_{s-1}+\cdots+(2t)y_1+y_0\}} \cdot$$

$$A_{\{(2t)^{s-1}x_{s-1}+(2t)^{s-2}x_{s-2}+\cdots+(2t)x_1+b\}\{(2t)^{s-1}y_{s-1}+(2t)^{s-2}y_{s-2}+\cdots+(2t)y_1+y_0\}}$$

如果 $a \neq b$,那么

$$(2t)^{s-1}x_{s-1} + \cdots + (2t)x_1 + a$$

$$\neq (2t)^{s-1}x_{s-1} + \cdots + (2t)x_1 + b$$

再由于 $\boldsymbol{A} = (A_{ij})$ 是 2 维 Hadamard 矩阵,所以

$$\sum_{y_0,\cdots,y_{s-1}} A_{\{(2t)^{s-1}x_{s-1}+\cdots+(2t)x_1+a\}\{(2t)^{s-1}y_{s-1}+\cdots+y_0\}} \cdot$$

$$A_{\{(2t)^{s-1}x_{s-1}+\cdots+(2t)x_1+b\}\{(2t)^{s-1}y_{s-1}+\cdots+y_0\}}$$

$$= \sum_{r=0}^{(2t)^{s-1}} A_{\{(2t)^{s-1}x_{s-1}+\cdots+(2t)x_1+a\}r} \cdot A_{\{(2t)^{s-1}x_{s-1}+\cdots+(2t)x_1+b\}r} = 0$$

于是

$$\sum_{\substack{x_1,\cdots,x_{s-1}\\ y_0,\cdots,y_{s-1}}} B_{ax_1\cdots x_{s-1}y_0\cdots y_{s-1}} B_{bx_1\cdots x_{s-1}y_0\cdots y_{s-1}} = (2t)^{2s-1} \cdot \delta_{ab}$$

同理可证矩阵 $\boldsymbol{B}$ 满足高维 Hadamard 矩阵的其他各项条件,所以 $\boldsymbol{B}$ 是高维 H – 矩阵. 证毕.

引理1　设 $0 \leqslant a,b,j \leqslant N-1$,那么当 $a \neq b$ 时必有 $[a+j]_N \neq [b+j]_N$,其中 $[x]_N \equiv x(\bmod N)$.

证明　因为 $(b+j)-(a+j) = b-a$,而 $0 \leqslant a,b \leqslant N-1$,所以 $b-a$ 不是 N 的倍数,当然就有

$$[b+j]_N \neq [a+j]_N$$

定理2　设 $\boldsymbol{H} = (H_{i_1\cdots i_n})$ 是一个 n 维 N 阶 H – 矩阵 $(0 \leqslant i_1,\cdots,i_{n+1} \leqslant N-1)$,若令

$$A_{i_1\cdots i_n i_{n+1}} \triangleq H_{i_1\cdots i_{n-1}[i_n+i_{n+1}]_N}$$

则 $\boldsymbol{A} = (A_{i_1\cdots i_{n+1}})$ 是一个 $n+1$ 维 N 阶 H – 矩阵.

证明　记

$$\alpha(a \cdot b) \triangleq \sum_{0\leqslant i_2,\cdots,i_{n+1}\leqslant N-1} A_{ai_2\cdots i_{n+1}} A_{bi_2\cdots i_{n+1}}$$

$$= \sum_{0\leqslant i_2,\cdots,i_{n+1}\leqslant N-1} H_{ai_2\cdots i_{n-1}[i_n+i_{n+1}]_N} \cdot H_{bi_2\cdots i_{n-1}[i_n+i_{n+1}]_N}$$

$$= \sum_{i_{n+1}=0}^{N-1} \left\{ \sum_{0\leqslant i_2,\cdots,i_n\leqslant N-1} H_{ai_2\cdots i_{n-1}[i_n+i_{n+1}]_N} \cdot H_{bi_2\cdots i_{n-1}[i_n+i_{n+1}]_N} \right\}$$

当 $a \neq b$ 时,由于 $\boldsymbol{H}$ 是 n 维 N 阶 Hadamard 矩阵,所

以任意给定i_{n+1}后上式{ }内为0,因此$\alpha(a,b)=N^n\delta_{ab}$.

由于$i_1,i_2,\cdots,i_{n-1}$的地位相同,i_n与i_{n+1}的地位也是相同的,所以只需再验证

$$\beta(a,b)\triangleq\sum_{0\leqslant i_1,\cdots,i_n\leqslant N-1}A_{i_1\cdots i_na}A_{i_1\cdots i_nb}=N^n\delta_{ab}$$

就行了. 因为

$$\begin{aligned}&\beta(a,b)\\&=\sum_{0\leqslant i_1,\cdots,i_n\leqslant N-1}H_{i_1\cdots i_{n-1}[i_n+a]_N}\cdot H_{i_1\cdots i_{n-1}[i_n+b]_N}\\&=\sum_{i_n=0}^{N-1}\Big\{\sum_{0\leqslant i_1,\cdots,i_{n-1}\leqslant N-1}H_{i_1\cdots i_{n-1}[i_n+a]_N}\cdot H_{i_1\cdots i_{n-1}[i_n+b]_N}\Big\}\end{aligned}$$

当$a\neq b$时,由引理1知

$$[i_n+a]_N\neq[i_n+b]_N$$

而$\boldsymbol{H}$是n维N阶Hadamard矩阵,所以{ }内为0. 于是$\beta(a,b)=N^n\delta_{ab}$,证毕.

推论1 设$\boldsymbol{B}=(B_{i_1\cdots i_n})(0\leqslant i_1,\cdots,i_n\leqslant N-1)$是一个$n$维$N$阶Hadamard矩阵,$(r,N)=1$. 现在令

$$A_{i_1\cdots i_ni_{n+1}}\triangleq B_{i_1\cdots i_{n-1}[i_n+ri_{n+1}]_N}$$

那么$\boldsymbol{A}=(A_{i_1\cdots i_{n+1}})$是一个$n+1$维$N$阶Hadamard矩阵. 当$r=1$时就回到了定理2.

证明 只需验证如下三个等式即可

$$\alpha(a,b)\triangleq\sum_{0\leqslant i_2,\cdots,i_{n+1}\leqslant N-1}A_{ai_2\cdots i_{n+1}}\cdot A_{bi_2\cdots i_{n+1}}=N^n\delta_{ab}$$

$$\beta(a,b)\triangleq\sum_{0\leqslant i_1,\cdots,i_{n-1},i_{n+1}\leqslant N-1}A_{i_1\cdots i_{n-1}ai_{n+1}}\cdot A_{i_1\cdots i_{n-1}bi_{n+1}}=N^n\delta_{ab}$$

$$\gamma(a,b)=\sum_{0\leqslant i_1,\cdots,i_n\leqslant N-1}A_{i_1\cdots i_na}\cdot A_{i_1\cdots i_nb}=N^n\delta_{ab}$$

而现在仿定理2的证明可得

$$\alpha(a,b)=N^n\delta_{ab}$$

$$\begin{aligned}&\beta(a,b)\\&=\sum_{0\leqslant i_1,\cdots,i_{n-1},i_{n+1}\leqslant N-1}B_{i_1\cdots i_{n-1}[a+ri_{n+1}]_N}\cdot B_{i_1\cdots i_{n-1}[b+ri_{n+1}]_N}\\&=\sum_{i_{n+1}=0}^{N-1}\left\{\sum_{0\leqslant i_1,\cdots,i_{n-1}\leqslant N-1}B_{i_1\cdots i_{n-1}[a+ri_{n+1}]_N}\cdot B_{i_1\cdots i_{n-1}[b+ri_{n+1}]_N}\right\}\\&\xlongequal{\text{因为当 }a\neq b\text{ 时}[a+ri_{n+1}]_N\neq[b+ri_{n+1}]_N\text{ 和 }\boldsymbol{B}\text{ 是 H－矩阵}}N^n\delta_{ab}\end{aligned}$$

再看

$$\begin{aligned}\gamma(a,b)&=\sum_{0\leqslant i_1,\cdots,i_n\leqslant N-1}B_{i_1\cdots i_{n-1}[i_n+ra]_N}\cdot B_{i_1\cdots i_{n-1}[i_n+rb]_N}\\&=\sum_{i_n=0}^{N-1}\left\{\sum_{0\leqslant i_1,\cdots,i_{n-1}\leqslant N-1}B_{i_1\cdots i_{n-1}[i_n+ra]_N}\cdot B_{i_1\cdots i_{n-1}[i_n+rb]_N}\right\}\end{aligned}$$

因为当 $0\leqslant a\neq b\leqslant N-1,(r,N)=1$ 时

$$(i_n+ra)-(i_n+rb)=r(a-b)$$

不是 N 的整数倍，所以

$$[i_n+ra]_N\neq[i_n+rb]_N$$

再仿前知

$$\gamma(a,b)=N^n\delta_{ab}$$

证毕.

定理 3　设 $\boldsymbol{B}=(B_{i_1\cdots i_n})$ 是一个 n 维 P^m 阶的 Hadamard 矩阵($0\leqslant i_1,\cdots,i_n\leqslant P^m-1$，$P$ 是正整数)，令

$$A_{i_1\cdots i_{n+1}}\triangleq B_{i_1\cdots i_{n-1}(i_n\oplus i_{n+1})}$$

其中 $\oplus$ 是整数的 P 进并元和. 那么矩阵 $\boldsymbol{A}=(A_{i_1\cdots i_{n+1}})$ 是一个 $n+1$ 维 P^m 阶的 Hadamard 矩阵.

证明　仿定理 2. 略.

记 $X = \{0,1,\cdots,N-1\}$ 是一个整数的集合，而 $f(x,y)$ 是 $X \times X$ 到 X 的一个映射，并且满足条件：①任意固定 $x = a \in X$ 后，$f(a,y)$ 是 X 到 X 的一个一一映射，任意固定 $y = b \in X$ 后，$f(x,b)$ 也是 X 到 X 的一个一一映射. ②当 $y_1 \neq y_2$ 时，对 $\forall x \in X$ 有 $f(x,y_1) \neq f(x,y_2)$；当 $x_1 \neq x_2$ 时，对 $\forall y \in X$ 有 $f(x_1,y) \neq f(x_2,y)$. 称满足上述两个条件的映射为 Hadamard 映射（简称为 H－映射）.

定理 4 设 $\boldsymbol{B} = (B_{i_1\cdots i_n})$ 是一个 n 维 N 阶 H－矩阵（$0 \leqslant i_1,\cdots,i_n \leqslant N-1$），而 $f(x,y)$ 是一个 H－映射，如果令

$$A_{i_1\cdots i_{n+1}} = B_{i_1\cdots i_{n-1}(i_n i_{n+1})}$$

那么 $\boldsymbol{A} = (A_{i_1\cdots i_{n+1}})$ 是一个 $n+1$ 维 N 阶 H－矩阵.

定理 4 的证明与定理 2 的相似，需要说明的是：定理 4 是定理 2 和定理 3 的推广，例如，取 $f(x,y) = [x+y]_N$ 时它就成了定理 2；取 $f(x,y) = [x+ry]_N$ 时它就成了定理 2 的推论；取 $f(x,y) = x \oplus y$ 时，它就成了定理 3.

如果著名的 Hadamard 猜想正确，那么由定理 1 我们就可以构造出 4 维 $2t$（t 是任意正整数）阶的 H－矩阵，再利用定理 2 我们就可以构造出任意 $n(n>3)$ 维 $2t$ 阶的 H－矩阵. 因为著名 Hadamard 猜想的证明目前已取得了很大的进展，所以这里给出的建立在 Hadamard 猜想上的构造法是有意义的，并且这也给出

了文献[1]的猜想(e)的第二种证明方法[①].

下面的定理5～8的证明都很简单,根据H－矩阵的定义直接验证即可,所以只叙述结果:

定理5　设 $\boldsymbol{B}=(B_{b(1)\cdots b(n)})$ 是一个 n 维 N 阶 Hadamard 矩阵. 如果令

$$A_{b(1)\cdots b(n)}=(-1)^{\sum_{i=1}^{M}\sum_{j=1}^{n}a_{ij}b(i,j)}\cdot B_{b(1)\cdots b(n)}$$

其中

$$(b(M,j),b(M-1,j),\cdots,b(1,j))$$

表示整数 $b(j)$ 的二进码向量,而 M 是满足 $N\leqslant 2^M$ 的最小整数,$a_{ij}=0$ 或1,那么矩阵 $\boldsymbol{A}=(A_{b(1)\cdots b(n)})$ 也是一个 n 维 N 阶 Hadamard 矩阵.

在 $n=2$ 时定理5意指改变H－矩阵的某些行或列的符号后所得矩阵仍然是H－矩阵.

定理6　设 $\boldsymbol{A}=(A_{a(1)\cdots a(n)})$ 是一个 n 维H－矩阵,$\tau(\cdot)$ 是 $\{1,2,\cdots,n\}$ 的一个置换. 如果令

$$\boldsymbol{B}\triangleq(B_{a(1)\cdots a(n)})=(A_{a(\tau(1))\cdots a(\tau(n))})$$

那么 $\boldsymbol{B}$ 也是一个 n 维H－矩阵.

当 $n=2$ 时定理6意指H－矩阵的转置矩阵也是H－矩阵.

定理7　设 $\boldsymbol{A}=(A_{a(1)\cdots a(n)})$ 是一个 n 维 m 阶H－矩阵,$f_1(\cdot),\cdots,f_n(\cdot)$ 是数集 $\{0,1,\cdots,m-1\}$ 中的 n 个一一映射. 如果

$$\boldsymbol{B}=(B_{a(1)\cdots a(n)})=(A_{f_1(a(1))\cdots f_n(a(n))})$$

那么 $\boldsymbol{B}$ 也是一个 n 维 m 阶H－矩阵.

---

① 此猜想(e)已被笔者在文献[3]中证明.

当 $n=2$ 时定理 7 意指对 H－矩阵的行或列作任意置换后的矩阵也是 H－矩阵.

定理 8　设 $\boldsymbol{A}=(A_{a(1)\cdots a(n)})$, $\boldsymbol{B}=(B_{b(1)\cdots b(k)})$ 是两个高维 H－矩阵 $(0\leqslant a(1),\cdots,a(n),b(1),\cdots,b(k)\leqslant m-1)$. 若令

$$C_{c(1)\cdots c(n+k)}=A_{c(1)\cdots c(n)}\cdot B_{c(n+1)\cdots c(n+k)}$$

则矩阵 $\boldsymbol{C}=(C_{c(1)\cdots c(n+k)})$ 是一个 $n+k$ 维 m 阶 H－矩阵.

定理 9　设 $\boldsymbol{B}=(B_{b(1)\cdots b(n)})$ 是 n 维 m 阶矩阵. 对任意 $0\leqslant a(1),\cdots,a(n)\leqslant m^n-1$, 令

$$A_{a(1)\cdots a(n)}=B_{a(1,1)a(2,1)\cdots a(n,1)}\cdot B_{a(1,2)a(2,2)\cdots a(n,2)}\cdot\cdots\cdot B_{a(1,n)a(2,n)\cdots a(n,n)}$$

其中 $(a(i,1),a(i,2),\cdots,a(i,n))$ 表示整数 $a(i)$ 的 m 进码向量. 那么矩阵 $\boldsymbol{A}=(A_{a(1)\cdots a(n)})$ 是一个 n 维 m^n 阶 H－矩阵当且仅当 $\boldsymbol{B}$ 是一个 n 维 m 阶 H－矩阵.

证明　充分性: 设 $\boldsymbol{B}$ 是 H－矩阵, 记

$$\alpha(a,b)\triangleq\sum_{a(2),\cdots,a(n)}A_{aa(2)\cdots a(n)}A_{ba(2)\cdots a(n)}$$

当 $a=b$ 时, 显然 $\alpha(a,b)=(m^n)^{n-1}$. 当 $a\neq b$ 时, 用 $(a_1,\cdots,a_n)$ 和 $(b_1,\cdots,b_n)$ 分别表示 a 与 b 的 m 进码向量. 于是必有某个 k 使 $a_k\neq b_k$. 由此

$$\begin{aligned}&\alpha(a,b)\\=&\sum_{\substack{0\leqslant a(i,j)\leqslant m-1\\2\leqslant i\leqslant n\\1\leqslant j\leqslant n}}B_{a_1a(2,1)\cdots a(n,1)}\cdot B_{a_2a(2,2)\cdots a(n,2)}\cdot\cdots\cdot\\&B_{a_na(2,n)\cdots a(n,n)}\cdot B_{b_1a(2,1)\cdots a(n,1)}\cdot\\&B_{b_2a(2,2)\cdots a(n,2)}\cdot\cdots\cdot B_{b_na(2,n)\cdots a(n,n)}\end{aligned}$$

$$= \sum_{\substack{0 \leqslant a(i,j) \leqslant m-1 \\ j \neq k \\ 2 \leqslant i \leqslant n \\ 1 \leqslant j \leqslant n}} \rho \Big(\sum_{\substack{0 \leqslant a(i,k) \leqslant m-1 \\ 2 \leqslant i \leqslant n}} B_{a_k a(2,k) \cdots a(n,k)} \cdot B_{b_k a(2,k) \cdots a(n,k)} \Big)$$

$$\overset{\text{因 } \boldsymbol{B} \text{ 是 H - 矩阵}}{=\!=\!=\!=} \sum \rho \cdot 0 = 0$$

其中 ρ 是与 $a(i,k)$ 无关的项. 因此

$$\alpha(a,b) = (m^n)^{n-1} \delta_{ab}$$

同理可证 $\boldsymbol{A}$ 满足 Hadamard 矩阵的其他条件. 故 $\boldsymbol{A}$ 必是 H - 矩阵.

必要性:设 $\boldsymbol{A}$ 是 H - 矩阵. 用反证法证明 $\boldsymbol{B}$ 也是 H - 矩阵. 若不然设 $\boldsymbol{B}$ 不是 H - 矩阵. 于是假设存在某 $0 \leqslant a,b \leqslant m-1, a \neq b$,但是

$$\sum_{b(2),\cdots,b(n)} B_{ab(2)\cdots b(n)} \cdot B_{bb(2)\cdots b(n)} = r \neq 0$$

设 α 与 β 的 m 进码向量分别是 $(a,\cdots,a),(b,\cdots,b)$,当然 $\alpha \neq \beta$,并且

$$\sum_{a(2),\cdots,a(n)} A_{\alpha a(2)\cdots a(n)} \cdot A_{\beta a(2)\cdots a(n)}$$

$$= \sum_{\substack{0 \leqslant a(i,j) \leqslant m-1 \\ 2 \leqslant i \leqslant n \\ 1 \leqslant j \leqslant n}} \prod_{k=1}^{n} \{ B_{aa(2,k)\cdots a(n,k)} \cdot B_{ba(2,k)\cdots a(n,k)} \}$$

$$= \prod_{k=1}^{n} \{ \sum_{0 \leqslant a(2,k),\cdots,a(n,k) \leqslant m-1} B_{aa(2,k)\cdots a(n,k)} \cdot B_{ba(2,k)\cdots a(n,k)} \}$$

$$= \prod_{k=1}^{n} r = r^n \neq 0$$

这与 $\boldsymbol{A}$ 是 H - 矩阵矛盾. 证毕.

定理 10　(1) 设 $\boldsymbol{A} = (A_{a(1)\cdots a(2n)})(1 \leqslant a(i) \leqslant m)$ 是一个 $2n$ 维 m 阶矩阵,$A_{a(1)\cdots a(2n)} = \pm 1$. 如果 $\boldsymbol{A}\boldsymbol{A}^{\mathrm{T}} = m^n \boldsymbol{I}$(其中 $\boldsymbol{A}^{\mathrm{T}}$ 表示 $\boldsymbol{A}$ 的转置,$\boldsymbol{I}$ 表示 $2n$ 维 m 阶单位矩阵,

AA^{T} 表示高维矩阵的乘积,关于它们的定义和性质可查文献[4]. 那么:A 必是一个 $2n$ 维 m 阶 Hadamard 矩阵. 当维数为 2 时其逆命题也正确,但对高维情形就不一定了).

(2) 设 $B = (B_{b(1)\cdots b(2n+1)})$ 是一个 $2n+1$ 维 m 阶矩阵($B_{b(1)\cdots b(2n+1)} = \pm 1$),并且满足

$BB^{\mathrm{T}} = m^n I$ 和 $\sum\limits_{1\leqslant b(1),\cdots,b(2n)\leqslant m} B_{b(1)\cdots b(2n)a}\cdot B_{b(1)\cdots b(2n)b} = m^{2n}\delta_{ab}$

(此处 I 是 $2n+1$ 维 m 阶单位矩阵),那么 B 就是一个 $2n+1$ 维 m 阶 Hadamard 矩阵.

证明 (1),(2) 的证法相似,只证(1).

$$\begin{aligned}
&\alpha(a,b)\\
&= \sum_{1\leqslant a(2),\cdots,a(2n)\leqslant m} A_{aa(2)\cdots a(2n)}A_{ba(2)\cdots a(2n)}\\
&\xlongequal{\text{由高维矩阵转置的定义}} \sum_{1\leqslant a(2),\cdots,a(2n)\leqslant m} A_{aa(2)\cdots a(n)a(n+1)\cdots a(2n)}\cdot\\
&\quad A^{\mathrm{T}}_{a(n+1)\cdots a(2n)ba(2)\cdots a(n)}\\
&= \sum_{1\leqslant a(2),\cdots,a(n)\leqslant m}\left\{\sum_{1\leqslant a(n+1),\cdots,a(2n)\leqslant m} A_{aa(2)\cdots a(n)a(n+1)\cdots a(2n)}\cdot\right.\\
&\quad\left. A^{\mathrm{T}}_{a(n+1)\cdots a(2n)ba(2)\cdots a(n)}\right\}\\
&\xlongequal{\text{由于 } AA^{\mathrm{T}} = m^n I} \sum_{1\leqslant a(2),\cdots,a(n)\leqslant m} m^n\delta_{ab} = m^{2n-1}\delta_{ab}
\end{aligned}$$

$$\begin{aligned}
\beta(a,b) \triangleq &\sum_{\substack{1\leqslant a(1),\cdots,a(n)\leqslant m\\ 1\leqslant a(n+2),\cdots,a(2n)\leqslant m}} A_{a(1)\cdots a(n)aa(n+2)\cdots a(2n)}\cdot\\
&A_{a(1)\cdots a(n)ba(n+2)\cdots a(2n)}
\end{aligned}$$

由 $AA^{\mathrm{T}} = m^n I$ 可得 $A^{\mathrm{T}} = m^n A^{-1}$($A^{-1}$ 表示高维矩阵的逆矩阵,其定义可参见文献[4]),从而

$$A^{\mathrm{T}}A = m^n A^{-1}A = m^n I$$

由此仿前可得

$$\beta(a,b) = m^{2n-1}\delta_{ab}$$

同理可证,$\boldsymbol{A}$ 满足高维 Hadamard 矩阵的其他条件,即 $\boldsymbol{A}$ 是一个 $2n$ 维 m 阶 Hadamard 矩阵. 证毕.

众所周知 2 维 H – 矩阵的阶数必须是 $4t$,人们自然会问高维 Hadamard 矩阵的情况如何呢?为此我们给出:

定理 11　如果 $\boldsymbol{H} = (H_{h(1)\cdots h(n)})$ 是一个 n 维 K 阶 Hadamard 矩阵,那么必有 $K = 1$ 或 $K = 2S$(其中 S 可以是奇数或偶数).

证明　只需证明当 $K > 1$ 时 K 必是偶数即可. 由 Hadamard 矩阵的定义知

$$\sum_{1\leqslant h(2),\cdots,h(n)\leqslant k} H_{ah(2)\cdots h(n)} H_{bh(2)\cdots h(n)} = K^{n-1}\delta_{ab}$$

所以有

$$\begin{aligned}
&\sum_{1\leqslant h(2),\cdots,h(n)\leqslant k}[H_{1h(2)\cdots h(n)} + H_{2h(2)\cdots h(n)}]H_{1h(2)\cdots h(n)}\\
=&\sum_{1\leqslant h(2),\cdots,h(n)\leqslant k} H_{1h(2)\cdots h(n)} H_{1h(2)\cdots h(n)} + \\
&\sum_{1\leqslant h(2),\cdots,h(n)\leqslant k} H_{1h(2)\cdots h(n)} H_{2h(2)\cdots h(n)}\\
=&K^{n-1} + 0 = K^{n-1}
\end{aligned}$$

另外,由于 $H_{h(1)\cdots h(n)} = \pm 1$,所以 $H_{1h(2)\cdots h(n)} + H_{2h(2)\cdots h(n)}$ 恒为偶数,由此 K^{n-1} 为偶数,当然 K 也就必为偶数(因为 $n \geqslant 2$). 证毕.

定理 12　设 $f(x_1,\cdots,x_n) = \sum\limits_{\substack{i<j\\(i,j)\in B}} x_i x_j$ 是某个 n 元 H – Boole 函数(其中 B 表示数对集$\{(x,y):1 \leqslant x,y \leqslant$

$n\}$ 中的某个子集). 又设 $\boldsymbol{A} = (A_{ij})$ 是一个 2 维 N 阶 Hadamard 矩阵. 若对任意 $1 \leqslant c(1), \cdots, c(n) \leqslant N$,令

$$C_{c(1)\cdots c(n)} = \prod_{\substack{i<j \\ (i,j) \in B}} A_{c(i)c(j)}$$

那么矩阵 $\boldsymbol{C} = (C_{c(1)\cdots c(n)})$ 是一个 n 维 N 阶 Hadamard 矩阵.

注 当 $f(x_1, \cdots, x_n) = \sum\limits_{1 \leqslant i < j \leqslant n} x_i x_j$ 时上述定理就退化为文献[3]中的定理 1.

证明 任意给定 $1 \leqslant k \leqslant n$,只需证明

$$\alpha(a,b) \triangleq \sum_{\substack{1 \leqslant c(1), \cdots, c(k-1) \leqslant N \\ 1 \leqslant c(k+1), \cdots, c(n) \leqslant N}} C_{c(1)\cdots c(k-1)ac(k+1)\cdots c(n)} \cdot C_{c(1)\cdots c(k-1)bc(k+1)\cdots c(n)} = N^{n-1}\delta_{ab}$$

即可. 为此重写 $f(x_1, \cdots, x_n)$ 为

$$f(x_1, \cdots, x_n) = x_k \sum_{\substack{j>k \\ (k,j) \in B}} x_j + \sum_{\substack{i>k \\ (i,k) \in B}} x_i x_k + \sum_{\substack{i<j \\ i \neq k, j \neq k \\ (i,j) \in B}} x_i x_j$$

因为 $f(x_1, \cdots, x_n)$ 是 H - Boole 函数, 所以如下集合非空

$$\{j > k, (k,j) \in B\} \cup \{i < k, (i,k) \in B\} \neq \varnothing$$

再据 $A_{ij}^2 = 1$ 可知

$$\begin{aligned} \alpha(a,b) &= \sum_{\substack{1 \leqslant c(1), \cdots, c(k-1) \leqslant N \\ 1 \leqslant c(k+1), \cdots, c(n) \leqslant N}} \Big\{\prod_{\substack{j<k \\ (k,j) \in B}} A_{ac(j)} A_{bc(j)}\Big\} \cdot \Big\{\prod_{\substack{i<k \\ (i,k) \in B}} A_{c(i)a} A_{c(i)b}\Big\} \\ &= \rho \prod_{\substack{j>k \\ (k,j) \in B}} \Big(\sum_{c(j)=1}^{N} A_{ac(j)} A_{bc(j)}\Big) \prod_{\substack{i<k \\ (i,k) \in B}} \Big(\sum_{c(i)=1}^{N} A_{c(i)a} A_{c(i)b}\Big) \end{aligned}$$

(其中 ρ 是这样一个常数: 若有 r_1 个 j 满足 $j > k, (k, j) \notin B$ 和 r_2 个 i 满足 $i < k, (i,k) \notin B$, 那么 $\rho = N^{r_1 + r_2}$).

由于 $\boldsymbol{A} = (A_{ij})$ 是一个 2 维 Hadamard 矩阵, 所以

当 $a \neq b$ 时 $\alpha(a,b) = 0$. 证毕.

定理 13 设 $N = 2^k - 1, a_0, a_1, \cdots, a_{N-1}$ 是一个 m 序列($a_i = \pm 1$). 若对 $0 \leqslant i_1, \cdots, i_n \leqslant N$,令

$$A_{i_1 \cdots i_n} = \{a_{[i_1 + \cdots + i_n - 2]_N}\}^{\delta[(i_1 + \cdots + i_r)(i_{r+1} + \cdots + i_n)]}$$

那么矩阵 $\boldsymbol{A} = (A_{i_1 \cdots i_n})$ 就是一个 n 维 $N+1$ 阶 Hadamard 矩阵,其中

$$\delta(xy) = \begin{cases} 1, & xy = 0 \\ 0, & \text{其他} \end{cases}$$

证明 由 $\{a_0, \cdots, a_{N-1}\}$ 的自相关特性知 2 维矩阵 $\boldsymbol{B} = (B_{ij}) = ((a_{[i+j-2]_N})^{\delta(ij)})$ 是一个 2 维 $N+1$ 阶 Hadamard 矩阵. 不难看出

$$A_{i_1 \cdots i_n} = B_{[i_1 + \cdots + i_r]_N [i_{r+1} + \cdots + i_n]_N}$$

故利用定理 2 就知 $\boldsymbol{A} = (A_{i_1 \cdots i_n})$ 是一个 n 维 $N+1$ 阶 Hadamard 矩阵. 证毕.

上述定理中的 m 序列还可以用任意自相关函数为 -1 的序列来代替.

参考文献

[1] SHLICHTA P J. Higher-dimensional Hadamard matrices[J]. IEEE Trans. on Inform. Theory, 1979,25(5):566-572.

[2] HAMMER J, SEBERRY J R. Higher dimensional orthogonal designs and applications[J]. IEEE Trans. on Inform. Theory, 1981,27(6):772-779.

[3] 杨义先. 高维 Hadamard 矩阵的几个猜想之证明[J]. 科学通报, 1986(2):105-110.

[4] 杨义先. 高维 Walsh-Hadamard 变换[J]. 北京邮电学院学报,

1988(2):25-33.

[5] 杨义先,胡正名. 四维二阶 Hadamard 矩阵的分类[J]. 系统科学与数学,1987,7(1):40-46.

[6] 杨义先,朱庆棠. 高维矩阵的运算和应用[J]. 成都电讯工程学院学报,1987,16(2):191-199.

[7] 潘新安,杨义先. 5 维 2 阶 Hadamard 矩阵的计数问题[J]. 北京邮电学院学报,1987,10(4):11-18.

[8] 李世群. 5 维 2 阶 Hadamard 矩阵计数问题的解决[J]. 北京邮电学院学报,1988,11(2):17-21.

[9] 杨义先. n 元 H－布尔函数[J]. 北京邮电学院学报,1988,11(3):1-9.

[10] 杨义先,胡正名. 高维 Hadamard 猜想的新证明[J]. 系统科学与数学,1988,8(1):52-55.

2^k3 型 Hadamard 矩阵的一种构造方法①

第 18 章

Hadamard 矩阵 $\boldsymbol{H}_n$ 在很多领域中有相当的应用价值，但 $\boldsymbol{H}_n$ 的构造十分困难，2^k 型 $\boldsymbol{H}_n$ 的构造已得到解决，非 2^k 型 $\boldsymbol{H}_n$ 的存在性及存在时如何构造却未得到解决. 杭州电子工业学院计算机科学与技术系的陈勤教授 1998 年提出了最佳偏移矩阵的概念，得出了最佳偏移矩阵与 Hadamard 矩阵之间的关系，在此基础上解决了 $2^k3(k\geqslant 2)$ 型 $\boldsymbol{H}_n$ 的构造问题.

一、引言

所谓 n 阶的 Hadamard 矩阵[1] $\boldsymbol{H}_n$ 指的是以 1 或 -1 作为元素并满足 $\boldsymbol{H}_n\boldsymbol{H}_n^{\mathrm{T}}=n\boldsymbol{I}$ 的 $n\times n$ 方阵，如

$$\boldsymbol{H}_2=\begin{pmatrix}1 & 1\\ 1 & -1\end{pmatrix}\simeq s$$

① 本章摘编自《杭州大学学报（自然科学版）》，1998，25（3）：43-48.

Hadamard 矩阵在数字图像处理[2]、编码理论、区组设计等领域都有相当的应用价值，在应用中常常要构造 $\boldsymbol{H}_n$，而非 2^k 型 $\boldsymbol{H}_n$ 的构造十分困难，因此解决如何构造 $\boldsymbol{H}_n$ 是十分必要的.

有关 Hadamard 矩阵已有一些结论：

定理 1　设 $n > 2$，若 $\boldsymbol{H}_n$ 是 Hadamard 矩阵，则 $n \equiv 0 \pmod 4$.

定理 2　若 $\boldsymbol{H}_n$ 是 Hadamard 矩阵，则 $\begin{pmatrix} \boldsymbol{H}_n & \boldsymbol{H}_n \\ \boldsymbol{H}_n & -\boldsymbol{H}_n \end{pmatrix}$ 也是 Hadamard 矩阵.

根据定理 2，由 $\boldsymbol{H}_2$ 可以构造 2^k 型 $\boldsymbol{H}_n$. 由定理 1 知 $\boldsymbol{H}_n$ 是一个 Hadamard 矩阵，则 $n \equiv 0 \pmod 4$；反过来，当 $n \equiv 0 \pmod 4$ 时是否一定存在 $\boldsymbol{H}_n$（人们猜想一定存在 $\boldsymbol{H}_n$，但未能证明），存在时又如何构造 $\boldsymbol{H}_n$，下面针对 $n = 2^k 3 (k \geqslant 2)$ 时如何构造 $\boldsymbol{H}_n$ 提出了一种解决方法，该方法简便可行，手工也能完成，用计算机实现则速度极快.

当 $n = 2^k 3 (k \geqslant 2)$ 时，根据定理 2 知，只要能构造 $\boldsymbol{H}_{12}$ 就能方便地构造 $\boldsymbol{H}_n$. 问题是如何构造 $\boldsymbol{H}_{12}$，采用穷举法构造 $\boldsymbol{H}_{12}$，使用计算机也难以实现，故必须采用其他方法来构造 $\boldsymbol{H}_{12}$.

二、构造 $2^k 3$ 型 $\boldsymbol{H}_n$ 的理论基础

定义 1　设 Z_2 上矩阵 $\boldsymbol{A} = (a_{ij})_{m \times n}$，$d_{\text{row}}(\boldsymbol{A}, i, j) = \sum_{p=1}^{n} (a_{ip} \oplus a_{jp})$，称 $d_{\text{row}}(\boldsymbol{A}, i, j)$ 为矩阵 $\boldsymbol{A}$ 中第 i 行与第 j 行间的行间距，其中：$\oplus$ 为模 2 加；$\sum$ 为按整数

求和.

定义2　设 Z_2 上矩阵 $\boldsymbol{A} = (a_{ij})_{m\times n}$，$\delta_{\text{row}}(\boldsymbol{A}) = \max\limits_{1\leqslant i<j\leqslant m}\left|\dfrac{d_{\text{row}}(\boldsymbol{A},i,j)}{n} - \dfrac{1}{2}\right|$，称 $\boldsymbol{A}$ 为具有偏移值 $\delta_{\text{row}}(\boldsymbol{A})$ 的矩阵.

定义3　设 Z_2 上矩阵 $\boldsymbol{A} = (a_{ij})_{m\times n}$，若 n 为奇数时 $\delta_{\text{row}}(\boldsymbol{A}) = \dfrac{1}{2n}$，$n$ 为偶数时 $\delta_{\text{row}}(\boldsymbol{A}) = 0$，则称 $\boldsymbol{A}$ 为最佳偏移矩阵.

定理3　设 Z_2 上的矩阵 $\boldsymbol{A} = (a_{ij})_{m\times n}$，矩阵 $\boldsymbol{B} = (b_{ij})_{m\times n}$ 为 $\boldsymbol{A}$ 中某一列元素取反，其余元素不变，则 $\delta_{\text{row}}(\boldsymbol{B}) = \delta_{\text{row}}(\boldsymbol{A})$.

证明　根据题意，不妨假设 $\boldsymbol{A}$ 中第 k 列 $(1\leqslant k\leqslant n)$ 取反，即

$$b_{ik} = a_{ik}\oplus 1\quad (i = 1,2,\cdots,m)$$

$$b_{ij} = a_{ij}\quad (1\leqslant i\leqslant m; j = 1,2,\cdots,n; j\neq k)$$

于是对 $\forall 1\leqslant i<j\leqslant m$ 有

$$\begin{aligned} d_{\text{row}}(\boldsymbol{B},i,j) &= \sum_{p=1}^{n}(b_{ip}\oplus b_{jp}) = \sum_{p=1,p\neq k}^{n}(b_{ip}\oplus b_{jp}) + (b_{ik}\oplus b_{jk}) \\ &= \sum_{p=1,p\neq k}^{n}(a_{ip}\oplus a_{jp}) + (a_{ik}\oplus 1\oplus a_{jk}\oplus 1) \\ &= \sum_{p=1,p\neq k}^{n}(a_{ip}\oplus a_{jp}) + (a_{ik}\oplus a_{jk}) \\ &= \sum_{p=1}^{n}(a_{ip}\oplus a_{jp}) = d_{\text{row}}(\boldsymbol{A},i,j) \end{aligned}$$

所以

$$\delta_{\text{row}}(\boldsymbol{B}) = \max_{1\leqslant i<j\leqslant m}\left|\frac{d_{\text{row}}(\boldsymbol{B},i,j)}{n} - \frac{1}{2}\right|$$

$$= \max_{1 \leqslant i < j \leqslant m} \left| \frac{d_{\text{row}}(\boldsymbol{A}, i, j)}{n} - \frac{1}{2} \right|$$

$$= \delta_{\text{row}}(\boldsymbol{A})$$

推论 1 设 Z_2 上的矩阵 $\boldsymbol{A} = (a_{ij})_{m \times n}$, $\delta_{\text{row}}(\boldsymbol{A}) = 0$,矩阵 $\boldsymbol{B} = (b_{ij})_{m \times n}$ 为 $\boldsymbol{A}$ 中某一列元素取反,其余元素不变,则 $\delta_{\text{row}}(\boldsymbol{B}) = 0$.

推论 2 设 Z_2 上的矩阵 $\boldsymbol{A} = (a_{ij})_{m \times n}$,矩阵 $\boldsymbol{B} = (b_{ij})_{m \times n}$ 为 $\boldsymbol{A}$ 中任意若干列元素取反,其余元素不变,则 $\delta_{\text{row}}(\boldsymbol{B}) = \delta_{\text{row}}(\boldsymbol{A})$.

推论 3 设 Z_2 上的矩阵 $\boldsymbol{A} = (a_{ij})_{m \times n}$, $\delta_{\text{row}}(\boldsymbol{A}) = 0$,矩阵 $\boldsymbol{B} = (b_{ij})_{m \times n}$ 为 $\boldsymbol{A}$ 中任意若干列元素取反,其余元素不变,则 $\delta_{\text{row}}(\boldsymbol{B}) = 0$.

定理 4 设 Z_2 上的矩阵 $\boldsymbol{A} = (a_{ij})_{m \times n}$,矩阵 $\boldsymbol{B}$ 为 $\boldsymbol{A}$ 经任意行置换或列置换后的矩阵,则 $\delta_{\text{row}}(\boldsymbol{B}) = \delta_{\text{row}}(\boldsymbol{A})$.

定理 4 的证明参见文献[3].

推论 4 设 Z_2 上的矩阵 $\boldsymbol{A} = (a_{ij})_{m \times n}$, $\delta_{\text{row}}(\boldsymbol{A}) = 0$,矩阵 $\boldsymbol{B}$ 为 $\boldsymbol{A}$ 经任意行置换或列置换后的矩阵,则 $\delta_{\text{row}}(\boldsymbol{B}) = 0$.

定理 5 若 $n \equiv 0 \pmod 2$,则 Z_2 上 $n \times n$ 最佳偏移矩阵与 $n \times n$ 的 Hadamard 矩阵一一对应.

证明 因为 $n \equiv 0 \pmod 2$,所以可设 $n = 2t$(t 为自然数).

设 $\boldsymbol{H}_n = (h_{ij})_{n \times n}$ 为一个 Hadamard 矩阵,由定义知

$$\sum_{k=1}^{n} h_{ik} h_{jk} = \begin{cases} 0, & \text{当 } i \neq j \text{ 时} \\ n, & \text{当 } i = j \text{ 时} \end{cases} \tag{1}$$

用 $b_{(i,j,1)}$ 表示 $\boldsymbol{H}_n$ 中第 i 行与第 j 行对应位都为 1 的位数；用 $b_{(i,j,-1)}$ 表示 $\boldsymbol{H}_n$ 中第 i 行与第 j 行对应位都为 -1 的位数；用 $b_{(i,j,F)}$ 表示 $\boldsymbol{H}_n$ 中第 i 行与第 j 行对应位一个为 1，另一个为 -1 的位数.

由式(1)及 $\boldsymbol{H}_n$ 的定义易见，对 $\forall 1 \leqslant j \leqslant n$ 有

$$b_{(i,j,1)} + b_{(i,j,-1)} - b_{(i,j,F)} = 0$$

因为

$$b_{(i,j,1)} + b_{(i,j,-1)} + b_{(i,j,F)} = n = 2t$$

所以

$$b_{(i,j,1)} + b_{(i,j,-1)} = b_{(i,j,F)} = t$$

上式表示 $\boldsymbol{H}_n$ 中任意不同的两行对应位相同与对应位不同的位数是相同的. 令 Z_2 上 $\boldsymbol{A}_n$ 为将 $\boldsymbol{H}_n$ 中所有 -1 改为 0，其他元素不变所得的矩阵. 由行间距定义知

$$d_{\text{row}}(\boldsymbol{A}_n, i, j) = t \quad (1 \leqslant i < j \leqslant n)$$

故 $\delta_{\text{row}}(\boldsymbol{A}_n) = 0$. 所以对于任一 Hadamard 矩阵 $\boldsymbol{H}_n$，在 Z_2 上有一最佳偏移矩阵 $\boldsymbol{A}_n$ 与之对应.

反之，设 $\boldsymbol{A}_n$ 为 Z_2 上的 n 阶矩阵，$\delta_{\text{row}}(\boldsymbol{A}_n) = 0$ 且 $n \equiv 0(\bmod 2)$，令 $\boldsymbol{H}_n$ 为将 $\boldsymbol{A}_n$ 中所有 0 改为 -1，其他元素不变所得的矩阵.

因为 $\delta_{\text{row}}(\boldsymbol{A}_n) = 0$，所以

$$d_{\text{row}}(\boldsymbol{A}_n, i, j) = t \quad (1 \leqslant i < j \leqslant n)$$

从而 $\boldsymbol{H}_n$ 中任意不同两行对应位一个为 1，另一个为 -1 的位数为 t，即 $b_{(i,j,F)} = t$. 故

$$b_{(i,j,1)} + b_{(i,j,-1)} - b_{(i,j,F)} = 0$$

于是不难知道式(1)成立，因此 $\boldsymbol{H}_n$ 是 Hadamard 矩阵，即对 Z_2 上任一 $\boldsymbol{A}_n$，当 $\delta_{\text{row}}(\boldsymbol{A}_n) = 0$ 且 $n \equiv 0(\bmod 2)$

时，有一 Hadamard 矩阵 $\boldsymbol{H}_n$ 与之对应.

故定理成立.

由定理2及定理5知，当 $n = 2^k 3 (k \geqslant 2)$ 时 $\boldsymbol{H}_n$ 的构造等价于最佳偏移矩阵 $\boldsymbol{A}_{12}$ 的构造. 下面就来讨论如何构造最佳偏移矩阵 $\boldsymbol{A}_{12}$.

三、最佳偏移矩阵 $\boldsymbol{A}_{12}$ 的构造

为叙述方便，引进几个记号：

(1) $\boldsymbol{A}_{12} = (a_{ij})_{12\times 12}$ 表示需生成的最佳偏移矩阵，$X_i (i = 1,2,\cdots,12)$ 表示矩阵 $\boldsymbol{A}_{12}$ 的第 i 行.

(2) t_{ij} 表示 X_i 与 X_j 对应位相同的位数 $(1 \leqslant i < j \leqslant 12)$；$f_{ij}$ 表示 X_i 与 X_j 对应位不相同的位数 $(1 \leqslant i < j \leqslant 12)$.

(3) 将 $X_i (i = 1,2,\cdots,12)$ 按从左至右的顺序分为 4 个相等的段，每段均由 3 个位组成，依次称为第 1 段、第 2 段、第 3 段、第 4 段，并用 $b_{(i,j,0)}$ 表示 X_i 中第 j 段 0 出现的个数 $(1 \leqslant i \leqslant 12; 1 \leqslant j \leqslant 4)$；用 $b_{(i,j,1)}$ 表示 X_i 中第 j 段 1 出现的个数 $(1 \leqslant i \leqslant 12; 1 \leqslant j \leqslant 4)$.

由 $\delta_{\text{row}}(\boldsymbol{A}_{12}) = 0$ 及偏移值的定义知道

$$d_{\text{row}}(\boldsymbol{A}_{12}, i, j) = 6 \quad (1 \leqslant i < j \leqslant 12)$$

即对于 $\boldsymbol{A}_{12}$ 中不同的行 X_i, X_j 有

$$t_{ij} = f_{ij} = 6 \quad (1 \leqslant i < j \leqslant 12)$$

根据推论 3 不妨假设

$$b_{(1,1,0)} = b_{(1,2,0)} = b_{(1,3,0)} = b_{(1,4,0)} = 3$$

这对构造 $\boldsymbol{A}_{12}$ 并没有影响. 由于 $t_{12} = f_{12} = 6$，根据推论 4 不妨假设

$$b_{(2,1,1)} = b_{(2,2,1)} = b_{(2,3,0)} = b_{(2,4,0)} = 3$$

对 $\forall i \geqslant 3$,因为

$$f_{1i} = b_{(i,1,1)} + b_{(i,2,1)} + b_{(i,3,1)} + b_{(i,4,1)} = 6$$

$$t_{2i} = b_{(i,1,1)} + b_{(i,2,1)} + b_{(i,3,0)} + b_{(i,4,0)} = 6$$

所以

$$b_{(i,3,1)} + b_{(i,4,1)} = b_{(i,3,0)} + b_{(i,4,0)}$$

又因为

$$b_{(i,3,1)} + b_{(i,4,1)} + b_{(i,3,0)} + b_{(i,4,0)} = 6$$

所以

$$b_{(i,3,1)} + b_{(i,4,1)} = 3 \quad (3 \leqslant i \leqslant 12) \tag{2}$$

$$b_{(i,1,1)} + b_{(i,2,1)} = 3 \quad (3 \leqslant i \leqslant 12) \tag{3}$$

故根据推论 4 不妨假设

$$b_{(3,1,1)} = b_{(3,2,0)} = b_{(3,3,1)} = b_{(3,4,0)} = 3$$

则由

$$t_{ij} = f_{ij} = 6 \quad (1 \leqslant i < j \leqslant 12)$$

同理可得

$$b_{(i,1,1)} + b_{(i,3,1)} = 3 \quad (4 \leqslant i \leqslant 12) \tag{4}$$

$$b_{(i,2,1)} + b_{(i,4,1)} = 3 \quad (4 \leqslant i \leqslant 12) \tag{5}$$

因为 X_4 必须满足(2),(3),(4),(5),所以根据推论 4 不妨认为 X_4 为下列 4 种可能性之一:

①(0 0 0 1 1 1 1 1 1 0 0 0);

②(1 1 1 0 0 0 0 0 0 1 1 1);

③(1 0 0 1 1 0 1 1 0 1 0 0);

④(1 1 0 1 0 0 1 0 0 1 1 0).

易知 X_4 为 ①② 时,X_5 无论如何选择均与 $d_{\text{row}}(\boldsymbol{A}_{12},5,i) = 6(1 \leqslant i \leqslant 4)$ 矛盾,故可排除①②这两种可能性. ④可认为是③经过第 1 段与第 2 段交换,

第 3 段与第 4 段交换所得，故 ③④ 选用哪一行作为 X_4 来构造 $\boldsymbol{A}_{12}$ 均可以，本章选用 ③ 中的行作为 X_4.

不妨将 $X_i(1 \leqslant i \leqslant 4)$ 的第 2 段与第 4 段交换后的 4 行作为 $\boldsymbol{A}_{12}$ 的前 4 行，则由前面的讨论不难知道 $X_j(5 \leqslant j \leqslant 12)$ 满足下述 4 个条件即可：

(1) $b_{(j,i,1)} = 1$ 或 $b_{(j,i,1)} = 2(5 \leqslant j \leqslant 12; 1 \leqslant i \leqslant 4)$；

(2) $b_{(j,1,1)} = b_{(j,2,1)}$ 且 $b_{(j,3,1)} = b_{(j,4,1)}(5 \leqslant j \leqslant 12)$；

(3) $b_{(j,1,1)} + b_{(j,2,1)} + b_{(j,3,1)} + b_{(j,4,1)} = 6(5 \leqslant j \leqslant 12)$；

(4) $d_{\text{row}}(\boldsymbol{A}_{12}, i, j) = 6(4 \leqslant i < j \leqslant 12)$.

根据条件(1)，(2)，(3) 知，$X_i(5 \leqslant i \leqslant 12)$ 必为下列两组中各行的正向或逆向连接：

1 0 0 1 0 0		1 1 0 1 1 0
0 1 0 1 0 0		1 0 1 1 1 0
0 0 1 1 0 0	正向连接 →	0 1 1 1 1 0
1 0 0 0 1 0		1 1 0 1 0 1
0 1 0 0 1 0		1 0 1 1 0 1
0 0 1 0 1 0	逆向连接 →	0 1 1 1 0 1
1 0 0 0 0 1		1 1 0 0 1 1
0 1 0 0 0 1		1 0 1 0 1 1
0 0 1 0 0 1		0 1 1 0 1 1

正向连接指前面一组中某一行接上后面一组中某一行构成行；逆向连接指后面一组中某一行接上前面一组中某一行构成行.

根据条件(4)，可能满足条件的行必为下列 4 种

连接法构成的行：

连接法 1：

$$\left.\begin{array}{c}0\,1\,0\,1\,0\,0\\0\,0\,1\,1\,0\,0\\1\,0\,0\,0\,1\,0\\1\,0\,0\,0\,0\,1\end{array}\right|\xrightarrow{\text{正向连接}}\left|\begin{array}{c}1\,0\,1\,1\,0\,1\\0\,1\,1\,1\,0\,1\\1\,0\,1\,0\,1\,1\\0\,1\,1\,0\,1\,1\end{array}\right.$$

连接法 2：

$$\left.\begin{array}{c}0\,1\,0\,0\,1\,0\\0\,0\,1\,0\,1\,0\\0\,1\,0\,0\,0\,1\\0\,0\,1\,0\,0\,1\end{array}\right|\xrightarrow{\text{正向连接}}\left|\begin{array}{c}1\,0\,1\,1\,1\,0\\0\,1\,1\,1\,1\,0\\1\,1\,0\,1\,0\,1\\1\,1\,0\,0\,1\,1\end{array}\right.$$

连接法 3：

$$\left.\begin{array}{c}1\,1\,0\,1\,1\,0\\1\,0\,1\,1\,1\,0\\1\,1\,0\,1\,0\,1\\1\,0\,1\,1\,0\,1\end{array}\right|\xrightarrow{\text{正向连接}}\left|\begin{array}{c}0\,0\,1\,1\,0\,0\\0\,0\,1\,0\,1\,0\\1\,0\,0\,0\,0\,1\\0\,1\,0\,0\,0\,1\end{array}\right.$$

连接法 4：

$$\left.\begin{array}{c}0\,1\,1\,1\,1\,0\\0\,1\,1\,1\,0\,1\\1\,1\,0\,0\,1\,1\\1\,0\,1\,0\,1\,1\end{array}\right|\xrightarrow{\text{正向连接}}\left|\begin{array}{c}1\,0\,0\,1\,0\,0\\0\,1\,0\,1\,0\,0\\1\,0\,0\,0\,1\,0\\0\,1\,0\,0\,1\,0\end{array}\right.$$

4 种连接法产生均含 16 行的 4 组，依次称为第 1 组、第 2 组、第 3 组、第 4 组. 经过对这 4 组内行间距进行计算，任取 3 行满足相互距离为 6 的可能性不大. 因此 $X_i(5 \leqslant i \leqslant 12)$ 应分别从每组中各选取 2 行.

由前面的叙述知，各组连接成的行与前 4 行均保

持距离为 6,因此在第 1 组中可随意选取相互距离为 6 的 2 行,以下选

$$X_5 = (0\ \ 1\ 0\ 1\ 0\ 0\ 1\ 0\ 1\ 1\ 0\ 1)$$

$$X_6 = (0\ \ 0\ 1\ 1\ 0\ 0\ 0\ 1\ 1\ 0\ 1\ 1)$$

经过计算,第2组中与 X_5,X_6 距离均为6的有如下 8 行:

(1)(0 1 0 0 1 0 0 1 1 1 1 0);

(2)(0 1 0 0 1 0 1 1 0 0 1 1);

(3)(0 0 1 0 1 0 1 0 1 1 1 0);

(4)(0 0 1 0 1 0 1 1 0 1 0 1);

(5)(0 1 0 0 0 1 0 1 1 1 1 0);

(6)(0 1 0 0 0 1 1 1 0 0 1 1);

(7)(0 0 1 0 0 1 1 0 1 1 1 0);

(8)(0 0 1 0 0 1 1 1 0 1 0 1).

在以上8行中选取相互距离为6的其中2行,这里选(1),(4) 作为 X_7,X_8. 在第 3 组中找出与 X_5,X_6,X_7,X_8 均保持距离为 6 的行,从中选出相互距离为 6 的其中 2 行作为 X_9,X_{10},经计算选得如下 2 行

$$X_9 = (1\ \ 1\ 0\ 1\ 1\ 0\ 0\ 1\ 0\ 0\ 0\ \ 1)$$

$$X_{10} = (1\ \ 0\ 1\ 1\ 1\ 0\ 0\ 0\ 1\ 1\ 0\ \ 0)$$

针对第 4 组可做类似的处理,笔者经计算选出了相互距离为6的2行 X_{11},X_{12} 且这2行与 X_5,X_6,X_7,X_8,X_9,X_{10} 均保持距离为 6:

$$X_{11} = (0\ \ 1\ 1\ 1\ 1\ 0\ 1\ 0\ 0\ 0\ 1\ \ 0)$$

$$X_{12} = (0\ \ 1\ 1\ 1\ 0\ 1\ 0\ 1\ 0\ 1\ 0\ \ 0)$$

这样就构造出了 Z_2 上的一个最佳偏移矩阵 $\boldsymbol{A}_{12}$,于是

根据定理5的构造性证明过程,不难得到与$\boldsymbol{A}_{12}$对应的 Hadamard 矩阵$\boldsymbol{H}_{12}$如下

$$\boldsymbol{H}_{12}=\begin{pmatrix}
-1 & -1 & -1 & -1 & -1 & -1 & -1 & -1 & -1 & -1 & -1 & -1\\
1 & 1 & 1 & -1 & -1 & -1 & -1 & -1 & -1 & 1 & 1 & 1\\
1 & 1 & 1 & -1 & -1 & -1 & 1 & 1 & 1 & -1 & -1 & -1\\
1 & -1 & -1 & 1 & -1 & -1 & 1 & 1 & -1 & 1 & 1 & -1\\
-1 & 1 & -1 & 1 & -1 & -1 & 1 & -1 & 1 & 1 & -1 & 1\\
-1 & -1 & 1 & 1 & -1 & -1 & -1 & 1 & 1 & -1 & 1 & 1\\
-1 & 1 & -1 & -1 & 1 & -1 & 1 & 1 & -1 & -1 & 1 & 1\\
-1 & -1 & 1 & -1 & 1 & -1 & 1 & -1 & 1 & 1 & 1 & -1\\
1 & 1 & -1 & 1 & 1 & -1 & -1 & -1 & 1 & -1 & 1 & -1\\
1 & -1 & 1 & 1 & 1 & -1 & 1 & -1 & -1 & -1 & -1 & 1\\
-1 & 1 & 1 & 1 & 1 & -1 & -1 & 1 & -1 & 1 & -1 & -1\\
-1 & 1 & 1 & 1 & -1 & 1 & 1 & -1 & -1 & -1 & 1 & -1
\end{pmatrix}$$

根据定理2,这就解决了2^k3型$\boldsymbol{H}_n$的构造问题.

四、结束语

一方面,在构造$\boldsymbol{A}_{12}$的过程中,各组中选取满足条件的行对不同,将构造出不同的$\boldsymbol{H}_n$;另一方面,根据定理2、定理4、定理5知,由构造出的某一个$\boldsymbol{H}_n$可衍生出众多不同的$\boldsymbol{H}_n$.

笔者对上述2^k3型$\boldsymbol{H}_n$的构造方法,已通过计算机编程实现,速度极快且一次性产生了很多具有不同阶的$2^k3(k\geqslant 2)$型$\boldsymbol{H}_n$,效果十分理想.

本章解决了2^k3型$\boldsymbol{H}_n$的构造问题,对于任意满足$n\equiv 0(\mathrm{mod}\ 4)$的$\boldsymbol{H}_n$是否存在及存在时如何快速构造,有待于做更进一步的研究.

参考文献

[1] 卢开澄. 组合数学算法与分析[M]. 北京:清华大学出版社,1983.
[2] 冈萨雷斯 R C,温茨 P. 数字图像处理[M]. 北京:科学出版社,1981.
[3] 叶又新. 扩散码及其密码学用途[J]. 通信学报,1997,18(9):19-25.

高维 4 阶完全正则 Hadamard 矩阵的构造和计数①

第 19 章

一、引言

Hadamard 矩阵(以下简称为 H－矩阵)的构造和计数问题是一个较难而又有趣的数学问题. 然而,近年来人们对 H－矩阵的研究却高潮迭起[2-7],这主要是由于它广泛地应用于各个科学领域,如通信、计算机科学、纠错编码、矩阵研究、统计试验等. 文献[2]给出了高维完全正则 H－矩阵在 Reed-Muller 码研究中的应用.

近二十几年来,人们对 H－矩阵的研究主要集中于 2 维高阶 H－矩阵和高维 2 阶 H－矩阵,并且取得了不少成果. 例如已解决了 n 维 2 阶完全正则 H－矩阵问题[1]. 但仍有不少问题未解决,如高维高阶完全正则 H－矩阵问题和完全不

① 本章摘编自《信息工程学院学报》,1999,18(2):38-41.

正则 H - 矩阵问题. 信息工程学院信息研究系的张习勇、曾本胜两位教授 1999 年首次提出 H_4 函数的概念,并利用这一有力的工具,给出了一类高维 4 阶完全正则 H - 矩阵的构造和计数.

二、基本概念

定义 1　称 $F(x_1,x_2,\cdots,x_n)$ 为 n 维 4 阶二值逻辑函数,如果 $F(x_1,x_2,\cdots,x_n)$ 是 Z_4^n 到 Z_2 上的变换,其中 $(x_1,x_2,\cdots,x_n) \in Z_4^n$.

在本章中,如不特别说明,$F(x_1,x_2,\cdots,x_n)$ 均为 n 维 4 阶二值逻辑函数.

定义 2　设(Ω,F,P) 是任一概率空间,ξ 是 $\Omega \to Z_m$ 上的映射,满足$\{\omega:\xi(\omega) = a, a \in Z_m\} \in F$,则称 ξ 是(Ω,F,P) 上的逻辑随机变量. 特别当 $m = 2$ 时称 ξ 是(Ω,F,P) 上的 Boole 随机变量.

由上可知,若取 $\Omega = Z_4^n, F = \{A:A \subseteq \Omega\}$,对任一 $A \subseteq Z_4^n$,当 $A = \varnothing$ 时,定义 $P(A) = 0$;当 $A \neq \varnothing$ 时,定义 $P(A) = \dfrac{|A|}{4^n}$,则易证得(Ω,F,P) 为一概率空间. 在后文中,所有的概率空间均为上面定义的概率空间.

定义 Z_4^n 到 Z_4 上的映射 $X_i(x_1,x_2,\cdots,x_n) = x_i$,这样可得到$(\Omega,F,P)$ 上的 n 个相互独立且分布均匀的逻辑随机变量 $X_1,\cdots,X_n$,其中$(x_1,x_2,\cdots,x_n) \in Z_4^n$.

设 $x_i \in Z_4$ 的二进制表示为(x_{i0},x_{i1}),定义

$$X_{i0}(x_1,x_2,\cdots,x_n) = x_{i0}, X_{i1}(x_1,x_2,\cdots,x_n) = x_{i1}$$

则易知 $X_{10},X_{11};\cdots;X_{n0},X_{n1}$ 为(Ω,F,P) 上的 $2n$ 个相互独立且分布均匀的 Boole 随机变量.

定义 3　n 维 m 阶矩阵 $\boldsymbol{H} = (H(x_1, x_2, \cdots, x_n))$ $(0 \leqslant x_i \leqslant m-1, 2 \mid m)$ 称为 n 维 m 阶 Hadamard 矩阵，当且仅当 $H(x_1, x_2, \cdots, x_n) = \pm 1$，并且对 $\forall i, 1 \leqslant i \leqslant n, a, b \in Z_m$ 有

$$\sum_{0 \leqslant x_j \leqslant m-1, j \neq i} H(x_1, \cdots, x_{i-1}, a, x_{i+1}, \cdots, x_n) \cdot$$
$$H(x_1, \cdots, x_{i-1}, b, x_{i+1}, \cdots, x_n) = m^{n-1} \delta_{ab}$$

这里当 $a = b$ 时，$\delta_{ab} = 1$；当 $a \neq b$ 时，$\delta_{ab} = 0$.

特别当 $m = 4$ 时，称$(H(x_1, x_2, \cdots, x_n))$为 n 维 4 阶 Hadamard 矩阵.

定义 4　n 维 Hadamard 矩阵 $\boldsymbol{A}$ 称为完全正则 Hadamard 矩阵，当且仅当 $\boldsymbol{A}$ 的一切可能的低维截面都是低维 Hadamard 矩阵.

在后文中，我们都定义

$$H(x_1, x_2, \cdots, x_n) = (-1)^{F(x_1, x_2, \cdots, x_n)}$$

其中 $x_i \in Z_4, 1 \leqslant i \leqslant n$. 易知，一个 4 阶 H－矩阵依上述对应关系就对应一个 n 维 4 阶二值逻辑函数 $F(x_1, x_2, \cdots, x_n)$.

定义 5　称 $F(x_1, x_2, \cdots, x_n)$ 为 H_4 函数，如果 $F(x_1, x_2, \cdots, x_n)$ 所对应的 n 维 4 阶矩阵$(H(x_1, x_2, \cdots, x_n))$为 n 维 4 阶 Hadamard 矩阵，其中 $0 \leqslant x_i \leqslant 3, 1 \leqslant i \leqslant n$.

不难看出，n 维 4 阶 Hadamard 矩阵与 H_4 函数之间有一一对应关系.

当$(H(x_1, x_2, \cdots, x_n))$为完全正则 Hadamard 矩阵时（此时$(H(x_1, x_2, \cdots, x_n))$不一定为 H－矩阵），则称

$F(x_1,x_2,\cdots,x_n)$ 为完全正则 H_4 函数.

由定义5知 $F(x_1,x_2,\cdots,x_n)$ 为完全正则 H_4 函数，当且仅当 F 的一切可能的低维截面函数都是低维 H_4 函数.

下面利用 p 进思想，给出 $F(x_1,x_2,\cdots,x_n)$ 的二进展开函数表示形式：

定义6 设 $F(x_1,x_2,\cdots,x_n)$ 是一个 n 维4阶二值逻辑函数，则对 $\forall(x_1,x_2,\cdots,x_n)\in Z_4^n$，由 $F(x_1,x_2,\cdots,x_n)$ 的二进分解知[8]，有 $2n$ 元 Boole 函数 $f(x_{10},x_{11};\cdots;x_{n0},x_{n1})$，使得

$$F(x_1,x_2,\cdots,x_n)=f(x_{10},x_{11};\cdots;x_{n0},x_{n1})$$

其中 (x_{i0},x_{i1}) 为 x_i 的二进制表示，$1\leqslant i\leqslant n$. 称上述的 $f(x_{10},x_{11};\cdots;x_{n0},x_{n1})$ 为 $F(x_1,x_2,\cdots,x_n)$ 的二进展开函数.

在后文中，f 为 H_4 函数是指 f 所对应的 $F(x_1,x_2,\cdots,x_n)$ 为 H_4 函数.

三、主要引理

下面这个引理给出函数为 H_4 函数的充要条件：

引理1 设 $F(x_1,x_2,\cdots,x_n)$ 为 n 维4阶二值逻辑函数，则 F 为 H_4 函数，当且仅当对 $\forall i,1\leqslant i\leqslant n$，下列等式成立：对 $\forall a\neq b\in Z_4$，有

$$P\{F(x_1,\cdots,x_{i-1},a,x_{i+1},\cdots,x_n)=F(x_1,\cdots,x_{i-1},b,x_{i+1},\cdots,x_n)\}=\frac{1}{2}$$

证明 $P\{F(x_1,\cdots,x_{i-1},a,x_{i+1},\cdots,x_n)=F(x_1,\cdots,x_{i-1},b,x_{i+1},\cdots,x_n)\}=\frac{1}{2}\Leftrightarrow$

$$P\{F(x_1,\cdots,x_{i-1},a,x_{i+1},\cdots,x_n)+F(x_1,\cdots,x_{i-1},b,x_{i+1},\cdots,x_n)=0\}=\frac{1}{2}\Leftrightarrow$$

$$\sum_{0\leqslant x_j\leqslant 3,j\neq i}(-1)^{F(x_1,\cdots,x_{i-1},a,x_{i+1},\cdots,x_n)}\cdot(-1)^{F(x_1,\cdots,x_{i-1},b,x_{i+1},\cdots,x_n)}=0\Leftrightarrow$$

$$\sum_{0\leqslant x_j\leqslant 3,j\neq i}H(x_1,\cdots,x_{i-1},a,x_{i+1},\cdots,x_n)\cdot H(x_1,\cdots,x_{i-1},b,x_{i+1},\cdots,x_n)=0$$

而最后一式也即 n 维 4 阶 Hadamard 矩阵的定义.

若用 $F(x_1,x_2,\cdots,x_n)$ 的二进展开函数陈述上述引理,即:

引理 2　设 $F(x_1,x_2,\cdots,x_n)$ 为 n 维 4 阶二值逻辑函数,$f(x_{10},x_{11};\cdots;x_{n0},x_{n1})$ 为其二进展开函数,$F(x_1,x_2,\cdots,x_n)$ 为 H_4 函数当且仅当对 $\forall i,1\leqslant i\leqslant n$,有下式成立:对 $\forall a\neq b\in Z_4$,有

$$P\{f(x_{10},x_{11};\cdots;a_0,a_1;\cdots;x_{n0},x_{n1})=f(x_{10},x_{11};\cdots;b_0,b_1;\cdots;x_{n0},x_{n1})\}=\frac{1}{2}$$

其中 $a_0,a_1;b_0,b_1$ 为 a,b 的二进展开.

设 $F(x_1,x_2,\cdots,x_n)$ 为 n 维 4 阶二值逻辑函数,$f(x_{10},x_{11};\cdots;x_{n0},x_{n1})$ 为其二进展开函数,令

$$f(x_{10},x_{11};\cdots;x_{n0},x_{n1})=x_{i0}f_0^i+x_{i1}f_1^i+x_{i1}x_{i0}f_{01}^i+g^i$$

其中 f_0^i,f_1^i,f_{01}^i,g^i 均为关于 $x_{10},x_{11};\cdots;x_{(i-1)0},x_{(i-1)1};x_{(i+1)0},x_{(i+1)1};\cdots;x_{n0},x_{n1}$ 的 $2n-2$ 元 Boole 函数,$i=1,\cdots,n$.

引理 3　设 $F(x_1,x_2,\cdots,x_n)$ 为 n 维 4 阶二值逻辑

函数,$f(x_{10},x_{11};\cdots;x_{n0},x_{n1})$ 为其二进展开函数,$F(x_1,x_2,\cdots,x_n)$ 为 H_4 函数当且仅当对 $\forall i,1\leqslant i\leqslant n$,如下6个 Boole 函数均为平衡函数:$f_0^i,f_1^i,f_0^i+f_1^i,f_0^i+f_{01}^i,f_1^i+f_{01}^i,f_0^i+f_1^i+f_{01}^i$.

证明 由引理2知,对 $\forall a\neq b\in Z_4$,令 a,b 的二进展开分别为 $a_0,a_1;b_0,b_1$,有

$$P\{f(x_{10},x_{11};\cdots;x_{(i-1)0},x_{(i-1)1};a_0,a_1;x_{(i+1)0},x_{(i+1)1};\cdots;x_{n0},x_{n1})=f(x_{10},x_{11};\cdots;x_{(i-1)0},x_{(i-1)1};b_0,b_1;x_{(i+1)0},x_{(i+1)1};\cdots;x_{n0},x_{n1})\}=\frac{1}{2}$$

分别取不同的 a,b 即可得到:

当 $a=1,b=0$ 时,有 $P\{f_0^i=1\}=\frac{1}{2}$;

当 $a=2,b=0$ 时,有 $P\{f_1^i=1\}=\frac{1}{2}$;

当 $a=3,b=0$ 时,有 $P\{f_0^i+f_1^i+f_{01}^i=1\}=\frac{1}{2}$;

当 $a=2,b=1$ 时,有 $P\{f_0^i+f_1^i=1\}=\frac{1}{2}$;

当 $a=3,b=1$ 时,有 $P\{f_1^i+f_{01}^i=1\}=\frac{1}{2}$;

当 $a=3,b=2$ 时,有 $P\{f_0^i+f_{01}^i=1\}=\frac{1}{2}$.

故 $f_0^i,f_1^i,f_0^i+f_1^i,f_0^i+f_{01}^i,f_1^i+f_{01}^i,f_0^i+f_1^i+f_{01}^i$ 均为平衡函数.

显然上面的逆也成立.

下面的引理说明H_4函数有比 Bent 函数强的不变性.

引理 4　若 $F(x_1,x_2,\cdots,x_n)$ 为 H_4 函数,$f(x_{10},x_{11};\cdots;x_{n0},x_{n1})$ 为其二进展开函数, 则 $f(x_{10},x_{11};\cdots;x_{n0},x_{n1})+\alpha_1 g_1(x_{10},x_{11})+\cdots+\alpha_n g_n(x_{n0},x_{n1})+\alpha_0$ 也为 n 维 H_4 函数,其中 $\alpha_0,\alpha_i\in Z_2,g_i(x_{i0},x_{i1})$ 为 Boole 函数,$i=1,\cdots,n$.

证明　设

$$\begin{aligned}&f(x_{10},x_{11};\cdots;x_{n0},x_{n1})+\\&\alpha_1 g_1(x_{10},x_{11})+\cdots+\\&\alpha_n g_n(x_{n0},x_{n1})+\alpha_0\\=&\ x_{i0}f_0^{i'}+x_{i1}f_1^{i'}+x_{i1}x_{i0}f_{01}^{i'}+g^{i'}\end{aligned}$$

其中$f_0^{i'},f_1^{i'},f_{01}^{i'},g^{i'}$ 均为关于 $x_{10},x_{11};\cdots;x_{(i-1)0},x_{(i-1)1};x_{(i+1)0},x_{(i+1)1};\cdots;x_{n0},x_{n1}$ 的 $2n-2$ 元 Boole 函数, $i=1,\cdots,n$.

则易知$f_0^{i'},f_1^{i'},f_{01}^{i'}$分别与$f_0^{i},f_1^{i},f_{01}^{i}$或者相等或者相差一个常数,从而相应的 6 个 $2n-2$ 元 Boole 函数$f_0^{i'},f_1^{i'},f_0^{i'}+f_1^{i'},f_0^{i'}+f_{01}^{i'},f_1^{i'}+f_{01}^{i'},f_0^{i'}+f_1^{i'}+f_{01}^{i'}$是平衡函数,当且仅当$f_0^{i'},f_1^{i'},f_0^{i'}+f_1^{i'},f_0^{i'}+f_{01}^{i'},f_1^{i}+f_{01}^{i},f_0^{i}+f_1^{i}+f_{01}^{i}$为平衡函数,$i=1,\cdots,n$, 于是由引理 3 知结论成立.

引理 5　设 $F(x_1,x_2)$ 为 2 维 4 阶二值逻辑函数,$f(x_{10},x_{11};x_{20},x_{21})$ 为其二进展开函数,若 $F(x_1,x_2)$ 为 H_4 函数

$$\begin{aligned}f(x_{10},x_{11};x_{20},x_{21})=&\ f^*(x_{10},x_{11};x_{20},x_{21})+\\&\alpha_1 g_1(x_{10},x_{11})+\\&\alpha_2 g_2(x_{20},x_{21})+\alpha_0\end{aligned}$$

其中f^* 不含 $x_{10},x_{11},x_{10}x_{11},x_{20},x_{21},x_{20}x_{21}$ 及常数项,则

f^* 只可能为以下 6 种情况：$x_{10}x_{20}+x_{11}x_{21}$；$x_{10}x_{21}+x_{11}x_{20}$；$x_{10}x_{20}+x_{11}x_{21}+x_{10}x_{21}$；$x_{10}x_{20}+x_{11}x_{21}+x_{11}x_{20}$；$x_{10}x_{21}+x_{11}x_{20}+x_{10}x_{20}$；$x_{10}x_{21}+x_{11}x_{20}+x_{11}x_{21}$.

证明 由引理4知，f为H_4函数当且仅当f^*为H_4函数，因而只需讨论f^*为H_4函数时所需要的条件.

当f^*为H_4函数时，若f^*中含有三次项，不妨设为$x_{10}x_{20}x_{21}$，则二元 Boole 函数f_0^1含有$x_{20}x_{21}$项，于是f^*不是平衡函数，由引理 3 知这与f^*为H_4函数矛盾. 同理可知f^*中不含四次项，故f^*的最高次数为 2. 因此只需考虑f^*含二次项$x_{10}x_{20}$，$x_{11}x_{21}$，$x_{10}x_{21}$，$x_{11}x_{20}$的情况.

当f^*中只含有上述四个二次项中的一项或全部包含四项时，f^*显然不是H_4函数，因为此时f_0，f_1，f_0+f_1中至少存在一个为常数.

当f^*中含有上述四项中的两项时，只可能为以下两种情况：$x_0y_0+x_1y_1$，$x_0y_1+x_1y_0$.

当f^*中含有上述四项中的三项时，则都满足引理 3 中的条件，故此时f^*为H_4函数.

引理 6 n维矩阵$\boldsymbol{H}=(H(x_1,x_2,\cdots,x_n))(0\leqslant x_i\leqslant m-1)$，$H(x_1,x_2,\cdots,x_n)=\pm1$，为$n$维完全正则 H－矩阵当且仅当$\boldsymbol{H}$的所有 2 维截面都是 2 维 H－矩阵.

由引理 6 可知，$F(x_1,x_2,\cdots,x_n)$为n维完全正则H_4函数当且仅当F的所有 2 维截面都是 2 维H_4函数.

引理 7 若$F(x_1,x_2,\cdots,x_n)$为n维完全正则H_4函数，$f(x_{10},x_{11};\cdots;x_{n0},x_{n1})$为其二进展开函数，则$f(x_{10},x_{11};\cdots;x_{n0},x_{n1})+\alpha_1g_1(x_{10},x_{11})+\cdots+\alpha_ng_n(x_{n0},$

x_{n1}) $+\alpha_0$ 也为 n 维完全正则 H_4 函数,其中 $\alpha_0,\alpha_i\in Z_2$, $g_i(x_{i0},x_{i1})$ 为 Boole 函数, $i=1,\cdots,n$.

证明　由引理 4 和引理 6 不难证明.

四、主要结论

定理 1　设 $F(x_1,x_2,\cdots,x_n)$ 为 n 维 4 阶二值逻辑函数, $f(x_{10},x_{11};\cdots;x_{n0},x_{n1})$ 为其二进展开函数,且

$$\begin{aligned}&f(x_{10},x_{11};\cdots;x_{n0},x_{n1})\\ &=\sum_{1\leqslant i<j\leqslant n}f^{ij}+\alpha_1 g_1(x_{10},x_{11})+\cdots+\\ &\quad\alpha_n g_n(x_{n0},x_{n1})+\alpha_0\end{aligned}$$

其中 $\alpha_0,\alpha_k\in Z_2$, $g_k(x_{k0},x_{k1})$ 为 Boole 函数, $k=1,\cdots,n$. 若 f 的代数次数为 2,则 $F(x_1,x_2,\cdots,x_n)$ 为完全正则 H_4 函数当且仅当 f^{ij} 为以下 6 种情况之一: $x_{i0}x_{j0}+x_{i1}x_{j1}$; $x_{i0}x_{j1}+x_{i1}x_{j0}$; $x_{i0}x_{j0}+x_{i1}x_{j1}+x_{i0}x_{j1}$; $x_{i0}x_{j0}+x_{i1}x_{j1}+x_{i1}x_{j0}$; $x_{i0}x_{j1}+x_{i1}x_{j0}+x_{i0}x_{j0}$; $x_{i0}x_{j1}+x_{i1}x_{j0}+x_{i1}x_{j1}$.

证明　充分性:当 f^{ij} 为以上 6 种情况之一时,由引理 5 和引理 6 知 $\sum_{1\leqslant i<j\leqslant n}f^{ij}$ 为完全正则 H_4 函数,又由引理 7 知

$$\begin{aligned}&f(x_{10},x_{11};\cdots;x_{n0},x_{n1})\\ &=\sum_{1\leqslant i<j\leqslant n}f^{ij}+\alpha_1 g_1(x_{10},x_{11})+\cdots+\\ &\quad\alpha_n g_n(x_{n0},x_{n1})+\alpha_0\end{aligned}$$

也为完全正则 H_4 函数.

必要性:当 f^i 的代数次数为 2 时,任给 $1\leqslant i<j\leqslant n$,设

$f(x_{10},x_{11};\cdots;x_{n0},x_{n1})=x_{i0}A+x_{i1}B+x_{i0}x_{i1}C+x_{j0}A_1+$

$$x_{j1}B_1 + x_{j0}x_{j1}C_1 + x_{i0}x_{j0}I + x_{i0}x_{j1}J + x_{i1}x_{j0}G + x_{i1}x_{j1}H + M$$

其中A,B,A_1,B_1,M均为关于$x_{10},x_{11};\cdots;x_{(i-1)0},x_{(i-1)1};x_{(i+1)0},x_{(i+1)1};\cdots;x_{(j-1)0},x_{(j-1)1};x_{(j+1)0},x_{(j+1)1};\cdots;x_{n0},x_{n1}$的 Boole 函数,$C,C_1,I,J,G,H,M\in Z_2$. 若固定$i,j$,则记上式为$R(x_i,x_j)$.

因为f为完全正则H_4函数,所以当任意取定一组$x_{pq},p\neq i,j$时,$R(x_i,x_j)$必为2维H_4函数. 由引理5知,向量(I,J,G,H)只取如下6个值

$$(1,0,0,1);(0,1,1,0);(1,1,1,0)$$
$$(1,1,0,1);(1,0,1,1);(0,1,1,1)$$

从而

$$f = x_{i0}A + x_{i1}B + x_{i0}x_{i1}C + x_{j0}A_1 + x_{j1}B_1 + x_{j0}x_{j1}C_1 + f^{ij} + M$$

f^{ij}为以下6种情况之一:$x_{i0}x_{j0}+x_{i1}x_{j1}$;$x_{i0}x_{j1}+x_{i1}x_{j0}$;$x_{i0}x_{j0}+x_{i1}x_{j1}+x_{i0}x_{j1}$;$x_{i0}x_{j0}+x_{i1}x_{j1}+x_{i1}x_{j0}$;$x_{i0}x_{j1}+x_{i1}x_{j0}+x_{i0}x_{j0}$;$x_{i0}x_{j0}+x_{i1}x_{j0}+x_{i1}x_{j1}$.

再因为i和j是任意固定的,所以f作为$2n$元Boole函数,对任给的i和j,上述6项有且仅有一项出现.

综上有

$$f = \sum_{1\leq i<j\leq n} f^{ij} + \alpha_1 g_1(x_{10},x_{11}) + \cdots + \alpha_n g_n(x_{n0},x_{n1}) + \alpha_0$$

由定理1可确定这类4阶完全正则 Hadamard 矩阵的形式,下面的推论则给出了该类完全正则 Hadamard 矩阵的精确计数.

推论1 代数次数为2的n维4阶完全正则

Hadamard 矩阵有 $6^{C_n^2} \cdot 2^{3n+1}$ 个.

证明　由定理 1 知

$$\begin{aligned}
& f(x_{10}, x_{11}; \cdots; x_{n0}, x_{n1}) \\
= & \sum_{1 \leqslant i < j \leqslant n} f^{ij} + \alpha_1 g_1(x_{10}, x_{11}) + \cdots + \\
& \alpha_n g_n(x_{n0}, x_{n1}) + \alpha_0
\end{aligned}$$

其中 f^{ij} 有六种可能. $g_k(x_{k0}, x_{k1})$ 有三种可能: x_{k0}; x_{k1}; $x_{k0}x_{k1}$. α_0 有两种可能:0;1.

故 $f(x_{10}, x_{11}; \cdots; x_{n0}, x_{n1})$ 有 $6^{C_n^2} \cdot 2^{3n+1}$ 种形式,也就是代数次数为 2 的 n 维 4 阶完全正则 Hadamard 矩阵有 $6^{C_n^2} \cdot 2^{3n+1}$ 个.

参考文献

[1] 杨义先,林须端. 编码密码学[M]. 北京:人民邮电出版社,1992.

[2] HAMMER J, SEBERRY J R. Higher dimensional orthogonal designs and applications[J]. IEEE Trans. on Inform. Theory, 1981, 27(6):772-779.

[3] LAUNEY W. A Note on N-dimensional Hadamard matrices of order 2^t and Reed-Muller codes[J]. IEEE Trans. on Inform. Theory, 1991, 37(3):664-666.

[4] 杨义先. 高维 Hadamard 矩阵的构造[J]. 北京邮电学院学报,1988, 11(2):34-38.

[5] 黄国泰. 关于 Hadamard 矩阵的第四个猜想[J]. 数学的实践与认识,1988(4):70-72.

[6] 杨义先. n 元 H – 布尔函数[J]. 北京邮电学院学报,1988, 11(3):1-9.

[7] 杨义先. N 维 2 阶 Hadamard 矩阵[J]. 北京邮电学院学报,1991,14(4):1-8.

[8] KOBLITZ N. *p*-adic numbers, *p*-adic analysis, and Zeta-functions[M]. New York:Springer-Verlag,1984.

关于 Hadamard 矩阵 Kronecker 积的构造和正规性[①]

第 20 章

陕西科技大学理学院的马菊侠教授 2003 年利用矩阵的 Kronecker 积的性质，构造出任意高阶的 Hadamard 矩阵，推导出以此构造的 Hadamard 矩阵的行列式、转置、逆阵的计算公式，得出正规的 Hadamard 矩阵的 Kronecker 积的正规性结论.

一、预备知识

为了研究矩阵的正交性问题，1867 年 Sylvester 提出了 Hadamard 矩阵，至今已有一百多年的历史. 由于科学技术的迅猛发展，Hadamard 矩阵已经在多面体理论、编码理论等领域被广泛应用.

Hadamard 矩阵是以离散值 $+1$ 及 -1 为元素，且任意两行为正交的方阵，即若 $\boldsymbol{A}=(a_{ij})_{n\times n}$，其中 a_{ij} 取 $+1$ 或 -1，

① 本章摘编自《陕西师范大学学报（自然科学版）》，2003，31(4)：23-27.

且满足正交性条件 $\sum_{k=1}^{n} a_{ik}a_{jk} = \begin{cases} 0, & i \neq j \\ n, & i = j \end{cases}$ 时叫作 n 阶 Hadamard 矩阵,以下简记为 H - 矩阵.

关于 H - 矩阵,具有以下初等性质:

若 $\boldsymbol{A}$ 为 n 阶的 H - 矩阵,则:

(i) 当且仅当 $\boldsymbol{A}\boldsymbol{A}^{\mathrm{T}} = n\boldsymbol{E}_n$,$\boldsymbol{A}^{\mathrm{T}}$ 为 $\boldsymbol{A}$ 的转置,$\boldsymbol{E}_n$ 为 n 阶单位矩阵.

(ii) $|\boldsymbol{A}|^2 = n^n$ 且 $\boldsymbol{A}^{-1} = \frac{1}{n}\boldsymbol{A}^{\mathrm{T}}$.

(iii) 对 H - 矩阵施行下列变换,得到的新矩阵仍是 H - 矩阵. 变换为:交换任意两行(列),以 -1 乘任意行(列)的所有元素. 我们将这种变换称为 H - 矩阵的等价变换.

(iv) 设 $\boldsymbol{A}$ 为 n 阶的 H - 矩阵($n > 2$),则 n 一定是 4 的倍数.

二、H - 矩阵的 Kronecker 积的构造

关于 H - 矩阵的研究,一般分为存在性问题和应用性问题两大类,存在性之一就是构造性问题.

文献[1]指出:如果存在 $4h$ 阶及 $4k$ 阶的 H - 矩阵,那么就存在 $n = 8hk$ 阶的 H - 矩阵. 在 1992 年,Seberry 等又将其改进为:如果存在 $4a$,$4b$,$4d$ 阶的 H - 矩阵,那么就存在 $16abcd$ 阶的 H - 矩阵. 文献[2]指出:如果存在 m 阶及 n 阶的 H - 矩阵,那么由矩阵的 Kronecker 积可构造出 mn 阶的 H - 矩阵. 根据文献[3,4]给出的矩阵的 Kronecker 积的性质,本章将其矩阵的个数再进行推广,可得到任意高阶的 H - 矩阵,并得

到其行列式、转置、逆阵的计算公式.

定理 1　若 $\boldsymbol{H}_m,\boldsymbol{H}_n,\boldsymbol{H}_p$ 分别为 m 阶、n 阶及 p 阶的 H - 矩阵，则 $\boldsymbol{H}_m,\boldsymbol{H}_n,\boldsymbol{H}_p$ 的 Kronecker 积 $\boldsymbol{H}_m \leftarrow \boldsymbol{H}_n \leftarrow \boldsymbol{H}_p$ 是 mnp 阶的 H - 矩阵.

证明

$$
\begin{aligned}
&[\boldsymbol{H}_m \leftarrow \boldsymbol{H}_n \leftarrow \boldsymbol{H}_p][\boldsymbol{H}_m \leftarrow \boldsymbol{H}_n \leftarrow \boldsymbol{H}_p]^{\mathrm{T}} \\
=\ &[\boldsymbol{H}_m \leftarrow \boldsymbol{H}_n \leftarrow \boldsymbol{H}_p][(\boldsymbol{H}_m \leftarrow \boldsymbol{H}_n)^{\mathrm{T}} \leftarrow \boldsymbol{H}_p^{\mathrm{T}}] \\
=\ &[\boldsymbol{H}_m \leftarrow \boldsymbol{H}_n \leftarrow \boldsymbol{H}_p][\boldsymbol{H}_m^{\mathrm{T}} \leftarrow \boldsymbol{H}_n^{\mathrm{T}} \leftarrow \boldsymbol{H}_p^{\mathrm{T}}] \\
=\ &(\boldsymbol{H}_m\boldsymbol{H}_m^{\mathrm{T}}) \leftarrow (\boldsymbol{H}_n\boldsymbol{H}_n^{\mathrm{T}}) \leftarrow (\boldsymbol{H}_p\boldsymbol{H}_p^{\mathrm{T}}) \\
=\ &(m\boldsymbol{E}_m) \leftarrow (n\boldsymbol{E}_n) \leftarrow (p\boldsymbol{E}_p) \\
=\ &mnp\boldsymbol{E}_{mnp}
\end{aligned}
$$

其中 $\boldsymbol{H}_m^{\mathrm{T}},\boldsymbol{H}_n^{\mathrm{T}},\boldsymbol{H}_p^{\mathrm{T}}$ 分别为 $\boldsymbol{H}_m,\boldsymbol{H}_n,\boldsymbol{H}_p$ 的转置，$\boldsymbol{E}_m,\boldsymbol{E}_n,\boldsymbol{E}_p$ 分别为 m 阶、n 阶、p 阶的单位矩阵.

推论 1　若 $\boldsymbol{H}_m,\boldsymbol{H}_n,\cdots,\boldsymbol{H}_p$ 分别为 $m,n,\cdots,p$ 阶的 H - 矩阵，则 $\boldsymbol{H}_m \leftarrow \boldsymbol{H}_n \leftarrow \cdots \leftarrow \boldsymbol{H}_p$ 是 $mn\cdots p$ 阶的 H - 矩阵.

推论 2　若 $\boldsymbol{H}_2$ 为 2 阶的 H - 矩阵，且

$$\boldsymbol{H}^{[k]} = \underbrace{\boldsymbol{H}_2 \leftarrow \boldsymbol{H}_2 \leftarrow \cdots \leftarrow \boldsymbol{H}_2}_{k\text{个}}$$

则 $\boldsymbol{H}^{[k]}$ 为 2^k 阶的 H - 矩阵($k \geqslant 1$).

推论 3　若 $\boldsymbol{H}_4$ 为 4 阶的 H - 矩阵，且

$$\boldsymbol{H}^{[k]} = \underbrace{\boldsymbol{H}_4 \leftarrow \boldsymbol{H}_4 \leftarrow \cdots \leftarrow \boldsymbol{H}_4}_{k\text{个}}$$

则 $\boldsymbol{H}^{[k]}$ 为 4^k 阶的 H - 矩阵($k \geqslant 1$).

此时，若令 $k = 47$，则得 $\boldsymbol{H}^{[47]}$ 为 188 阶的 H - 矩阵.

令 $k = 107$，则 $\boldsymbol{H}^{[107]}$ 为 428 阶的 H - 矩阵(文献[1]指出这是尚未构造出的 H - 矩阵).

推论 4 若存在一个 n 阶的 H－矩阵，则必存在一个 n^k 阶的 H－矩阵. 构造同推论 3.

推论 5 若 $\boldsymbol{H}_m, \boldsymbol{H}_n, \cdots, \boldsymbol{H}_p$ 同推论 1 中的 H－矩阵，则 $(\boldsymbol{H}_m \leftarrow \boldsymbol{H}_n \leftarrow \cdots \leftarrow \boldsymbol{H}_p)^{\mathrm{T}}$ 也是 H－矩阵.

定理 2 若 $\boldsymbol{H}_m, \boldsymbol{H}_n$ 分别为 m 阶、n 阶的 H－矩阵，则：

(i) $(\boldsymbol{H}_m \leftarrow \boldsymbol{H}_n)^{-1} = \dfrac{1}{mn}(\boldsymbol{H}_m^{\mathrm{T}} \leftarrow \boldsymbol{H}_n^{\mathrm{T}})$；

(ii) $|\boldsymbol{H}_m \leftarrow \boldsymbol{H}_n|^2 = (mn)^{mn}$.

证明 (i)

$$
\begin{aligned}
&(\boldsymbol{H}_m \leftarrow \boldsymbol{H}_n)\left[\frac{1}{mn}(\boldsymbol{H}_m^{\mathrm{T}} \leftarrow \boldsymbol{H}_n^{\mathrm{T}})\right] \\
&= (\boldsymbol{H}_m \leftarrow \boldsymbol{H}_n)\left[\left(\frac{1}{m}\boldsymbol{H}_m^{\mathrm{T}}\right) \leftarrow \left(\frac{1}{n}\boldsymbol{H}_n^{\mathrm{T}}\right)\right] \\
&= \left(\boldsymbol{H}_m \frac{\boldsymbol{H}_m^{\mathrm{T}}}{m}\right) \leftarrow \left(\boldsymbol{H}_n \frac{\boldsymbol{H}_n^{\mathrm{T}}}{n}\right) \\
&= (\boldsymbol{H}_m \boldsymbol{H}_m^{-1}) \leftarrow (\boldsymbol{H}_n \boldsymbol{H}_n^{-1}) \\
&= \boldsymbol{E}_m \leftarrow \boldsymbol{E}_n \\
&= \boldsymbol{E}_{mn}
\end{aligned}
$$

(ii) 由 $(\boldsymbol{H}_m \leftarrow \boldsymbol{H}_n)(\boldsymbol{H}_m \leftarrow \boldsymbol{H}_n)^{\mathrm{T}} = mn\boldsymbol{E}_{mn}$，易得结论.

推论 6 若 $\boldsymbol{H}_m, \boldsymbol{H}_n, \cdots, \boldsymbol{H}_p$ 分别为 $m, n, \cdots, p$ 阶的 H－矩阵，则

$$
\begin{aligned}
&(\boldsymbol{H}_m \leftarrow \boldsymbol{H}_n \leftarrow \cdots \leftarrow \boldsymbol{H}_p)^{-1} \\
&= \frac{1}{mn\cdots p}[\boldsymbol{H}_m^{\mathrm{T}} \leftarrow \boldsymbol{H}_n^{\mathrm{T}} \leftarrow \cdots \leftarrow \boldsymbol{H}_p^{\mathrm{T}}]
\end{aligned}
$$

推论 7 若 $\boldsymbol{H}_m, \boldsymbol{H}_n, \cdots, \boldsymbol{H}_p$ 分别为 $m, n, \cdots, p$ 阶的

H - 矩阵,则

$$|\boldsymbol{H}_m \leftarrow \boldsymbol{H}_n \leftarrow \cdots \leftarrow \boldsymbol{H}_p|^2 = (mn\cdots p)^{mn\cdots p}$$

文献[5]用分层的 Kronecker 扩大法对行正交矩阵进行了研究,本章将其用来构造 H - 矩阵.

定理 3　假设 $\boldsymbol{H}_m^1, \boldsymbol{H}_m^2, \cdots, \boldsymbol{H}_m^k$ 为 k 个 m 阶的 H - 矩阵,$\boldsymbol{H}_n$ 为 n 阶的 H - 矩阵. 若将 $\boldsymbol{H}_n$ 进行行分块成为 k 个部分,即

$$\boldsymbol{H}_n = \begin{pmatrix} \boldsymbol{A}_{r_1} \\ \boldsymbol{A}_{r_2} \\ \vdots \\ \boldsymbol{A}_{r_k} \end{pmatrix}$$

则

$$\boldsymbol{H}_{mn} = \begin{pmatrix} \boldsymbol{A}_{r_1} \nleftarrow \boldsymbol{H}_m^1 \\ \boldsymbol{A}_{r_2} \nleftarrow \boldsymbol{H}_m^2 \\ \vdots \\ \boldsymbol{A}_{r_k} \nleftarrow \boldsymbol{H}_m^k \end{pmatrix}$$

是 mn 阶的 H - 矩阵,并且有快速算法

$$\boldsymbol{H}_{mn} = \begin{pmatrix} \boldsymbol{E}_{r_1} \nleftarrow \boldsymbol{H}_m^1 & & & \\ & \boldsymbol{E}_{r_2} \nleftarrow \boldsymbol{H}_m^2 & & \\ & & \ddots & \\ & & & \boldsymbol{E}_{r_k} \nleftarrow \boldsymbol{H}_m^k \end{pmatrix} (\boldsymbol{H}_n \nleftarrow \boldsymbol{E}_m)$$

其中 $\boldsymbol{A}_{r_i}$ 是 $r_i \times n$ 矩阵,$i = 1, 2, \cdots, k$,$r_1 + r_2 + \cdots + r_k = n$,$\boldsymbol{E}_i$ 为 i 阶的单位矩阵.

证明　因为

$$
\begin{aligned}
&\boldsymbol{H}_{mn}\boldsymbol{H}_{mn}^{\mathrm{T}} \\
&= \begin{pmatrix} \boldsymbol{A}_{r_1} \otimes \boldsymbol{H}_m^1 \\ \boldsymbol{A}_{r_2} \otimes \boldsymbol{H}_m^2 \\ \vdots \\ \boldsymbol{A}_{r_k} \otimes \boldsymbol{H}_m^k \end{pmatrix} \cdot \begin{pmatrix} \boldsymbol{A}_{r_1} \otimes \boldsymbol{H}_m^1 \\ \boldsymbol{A}_{r_2} \otimes \boldsymbol{H}_m^2 \\ \vdots \\ \boldsymbol{A}_{r_k} \otimes \boldsymbol{H}_m^k \end{pmatrix}^{\mathrm{T}} \\
&= \begin{pmatrix} \boldsymbol{A}_{r_1} \otimes \boldsymbol{H}_m^1 \\ \boldsymbol{A}_{r_2} \otimes \boldsymbol{H}_m^2 \\ \vdots \\ \boldsymbol{A}_{r_k} \otimes \boldsymbol{H}_m^k \end{pmatrix} (\boldsymbol{A}_{r_1}^{\mathrm{T}} \otimes \boldsymbol{H}_m^{1\mathrm{T}} \quad \boldsymbol{A}_{r_2}^{\mathrm{T}} \otimes \boldsymbol{H}_m^{2\mathrm{T}} \quad \cdots \quad \boldsymbol{A}_{r_k}^{\mathrm{T}} \otimes \boldsymbol{H}_m^{k\mathrm{T}}) \\
&= \begin{pmatrix} (A_{r_1} \otimes H_m^1)(A_{r_1}^{\mathrm{T}} \otimes H_m^{1\mathrm{T}}) & (A_{r_1} \otimes H_m^1)(A_{r_2}^{\mathrm{T}} \otimes H_m^{2\mathrm{T}}) & \cdots & (A_{r_1} \otimes H_m^1)(A_{r_k}^{\mathrm{T}} \otimes H_m^{k\mathrm{T}}) \\ (A_{r_2} \otimes H_m^2)(A_{r_1}^{\mathrm{T}} \otimes H_m^{1\mathrm{T}}) & (A_{r_2} \otimes H_m^2)(A_{r_2}^{\mathrm{T}} \otimes H_m^{2\mathrm{T}}) & \cdots & (A_{r_2} \otimes H_m^2)(A_{r_k}^{\mathrm{T}} \otimes H_m^{k\mathrm{T}}) \\ \vdots & \vdots & & \vdots \\ (A_{r_k} \otimes H_m^k)(A_{r_1}^{\mathrm{T}} \otimes H_m^{1\mathrm{T}}) & (A_{r_k} \otimes H_m^k)(A_{r_2}^{\mathrm{T}} \otimes H_m^{2\mathrm{T}}) & \cdots & (A_{r_k} \otimes H_m^k)(A_{r_k}^{\mathrm{T}} \otimes H_m^{k\mathrm{T}}) \end{pmatrix} \\
&= \begin{pmatrix} \boldsymbol{A}_{r_1}\boldsymbol{A}_{r_1}^{\mathrm{T}} \otimes \boldsymbol{H}_m^1\boldsymbol{H}_m^{1\mathrm{T}} & \boldsymbol{A}_{r_1}\boldsymbol{A}_{r_2}^{\mathrm{T}} \otimes \boldsymbol{H}_m^1\boldsymbol{H}_m^{2\mathrm{T}} & \cdots & \boldsymbol{A}_{r_1}\boldsymbol{A}_{r_k}^{\mathrm{T}} \otimes \boldsymbol{H}_m^1\boldsymbol{H}_m^{k\mathrm{T}} \\ \boldsymbol{A}_{r_2}\boldsymbol{A}_{r_1}^{\mathrm{T}} \otimes \boldsymbol{H}_m^2\boldsymbol{H}_m^{1\mathrm{T}} & \boldsymbol{A}_{r_2}\boldsymbol{A}_{r_2}^{\mathrm{T}} \otimes \boldsymbol{H}_m^2\boldsymbol{H}_m^{2\mathrm{T}} & \cdots & \boldsymbol{A}_{r_2}\boldsymbol{A}_{r_k}^{\mathrm{T}} \otimes \boldsymbol{H}_m^2\boldsymbol{H}_m^{k\mathrm{T}} \\ \vdots & \vdots & & \vdots \\ \boldsymbol{A}_{r_k}\boldsymbol{A}_{r_1}^{\mathrm{T}} \otimes \boldsymbol{H}_m^k\boldsymbol{H}_m^{1\mathrm{T}} & \boldsymbol{A}_{r_k}\boldsymbol{A}_{r_2}^{\mathrm{T}} \otimes \boldsymbol{H}_m^k\boldsymbol{H}_m^{2\mathrm{T}} & \cdots & \boldsymbol{A}_{r_k}\boldsymbol{A}_{r_k}^{\mathrm{T}} \otimes \boldsymbol{H}_m^k\boldsymbol{H}_m^{k\mathrm{T}} \end{pmatrix} \\
&= \begin{pmatrix} n\boldsymbol{E}_{r_1} \otimes m\boldsymbol{E}_m & & & \\ & n\boldsymbol{E}_{r_2} \otimes m\boldsymbol{E}_m & & \\ & & \ddots & \\ & & & n\boldsymbol{E}_{r_k} \otimes m\boldsymbol{E}_m \end{pmatrix}
\end{aligned}
$$

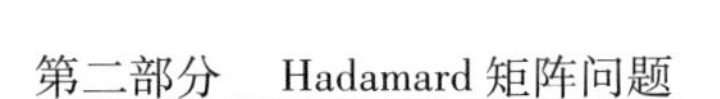

$$= mn\begin{pmatrix} \boldsymbol{E}_{r_1m} & & & \\ & \boldsymbol{E}_{r_2m} & & \\ & & \ddots & \\ & & & \boldsymbol{E}_{r_km} \end{pmatrix} = mn\boldsymbol{E}_{mn}$$

所以 $\boldsymbol{H}_{mn}$ 为 mn 阶的 H - 矩阵.

若

$$\boldsymbol{H}_n = \boldsymbol{H}_n^1\boldsymbol{H}_n^2\cdots\boldsymbol{H}_n^s, \boldsymbol{H}_m^1 = \boldsymbol{H}_m^{11}\boldsymbol{H}_m^{12}\cdots\boldsymbol{H}_m^{1t}$$

$$\boldsymbol{H}_m^2 = \boldsymbol{H}_m^{21}\boldsymbol{H}_m^{22}\cdots\boldsymbol{H}_m^{2t}, \boldsymbol{H}_m^k = \boldsymbol{H}_m^{k1}\boldsymbol{H}_m^{k2}\cdots\boldsymbol{H}_m^{kt}$$

其中 $\boldsymbol{H}_n^i, \boldsymbol{H}_m^{1j}, \boldsymbol{H}_m^{2j}, \cdots, \boldsymbol{H}_m^{kj}$ 分别是 $\boldsymbol{H}_n, \boldsymbol{H}_m^1, \boldsymbol{H}_m^2, \cdots, \boldsymbol{H}_m^k$ 的稀疏化因子,$j = 1,2,\cdots,t; i = 1,2,\cdots,s$,由

$$\begin{pmatrix} \boldsymbol{G}_{a_1} \nsim \boldsymbol{M}_{r_1s_1} \\ \boldsymbol{G}_{a_2} \nsim \boldsymbol{M}_{r_2s_2} \\ \vdots \\ \boldsymbol{G}_{a_n} \nsim \boldsymbol{M}_{r_ns_n} \end{pmatrix} = \left(\mathop{\cdot}_{k=1}^{n} \boldsymbol{M}_{r_ks_k}\right) = \begin{pmatrix} \boldsymbol{G}_{a_1} \nsim \boldsymbol{E}_{s_1} \\ \boldsymbol{G}_{a_2} \nsim \boldsymbol{E}_{s_2} \\ \vdots \\ \boldsymbol{G}_{a_n} \nsim \boldsymbol{E}_{s_n} \end{pmatrix}$$

得

$$H_{mn} = \prod_{j=1}^{t}(E_{r_1} \nsim H_m^{1j} \nsim E_{r_2} \nsim H_m^{2j} \nsim \cdots \nsim E_{r_k} \nsim H_m^{kj})\prod_{i=1}^{s}(H_n^i \nsim E_m)$$

其中 $\boldsymbol{G}_{a_j}$ 为 $1 \times a_j$ 的行向量,$\boldsymbol{M}_{r_js_j}$ 为 $r_j \times s_j$ 矩阵,$\boldsymbol{E}_{s_j}$ 为 s_j 阶单位矩阵,$\mathop{\cdot}\limits_{k=1}^{n}$ 为Kronecker 和连加号,$a_1s_1 = a_2s_2 = \cdots = a_ns_n$,故原式成立.

三、正规 H - 矩阵的正规性

任意一个 H - 矩阵经过性质(iii)中的等价变换均可变为第一行与第一列的所有元素都为 +1 的 H - 矩阵,此时的 H - 矩阵称为正规 H - 矩阵,而去掉其第一行及第一列得到的低一阶的矩阵叫作正规 H - 矩阵

的柱心[6].

正规 H - 矩阵施行等价变换,还依然保持正规性. 正规 H - 矩阵的柱心为归一矩阵,关于正规 H - 矩阵 Kronecker 积有如下结果:

定理 4 若 $\boldsymbol{A}$ 为 n 阶的正规 H - 矩阵($n = 4k$),则它的柱心 $\boldsymbol{B}$ 为 $4k-1$ 阶矩阵,且 $\boldsymbol{A}$ 的各行(列)元素之和为 -1.

证明 设 $\boldsymbol{A} = (\boldsymbol{\alpha}_1, \boldsymbol{\alpha}_2, \cdots, \boldsymbol{\alpha}_n)$,$\boldsymbol{\alpha}_i$ 为 $\boldsymbol{A}$ 的列向量,$i = 2, \cdots, n$. 由 H - 矩阵的正交性知:$\boldsymbol{\alpha}_1^{\mathrm{T}} \boldsymbol{\alpha}_i = 0 (i = 1, 2, \cdots, n)$(H - 矩阵的列向量也正交). 故 $\boldsymbol{\alpha}_i$ 中 $+1$ 与 -1 的个数各半,应为 $2k$ 个,由 $\boldsymbol{A}$ 的正规性知,$\boldsymbol{\alpha}_i$ 的第一个元素为 $+1$,故 $\boldsymbol{B}$ 中每一列有 $2k-1$ 个 $+1$,$2k$ 个 -1,从而 $\boldsymbol{B}$ 的各元素之和为 -1.

定理 5 若 $\boldsymbol{H}_m, \boldsymbol{H}_n$ 均为正规的 H - 矩阵,则 $\boldsymbol{H}_m \leftarrow \boldsymbol{H}_n$ 也为正规的 H - 矩阵.

证明 设 $\boldsymbol{H}_m = (h_{ij})_{m \times m}$,则 $\boldsymbol{H}_m \leftarrow \boldsymbol{H}_n$ 的矩阵为

$$\boldsymbol{H}_m \leftarrow \boldsymbol{H}_n = \begin{pmatrix} h_{11}\boldsymbol{H}_n & h_{12}\boldsymbol{H}_n & \cdots & h_{1m}\boldsymbol{H}_n \\ h_{21}\boldsymbol{H}_n & h_{22}\boldsymbol{H}_n & \cdots & h_{2m}\boldsymbol{H}_n \\ \vdots & \vdots & & \vdots \\ h_{m1}\boldsymbol{H}_n & h_{m2}\boldsymbol{H}_n & \cdots & h_{mm}\boldsymbol{H}_n \end{pmatrix}$$

因为 $h_{1j} = h_{i1} = +1, i, j = 1, \cdots, m$,而 $\boldsymbol{H}_n$ 的第一行(及第一列)也为 $+1$,所以 $\boldsymbol{H}_m \leftarrow \boldsymbol{H}_n$ 的第一行与第一列元素也为 $+1$,故 $\boldsymbol{H}_m \leftarrow \boldsymbol{H}_n$ 为正规的 H - 矩阵.

推论 8 若 $\boldsymbol{H}_m, \boldsymbol{H}_n, \cdots, \boldsymbol{H}_p$ 均为正规的 H - 矩阵,则 $\boldsymbol{H}_m \leftarrow \boldsymbol{H}_n \leftarrow \cdots \leftarrow \boldsymbol{H}_p$ 也为正规的 H - 矩阵.

推论 9 若 $\boldsymbol{H}_m, \boldsymbol{H}_n, \cdots, \boldsymbol{H}_p$ 均为正规的 H - 矩阵,

则

$$(\boldsymbol{H}_m \leftarrow \boldsymbol{H}_n \leftarrow \cdots \leftarrow \boldsymbol{H}_p)^{\mathrm{T}} = \boldsymbol{H}_m^{\mathrm{T}} \leftarrow \boldsymbol{H}_n^{\mathrm{T}} \leftarrow \cdots \leftarrow \boldsymbol{H}_p^{\mathrm{T}}$$

也为正规的 H - 矩阵.

参考文献

[1] 林参天,薛昭雄. Hadamard 矩阵及其应用,1893—1993[J]. 数学传播,1994,18(4):62-65.

[2] 刘璋温. Hadamard 矩阵[J]. 数学的实践与认识,1978(4):55-67.

[3] 陈祖明. 矩阵论引论[M]. 北京:北京航空航天大学出版社,2000.

[4] 史荣昌. 矩阵分析[M]. 北京:北京理工大学出版社,2000.

[5] 孙鹏勇,惠晓威,宋亮. 行正交矩阵的分层克罗内克积扩大法[J]. 信号处理,2001,17(1):60-62.

[6] 李方,刘海生. 关于 Hadamard 矩阵的若干结果[J]. 东南大学学报,1998,28(5):143-147.

第 三 部 分

Hadamard 矩阵的推广应用及其与其他矩阵的联系

第七编

复 Hadamard 矩阵

复 Hadamard 矩阵的一种构造方法[①]

第21章

郑州大学系统科学与数学系的李中献教授 1997 年从 $GF(p^m)$ 的结构出发，构造了一类（p^m 阶）元素取复值的 Hadamard 矩阵，其行(列)之间满足复空间的正交性.

一、复 Hadamard 矩阵的概念与性质

n 阶矩阵 $\boldsymbol{A}=(a_{ij})$ 称为 Hadamard 矩阵，如果 $a_{ij}\in\{1,-1\}$，且 $\boldsymbol{A}\boldsymbol{A}^{\mathrm{T}}=n\boldsymbol{I}$. 一个 Hadamard 矩阵具有三个特点：①矩阵元素取自集合 $\{1,-1\}$；② 任意两行（列）正交；③ 每一行(列）的平方和为矩阵的阶数. 由于 Hadamard 矩阵的广泛应用，许多学者对其进行了深入的研究[1-2].

设 p 为素数，$G=\{1,\omega,\omega^2,\cdots,\omega^{p-1}\}$ 为全部 p 次单位原根组成的循环

① 本章摘编自《郑州大学学报(自然科学版)》，1997，29(2)：14-17.

群. 两个复向量 $\boldsymbol{\alpha}$ 和 $\boldsymbol{\beta}$ 的内积定义为

$$\langle \boldsymbol{\alpha}, \boldsymbol{\beta} \rangle = a_1\overline{b_1} + a_2\overline{b_2} + \cdots + a_n\overline{b_n}$$

其中 $\boldsymbol{\alpha} = (a_1, a_2, \cdots, a_n)$, $\boldsymbol{\beta} = (b_1, b_2, \cdots, b_n)$, $\overline{b_i}$ 为 b_i 的共轭. 本章研究元素取自群 G 的复矩阵.

定义1 元素取自 $G = \{1, \omega, \omega^2, \cdots, \omega^{p-1}\}$ 的 n 阶复矩阵 $\boldsymbol{A}$ 称为复 Hadamard 矩阵,如果 $\boldsymbol{A}\overline{\boldsymbol{A}}^{\mathrm{T}} = n\boldsymbol{I}$,这里 $\overline{\boldsymbol{A}}^{\mathrm{T}}$ 为 $\boldsymbol{A}$ 的共轭转置,记为 $\boldsymbol{H}_n^p$.

可以看出,复 Hadamard 矩阵的行向量与其自身的内积是矩阵的阶,两个行向量正交. 与 Hadamard 矩阵相似,容易证明以下性质:

性质1 若 $\boldsymbol{A}$ 是复 Hadamard 矩阵,则 $\overline{\boldsymbol{A}}^{\mathrm{T}}$ 也是复 Hadamard 矩阵.

性质2 若 $\boldsymbol{A}$ 是复 Hadamard 矩阵,且 $|\boldsymbol{A}| = a + bi$,则 $a^2 + b^2 = n^n$.

当 $p = 2$ 时,$G = \{1, -1\}$,复 Hadamard 矩阵即为一般 Hadamard 矩阵;当 $p = 3$ 时,$G = \{1, \omega, \omega^2\}$,以下两个矩阵是复 Hadamard 矩阵

$$\begin{pmatrix} 1 & 1 & 1 \\ 1 & \omega & \omega^2 \\ 1 & \omega^2 & \omega \end{pmatrix}$$

$$\begin{pmatrix} 1 & 1 & 1 \\ 1 & \omega^2 & \omega \\ 1 & \omega & \omega^2 \end{pmatrix}$$

实际上交换第 2 行和第 3 行,它们是等价的.

当 $p = 5$ 时,存在复 Hadamard 矩阵

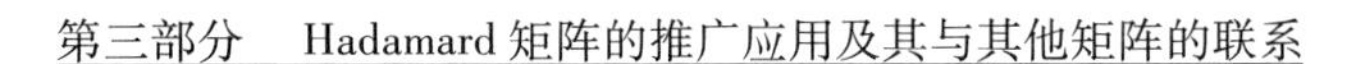

$$
\boldsymbol{H}_5^5 = \begin{pmatrix} 1 & 1 & 1 & 1 & 1 \\ 1 & \omega & \omega^2 & \omega^3 & \omega^4 \\ 1 & \omega^2 & \omega^4 & \omega & \omega^3 \\ 1 & \omega^3 & \omega & \omega^4 & \omega^2 \\ 1 & \omega^4 & \omega^3 & \omega^2 & \omega \end{pmatrix}
$$

设 ω 是一个 p 次单位原根,由于 $\omega\overline{\omega} = 1$,因此复 Hadamard 矩阵任一行(列)乘以 ω,既不影响行向量的正交性,又不影响列向量的正交性,所以总可以将任一复 Hadamard 矩阵化为首行首列皆为 1 的复 Hadamard 矩阵. 以下我们只讨论这种复 Hadamard 矩阵.

引理 1　设 p 为素数,则 $x^{p-1} + x^{p-2} + \cdots + x^2 + x + 1$ 在有理数域上不可约.

证明　令 $f(x) = x^{p-1} + x^{p-2} + \cdots + x + 1$,则

$$
(x-1)f(x) = x^p - 1
$$

令 $x = y + 1$,则

$$
x^p - 1 = \sum_{i=1}^{p} \binom{p}{i} y^i = y \cdot \sum_{i=1}^{p} \binom{p}{i} y^{i-1}
$$

因此

$$
\begin{aligned}
f(y+1) &= \sum_{i=1}^{p} \binom{p}{i} y^{i-1} \\
&= y^{p-1} + \binom{p}{p-1} y^{p-2} + \cdots + \binom{p}{2} y + \binom{p}{1}
\end{aligned}
$$

其中,$\binom{p}{i} = \dfrac{p(p-1)\cdots(p-i+1)}{i!}$,当 $i < p$ 时必能被 p 整除,且 $p^2 \nmid \binom{p}{1}$,由 Eisenstein 判别法,$f(y+1)$ 在有

理数域上不可约，所以 $f(x)$ 在有理数域上不可约.证毕.

定理 1 $\boldsymbol{H}_n^p$ 为复 Hadamard 矩阵，$G = \{1,\omega,\omega^2,\cdots,\omega^{p-1}\}$ 为全部 p 次单位原根组成的循环群，则：

(1) $n = kp$，k 为正整数；

(2) 除首行以外，每一行含有 G 中不同元素的个数相同，且为 $\frac{n}{p}$.

证明 设 $\boldsymbol{H}_n^p$ 的第 $i(i > 1)$ 行为

$$\underbrace{11\cdots1}_{i_1个} \quad \underbrace{\omega\omega\cdots\omega}_{i_2个} \quad \cdots \quad \underbrace{\omega^{p-1}\cdots\omega^{p-1}}_{i_p个}$$

由于它与第一行正交，所以 ω 满足以下整系数多项式

$$i_1 + i_2\omega + \cdots + i_p\omega^{p-1} = 0$$

因为 $1 + x + \cdots + x^{p-1}$ 在有理数域上不可约，所以

$$i_1 = i_2 = \cdots = i_p = k$$

因此 $n = kp$. 证毕.

二、p^m 阶复 Hadamard 矩阵的构造

设有限域 $GF(p)$ 上的一个 m 次本原多项式 $f(x)$，且 $f(\alpha) = 0$，添加 α 到 $GF(p)$ 上得到一个 m 次扩域 $GF(p^m)$，则

$$GF(p^m) = \{a_0 + a_1\alpha + a_2\alpha^2 + \cdots + a_{m-1}\alpha^{m-1}:\ a_i \in GF(p), i = 0,\cdots,m-1\}$$

令 $N = p^m - 1$，将 $GF(p^m)$ 中全部非零元素的系数分别与一个 m 维行向量对应，可将 N 个非零元素排列成如下 $N \times m$ 矩阵

$$A = \begin{pmatrix} a_{11} & a_{12} & \cdots & a_{1m} \\ a_{21} & a_{22} & \cdots & a_{2m} \\ \vdots & \vdots & & \vdots \\ a_{N1} & a_{N2} & \cdots & a_{Nm} \end{pmatrix}$$

记 $\boldsymbol{A}$ 的列向量为 $\boldsymbol{\beta}_1,\boldsymbol{\beta}_2,\cdots,\boldsymbol{\beta}_m$，容易证明：

①$\boldsymbol{\beta}_1,\boldsymbol{\beta}_2,\cdots,\boldsymbol{\beta}_m$ 线性无关.

②$\boldsymbol{\beta}_i(i=1,2,\cdots,m)$ 中坐标为0的个数为 $p^{m-1}-1$，$\boldsymbol{\beta}_i$ 中坐标为 $t(t=1,2,\cdots,p-1)$ 的个数为 p^{m-1}.

③对任意两个不同的列向量 $\boldsymbol{\beta}_i,\boldsymbol{\beta}_j(i\neq j)$，相应于 $\boldsymbol{\beta}_i$ 中 $p^{m-1}-1$ 个坐标为0的位置，$\boldsymbol{\beta}_j$ 恰有 $p^{m-2}-1$ 个0和 p^{m-2} 个 $t(t=1,2,\cdots,p-1)$；而相应于 $\boldsymbol{\beta}_i$ 中 p^{m-1} 个 $t(t=1,2,\cdots,p-1)$，坐标位置 $\boldsymbol{\beta}_j$ 恰有 p^{m-2} 个 $t(t=0,1,2,\cdots,p-1)$

$$\boldsymbol{\beta}_j: \overbrace{0\cdots0}^{p^{m-2}-1\text{个}} \quad \overbrace{1\cdots1}^{p^{m-2}\text{个}} \quad \cdots \quad \overbrace{(p-1)\cdots(p-1)}^{p^{m-2}\text{个}}$$

$$\overbrace{0\cdots0}^{p^{m-2}\text{个}} \quad \overbrace{1\cdots1}^{p^{m-2}\text{个}} \quad \cdots \quad \overbrace{(p-1)\cdots(p-1)}^{p^{m-2}\text{个}} \quad \cdots$$

$$\boldsymbol{\beta}_i: \underbrace{0\cdots0 \quad 0\cdots0 \quad \cdots \quad 0\cdots0}_{p^{m-1}-1\text{个}}$$

$$\underbrace{1\cdots1 \quad 1\cdots1 \quad \cdots \quad 1\cdots1 \quad \cdots}_{p^{m-1}\text{个}}$$

作向量组 $\boldsymbol{\beta}_1,\boldsymbol{\beta}_2,\cdots,\boldsymbol{\beta}_m$ 的所有的线性组合

$$c_1\boldsymbol{\beta}_1+c_2\boldsymbol{\beta}_2+\cdots+c_m\boldsymbol{\beta}_m$$
$$(c_i\in GF(p),i=1,2,\cdots,m)$$

除零向量以外得到 $N=p^m-1$ 个不同的向量，排列成如下矩阵

$$B=\begin{pmatrix} a_{11} & a_{12} & \cdots & a_{1m} & a_{1,m+1} & \cdots & a_{1N} \\ a_{21} & a_{22} & \cdots & a_{2m} & a_{2,m+1} & \cdots & a_{2N} \\ \vdots & \vdots & & \vdots & \vdots & & \vdots \\ a_{N1} & a_{N2} & \cdots & a_{Nm} & a_{N,m+1} & \cdots & a_{NN} \end{pmatrix}^{\mathrm{T}}$$

$\boldsymbol{B}$ 中任意两个行向量不同，由对称性知对 $\boldsymbol{B}$ 中任一行向量 $\boldsymbol{\alpha}=(a_{1i},a_{2i},\cdots,a_{Ni})$，则 $(p-a_{1i},\cdots,p-a_{Ni})$ 必出现在 $\boldsymbol{B}$ 中. 除具有这种性质的行向量对之外，任意两个行向量的相应坐标位置对应关系仍满足上面的性质③.

考虑加群 $GF(p)=\{0,1,2,\cdots,p-1\}$ 到乘群 $G=\{1,\omega,\cdots,\omega^{p-1}\}$ 的同构映射

$$\eta: k\rightarrow\omega^{k}\quad (k\in GF(p))$$

将 η 作用于 $\boldsymbol{B}$ 的每一元素，得矩阵 $\boldsymbol{Q}=\eta(\boldsymbol{B})$. 由于矩阵 $\boldsymbol{B}$ 中任意两行对应元素和中将出现 $p^{m-1}-1$ 个 0 和 p^{m-1} 个 $t(t=1,2,\cdots,p-1)$，因此对 $\boldsymbol{Q}$ 中任意两个行向量 $\boldsymbol{\alpha}$ 及 $\boldsymbol{\beta},\overline{\boldsymbol{\beta}}\neq\boldsymbol{\alpha}$，有

$$\boldsymbol{\alpha}=(a_1,a_2,\cdots,a_N)$$

$$\boldsymbol{\beta}=(b_1,b_2,\cdots,b_N)$$

$$\begin{aligned}\langle\boldsymbol{\alpha},\boldsymbol{\beta}\rangle&=a_1\overline{b_1}+a_2\overline{b_2}+\cdots+a_N\overline{b_N}\\&=p^{m-1}-1+p^{m-1}(\omega+\omega^2+\cdots+\omega^{p-1})\\&=-1\end{aligned}$$

由矩阵 $\boldsymbol{B}$ 取法的对称性知，矩阵 $\boldsymbol{Q}$ 中任一行向量的共轭向量必出现在 $\boldsymbol{Q}$ 中，且 $\langle\boldsymbol{\alpha},\overline{\boldsymbol{\alpha}}\rangle=-1$. 因此对 $\boldsymbol{Q}$ 中任意两个行向量 $\boldsymbol{\alpha}$ 及 $\boldsymbol{\beta}$，有

$$\langle\boldsymbol{\alpha},\boldsymbol{\beta}\rangle=-1$$

所以得到

$$\boldsymbol{H}_{p^m}^{p} = \begin{pmatrix} 1 & \boldsymbol{1} \\ \boldsymbol{1} & \boldsymbol{Q} \end{pmatrix}$$

即为 p^m 阶复 Hadamard 矩阵.

三、3^2 阶复 Hadamard 矩阵

取 $GF(3)$ 上二次本原多项式 x^2+x+2,设 α 满足

$$\alpha^2+\alpha+2=0$$

即

$$\alpha^2=2\alpha+1$$

将 $GF(3^2)$ 中元素表示为 α 的一次多项式,得

$$\boldsymbol{\beta}_1=(1\ 0\ 1\ 2\ 2\ 0\ 2\ 1)^{\mathrm{T}}$$

$$\boldsymbol{\beta}_2=(0\ 1\ 2\ 2\ 0\ 2\ 1\ 1)^{\mathrm{T}}$$

作 $\boldsymbol{\beta}_1,\boldsymbol{\beta}_2$ 在 $GF(3)$ 上的线性组合,得

$\boldsymbol{\beta}_1$	$\boldsymbol{\beta}_2$	$\boldsymbol{\beta}_1+\boldsymbol{\beta}_2$	$2\boldsymbol{\beta}_1$	$2\boldsymbol{\beta}_2$	$2\boldsymbol{\beta}_1+2\boldsymbol{\beta}_2$	$\boldsymbol{\beta}_1+2\boldsymbol{\beta}_2$	$2\boldsymbol{\beta}_1+\boldsymbol{\beta}_2$
1	0	1	2	0	2	1	2
0	1	1	0	2	2	2	1
1	2	0	2	1	0	2	1
2	2	1	1	1	2	0	0
2	0	2	1	0	1	2	1
0	2	2	0	1	1	1	2
2	1	0	1	2	0	1	2
1	1	2	2	2	1	0	0

在同构映射:$\eta(0)=1,\eta(1)=\omega,\eta(2)=\omega^2$ 之下,得到 9 阶复 Hadamard 矩阵

$$
\boldsymbol{H}_9^3 = \begin{pmatrix}
1 & 1 & 1 & 1 & 1 & 1 & 1 & 1 & 1 \\
1 & \omega & 1 & \omega & \omega^2 & 1 & \omega^2 & \omega & \omega^2 \\
1 & 1 & \omega & \omega & 1 & \omega^2 & \omega^2 & \omega^2 & \omega \\
1 & \omega & \omega^2 & 1 & \omega^2 & \omega & 1 & \omega^2 & \omega \\
1 & \omega^2 & \omega^2 & \omega & \omega & \omega & \omega^2 & 1 & 1 \\
1 & \omega^2 & 1 & \omega^2 & \omega & 1 & \omega & \omega^2 & \omega \\
1 & 1 & \omega^2 & \omega^2 & 1 & \omega & \omega & \omega & \omega^2 \\
1 & \omega & \omega & \omega^2 & \omega^2 & \omega^2 & \omega & 1 & 1 \\
1 & \omega^2 & \omega & 1 & \omega & \omega^2 & 1 & \omega & \omega^2
\end{pmatrix}
$$

参考文献

[1] 杨义先,林须端. 编码密码学[M]. 北京:人民邮电出版社,1992.

[2] MACWILLIAMS F J,SLOANE N. The theory of error-correcting codes, part I[M]. New York:North-Holland,1977.

[3] 肖国镇,卿斯汉. 编码理论[M]. 北京:国防工业出版社,1993.

[4] 吴品三. 近世代数[M]. 北京:人民教育出版社,1979.

广义 Hadamard 矩阵①

第 22 章

武汉工业学院基础课教学部的高遵海、荆州师范学院(今长江大学)的陈业华两位教授 2001 年将一般的 2 维 Hadamard 矩阵元素推广到复数域上的 m 次单位根,给出了一系列性质,讨论了广义的 Hadamard 矩阵与 Chrestenson 谱之间的关系.

文献[1]给出了一般 n 维 m 阶的 Hadamard 矩阵,本章将讨论元素为复数域上的 m 次单位根的广义 Hadamard 矩阵. 设 $\varepsilon = \exp\left(\frac{2\pi i}{m}\right)$ 是 m 次本原单位根,则 (ε) 是 m 阶循环群. 设矩阵

$$\boldsymbol{M}_1 = \begin{pmatrix} 1 & 1 & 1 & \cdots & 1 \\ 1 & \varepsilon & \varepsilon^2 & \cdots & \varepsilon^{m-1} \\ 1 & \varepsilon^2 & \varepsilon^4 & \cdots & \varepsilon^{2(m-1)} \\ \vdots & \vdots & \vdots & & \vdots \\ 1 & \varepsilon^{m-1} & \varepsilon^{2(m-1)} & \cdots & \varepsilon^{(m-1)(m-1)} \end{pmatrix}$$

定义 $\boldsymbol{M}_n = \boldsymbol{M}_1 \otimes \boldsymbol{M}_{n-1}, n = 2,3,\cdots$

① 本章摘编自《武汉工业学院学报》,2001(2):39-41.

(其中 $\otimes$ 表示 Kronecker 积). 当 $m = 2$ 时,$\boldsymbol{M}_n = \boldsymbol{H}_n$, $\boldsymbol{H}_n$ 为一般的 2 维 Hadamard 矩阵, 称 $\boldsymbol{M}_n$ 为广义 Hadamard 矩阵.

定理 1 $(\boldsymbol{M}_n)^{\mathrm{T}} = \boldsymbol{M}_n$.

证明 对 n 作归纳法. 当 $n = 1$ 时结论显然成立. 假设当 $n = k - 1$ 时结论成立,即$(\boldsymbol{M}_{k-1})^{\mathrm{T}} = \boldsymbol{M}_{k-1}$. 当 $n = k$ 时

$$\begin{aligned}(\boldsymbol{M}_k)^{\mathrm{T}} &= (\boldsymbol{M}_1 \otimes \boldsymbol{M}_{k-1})^{\mathrm{T}} \\ &= \boldsymbol{M}_1^{\mathrm{T}} \otimes \boldsymbol{M}_{k-1}^{\mathrm{T}} \\ &= \boldsymbol{M}_1 \otimes \boldsymbol{M}_{k-1} = \boldsymbol{M}_k\end{aligned}$$

定理 2 $\boldsymbol{M}_n = \boldsymbol{M}_1 \otimes \boldsymbol{M}_1 \otimes \cdots \otimes \boldsymbol{M}_1 = \boldsymbol{M}_{n-1} \otimes \boldsymbol{M}_1$

证明

$$\begin{aligned}\boldsymbol{M}_n &= \boldsymbol{M}_1 \otimes \boldsymbol{M}_{n-1} \\ &= \boldsymbol{M}_1 \otimes (\boldsymbol{M}_1 \otimes \boldsymbol{M}_{n-2}) \\ &= (\boldsymbol{M}_1 \otimes \boldsymbol{M}_1) \otimes \boldsymbol{M}_{n-2} \\ &= \boldsymbol{M}_1 \otimes \boldsymbol{M}_1 \otimes \boldsymbol{M}_{n-2} \\ &= \boldsymbol{M}_1 \otimes \boldsymbol{M}_1 \otimes (\boldsymbol{M}_1 \otimes \boldsymbol{M}_{n-3}) \\ &= \cdots \\ &= \boldsymbol{M}_1 \otimes \boldsymbol{M}_1 \otimes \cdots \otimes \boldsymbol{M}_1 \\ &= (\boldsymbol{M}_1 \otimes \boldsymbol{M}_1 \otimes \cdots \otimes \boldsymbol{M}_1) \otimes \boldsymbol{M}_1 \\ &= \boldsymbol{M}_{n-1} \otimes \boldsymbol{M}_1\end{aligned}$$

定理 3

$$\boldsymbol{M}_1^2 = m\begin{pmatrix} 1 & 0 & \cdots & 0 & 0 \\ 0 & 0 & \cdots & 0 & 1 \\ \vdots & \vdots & & \vdots & \vdots \\ 0 & 1 & \cdots & 0 & 0 \end{pmatrix}$$

$$\boldsymbol{M}_n^2 = \boldsymbol{M}_1^2 \otimes \boldsymbol{M}_1^2 \otimes \cdots \otimes \boldsymbol{M}_1^2$$

证明 第一个等式显然成立.

$$
\begin{aligned}
\boldsymbol{M}_n^2 &= \boldsymbol{M}_n \cdot \boldsymbol{M}_n \\
&= (\boldsymbol{M}_1 \otimes \boldsymbol{M}_{n-1}) \cdot (\boldsymbol{M}_1 \otimes \boldsymbol{M}_{n-1}) \\
&= \boldsymbol{M}_1^2 \otimes \boldsymbol{M}_{n-1}^2 \\
&= \boldsymbol{M}_1^2 \otimes \boldsymbol{M}_1^2 \otimes \cdots \otimes \boldsymbol{M}_1^2
\end{aligned}
$$

定理 4 $|\boldsymbol{M}_1| = \mathrm{i}^{\frac{(m-1)(3m-2)}{2}} \cdot m^{\frac{m}{2}}$

$$|\boldsymbol{M}_n| = |\boldsymbol{M}_1|^{n \cdot m^{n-1}} \quad (n = 2,3,\cdots)$$

证明 由定理 3 知

$$|\boldsymbol{M}_1^2| = (-1)^{\frac{(m-1)(m-2)}{2}} \cdot m^m$$

$\boldsymbol{M}_1$ 的行列式的绝对值为

$$\|\boldsymbol{M}_1\| = m^{\frac{m}{2}}$$

设 $\varepsilon_1 = \exp\left(\frac{\pi \mathrm{i}}{m}\right)$,则 $\varepsilon = \varepsilon_1^2$. 故

$$
\begin{aligned}
|\boldsymbol{M}_1| &= \prod_{0 \leqslant j < k \leqslant m-1} (\varepsilon^k - \varepsilon^j) \\
&= \prod \varepsilon_1^{k+j} (\varepsilon_1^{k-j} - \varepsilon_1^{-k+j}) \\
&= \prod \varepsilon_1^{k+j} \prod 2\mathrm{i}\sin \frac{(k-j)\pi}{m}
\end{aligned}
$$

因为对上式中所有的 k 和 j,k,j,$k-j$ 均小于 m,所以

$$\frac{k-j}{m} < 1, \sin \frac{(k-j)\pi}{m} > 0$$

$$
\begin{aligned}
m^{\frac{m}{2}} &= \|\boldsymbol{M}_1\| \\
&= \left| \prod 2\sin \frac{(k-j)\pi}{m} \right| \\
&= \prod 2\sin \frac{(k-j)\pi}{m}
\end{aligned}
$$

$$|\boldsymbol{M}_1| = \prod_{0 \leqslant j < k \leqslant m-1} \varepsilon_1^{k+j} \mathrm{i}^{\frac{m(m-1)}{2}} \cdot m^{\frac{m}{2}}$$

$$= \varepsilon_1^{\frac{m(m-1)^2}{2}} \cdot \mathrm{i}^{\frac{m(m-1)}{2}} \cdot m^{\frac{m}{2}}$$

$$= \mathrm{i}^{(m-1)^2+\frac{m(m-1)}{2}} \cdot m^{\frac{m}{2}}$$

$$= \mathrm{i}^{\frac{(m-1)(3m-2)}{2}} \cdot m^{\frac{m}{2}}$$

又

$$|\boldsymbol{M}_2| = |\boldsymbol{M}_1|^m \cdot |\boldsymbol{M}_1|^m = |\boldsymbol{M}_1|^{2m}$$

假设$|\boldsymbol{M}_{n-1}| = |\boldsymbol{M}_1|^{(n-1)m^{n-2}}$成立,那么

$$\begin{aligned} |\boldsymbol{M}_n| &= |\boldsymbol{M}_1|^{m^{n-1}} \cdot |\boldsymbol{M}_{n-1}|^m \\ &= |\boldsymbol{M}_1|^{m^{n-1}} \cdot |\boldsymbol{M}_1|^{(n-1)m^{n-1}} \\ &= |\boldsymbol{M}_1|^{nm^{n-1}} \end{aligned}$$

定理 5 $(\boldsymbol{M}_n)^{-1} = \boldsymbol{M}_1^{-1} \otimes \boldsymbol{M}_{n-1}^{-1}$

$$= \boldsymbol{M}_1^{-1} \otimes \boldsymbol{M}_1^{-1} \otimes \cdots \otimes \boldsymbol{M}_1^{-1}$$

而

$$\boldsymbol{M}_1^{-1} = \frac{1}{m}\begin{pmatrix} 1 & 1 & 1 & \cdots & 1 \\ 1 & \varepsilon^{m-1} & \varepsilon^{m-2} & \cdots & \varepsilon^1 \\ 1 & \varepsilon^{2(m-1)} & \varepsilon^{2(m-2)} & \cdots & \varepsilon^2 \\ \vdots & \vdots & \vdots & & \vdots \\ 1 & \varepsilon^{(m-1)(m-1)} & \varepsilon^{(m-1)(m-2)} & \cdots & \varepsilon^{m-1} \end{pmatrix}$$

证略.

下面讨论 Chrestenson 谱与 $\boldsymbol{M}_n$ 的关系.

设 Z 是整数环,m 是任意正整数,Z_m 表示环 Z 模 m 的剩余类环,Z_m^n 表示 n 个 Z_m 的直积. 令 $x = (x_0, x_1, \cdots, x_{n-1}) \in Z_m^n$ 对应于正整数 $\sum_{k=1}^{n-1} x_k m^{n-1-k}(0 \leqslant x_k \leqslant m-1)$,这样得到 Z_m^n 到整数集$\{0,1,\cdots,m^n-1\} = J_m^n$ 的双射,以下对 Z_m^n 与 J_m^n 不加区别.

定义在 Z_m^n 上的 Chrestenson 函数为

$$\varphi_\omega(x) = \exp\left(\frac{2\pi i}{m}\sum_{k=0}^{n-1} x_k\omega_k\right) = \varepsilon^{\omega x}$$

式中 $x = \sum_{k=0}^{n-1} x_k m^{n-1-k}, \omega = \sum_{k=0}^{n-1} \omega_k m^{n-1-k}, x_k, \omega_k \in Z_m$.

设 f 为定义在 Z_m^n 上的函数，f 的 Chrestenson 变换为

$$S_f(\omega) = m^{-n}\sum_{\omega \in Z_m^n} f(x)\varphi_\omega(x) \quad (\omega \in Z_m^n)$$

其逆变换为

$$f(x) = \sum_{\omega \in Z_m^n} S_f(\omega)\overline{\varphi}_\omega(x) \quad (x \in Z_m^n)$$

$S_f(\omega)$ 可表示成向量 $(S_f(0), S_f(1), \cdots, S_f(m^n - 1))$，称为 f 的线性 Chrestenson 谱.

定理 6

$$m^n \cdot (S_f(0), S_f(1), \cdots, S_f(m^n - 1))^{\mathrm{T}}$$
$$= \boldsymbol{M}_n \cdot (f(0), f(1), \cdots, f(m^n - 1))^{\mathrm{T}}$$

证明

$$\begin{aligned} m^n S_f(\omega) &= \sum_{x \in Z_m^n} f(x)\varphi_\omega(x) \\ &= (\varphi_\omega(0), \varphi_\omega(1), \cdots, \varphi_\omega(m^n - 1)) \cdot \\ &\quad (f(0), f(1), \cdots, f(m^n - 1))^{\mathrm{T}} \end{aligned}$$

设

$$\boldsymbol{A}_n = \begin{pmatrix} \varphi_0(0) & \varphi_0(1) & \cdots & \varphi_0(m^n - 1) \\ \varphi_1(0) & \varphi_1(1) & \cdots & \varphi_1(m^n - 1) \\ \vdots & \vdots & & \vdots \\ \varphi_{m^n-1}(0) & \varphi_{m^n-1}(1) & \cdots & \varphi_{m^n-1}(m^n - 1) \end{pmatrix}$$

只需证 $\boldsymbol{A}_n=\boldsymbol{M}_n$.

对 n 作归纳法. 当 $n=1$ 时结论显然成立.

假设当 $n-1$ 时结论成立,即 $\boldsymbol{A}_{n-1}=\boldsymbol{M}_{n-1}$,对任意 $\omega\in Z_m^n,x\in Z_m^n$,令 $\omega=(\omega_1,\omega'),x=(x_1,x')$,其中 $\omega_1\in Z_m,x_1\in Z_m,\omega'\in Z_m^{n-1},x'\in Z_m^{n-1}$,则

$$\begin{aligned}\varphi_\omega^{(n)}(x)&=\varepsilon^{\omega\cdot x}=\varepsilon^{\omega_1\cdot x_1+\omega'\cdot x'}\\&=\varepsilon^{\omega_1\cdot x_1}\cdot\varepsilon^{\omega'\cdot x'}\\&=\varphi_{\omega_1}^{(1)}(x_1)\varphi_{\omega}^{(n-1)}(x')\end{aligned}$$

对 $\boldsymbol{A}_n,\boldsymbol{A}_1$ 和 $\boldsymbol{A}_{n-1}$,有

$$\boldsymbol{A}_n=\begin{pmatrix}\varphi_0^{(1)}(0)\boldsymbol{A}_{n-1}&\varphi_0^{(1)}(1)\boldsymbol{A}_{n-1}&\cdots&\varphi_0^{(1)}(m^n-1)\boldsymbol{A}_{n-1}\\\varphi_1^{(1)}(0)\boldsymbol{A}_{n-1}&\varphi_1^{(1)}(1)\boldsymbol{A}_{n-1}&\cdots&\varphi_1^{(1)}(m^n-1)\boldsymbol{A}_{n-1}\\\vdots&\vdots&&\vdots\\\varphi_{m-1}^{(1)}(0)\boldsymbol{A}_{n-1}&\varphi_{m-1}^{(1)}(1)\boldsymbol{A}_{n-1}&\cdots&\varphi_{m-1}^{(1)}(m^n-1)\boldsymbol{A}_{n-1}\end{pmatrix}$$

$$=\boldsymbol{A}_1\otimes\boldsymbol{A}_{n-1}=\boldsymbol{M}_1\otimes\boldsymbol{M}_{n-1}=\boldsymbol{M}_n$$

设

$$S_{(f)}(\omega)=S_\varepsilon^{f(x)}(\omega)=m^{-n}\sum_{x\in Z_m^n}\varepsilon^{f(x)}\varphi_\omega(x)$$

是 f 的第二种 Chrestenson 变换,其逆变换为

$$f(x)=\log_\varepsilon\Big(\sum_{\omega\in Z_m^n}S_{(f)}(\omega)\,\overline{\varphi}_\omega(x)\Big)$$

称 $S_{(f)}(\omega)$ 的向量表示 $(S_{(f)}(0),S_{(f)}(1),\cdots,S_{(f)}(m^n-1))$ 为 f 的 Chrestenson 循环谱.

推论 1 Z_m 上的函数 $f(x)$ 的 Chrestenson 循环谱满足

$$\begin{aligned}&m^n\cdot(S_{(f)}(0),S_{(f)}(1),\cdots,S_{(f)}(m^n-1))^{\mathrm{T}}\\&=\boldsymbol{M}_n\cdot(\varepsilon^{f(0)},\varepsilon^{f(1)},\cdots,\varepsilon^{f(m^n-1)})^{\mathrm{T}}\end{aligned}$$

推论 2

$$(f(-0),f(-1),\cdots,f(-(m^n-1)))^{\mathrm{T}}$$
$$=\boldsymbol{M}_n\cdot(S_f(0),S_f(1),\cdots,S_f(m^n-1))^{\mathrm{T}}$$
$$(\varepsilon^{f(-0)},\varepsilon^{f(-1)},\cdots,\varepsilon^{f(-(m^n-1))})^{\mathrm{T}}$$
$$=\boldsymbol{M}_n\cdot(S_{(f)}(0),S_{(f)}(1),\cdots,S_{(f)}(m^n-1))^{\mathrm{T}}$$

证明　因为

$$\varphi_\omega(-x)=\exp\left(-\frac{2\pi \mathrm{i}}{m}\sum_{k=0}^{n-1}x_k\omega_k\right)=\overline{\varphi}_\omega(x)$$

所以

$$f(-x)=\sum_{\omega\in Z_m^n}S_f(\omega)\overline{\varphi}_\omega(-x)=\sum_{\omega\in Z_m^n}S_f(\omega)\varphi_\omega(x)$$

将它写成矩阵形式并利用定理 6 的证明即得第一个等式.

又

$$\varepsilon^{f(-x)}=\varepsilon^{\log_\varepsilon\left(\sum\limits_{\omega\in Z_m^n}S_{(f)}(\omega)\overline{\varphi}_\omega(-x)\right)}=\sum_{\omega\in Z_m^n}S_{(f)}(\omega)\varphi_\omega(x)$$

将它写成矩阵形式并利用定理 6 的证明即得第二个等式.

参考文献

[1] 杨义先,林须端.编码密码学[M].北京:人民邮电出版社,1992.

[2] 张公礼,潘爱玲.数字谱方法的理论与应用[M].北京:国防工业出版社,1992.

[3] 万哲先.代数和编码(修订版)[M].北京:科学出版社,1980.

[4] 王耕禄,史荣昌.矩阵理论[M].北京:国防工业出版社,1988.

[5] 贾柯勃逊 N.抽象代数学(卷 1)[M].北京:科学出版社,1987.

第八编

Hadamard 矩阵与图论

关于广义 Hadamard 矩阵及其对应有向图类的特征[①]

第 23 章

Hadamard 矩阵在信号处理方面有重要应用，而 Hadamard 矩阵是广义 Hadamard 矩阵的特殊情形. 哈尔滨工程大学的卜长江、孙兵两位教授 2006 年讨论了广义 Hadamard 矩阵对应简单有向图类的特征及其相互关系；给出了广义 Hadamard 矩阵对应简单有向图的特征值的性质，从而证明了有向图的邻接矩阵是广义 Hadamard 矩阵的必要条件，即简单有向图是偶阶的；并得到了广义 Hadamard 矩阵在 Kronecker 积下的性质，为区组设计和编码理论提供了一些新的方法，并在信源编码中有重要的应用.

广义 Hadamard 矩阵即为 Hadamard 矩阵的推广，Hadamard 矩阵在组合数学

① 本章摘编自《哈尔滨工程大学学报》，2006，27(4)：608-610.

中有着重要应用[1]. 广义 Hadamard 矩阵本身就是有向图(但不一定是简单有向图)的邻接矩阵. 所以研究广义 Hadamard 矩阵及其对应有向图类有重要意义. 文献[2]提出广义 Hadamard 矩阵的概念并研究了它的一些属性,文献[3-4]研究了 Hadamard 矩阵对应图类的性质,从一般意义上讨论广义 Hadamard 矩阵对应有向图类的性质. 在本章中所讨论的有向图均为无环、无重边的简单图,与图有关的定义和记号除单独定义的外都和文献[5]相同.

一、定义与引理

定义 1[2] 设 n 阶方阵 $\boldsymbol{W}=(w_{ij})_{n\times n}, w_{ij}\in\{0,1,-1\}, i,j=1,2,\cdots,n$. 若 $\boldsymbol{W}\boldsymbol{W}^{\mathrm{T}}=\omega\boldsymbol{I}$,其中 ω 为正整数,则称矩阵为 (n,ω) - Weighing 矩阵. 该矩阵即为广义的 Hadamard 矩阵.

定义 2[5] 设有向图 $D=(V,U), V=\{x_1,x_2,\cdots,x_n\}$,称矩阵 $\boldsymbol{A}(D)=(a_{ij})_{n\times n}$ 为 D 的邻接矩阵,其中

$$a_{ij}=\begin{cases}1, & x_ix_j\in U\\ -1, & x_jx_i\in U\\ 0, & x_ix_j\notin U, x_jx_i\notin U\end{cases}\qquad (i,j=1,2,\cdots,n)$$

显然,$\boldsymbol{A}(D)=-[\boldsymbol{A}(D)]^{\mathrm{T}}$, 且 $a_{ii}=0, i=1,2,\cdots,n$.

引理 1 设 $\boldsymbol{P}$ 为 n 阶置换阵,$\boldsymbol{A}=\boldsymbol{A}(D)$ 为 n 阶有向图 D 的邻接矩阵,则 $\boldsymbol{PAP}^{\mathrm{T}}$ 为图 D_1 的邻接矩阵,且 D_1 与 D 同构.

证明 由有向图的邻接矩阵的定义、置换阵的定义及同构的定义易证.

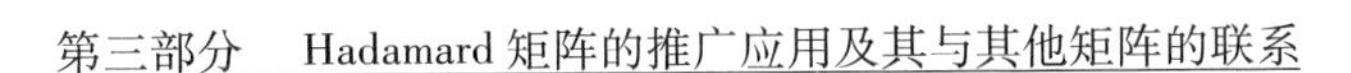

引理 2　设 $\boldsymbol{W}$ 为 (n,ω) – Weighing 矩阵，$\boldsymbol{P}$ 为 n 阶置换阵，则 $\boldsymbol{PWP}^{\mathrm{T}}$ 也是 (n,ω) – Weighing 矩阵.

证明　$$\boldsymbol{PWP}^{\mathrm{T}}(\boldsymbol{PWP}^{\mathrm{T}})^{\mathrm{T}}=\boldsymbol{PWP}^{\mathrm{T}}\boldsymbol{PW}^{\mathrm{T}}\boldsymbol{P}^{\mathrm{T}}=\boldsymbol{PWW}^{\mathrm{T}}\boldsymbol{P}^{\mathrm{T}}=\omega\boldsymbol{PP}^{\mathrm{T}}=\omega\boldsymbol{I}_n$$

二、主要结果

定理 1　设方阵 $\boldsymbol{W}=(w_{ij})_{n\times n}$ 为广义 Hadamard 矩阵，则 $\boldsymbol{W}$ 是有向图的邻接矩阵的充分必要条件是 $\boldsymbol{W}=-\boldsymbol{W}^{\mathrm{T}}$，且主对角元都为 0.

证明　由广义 Hadamard 矩阵及有向图的邻接矩阵的定义易证.

定理 2　n 阶有向图 D 的邻接矩阵 $\boldsymbol{A}$ 为 (n,ω) – Weighing 矩阵的充分必要条件是 D 的每一个顶点的度均为 ω，且 $\boldsymbol{A}^2=-\omega\boldsymbol{I}$.

证明　必要性：设 $\boldsymbol{A}=\begin{pmatrix}\boldsymbol{\partial}_1\\ \boldsymbol{\partial}_2\\ \vdots\\ \boldsymbol{\partial}_n\end{pmatrix}$，式中 $\boldsymbol{\partial}_i=(a_{i1},a_{i2},\cdots,a_{in})$，$i=1,2,\cdots,n$. 由有向图邻接矩阵的定义知，$\boldsymbol{\partial}_i$ 的分量均为 0，1 或 -1，并且其中非零元的个数就是顶点 x_i 的度. 又由于 $\boldsymbol{AA}^{\mathrm{T}}=\omega\boldsymbol{I}$ 可知 $\boldsymbol{\partial}_1,\boldsymbol{\partial}_2,\cdots,\boldsymbol{\partial}_n$ 相互正交，于是

$$(\boldsymbol{\partial}_i,\boldsymbol{\partial}_i)=\boldsymbol{\partial}_i\boldsymbol{\partial}_i^{\mathrm{T}}=\omega$$

所以 ω 即为 $\boldsymbol{\partial}_i$ 的非零元的个数，即为 $\boldsymbol{\partial}_i$ 的度. 由 x_i 的任意性知，有向图 D 的任一顶点的度均为 ω.

由有向图邻接矩阵的性质知

$$\boldsymbol{A}^{\mathrm{T}}=-\boldsymbol{A}$$

又 $\boldsymbol{A}\boldsymbol{A}^{\mathrm{T}}=\omega\boldsymbol{I}$ 得

$$\boldsymbol{A}^2=-\omega\boldsymbol{I}$$

充分性:由 $\boldsymbol{A}^2=-\omega\boldsymbol{I}$,且

$$\boldsymbol{A}^{\mathrm{T}}=-\boldsymbol{A},\boldsymbol{A}^2=\boldsymbol{A}(-\boldsymbol{A}^{\mathrm{T}})=-\boldsymbol{A}\boldsymbol{A}^{\mathrm{T}}=-\omega\boldsymbol{I}$$

即

$$\boldsymbol{A}\boldsymbol{A}^{\mathrm{T}}=\omega\boldsymbol{I}$$

推论1 设有向图 D 的邻接矩阵 $\boldsymbol{A}$ 为 (n,ω) - Weighing 矩阵,则 D 为完全有向图的充分必要条件是 $\omega=n-1$.

证明 由定理2及完全有向图的定义知其显然.

推论2 所有的有向树中,只有只含2个结点的有向树的邻接矩阵是广义 Hadamard 矩阵,且为(2,1)-Weighing 矩阵.

证明 由定义知显然.

定理3 如果有向图 D_1,D_2 的邻接矩阵分别为 (n_1,ω) - Weighing 矩阵、(n_2,ω) - Weighing 矩阵,那么 $D_1\cup D_2$ 为 (n_1+n_2,ω) - Weighing 矩阵.

证明 设 D_1 的邻接矩阵为 $\boldsymbol{A}_1$,则

$$\boldsymbol{A}_1\boldsymbol{A}_1^{\mathrm{T}}=\omega\boldsymbol{I}_{n_1}$$

设 D_2 的邻接矩阵为 $\boldsymbol{A}_2$,则

$$\boldsymbol{A}_2\boldsymbol{A}_2^{\mathrm{T}}=\omega\boldsymbol{I}_{n_2}$$

于是,除去同构,$D_1\cup D_2$ 的邻接矩阵可写为分块矩阵

$$\boldsymbol{A}=\begin{pmatrix}\boldsymbol{A}_1 & \boldsymbol{O}\\ \boldsymbol{O} & \boldsymbol{A}_2\end{pmatrix}$$

由于

$$\boldsymbol{A}\boldsymbol{A}^{\mathrm{T}}=\begin{pmatrix}\boldsymbol{A}_1 & \boldsymbol{O}\\ \boldsymbol{O} & \boldsymbol{A}_2\end{pmatrix}\begin{pmatrix}\boldsymbol{A}_1^{\mathrm{T}} & \boldsymbol{O}\\ \boldsymbol{O} & \boldsymbol{A}_2^{\mathrm{T}}\end{pmatrix}=\begin{pmatrix}\omega\boldsymbol{I}_{n_1} & \boldsymbol{O}\\ \boldsymbol{O} & \omega\boldsymbol{I}_{n_2}\end{pmatrix}=\omega\boldsymbol{I}_{n_1+n_2}$$

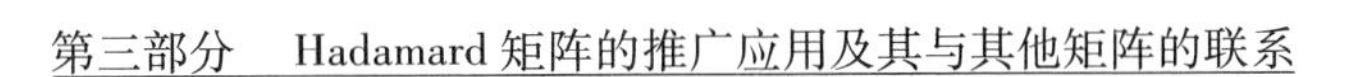

由定义知，$D_1 \cup D_2$ 为 (n_1+n_2,ω) - Weighing 矩阵.

推论 3　设有向图 D_i 的邻接矩阵为 (n_i,ω) - Weighing 矩阵，$i=1,2,\cdots,m$，则 $\bigcup_{i=1}^{m} D_i$ 的邻接矩阵为 $\left(\sum_{i=1}^{m} n_i,\omega\right)$ - Weighing 矩阵.

证明　反复应用定理 3 知其显然.

定理 4　任何有向圈的邻接矩阵都不是广义 Hadamard 矩阵.

证明　除去同构，有向圈的邻接矩阵可以写为

$$
\boldsymbol{A}=\begin{pmatrix}
0 & 1 & 0 & 0 & \cdots & 0 & 0 & -1\\
-1 & 0 & 1 & 0 & \cdots & 0 & 0 & 0\\
0 & -1 & 0 & 1 & \cdots & 0 & 0 & 0\\
\vdots & \vdots & \vdots & \vdots & & \vdots & \vdots & \vdots\\
0 & 0 & 0 & 0 & \cdots & -1 & 0 & 1\\
1 & 0 & 0 & 0 & \cdots & 0 & -1 & 0
\end{pmatrix}
$$

而

$$
\boldsymbol{A}\boldsymbol{A}^{\mathrm{T}}=\begin{pmatrix}
2 & 0 & -1 & 0 & 0 & 0 & \cdots & 0 & 0 & -1 & 0\\
0 & 2 & 0 & -1 & 0 & 0 & \cdots & 0 & 0 & 0 & -1\\
-1 & 0 & 2 & 0 & -1 & 0 & \cdots & 0 & 0 & 0 & 0\\
0 & -1 & 0 & 2 & 0 & -1 & \cdots & 0 & 0 & 0 & 0\\
\vdots & \vdots & \vdots & \vdots & \vdots & \vdots & & \vdots & \vdots & \vdots & \vdots\\
-1 & 0 & 0 & 0 & 0 & 0 & \cdots & -1 & 0 & 2 & 0\\
0 & -1 & 0 & 0 & 0 & 0 & \cdots & 0 & -1 & 0 & 2
\end{pmatrix}
$$

由定义知，$\boldsymbol{A}$ 不是广义 Hadamard 矩阵.

定理 5　如果有向图 D 的邻接矩阵 $\boldsymbol{A}$ 是 (N,ω) - Weighing 矩阵，那么 $\boldsymbol{A}$ 的特征值 $\lambda(\boldsymbol{A})$ 为 $\sqrt{\omega}\mathrm{j}$ 或 $-\sqrt{\omega}\mathrm{j}$，其中 j 为虚数单位.

证明 设 λ 为 $\boldsymbol{A}$ 的特征值, $\boldsymbol{x}$ 为 $\boldsymbol{A}$ 的属于 λ 的特征向量, $\boldsymbol{x} \neq \boldsymbol{0}$. 则

$$\boldsymbol{A}\boldsymbol{x} = \lambda\boldsymbol{x}, \overline{\boldsymbol{A}}\,\overline{\boldsymbol{x}} = \overline{\lambda}\,\overline{\boldsymbol{x}}$$

由于

$$\overline{\boldsymbol{A}} = \boldsymbol{A}$$

于是

$$\boldsymbol{A}\overline{\boldsymbol{x}} = \overline{\lambda}\,\overline{\boldsymbol{x}}, (\overline{\boldsymbol{x}})^{\mathrm{T}}\boldsymbol{A}^{\mathrm{T}} = \overline{\lambda}(\overline{\boldsymbol{x}})^{\mathrm{T}}$$

又 $\boldsymbol{A}^{\mathrm{T}} = -\boldsymbol{A}$, 于是

$$-(\overline{\boldsymbol{x}})^{\mathrm{T}}\boldsymbol{A} = \overline{\lambda}(\overline{\boldsymbol{x}})^{\mathrm{T}},\ -(\overline{\boldsymbol{x}})^{\mathrm{T}}\boldsymbol{A}\boldsymbol{x} = \overline{\lambda}(\overline{\boldsymbol{x}})^{\mathrm{T}}\boldsymbol{x}$$

于是

$$-\lambda(\overline{\boldsymbol{x}})^{\mathrm{T}}\boldsymbol{x} = \overline{\lambda}(\overline{\boldsymbol{x}})^{\mathrm{T}}\boldsymbol{x}$$

由于 $\boldsymbol{x} \neq \boldsymbol{0}$, 故

$$(\overline{\boldsymbol{x}})^{\mathrm{T}}\boldsymbol{x} \neq 0$$

于是 $-\lambda = \overline{\lambda}$, 即 λ 为零或纯虚数.

由 $\boldsymbol{A}\boldsymbol{A}^{\mathrm{T}} = \omega\boldsymbol{I}$ 两边取行列式知

$$|\boldsymbol{A}||\boldsymbol{A}^{\mathrm{T}}| = |\omega\boldsymbol{I}|, |\boldsymbol{A}|^2 = \omega^n, |\boldsymbol{A}| \neq 0$$

而 $|\boldsymbol{A}| = \lambda_1\lambda_2\cdots\lambda_n \neq 0$, 式中: λ_i 为 $\boldsymbol{A}$ 的特征值, $i = 1,2,\cdots,n$. 于是 $\lambda_i \neq 0$, 即 $\boldsymbol{A}$ 的特征值不为 0, 为纯虚数. 由于

$$\boldsymbol{A}\boldsymbol{x} = \lambda\boldsymbol{x}, \boldsymbol{x}^{\mathrm{T}}\boldsymbol{A}^2\boldsymbol{x} = \lambda^2\boldsymbol{x}^{\mathrm{T}}\boldsymbol{x}$$

$$-\omega\boldsymbol{x}^{\mathrm{T}}\boldsymbol{x} = \lambda^2\boldsymbol{x}^{\mathrm{T}}\boldsymbol{x}, \lambda^2 = -\omega$$

所以

$$\lambda = \sqrt{\omega}\mathrm{j} \text{ 或 } -\sqrt{\omega}\mathrm{j}$$

推论 4 如果有向图 D 的邻接矩阵 $\boldsymbol{A}$ 是 (n,ω) -

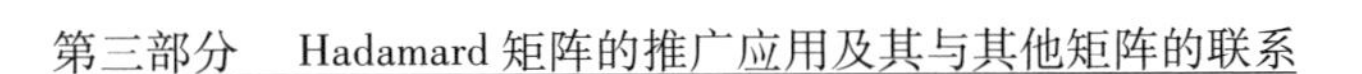

Weighing 矩阵，那么 $\boldsymbol{A}$ 的正惯性指数和负惯性指数均为$\frac{n}{2}$.

证明　设 $\boldsymbol{A}$ 的正惯性指数为 p，负惯性指数为 q，则

$$p\sqrt{\omega}+q(-\sqrt{\omega})=0, p=q$$

又 $p+q=n$，所以

$$p=q=\frac{n}{2}$$

推论 5　如果有向图 D 的邻接矩阵 $\boldsymbol{A}$ 是 (n,ω) - Weighing 矩阵，那么 $\boldsymbol{A}$ 正交相似于 $\mathrm{diag}(\sqrt{\omega}\boldsymbol{I}_p, -\sqrt{\omega}\boldsymbol{I}_q)$，其中 $p=q=\frac{n}{2}$.

证明　由 $\boldsymbol{A}$ 为反对称阵及推论 4 易得证.

推论 6　如果有向图 D 的邻接矩阵 $\boldsymbol{A}$ 为广义 Hadamard 矩阵，那么 D 含偶数个顶点.

证明　由推论 4 显然.

定理 6　2 个广义 Hadamard 矩阵的 Kronecker 积[6] 也是广义 Hadamard 矩阵.

证明　设

$$\boldsymbol{A}=\begin{pmatrix} a_{11} & a_{12} & \cdots & a_{1n_1} \\ a_{21} & a_{22} & \cdots & a_{2n_1} \\ \vdots & \vdots & & \vdots \\ a_{n_11} & a_{n_12} & \cdots & a_{n_1n_1} \end{pmatrix}$$

是 (n_1,ω_1) - Weighing 矩阵，$\boldsymbol{B}$ 是 (n_2,ω_2) - Weighing 矩阵，则

$$A \leftarrow B = \begin{pmatrix} a_{11}B & a_{12}B & \cdots & a_{1n_1}B \\ a_{21}B & a_{22}B & \cdots & a_{2n_1}B \\ \vdots & \vdots & & \vdots \\ a_{n_11}B & a_{n_12}B & \cdots & a_{n_1n_1}B \end{pmatrix}$$

由于A,B的元素都是0,1,-1,显然,$A \leftarrow B$的元素也是0,1,-1. 又

$$\begin{aligned} &(A \leftarrow B)(A \leftarrow B)^{\mathrm{T}} \\ &= \begin{pmatrix} a_{11}B & a_{12}B & \cdots & a_{1n_1}B \\ a_{21}B & a_{22}B & \cdots & a_{2n_1}B \\ \vdots & \vdots & & \vdots \\ a_{n_11}B & a_{n_12}B & \cdots & a_{n_1n_1}B \end{pmatrix} \cdot \\ &\quad \begin{pmatrix} a_{11}B^{\mathrm{T}} & a_{12}B^{\mathrm{T}} & \cdots & a_{1n_1}B^{\mathrm{T}} \\ a_{21}B^{\mathrm{T}} & a_{22}B^{\mathrm{T}} & \cdots & a_{2n_1}B^{\mathrm{T}} \\ \vdots & \vdots & & \vdots \\ a_{n_11}B^{\mathrm{T}} & a_{n_12}B^{\mathrm{T}} & \cdots & a_{n_1n_1}B^{\mathrm{T}} \end{pmatrix} \\ &= \begin{pmatrix} \omega_1\omega_2 I_{n_1n_2} & O & \cdots & O \\ O & \omega_1\omega_2 I_{n_1n_2} & \cdots & O \\ \vdots & \vdots & & \vdots \\ O & O & \cdots & \omega_1\omega_2 I_{n_1n_2} \end{pmatrix} \\ &= \omega_1\omega_2 I_{n_1n_2} \end{aligned}$$

由定义得,$A \leftarrow B$是$(n_1 \times n_2, \omega_1 \times \omega_2)$ - Weighing 矩阵. 证毕.

推论7 设A是广义 Hadamard 矩阵,则$A \leftarrow A$也

是广义 Hadamard 矩阵.

推论 8　设 $\boldsymbol{A}_1, \boldsymbol{A}_2, \cdots, \boldsymbol{A}_n$ 是广义 Hadamard 矩阵，则 $\boldsymbol{A}_1 \leftarrow \boldsymbol{A}_2 \leftarrow \cdots \leftarrow \boldsymbol{A}_n$ 也是广义 Hadamard 矩阵.

证明　反复应用定理 6 易证.

定理 7　设 $\boldsymbol{A}_1, \boldsymbol{A}_2, \cdots, \boldsymbol{A}_n$ 是有向图的邻接矩阵，且为广义 Hadamard 矩阵，当 n 是奇数时，$\boldsymbol{A}_1 \leftarrow \boldsymbol{A}_2 \leftarrow \cdots \leftarrow \boldsymbol{A}_n$ 是有向图的邻接矩阵，当 n 为偶数时则不是.

证明　由定理 6 的推论知，$\boldsymbol{A}_1 \leftarrow \boldsymbol{A}_2 \leftarrow \cdots \leftarrow \boldsymbol{A}_n$ 是广义 Hadamard 矩阵. 显然，$\boldsymbol{A}_1 \leftarrow \boldsymbol{A}_2 \leftarrow \cdots \leftarrow \boldsymbol{A}_n$ 的主对角元都是 0，而

$$
\begin{aligned}
& (\boldsymbol{A}_1 \leftarrow \boldsymbol{A}_2 \leftarrow \cdots \leftarrow \boldsymbol{A}_n)^{\mathrm{T}} \\
= & \boldsymbol{A}_1^{\mathrm{T}} \leftarrow \boldsymbol{A}_2^{\mathrm{T}} \leftarrow \cdots \leftarrow \boldsymbol{A}_n^{\mathrm{T}} \\
= & (-\boldsymbol{A}_1) \leftarrow (-\boldsymbol{A}_2) \leftarrow \cdots \leftarrow (-\boldsymbol{A}_n) \\
= & (-1)^n (\boldsymbol{A}_1 \leftarrow \boldsymbol{A}_2 \leftarrow \cdots \leftarrow \boldsymbol{A}_n) \\
= & \begin{cases} \boldsymbol{A}_1 \leftarrow \boldsymbol{A}_2 \leftarrow \cdots \leftarrow \boldsymbol{A}_n, & n \text{ 为偶数} \\ -(\boldsymbol{A}_1 \leftarrow \boldsymbol{A}_2 \leftarrow \cdots \leftarrow \boldsymbol{A}_n), & n \text{ 为奇数} \end{cases}
\end{aligned}
$$

考虑定理 1，得证.

推论 9　若 $\boldsymbol{A}$ 是有向图的邻接矩阵，且为广义 Hadamard 矩阵，则奇数个 $\boldsymbol{A}$ 作 Kronecker 积后仍是有向图的邻接矩阵，偶数个时则不是.

推论 10　存在 2^i（i 为奇数）阶广义 Hadamard 矩阵是有向图的邻接矩阵.

三、结束语

本章研究了广义 Hadamard 矩阵的概念和性质，发展了 Hadamard 矩阵的理论. 由于 Hadamard 矩阵在区组设计和编码理论中有重要应用，本章也为区组设

计和编码理论提供了新的方向,从而也丰富了信源编码理论.

参考文献

[1] 卢开澄,卢华明. 组合数学[M]. 北京:清华大学出版社,2002.

[2] CHRISTIAN D , SHADER B L. Nonexistence results for Hadamard-like matrices [J]. The Electronic Journal of Combinatorics, 2004, 11(1):15-18.

[3] 卜长江,樊赵兵. Hadamard 矩阵对应图类的特征[J]. 哈尔滨工程大学学报,2002,23(4):128-130.

[4] 卜长江,樊赵兵. 强对称 Hadamard 矩阵的存在性[J]. 哈尔滨工程大学学报,2004,25(3):397-398.

[5] 哈拉里 F. 图论[M]. 李慰萱,译. 上海:上海科学技术出版社,1980.

[6] 卜长江, 罗跃生. 矩阵论[M]. 哈尔滨:哈尔滨工程大学出版社,2003.

Hadamard 矩阵对应图类的特征[①]

第 24 章

哈尔滨工程大学的卜长江、樊赵兵两位教授 2002 年讨论了 Hadamard 矩阵对应的简单图类的邻接矩阵的特征及其相互关系,证明了 1 ~ 4 阶 Hadamard 矩阵对应的图只有 K_1,$K_2 \cup K_2$,$K_3 \cup K_1$ 和 K_4;偶图 G 的邻接矩阵是 Hadamard 矩阵的充分必要条件是 $G = K_2 \cup K_2$.

Hadamard 矩阵在组合设计中有重要的应用,Hadamard 矩阵存在性猜想是一个仍然未解决的问题[1]. Hadamard 矩阵本身就是图(不一定是简单图)的邻接矩阵,所以研究 Hadamard 矩阵对应的图类及其相互关系有重要的意义. 文献[2]研究了 Paley 图的邻接矩阵属性,文献[3]利用 Hadamard 矩阵研究了特殊图类3 - e. c. 图邻接矩阵属性,推广了文献[2]的结论. 本章从一般意义上讨论

① 本章摘编自《哈尔滨工程大学学报》,2002,23(4):128-130.

Hadamard 矩阵对应的简单图类的邻接矩阵的属性及其相互关系,记矩阵 $\boldsymbol{J}_m=(1)_{m\times m}$,$\boldsymbol{I}_n$ 为 n 阶单位矩阵. 在本章中假定所讨论的图均为无环、无重边的简单图,与图有关的定义和记号除单独定义的外都和文献[4]相同.

一、定义与引理

定义1 设图 $G=(V,E)$,$V=\{x_1,x_2,\cdots,x_n\}$,称矩阵 $\boldsymbol{A}(G)=(a_{ij})_{n\times n}$ 为图 G 的邻接矩阵,其中

$$a_{ij}=\begin{cases}-1, & x_ix_j\in E\\ 1, & x_ix_j\notin E\end{cases}\quad (i=1,2,\cdots,n)$$

显然

$$\boldsymbol{A}(G)=[\boldsymbol{A}(G)]^{\mathrm{T}}\text{ 且 }a_{ii}=1\quad (i=1,2,\cdots,n)$$

引理1 设 $\boldsymbol{P}$ 为 n 阶置换阵,$\boldsymbol{A}=\boldsymbol{A}(G)$ 为 n 阶图 G 的邻接矩阵,则 $\boldsymbol{PAP}^{\mathrm{T}}$ 为图 G_1 的邻接矩阵,且 G_1 与 G 同构.

证明 显然.

定义2 设 n 阶方阵 $\boldsymbol{H}=(h_{ij})_{n\times n}$,$h_{ij}\in\{-1,1\}$,$i,j=1,2,\cdots,n$. 若 $\boldsymbol{HH}^{\mathrm{T}}=n\boldsymbol{I}_n$,则称 $\boldsymbol{H}$ 为 Hadamard 矩阵.

引理2 设 $n>2$,且 n 阶方阵 $\boldsymbol{H}$ 为 Hadamard 矩阵,则 $n\equiv 0(\bmod 4)$.

引理3 $\boldsymbol{H}$ 为 n 阶 Hadamard 矩阵,$\boldsymbol{P}$ 为 n 阶置换阵,则 $\boldsymbol{PHP}^{\mathrm{T}}$ 也是 Hadamard 矩阵.

证明
$$\begin{aligned}\boldsymbol{PHP}^{\mathrm{T}}(\boldsymbol{PHP}^{\mathrm{T}})^{\mathrm{T}}&=\boldsymbol{PHP}^{\mathrm{T}}\boldsymbol{PH}^{\mathrm{T}}\boldsymbol{P}^{\mathrm{T}}\\&=\boldsymbol{PHH}^{\mathrm{T}}\boldsymbol{P}^{\mathrm{T}}\\&=n\boldsymbol{PP}^{\mathrm{T}}\\&=n\boldsymbol{I}_n\end{aligned}$$

二、主要结论

定理 1　设 $\boldsymbol{H}=(h_{ij})$ 为 n 阶 Hadamard 矩阵，则 $\boldsymbol{H}$ 是图的邻接矩阵的充分必要条件是 $h_{ii}=1, i=1, 2, \cdots, n, \boldsymbol{H}=\boldsymbol{H}^{\mathrm{T}}$.

证明　由定义 1、定义 2 知其显然.

定理 2　设 $\boldsymbol{A}$ 为 n 阶图 G 的邻接矩阵，则 $\boldsymbol{A}$ 为 Hadamard 矩阵的充分必要条件是

$$\boldsymbol{A}^2=n\boldsymbol{I}_n$$

证明　因为 $\boldsymbol{A}$ 为对称阵，所以由定义 1、定义 2 即得证.

定理 3　设 $\boldsymbol{A}$ 为 n 阶图 G 的邻接矩阵，则 $\boldsymbol{A}$ 为 Hadamard 矩阵的必要条件是 $n\equiv 1$ 或 $n\equiv 0 \pmod 4$.

证明　由引理 2 即得当 $n>2$ 时，$\boldsymbol{A}$ 为 Hadamard 矩阵的必要条件是

$$n\equiv 0 \pmod 4$$

显然当 $n=2$ 时，$\boldsymbol{A}$ 不是 Hadamard 矩阵；当 $n=1$ 时，$\boldsymbol{A}$ 是 Hadamard 矩阵，故定理得证.

定理 4　当 $n\leqslant 4$ 时，n 阶 Hadamard 矩阵对应的图只有 $K_1, K_2\cup K_2, K_3\cup K_1, K_4$.

证明　显然 1 阶 Hadamard 矩阵只有(1)，它是图的邻接矩阵，对应图为 K_1. 当 $n=2,3$ 时，由定理 3 知图的邻接矩阵不是 Hadamard 矩阵.

设 $\boldsymbol{A}=(a_{ij})_{4\times 4}$ 为 4 阶图的邻接矩阵，由定理 2 知 $\boldsymbol{A}$ 为 Hadamard 矩阵的充分必要条件是

$$\boldsymbol{A}^2=4\boldsymbol{I}_4$$

即

$$\begin{cases} 2a_{12} + a_{13}a_{23} + a_{14}a_{24} = 0 \\ 2a_{13} + a_{12}a_{23} + a_{14}a_{34} = 0 \\ 2a_{14} + a_{12}a_{24} + a_{13}a_{34} = 0 \\ 2a_{23} + a_{12}a_{13} + a_{24}a_{34} = 0 \\ 2a_{24} + a_{12}a_{14} + a_{23}a_{34} = 0 \\ 2a_{33} + a_{13}a_{14} + a_{23}a_{24} = 0 \end{cases}$$

解之得到下列 8 个 Hadamard 矩阵

$$\boldsymbol{H}_1 = \begin{pmatrix} 1 & 1 & -1 & 1 \\ 1 & 1 & 1 & -1 \\ -1 & 1 & 1 & 1 \\ 1 & -1 & 1 & 1 \end{pmatrix}$$

$$\boldsymbol{H}_2 = \begin{pmatrix} 1 & 1 & 1 & -1 \\ 1 & 1 & -1 & 1 \\ 1 & -1 & 1 & 1 \\ -1 & 1 & 1 & 1 \end{pmatrix}$$

$$\boldsymbol{H}_3 = \begin{pmatrix} 1 & 1 & 1 & 1 \\ 1 & 1 & -1 & -1 \\ 1 & -1 & 1 & -1 \\ 1 & -1 & -1 & 1 \end{pmatrix}$$

$$\boldsymbol{H}_4 = \begin{pmatrix} 1 & 1 & -1 & -1 \\ 1 & 1 & 1 & 1 \\ -1 & 1 & 1 & -1 \\ -1 & 1 & -1 & 1 \end{pmatrix}$$

$$\boldsymbol{H}_5 = \begin{pmatrix} 1 & -1 & 1 & -1 \\ -1 & 1 & 1 & -1 \\ 1 & 1 & 1 & 1 \\ -1 & -1 & 1 & 1 \end{pmatrix}$$

$$\boldsymbol{H}_6 = \begin{pmatrix} 1 & -1 & -1 & 1 \\ -1 & 1 & -1 & 1 \\ -1 & -1 & 1 & 1 \\ 1 & 1 & 1 & 1 \end{pmatrix}$$

$$\boldsymbol{H}_7 = \begin{pmatrix} 1 & -1 & 1 & 1 \\ -1 & 1 & 1 & 1 \\ 1 & 1 & 1 & -1 \\ 1 & 1 & -1 & 1 \end{pmatrix}$$

$$\boldsymbol{H}_8 = \begin{pmatrix} 1 & -1 & -1 & -1 \\ -1 & 1 & -1 & -1 \\ -1 & -1 & 1 & -1 \\ -1 & -1 & -1 & 1 \end{pmatrix}$$

$\boldsymbol{H}_1, \boldsymbol{H}_2, \cdots, \boldsymbol{H}_8$ 对应的图去掉同构的，即为 $K_2 \cup K_2$，$K_3 \cup K_1$，K_4.

换句话说，定理 4 即为：1 阶图中只有 K_1 的邻接矩阵是 Hadamard 矩阵，2，3 阶图的邻接矩阵不是 Hadamard 矩阵，4 阶图中只有 $K_2 \cup K_2$，$K_3 \cup K_1$，K_4 的邻接矩阵是 Hadamard 矩阵.

定理 5　偶图 G 的邻接矩阵是 Hadamard 矩阵的充分必要条件是 $G = K_2 \cup K_2$.

证明　充分性：由定理 4 证明得 $G = K_2 \cup K_2$ 的邻接矩阵是 Hadamard 矩阵.

必要性：设 $G=(V_1\cup V_2,E)$ 是偶图，V_1,V_2 是图 G 的两分集，$V_1=\{x_1,x_2,\cdots,x_m\}$，$V_2=\{y_1,y_2,\cdots,y_n\}$，由引理 1、引理 3，不妨设

$$\boldsymbol{A}=\boldsymbol{A}(G)=\begin{pmatrix}\boldsymbol{J}_m & \boldsymbol{B}\\ \boldsymbol{B}^{\mathrm{T}} & \boldsymbol{J}_n\end{pmatrix}$$

其中 $\boldsymbol{B}=(b_{ij})_{m\times n}$.

（1）当 $m+n\leqslant 4$ 时，由定理 3、定理 4 及 G 为偶图得 $G=K_2\cup K_2$.

（2）当 $m+n>4$ 时，用反证法，假设 $\boldsymbol{A}$ 为 Hadamard 矩阵，由定理 2 得

$$\boldsymbol{A}^2=(m+n)\boldsymbol{I}_{m+n}$$

而

$$\begin{aligned}\boldsymbol{A}^2&=\begin{pmatrix}\boldsymbol{J}_m & \boldsymbol{B}\\ \boldsymbol{B}^{\mathrm{T}} & \boldsymbol{J}_n\end{pmatrix}\begin{pmatrix}\boldsymbol{J}_m & \boldsymbol{B}\\ \boldsymbol{B}^{\mathrm{T}} & \boldsymbol{J}_n\end{pmatrix}\\&=\begin{pmatrix}\boldsymbol{J}_m^2+\boldsymbol{B}\boldsymbol{B}^{\mathrm{T}} & \boldsymbol{J}_m\boldsymbol{B}+\boldsymbol{B}\boldsymbol{J}_n\\ \boldsymbol{B}^{\mathrm{T}}\boldsymbol{J}_m+\boldsymbol{J}_n\boldsymbol{B}^{\mathrm{T}} & \boldsymbol{B}^{\mathrm{T}}\boldsymbol{B}+\boldsymbol{J}_n^2\end{pmatrix}\\&=\begin{pmatrix}m\boldsymbol{J}_m+\boldsymbol{B}\boldsymbol{B}^{\mathrm{T}} & \boldsymbol{J}_m\boldsymbol{B}+\boldsymbol{B}\boldsymbol{J}_n\\ \boldsymbol{B}^{\mathrm{T}}\boldsymbol{J}_m+\boldsymbol{J}_n\boldsymbol{B}^{\mathrm{T}} & \boldsymbol{B}^{\mathrm{T}}\boldsymbol{B}+n\boldsymbol{J}_n\end{pmatrix}\end{aligned}$$

$$(m+n)\boldsymbol{I}_{m+n}=\begin{pmatrix}(m+n)\boldsymbol{I}_m & \boldsymbol{O}\\ \boldsymbol{O} & (m+n)\boldsymbol{I}_n\end{pmatrix}$$

所以

$$\begin{cases}m\boldsymbol{J}_m+\boldsymbol{B}\boldsymbol{B}^{\mathrm{T}}=(m+n)\boldsymbol{I}_m & (1)\\ \boldsymbol{B}^{\mathrm{T}}\boldsymbol{B}+n\boldsymbol{J}_n=(m+n)\boldsymbol{I}_n & (2)\\ \boldsymbol{J}_m\boldsymbol{B}+\boldsymbol{B}\boldsymbol{J}_n=\boldsymbol{O} & (3)\end{cases}$$

由式(1) 得

$$\begin{aligned} m &= \operatorname{rank}[(m+n)\boldsymbol{I}_m] \\ &= \operatorname{rank}[m\boldsymbol{J}_m + \boldsymbol{B}\boldsymbol{B}^{\mathrm{T}}] \\ &\leqslant \operatorname{rank}(m\boldsymbol{J}_m) + \operatorname{rank}(\boldsymbol{B}\boldsymbol{B}^{\mathrm{T}}) \\ &= 1 + \operatorname{rank} \boldsymbol{B} \\ &\leqslant 1 + n \end{aligned}$$

即 $m - n \leqslant 1$.

同理由式(2) 得 $n - m \leqslant 1$,所以

$$-1 \leqslant n - m \leqslant 1 \tag{4}$$

因为 $\boldsymbol{A}$ 为 $m+n$ 阶 Hadamard 矩阵,由定理 3 得 $m+n \equiv 0(\bmod 4)$,故由式(4) 得 $m = n$,且 $n \geqslant 4$. 所以式(1) 为

$$n\boldsymbol{J}_n + \boldsymbol{B}\boldsymbol{B}^{\mathrm{T}} = 2n\boldsymbol{I}_n \Rightarrow \boldsymbol{B}\boldsymbol{B}^{\mathrm{T}} = \begin{pmatrix} n & -n & \cdots & -n \\ -n & n & \cdots & -n \\ \vdots & \vdots & & \vdots \\ -n & -n & \cdots & n \end{pmatrix}$$

设

$$\boldsymbol{B} = (b_{ij})_{n\times n} = \begin{pmatrix} \boldsymbol{b}_1 \\ \boldsymbol{b}_2 \\ \vdots \\ \boldsymbol{b}_n \end{pmatrix}$$

则

$$\boldsymbol{B}\boldsymbol{B}^{\mathrm{T}} = \begin{pmatrix} \boldsymbol{b}_1 \\ \boldsymbol{b}_2 \\ \vdots \\ \boldsymbol{b}_n \end{pmatrix} (\boldsymbol{b}_1^{\mathrm{T}} \quad \boldsymbol{b}_2^{\mathrm{T}} \quad \cdots \quad \boldsymbol{b}_n^{\mathrm{T}})$$

$$=\begin{pmatrix} \boldsymbol{b}_1\boldsymbol{b}_1^{\mathrm{T}} & \boldsymbol{b}_1\boldsymbol{b}_2^{\mathrm{T}} & \cdots & \boldsymbol{b}_1\boldsymbol{b}_n^{\mathrm{T}} \\ \boldsymbol{b}_2\boldsymbol{b}_1^{\mathrm{T}} & \boldsymbol{b}_2\boldsymbol{b}_2^{\mathrm{T}} & \cdots & \boldsymbol{b}_2\boldsymbol{b}_n^{\mathrm{T}} \\ \vdots & \vdots & & \vdots \\ \boldsymbol{b}_n\boldsymbol{b}_1^{\mathrm{T}} & \boldsymbol{b}_n\boldsymbol{b}_2^{\mathrm{T}} & \cdots & \boldsymbol{b}_n\boldsymbol{b}_n^{\mathrm{T}} \end{pmatrix}$$

所以

$$\boldsymbol{b}_1\boldsymbol{b}_2^{\mathrm{T}} = -n \Rightarrow \boldsymbol{b}_1 = -\boldsymbol{b}_2, \boldsymbol{b}_1\boldsymbol{b}_3^{\mathrm{T}} = -n \Rightarrow \boldsymbol{b}_1 = -\boldsymbol{b}_3$$

即 $\boldsymbol{b}_2 = \boldsymbol{b}_3$，这与 $\boldsymbol{b}_2\boldsymbol{b}_3^{\mathrm{T}} = -n$ 矛盾，故假设不成立，$\boldsymbol{A}$ 不是 Hadamard 矩阵.

由定理4、定理5 易得以下推论：

推论 1　偶图中只有 $K_2 \cup K_2$ 的邻接矩阵是 Hadamard 矩阵.

推论 2　任何完全偶图 $K_{m,n}$ 的邻接矩阵都不是 Hadamard 矩阵.

推论 3　任何连通偶图的邻接矩阵都不是 Hadamard 矩阵.

推论4　完全图 K_n 的邻接矩阵是 Hadamard 矩阵的充分必要条件是 $n = 1$ 或 $n = 4$.

证明　充分性显然.

必要性：完全图 K_n 的邻接矩阵

$$\boldsymbol{A} = \begin{pmatrix} 1 & -1 & \cdots & -1 \\ -1 & 1 & \cdots & -1 \\ \vdots & \vdots & & \vdots \\ -1 & -1 & \cdots & 1 \end{pmatrix}$$

显然，若 $\boldsymbol{A}$ 是 Hadamard 矩阵，则必有 $n \leqslant 4$，而当 $n \leqslant 4$ 时，由定理4 得 K_1, K_4 的邻接矩阵是 Hadamard 矩阵.

推论5　任何圈的邻接矩阵不是 Hadamard 矩阵.

证明　设 C_n 是阶为 n 的圈，用反证法；假设 C_n 的

邻接矩阵是Hadamard矩阵,则由定理3得$n \equiv 0 \pmod 4$,所以 C_n 为偶图,这与定理 5 矛盾,即得证.

参考文献

[1] 卢开澄. 组合数学[M]. 北京:清华大学出版社,1991.

[2] ANANCHUEN W, CACCETTA L. On the adjacency properties of Paley graphs [J]. Networks, 1993,23(4):227-236.

[3] BONATO A, HOLZMANN W H. Hadamard matrices and strongly regular graphs with the 3-e. c. adjacency property[J]. The Electronic Journal of Combinatorics, 2001,8:35-38.

[4] 哈拉里 F. 图论[M]. 李慰萱,译. 上海:上海科学技术出版社,1980.

强对称 Hadamard 矩阵的存在性①

第 25 章

本章假定所讨论的图均为无环、无重边的简单图，与图有关的定义和记号除单独定义外都和文献[1]相同. Hadamard 矩阵在组合设计中有重要的应用，Hadamard 矩阵存在性的猜想仍然是一个未解决的问题. 文献[2]研究了 Paley 图的邻接矩阵属性，文献[3]利用 Hadamard 矩阵研究了特殊图类 3 - e. c. 图邻接矩阵属性，推广了文献[2]的结论，文献[4]从一般意义上讨论了 Hadamard 矩阵对应的简单图类的邻接矩阵的属性及其相互关系.

哈尔滨工程大学理学院的卜长江、樊赵兵两位教授 2004 年讨论了 Hadamard 矩阵对应的简单图类的邻接矩阵的存在性及其在 Kronecker 积下的

① 本章摘编自《哈尔滨工程大学学报》，2004，25(3)：397-398.

性质,推广了文献[3,4]的结论.

一、定义与引理

定义 1[3]　设图 $G=(V,E)$,$V=\{x_1,x_2,\cdots,x_n\}$,称矩阵 $\boldsymbol{A}(G)=(a_{ij})_{n\times n}$ 为图 G 的邻接矩阵,式中

$$a_{ij}=\begin{cases}-1, & x_ix_j\in E\\ 1, & x_ix_j\notin E\end{cases}\quad (i=1,2,\cdots,n)$$

显然 $\boldsymbol{A}(G)=[\boldsymbol{A}(G)]^{\mathrm{T}}$ 且 $a_{ii}=1,i=1,2,\cdots,n.$

定义 2　设 n 阶方阵 $\boldsymbol{H}=(h_{ij})_{n\times n}$,$h_{ij}\in\{-1,1\}$,$i$,$j=1,2,\cdots,n$,若 $\boldsymbol{HH}^{\mathrm{T}}=n\boldsymbol{I}_n$,则称 $\boldsymbol{H}$ 为 Hadamard 矩阵.

定义 3　若矩阵 $\boldsymbol{A}$ 为图 G 的邻接矩阵,且为 Hadamard 矩阵,则称 $\boldsymbol{A}$ 为强对称 Hadamard 矩阵.

引理 1[5]　设 $n>2$,且 n 阶方阵 $\boldsymbol{H}$ 为 Hadamard 矩阵,则 $n\equiv 0(\mathrm{mod}\ 4)$.

引理 2　$\boldsymbol{A}$ 为强对称 Hadamard 矩阵,当且仅当 $\boldsymbol{A}$ 为对称的 Hadamard 矩阵,且 $\boldsymbol{A}$ 的主对角线的元素都是 1.

证明　由定义 1 ~ 3 及引理 1 即知引理 2 成立.

引理 3　设 $\boldsymbol{A}$ 为 n 阶 Hadamard 矩阵,则 $\boldsymbol{A}$ 为强对称 Hadamard 矩阵的充分必要条件是 $\boldsymbol{A}^2=n\boldsymbol{I}_n$,且 $\boldsymbol{A}$ 的主对角线的元素都是 1.

证明　必要性显然成立.

充分性:因为

$$\boldsymbol{AA}^{\mathrm{T}}=n\boldsymbol{I}_n,\boldsymbol{A}^2=n\boldsymbol{I}_n$$

所以

$$\boldsymbol{AA}^{\mathrm{T}}=\boldsymbol{A}^2$$

又由 $\boldsymbol{A}$ 可逆,故

$$\boldsymbol{A}=\boldsymbol{A}^{\mathrm{T}}$$

所以$\boldsymbol{A}$为对称的Hadamard矩阵,且$\boldsymbol{A}$的主对角线的元素都是1,由引理1得证.

引理4　设矩阵$\boldsymbol{A}=(a_{ij})_{n\times n},a_{ij}\in\{1,-1\}$,则$\boldsymbol{A}$为强对称Hadamard矩阵的充分必要条件是$\boldsymbol{A}^2=n\boldsymbol{I}_n$,$\boldsymbol{A}=\boldsymbol{A}^{\mathrm{T}}$且$\boldsymbol{A}$的主对角线的元素都是1.

证明　由定义1 ~ 3及引理3即得证.

引理5　Hadamard矩阵$\boldsymbol{H}$为图的邻接矩阵的充分必要条件是$\boldsymbol{H}$为强对称Hadamard矩阵.

证明　由定义3即得证.

二、主要结论

定理1　设$\boldsymbol{A},\boldsymbol{B}$分别为$m$阶、$n$阶强对称Hadamard矩阵,则$\boldsymbol{A}$与$\boldsymbol{B}$的Kronecker积$\boldsymbol{A}\otimes\boldsymbol{B}$为$mn$阶Hadamard矩阵.

证明　设$\boldsymbol{A}=(a_{ij})_{m\times m},\boldsymbol{B}=(b_{ij})_{n\times n}$,则

$$\boldsymbol{A}^2=m\boldsymbol{I}_m,\boldsymbol{B}^2=n\boldsymbol{I}_n$$

$$\boldsymbol{A}\otimes\boldsymbol{B}=(c_{ij})_{mn\times mn},c_{ij}\in\{1,-1\}$$

$$c_{ii}=1\quad(i,j=1,2,\cdots,mn)$$

$$[\boldsymbol{A}\otimes\boldsymbol{B}][\boldsymbol{A}\otimes\boldsymbol{B}]^{\mathrm{T}}=[\boldsymbol{A}\otimes\boldsymbol{B}]^2$$

$$=\begin{pmatrix}a_{11}\boldsymbol{B} & a_{12}\boldsymbol{B} & \cdots & a_{1n}\boldsymbol{B}\\ a_{21}\boldsymbol{B} & a_{22}\boldsymbol{B} & \cdots & a_{2n}\boldsymbol{B}\\ \vdots & \vdots & & \vdots\\ a_{n1}\boldsymbol{B} & a_{n2}\boldsymbol{B} & \cdots & a_{nn}\boldsymbol{B}\end{pmatrix}\begin{pmatrix}a_{11}\boldsymbol{B} & a_{12}\boldsymbol{B} & \cdots & a_{1n}\boldsymbol{B}\\ a_{21}\boldsymbol{B} & a_{22}\boldsymbol{B} & \cdots & a_{2n}\boldsymbol{B}\\ \vdots & \vdots & & \vdots\\ a_{n1}\boldsymbol{B} & a_{n2}\boldsymbol{B} & \cdots & a_{nn}\boldsymbol{B}\end{pmatrix}$$

$$=mn\boldsymbol{I}_{mn}$$

即$\boldsymbol{A}\otimes\boldsymbol{B}$为$mn$阶强对称Hadamard矩阵.

定理2　如果$\boldsymbol{A}$为n阶强对称Hadamard矩阵,那么$\lambda^2(\boldsymbol{A})=n$.

证明　因为 $\boldsymbol{A}=(a_{ij})_{n\times n}$ 为对称阵，所以 $\boldsymbol{A}$ 的特征值 λ 为实数. 设 $\boldsymbol{Ax}=\lambda\boldsymbol{x},\boldsymbol{x}\neq\boldsymbol{0},\boldsymbol{x}\in\mathbf{R}^n$，则

$$\boldsymbol{x}^{\mathrm{T}}\boldsymbol{A}=\lambda\boldsymbol{x}^{\mathrm{T}},\boldsymbol{x}^{\mathrm{T}}\boldsymbol{A}^2\boldsymbol{x}=\lambda^2\boldsymbol{x}^{\mathrm{T}}\boldsymbol{x}$$

因为 $\boldsymbol{A}^2=n\boldsymbol{I}_n$，所以 $\lambda^2=n$.

定理 3　若 $\boldsymbol{A}$ 为 n 阶强对称 Hadamard 矩阵，则 $n=4k^2$，k 为正整数.

证明　因为 $\boldsymbol{A}=(a_{ij})_{n\times n}$ 为强对称 Hadamard 矩阵，所以

$$\operatorname{tr}\boldsymbol{A}=\lambda_1+\lambda_2+\cdots+\lambda_n=a_{11}+a_{22}+\cdots+a_{nn}=n \tag{1}$$

由定理 2 知

$$|\lambda_1|=|\lambda_2|=\cdots=|\lambda_n|=\sqrt{n}$$

得 $\lambda_1+\lambda_2+\cdots+\lambda_n$ 为 $\sqrt{n}$ 的整数倍，又由引理 1，$n\equiv 0(\bmod 4)$ 及式(1) 得 $n=4k^2$.

推论 1　若 n 阶图 G 的邻接矩阵 $\boldsymbol{A}(G)$ 是 Hadamard 矩阵，则 $n=4k^2$，k 为正整数.

证明　由定义 3 及定理 3 即得证.

推论 2　$2,3,4k^2+1,4k^2+2,\cdots,4(k+1)^2-1$ 阶图的邻接矩阵不是 Hadamard 矩阵，k 为正整数.

证明　由文献[4] 知 2，3 阶图的邻接矩阵不是 Hadamard 矩阵. 由推论 1 知 $4k^2+1,4k^2+2,\cdots,4(k+1)^2-1$ 阶图的邻接矩阵不是 Hadamard 矩阵，k 为正整数.

推论 3　4^k 阶强对称 Hadamard 矩阵存在，k 为正整数.

证明　由文献[4] 知 4 阶强对称 Hadamard 矩阵存在，又由定理 1 得 4^k 阶强对称 Hadamard 矩阵存在.

定理 4　若 $\boldsymbol{A}$ 为 $4k^2$ 阶强对称 Hadamard 矩阵，则

$\boldsymbol{A}$ 的正惯性指数为 $2k^2+k$,负惯性指数为 $2k^2-k$.

证明 设 $\boldsymbol{A}$ 的正惯性指数为 p,负惯性指数为 q.

由定理 2 得

$$|\lambda_i(\boldsymbol{A})| = 2k \quad (i = 1,2,\cdots,4k^2)$$

由定理 3 的式(1) 得

$$\lambda_1 + \lambda_2 + \cdots + \lambda_{4k^2} = 4k^2$$

所以

$$2kp - 2kq = 4k^2$$

即 $p - q = 2k$,又因为 $p + q = 4k^2$,所以

$$p = 2k^2 + k, q = 2k^2 - k$$

推论 4 若 $\boldsymbol{A}$ 为 $4k^2$ 阶强对称 Hadamard 矩阵,则 $\boldsymbol{A}$ 正交相似于 $\mathrm{diag}(2k\boldsymbol{I}_p, -2k\boldsymbol{I}_q)$,其中 $p = 2k^2+k$, $q = 2k^2-k$.

证明 由 $\boldsymbol{A}$ 为对称阵及定理 4 易得证.

参考文献

[1] 哈拉里 F. 图论[M]. 李慰萱,译. 上海:上海科学技术出版社,1980.

[2] ANANCHUEN W, CACCETTA L. On the adjacency properties of Paley graphs [J]. Networks, 1993,23(4):227-236.

[3] BONATO A, HOLZMANN W H. Hadamard matrices and strongly regular graphs with the 3-e. c. adjacency property [J]. The Electronic Journal of Combinatorics, 2001,8:35-38.

[4] 卜长江,樊赵兵. Hadamard 矩阵对应图类的特征[J]. 哈尔滨工程大学学报,2002,23(4):128-130.

[5] 卢开澄. 组合数学[M]. 北京:清华大学出版社,1991.

第九编

Hadamard 矩阵与编码

完全循环 Hadamard 矩阵存在的几个必要条件①

第26章

一、引言

循环 Hadamard 猜想：当 $k \geqslant 1$ 时，不存在 $4k$ 阶的完全循环 Hadamard 矩阵，是至今尚未解决的问题. 完全循环 Hadamard 矩阵与一维最佳二进阵列等价[1]. 许多学者都对此猜想进行了研究[2-4]，但最终未能解决此猜想. 文献[5]已证明不存在阶数 n 小于 12 100 的完全循环 Hadamard 矩阵. 文献[1]给出完全循环 Hadamard 矩阵存在的一些必要条件. 燕山大学的张忠君、周岩两位教授 1999 年从序列游程的角度分析了二相序列的周期自相关函数，进而给出了完全循环 Hadamard 矩阵存在的三个必要条件，此方法对寻找到的二相序列，证明 $n > 4$ 时偶长 Barker 码的不存在都有参考价值.

① 本章摘编自《燕山大学学报》，1999，23(4)：373-374.

二、游程与周期自相关函数

定义 1 设 $X = \{x_i\}, x_i = \pm 1 (i = 1,2,\cdots,n)$ 是长度为 n 的二相序列，其周期自相关函数 $c(\tau)$ 定义为

$$c(\tau) = \sum_{i=1}^{n} x_i x_{(i+\tau) \bmod n}$$

若 $c(\tau) = 0 (\tau = 1,2,\cdots,n)$，则序列 X 称为一维最佳二相序列.

定义 2 设 $X = \{x_i\}, x_i = \pm 1 (i = 1,2,\cdots,n)$ 是长度为 n 的二相序列，则 X 可用游程 $a_1, a_2, \cdots, a_k$ 来表示，其中 a_i 表示第 i 组中 $+1$ 或 -1 的数目，k 是游程的数目，$\sum_{i=1}^{k} a_i = n$.

本章用 n_1 表示 $a_i = 1$ 的游程的数目，n_2 表示 $a_i = 2$ 的游程的数目，n_{11} 表示 $a_i = 1, a_{i+1} = 1$ 即连续 11 游程的数目. 例如，$n = 11$ 的 Barker 序列

$$111 -1 -1 -11 -1 -11 -1$$

用游程表示是 331211，$k = 6, n_1 = 3, n_2 = 1, n_{11} = 1$.

由于完全循环 Hadamard 矩阵与一维最佳二相序列等价，因此只需考虑二相序列的周期自相关函数. 对于二相序列的周期自相关函数，当序列循环移位时，周期自相关函数不变. 因此，对于游程数目 k 是奇数的序列，使其循环右移 a_k 位，就得到了一个游程数目为 $k-1$ 的序列，其周期自相关函数与原序列的周期自相关函数是相同的，所以本章只考虑 k 是偶数的序列.

引理 1 二相序列 $a_1, a_2, \cdots, a_k$（k 是偶数）的周期自相关函数

$$c(1) = n - 2k$$

证明　根据定义 1 知

$$c(\tau) = \sum_{i=1}^{n} x_i x_{(i+\tau) \bmod n}, N = N^+ - N^-$$

其中 N^+ 表示 $x_i x_{(i+\tau)\bmod n} = 1$ 的数目, N^- 表示 $x_i x_{(i+\tau)\bmod n} = -1$ 的数目,由于 $N^+ + N^- = n$,故

$$c(\tau) = 2N^+ - n \tag{1}$$

序列 $a_1, a_2, \cdots, a_k$ 用游程表示后,设 a_i 游程的末位置是 x_i,则

$$x_i = a_1 + a_2 + \cdots + a_i$$

循环右移 τ 位后, a_i 游程的末位置是 x_i',则

$$x_i' \equiv (x_i + \tau)(\bmod n)$$

对于 $x_1, x_2, \cdots, x_k$ 及 $x_1', x_2', \cdots, x_k'$ 重新排序,若 $x_i' = x_j$,则令 x_i' 在 x_j 之前. 当 $\tau = 1$ 时,由于 $a_i \geqslant 1 (i = 1, 2, \cdots, k)$,故新次序是 $x_k', x_1, x_1', x_2, x_2', \cdots, x_i, x_i', \cdots, x_{k-1}', x_k$,因此

$$\begin{aligned} N^+ &= (x_1 - x_k') + (x_2 - x_1') + \cdots + (x_k - x_{k-1}') \\ &= \sum_{i=1}^{k} (a_i - 1) = n - k \end{aligned}$$

代入式(1), $c(1) = n - 2k$. 证毕.

引理 2　二相序列 $a_1, a_2, \cdots, a_k$ (k 是偶数)的周期自相关函数

$$c(2) = n - 4(k - n_{11})$$

证明　当 $\tau = 2$ 时,若 $a_i \geqslant 2$,则 $\cdots, x_{i-1}, x_{i-1}', x_i, \cdots$ 的排列顺序不变,若 $a_i = 1$,则 $\cdots, x_{i-1}, x_{i-1}', x_i, \cdots$ 的排列顺序变为 $\cdots, x_{i-1}, x_i, x_{i-1}', \cdots$,因此

$$N^{+}=\sum_{a_i\geqslant 2}(a_i-\tau)+\sum_{a_i=1}(\tau-a_i)$$
$$=n-2(k-n_{11})\quad(\tau=2)$$

代入式(1),$c(2)=n-4(k-n_{11})$. 证毕.

引理3 二相序列$a_1,a_2,\cdots,a_k$(k是偶数)的周期自相关函数

$$c(3)=n-2(3k-4n_1-2n_2+2n_{11})$$

证明 当$\tau=3$时,考虑$\cdots,x_{i-1},x'_{i-1},x_i,\cdots$的排序可以分为如下几种情况:

(1)$a_i\geqslant 3$,则次序是$\cdots,x_{i-1},x'_{i-1},x_i,\cdots,n^{+}=x_i-x'_{i-1}=a_i-3$,$n^{+}$表示$+1$的数目.

(2)$a_i=2$,则次序是$\cdots,x_{i-1},x_i,x'_{i-1},\cdots,n^{+}=x'_{i-1}-x_i=3-a_i$.

(3)$a_i=1,a_{i+1}\geqslant 2$,则次序是$\cdots,x_{i-1},x_i,x'_{i-1},\cdots$,$n^{+}=x'_{i-1}-x_i=3-a_i=3-1=2$.

(4)$a_i=1,a_{i+1},a_{i+2}=1,\cdots$,则次序是$\cdots,x_{i-1},x_i,x_{i+1},x'_{i-1},x_{i+2},x'_i,x'_{i+1},x'_{i+2},x_{i+2},\cdots,n^{+}=(x_{i+1}-x_i)+(x_{i+2}-x'_{i-1})+(x'_{i+1}-x'_i)=2$.

因此

$$N^{+}=\sum_{a_i\geqslant 3}(a_i-3)+\sum_{a_i=2}(3-a_i)+2(m+t)$$

其中m表示连续1游程的数目,t表示孤立1游程的数目,由于

$$m+t+n_{11}=n_1$$

故

$$N^{+}=n-n_1-2n_2-3(k-n_1-n_2)+n_2+2(n_1-n_{11})$$

$$= n - 3k + 4n_1 + 2n_2 - 2n_{11}$$

代入式(1) 得

$$c(3) = n - 2(3k - 4n_1 - 2n_2 + 2n_{11})$$

证毕.

定理 1　完全循环 Hadamard 矩阵存在的必要条件是

$$k = \frac{n}{2}, n_1 = \frac{n}{4}, n_{11} = n_2$$

证明　根据引理 1 ~ 3,令

$$c(1) = c(2) = c(3) = 0$$

则有

$$k = \frac{n}{2}, n_1 = \frac{n}{4}, n_{11} = n_2$$

即若序列 X 是一维最佳二相序列,则必有

$$k = \frac{n}{2}, n_1 = \frac{n}{4}, n_{11} = n_2$$

由于一维最佳二相序列与完全循环 Hadamard 矩阵等价,故完全循环 Hadamard 矩阵存在的必要条件是

$$k = \frac{n}{2}, n_1 = \frac{n}{4}, n_{11} = n_2$$

证毕.

参考文献

[1] 杨义先,林须端. 编码密码学[M]. 北京:人民邮电出版社,1992.

[2] 张西华. 不存在 $4k(k > 1)$ 阶完全循环的 Hadamard 矩阵的猜想的证明

[J]. 科学通报,1984,29(24):1485-1486.

[3] 黄国泰. 关于 Hadamard 矩阵的第四个猜想[J]. 数学的实践与认识,1988,4:68-70.

[4] 潘建中. 关于"不存在 $4k(k>1)$ 阶完全循环的 H 阵的猜想之证明"一文的注[J]. 科学通报,1986,31(9):719.

[5] 李世群,杨义先. 关于循环哈达玛猜想的讨论[J]. 北京邮电学院学报,1990,13(1):10-13.

Hadamard 矩阵与三元自偶码[①]

第 27 章

本章研究 Hadamard 矩阵生成的三元自偶码，从理论上证明了对任意的 Hadamard 矩阵 $\boldsymbol{H}_n(n=2,8,20)$，矩阵 $\boldsymbol{G}=(\boldsymbol{I}_n,\boldsymbol{H}_n)$ 都生成极值自偶码，并对 Dawson 在 1985 年提出的一个问题给出了否定回答.

设 V_n 是 q 元域 $GF(q)$ 上的 n 维向量空间，q 是一个素数 p 的方幂，V_n 中向量 $\boldsymbol{x}=(x_1,x_2,\cdots,x_n)$ 与 $\boldsymbol{y}=(y_1,y_2,\cdots,y_n)$ 的内积定义为

$$\langle \boldsymbol{x},\boldsymbol{y}\rangle=\sum_{i=1}^{n}x_iy_i$$

V_n 的一个 k 维子空间就是一个线性 (n,k) - 码，称 n 为码的字长，k 为码的维数. $GF(2)$ 和 $GF(3)$ 上的线性码分别叫作二元码、三元码. 对于一个 (n,k) - 码 C，C 中的 n 维向量称为码字，码字 $\boldsymbol{x}=(x_1,$

① 本章摘编自《福建师范大学学报（自然科学版）》，2001，17(1)：1-3.

$x_2,\cdots,x_n$) 中不为零的分量个数称为该向量的重量,记为 $\mathrm{wt}(\boldsymbol{x})$,$C$ 的最小重量

$$d=\mathrm{wt}(C)=\min\{\mathrm{wt}(\boldsymbol{x})\mid\boldsymbol{x}\in C,\boldsymbol{x}\neq\boldsymbol{0}\}$$

一个最小重量为 d 的 (n,k) - 码也称为一个 (n,k,d) - 码. 设 C 是一个 (n,k) - 码,则 $(n,n-k)$ - 码 $C^{\perp}=\{\boldsymbol{x}:\boldsymbol{x}\in V_n$ 且 $\forall\boldsymbol{y}\in C,\langle\boldsymbol{x},\boldsymbol{y}\rangle=0\}$ 称为 C 的对偶码. 当 $C=C^{\perp}$ 时,称 C 为自偶的,此时 n 必为偶数,且 $k=\frac{n}{2}$.

设 $\boldsymbol{G}$ 是 $GF(q)$ 上的一个 n 阶矩阵,若 $\boldsymbol{G}$ 的行在 $GF(q)$ 上线性生成一个码 C,则称 $\boldsymbol{G}$ 为码 C 的生成矩阵. 若 C 为一个 (n,k) - 码,则它的生成矩阵总可表示为 $\boldsymbol{G}=(\boldsymbol{I}_k,\boldsymbol{A})$,其中 $\boldsymbol{I}_k$ 为 k 阶单位矩阵. 三元自偶 $\left(n,\frac{n}{2},d\right)$ - 码存在当且仅当 $n\equiv 0(\bmod 4)$ 且最小重量 $d\leqslant 3\left[\frac{n}{12}\right]+3$(称之为 Mallows-Sloane 界)[1],如果 $d=3\left[\frac{n}{12}\right]+3$,那么自偶码 C 称为极值自偶码.

设 $\boldsymbol{H}$ 是一个 n 阶 $(1,-1)$ - 矩阵,若 $\boldsymbol{H}$ 满足 $\boldsymbol{H}\boldsymbol{H}^{\mathrm{T}}=n\boldsymbol{I}$,则称 $\boldsymbol{H}$ 是一个 Hadamard 矩阵,记为 $\boldsymbol{H}_n$.

在文献[2]中,Dawson 讨论了用 Hadamard 矩阵构造的三元自偶码,并且证明了 $\boldsymbol{G}=(\boldsymbol{I}_2,\boldsymbol{H}_2)$,$(\boldsymbol{I}_8,\boldsymbol{H}_8)$,$(\boldsymbol{I}_{20},\boldsymbol{H}_{20})$ 都生成一个极值自偶码,其中,Dawson 把所有的 $\boldsymbol{H}_{20}$ 进行等价分类并借助计算机的计算来证明 $(\boldsymbol{I}_{20},\boldsymbol{H}_{20})$ 生成一个极值自偶 $(40,20,12)$ - 码. 福建师范大学数学系的李世唐、张胜元两位教授 2001 年首

先在理论上证明对任意的 Hadamard 矩阵 $\boldsymbol{H}_{20}$，$\boldsymbol{G}=(\boldsymbol{I}_{20},\boldsymbol{H}_{20})$ 都生成一个极值自偶码，其次借助计算机的运算，对 Dawson 在文献[2]中提出的第二个问题给出了否定回答.

引理1　当 $n>2$ 时，$\boldsymbol{G}=(\boldsymbol{I}_n,\boldsymbol{H}_n)$ 生成一个三元自偶 $(2n,n)$ - 码当且仅当 $n\equiv 8(\mathrm{mod}\ 12)$.

证明　显然.

把文献[2]中的一个类似引理加以改进，有：

引理2　若 $\boldsymbol{H}_n$ 是一个 $n(n>2)$ 阶 Hadamard 矩阵，$\boldsymbol{G}=(\boldsymbol{I}_n,\boldsymbol{H}_n)$，则：

(1) $\boldsymbol{G}$ 的任一行向量的重量为 $n+1$；

(2) $\boldsymbol{G}$ 的任两行的线性组合所得向量的重量为 $\frac{n}{2}+2$；

(3) $\boldsymbol{G}$ 的任三行的线性组合所得向量的重量为 $\frac{3n}{4}+3$；

(4) $\boldsymbol{G}$ 的任五行的线性组合所得向量的重量大于或等于 $\frac{n}{2}+5$.

证明　(1) 显然.

(2) 由于对 Hadamard 矩阵 $\boldsymbol{H}_n$ 的列作非零数乘变换和互换变换所得的矩阵是与 $\boldsymbol{H}_n$ 等价的 Hadamard 矩阵，它们对应的行的线性组合所得向量的重量不变，因此总可以把 $\boldsymbol{H}_n$ 的任两行变为

$$\begin{pmatrix} 1 & \cdots & 1 & 1 & \cdots & 1 \\ 1 & \cdots & 1 & -1 & \cdots & -1 \end{pmatrix}$$

由这两行的正交性可得这两行的线性组合所得向量的重量为$\frac{n}{2}$. 因此 G 的任两行的线性组合所得向量的重量为$\frac{n}{2}+2$.

(3) 通过对 $\boldsymbol{H}_n$ 的等价变换，总可以把 $\boldsymbol{H}_n$ 的任三行变为

$$\begin{pmatrix}1 & \cdots & 1 & 1 & \cdots & 1 & 1 & \cdots & 1 & 1 & \cdots & 1\\1 & \cdots & 1 & 1 & \cdots & 1 & -1 & \cdots & -1 & -1 & \cdots & -1\\1 & \cdots & 1 & -1 & \cdots & -1 & 1 & \cdots & 1 & -1 & \cdots & -1\end{pmatrix}$$

由这三行的两两正交性可得这三行的线性组合所得向量的重量为$\frac{3n}{4}$. 因此 G 的任三行的线性组合所得向量的重量为$\frac{3n}{4}+3$.

(4) 设 $\boldsymbol{T}$ 是 $\boldsymbol{H}_n$ 中某五行的线性组合所得向量，n_1,n_2,n_3 分别是 $\boldsymbol{T}$ 中 ±1，±3，±5 的个数，那么

$$\begin{cases}n_1+n_2+n_3=n\\n_1+9n_2+25n_3=5n\end{cases}$$

从而

$$\begin{cases}n_2=\frac{1}{4}(5n-6n_1)\\n_3=\frac{1}{4}(2n_1-n)\end{cases}$$

由 $n_3\geqslant0$ 有 $n_1\geqslant\frac{n}{2}$，这五行的线性组合所得向量的重量为 $n_1+n_3\geqslant\frac{n}{2}$. 因此 G 的任五行的线性组合所得向

量的重量大于或等于$\frac{n}{2}+5$.

推论1　若$\boldsymbol{G}=(\boldsymbol{I}_n,\boldsymbol{H}_n)$生成的自偶$(2n,n)$-码$C$不是极值自偶码,则$C$中重量为

$$d'<3\left[\frac{2n}{12}\right]+3=3\left[\frac{n}{6}\right]+3$$

的码字为$\boldsymbol{G}$中至少四行的线性组合.

证明　首先,由引理2知$\boldsymbol{G}$的任一行向量的重量为

$$n+1>3\left[\frac{n}{6}\right]+3$$

$\boldsymbol{G}$的任三行的线性组合所得向量的重量为

$$\frac{3n}{4}+3>3\left[\frac{n}{6}\right]+3$$

其次,因为$\boldsymbol{G}=(\boldsymbol{I}_n,\boldsymbol{H}_n)$生成自偶码,由引理1知

$$n\equiv 8 \pmod{12}$$

设$n=12m+8$,则又由引理2知$\boldsymbol{G}$的任两行的线性组合所得向量的重量为

$$\frac{n}{2}+2=6m+6=3\left[\frac{n}{6}\right]+3$$

定理1　设$\boldsymbol{H}_n$是n阶Hadamard矩阵,则当$n=2$,8,20时,$\boldsymbol{G}=(\boldsymbol{I}_n,\boldsymbol{H}_n)$分别生成极值自偶(4,2,3)-码,(16,8,6)-码,(40,20,12)-码.

证明　只证明当$n=20$时,$\boldsymbol{G}=(\boldsymbol{I}_{20},\boldsymbol{H}_{20})$生成极值自偶(40,20,12)-码. 由引理2知,$\boldsymbol{G}$的任$r(r\leqslant 3)$行的线性组合所得向量的重量大于或等于12,$\boldsymbol{G}$的任五行的线性组合所得向量的重量大于或等于15. 若$\boldsymbol{G}$中存在四行的线性组合所得向量的重量为9或6,则由文献[3]中引理5知,$(-\boldsymbol{H}_n^{\mathrm{T}},\boldsymbol{I}_n)$中存在五行或者两

行的线性组合所得向量的重量为 9 或 6，但 $-\boldsymbol{H}_n^{\mathrm{T}}$ 仍然是一个 Hadamard 矩阵，与前面讨论的结论矛盾；若 $\boldsymbol{G}$ 中存在 $r(6 \leqslant r \leqslant 8)$ 行的线性组合所得向量的重量等于 9，则 $(-\boldsymbol{H}_n^{\mathrm{T}}, \boldsymbol{I}_n)$ 中存在 $9-r(\leqslant 3)$ 行的线性组合所得向量的重量为 9，同样可得矛盾；$\boldsymbol{G}$ 中的任意 $r(r \geqslant 9)$ 行的线性组合所得向量的重量大于或等于 12，因此 $\boldsymbol{G}$ 中任意 r 行的线性组合所得向量的重量大于或等于 12. 所以 $\boldsymbol{G} = (\boldsymbol{I}_{20}, \boldsymbol{H}_{20})$ 生成一个极值自偶(40,20,12) - 码. 定理证毕.

在文献[2]中，Dawson 考虑了用以下方法构造的一类 Hadamard 矩阵生成的三元自偶码.

设 q 为一个素数幂，$q \equiv 1 \pmod 3$ 且 $q \equiv 3 \pmod 4$. 记 $GF(q) = \{0, g_1, g_2, \cdots, g_{q-1}\}$，则 $GF(q)$ 上的特征函数 $i(g)$ 定义为

$$i(g) = \begin{cases} 0, & g = 0 \\ 1, & g \neq 0 \text{ 是一个平方元} \\ -1, & g \neq 0 \text{ 是一个非平方元} \end{cases}$$

又设 $\boldsymbol{S} = (s_{g,h})$ 是一个 $q+1$ 阶矩阵，$g, h \in GF(q) \cup \{\infty\}$，其中 $s_{g,h}$ 定义为：(1) $s_{\infty,\infty} = 0$；(2) 任给 $g \in GF(q)$，$s_{g,\infty} = i(-1) = -1$，$s_{\infty,g} = 1$；(3) 任给 $g, h \in GF(q)$，$s_{g,h} = i(h-g)$，则有 $\boldsymbol{S}^{\mathrm{T}} = -\boldsymbol{S}$. 令 $\boldsymbol{H}_n = \boldsymbol{I} + \boldsymbol{S}$，$n = q+1$，容易验证 $\boldsymbol{H}_n$ 是一个 Hadamard 矩阵.

Dawson 已经证明了当 $q = 7, 19, 31$ 时，$\boldsymbol{G} = (\boldsymbol{I}_{q+1}, \boldsymbol{H}_{q+1})$ 都生成一个极值自偶码，并提出了这样一个问题：当 $q = 43$ 时，$\boldsymbol{G} = (\boldsymbol{I}_{44}, \boldsymbol{H}_{44})$ 是否生成一个极值自偶(88,44,24) - 码？通过计算机的计算，笔者对这个

问题给予了否定回答.

定理 2　$\boldsymbol{G} = (\boldsymbol{I}_{44}, \boldsymbol{H}_{44})$ 生成一个自偶(88,44,21) -码,其中 $\boldsymbol{H}_{44} = \boldsymbol{I}_{44} + \boldsymbol{S}$,且

$$\boldsymbol{S} = \begin{pmatrix} 0 & 1 & \cdots & 1 \\ -1 & & & \\ \vdots & & \boldsymbol{S}' & \\ -1 & & & \end{pmatrix}$$

$\boldsymbol{S}'$ 是首行为 0, -1,1,1, -1,1, -1,1,1, -1, -1, -1,1, -1, -1, -1, -1, -1,1,1,1, -1,1, -1, -1,1,1,1,1,1, -1,1,1,1, -1, -1,1, -1,1, -1, -1,1 的循环矩阵.

证明　利用计算机的计算,验证了矩阵$(\boldsymbol{I}_{44}, \boldsymbol{H}_{44})$和$(-\boldsymbol{H}_{44}^{\mathrm{T}}, \boldsymbol{I}_{44})$的任意 $r(r \leqslant 9)$ 行的线性组合所得的向量的重量都大于或等于 21. 特别地,对于矩阵$(\boldsymbol{I}_{44}, \boldsymbol{H}_{44})$的第 1,2,3,4,5,11,30,37 行,当它们的系数分别为 1, -1,1, -1, -1,1, -1,1 时,其线性组合的向量的重量为 21.

参考文献

[1] MALLOWS C L, SLOANE N J A. An upper bound for self-dual codes [J]. Inform. Contr. ,1973,22:188-200.

[2] DAWSON E. Self-dual ternary codes and Hadamard matrices [J]. Ars Combin. , 1985, A(19):303-308.

[3] 李世唐,张胜元. 重量矩阵与三元自偶码[J]. 福建师范大学学报(自然科学版),2000,16(2):21-23.

用 Hadamard 矩阵构造线性码[①]

第 28 章

一、引言

如果以 -1 和 1 为元素构成的矩阵 $\boldsymbol{H}_n$ 满足 $\boldsymbol{H}_n\boldsymbol{H}_n^{\mathrm{T}} = n\boldsymbol{I}_n$,其中 $\boldsymbol{I}_n$ 为 n 阶单位矩阵,则称 $\boldsymbol{H}_n$ 为 n 阶 Hadamard 矩阵. 由定义很显然知道 Hadamard 矩阵各行相互正交,各列也相互正交. 一个 Hadamard 矩阵任意交换两行或两列,用 -1 乘以每行或每列,所得到的矩阵仍然是一个 Hadamard 矩阵. 根据 Hadamard 矩阵的定义,Hadamard 矩阵的阶为 $1,2,4m$,其中 m 为正整数. Hadamard 矩阵在组合设计、编码、网络、逻辑电路等理论和实践中都有很多应用. Hadamard 矩阵有多种构造方法和形式,比如正规 Hadamard 矩阵、对称 Hadamard 矩阵、反对称 Hadamard 矩阵以及广义 Hadamard 矩阵. 设 $\boldsymbol{H}_n$ 为 n 阶 Hadamard 矩阵,满足

① 本章摘编自《四川大学学报(自然科学版)》,2015,52(6):1221-1224.

$\boldsymbol{H}_n = \boldsymbol{I}_n + \boldsymbol{S}_n$,其中 $\boldsymbol{I}_n$ 为 n 阶单位矩阵,$\boldsymbol{S}_n$ 为 n 阶矩阵. 如果 $\boldsymbol{S}_n^{\mathrm{T}} = -\boldsymbol{S}_n$,那么 $\boldsymbol{H}_n$ 为反对称 Hadamard 矩阵. 反对称 Hadamard 矩阵 $\boldsymbol{H}_n$ 的任意两行都相互正交;$\boldsymbol{H}_n$ 除第一行以外,每行都有 $\frac{n}{2}$ 个 1 和 $\frac{n}{2}$ 个 -1;且任意两行在同列上有 $\frac{n}{4}$ 对 1,$\frac{n}{4}$ 对 -1,有 $\frac{n}{2}$ 对互不相同. 关于 Hadamard 矩阵的更多信息可以参见文献[1,3].

设 F_q 是含有 q 个元素的有限域,n,k 为正整数. F_q^n 是有限域 F_q 上的 n 维向量空间,设 C 是 F_q 的一个 k 维子空间,则称 C 为一个 q 元$[n,k]$ 线性码. 进一步,若 C 的最小 Hamming 距离为 d,则称 C 是一个 q 元$[n,k,d]$ 线性码. 线性码是一类重要的码,它是讨论各种码的基础. 对于一个 q 元$[n,k]$ 线性码 C,由于 C 是 F_q^n 的一个 k 维子空间,所以 C 的一组基就可以完全确定线性码 C,这组基中每一向量作为行向量所构成的矩阵为 C 的生成矩阵. 一个线性码由生成矩阵完全确定,这样在工程上编码能够完全实现,且能大大减少编码器的存储量,不必全部存储 q^k 个码,而只需存储生成矩阵的 k 行. 设 C 是一个 q 元$[n,k]$ 线性码,我们称 $C^{\perp} = \{\boldsymbol{x} \in F_q^n : \forall \boldsymbol{a} \in C, \boldsymbol{xa} = 0\}$ 为 C 的对偶码. 如果 $C = C^{\perp}$,那么 C 为自对偶码. 关于 Hadamard 矩阵和线性码的更多研究可以参照文献[5]. Xing 和 Ling 在文献[7] 中通过选取 F_{q^2} 中的一个适当子集, 利用类似 Reed-Solomon 码的构造方法, 得到了一类新的线性码. 李超、冯克勤和胡卫群[4] 构造了一类性能好的线性码. 王同洲、姜伟[10] 利用 Hadamard 矩阵的相关知识,构造了一类关于 Hadamard 矩阵的三元自对偶码 $[2n,n]$,其中 $n\equiv 0(\bmod 12)$. 孙琳[6] 利用 Hadamard 矩阵构造了一个二元自对偶线性码$[2n-2,n-1]$,这里 $n\equiv 4(\bmod 8)$. 钟国法、何培宇[9] 研究了如何利用对偶码进行纠错译码. 其他关于线性码的研究可以参见文献[2,8,11].

长江师范学院数学与统计学院的秦小二、南阳理工学院应用数学系的胡双年、四川大学数学学院的姜灏、西南财经大学经济数学学院的鄢丽四位教授 2015 年主要利用反对称 Hadamard 矩阵来构造自对偶的二元和三元线性码.

二、主要结果

下面我们将利用反对称 Hadamard 矩阵来构造线性自对偶码. 对偶码 $C^{\perp}$ 揭示原码 C 的许多特性,为研究码 C 提供了一个有力的工具,我们常常将 C 和 $C^{\perp}$ 结合在一起进行研究. 自正交码 C 中任意码字和它自身正交,二元自正交码中的所有码字的重量都是偶数,三元自正交码中的所有码字的重量都是 3 的倍数. 自正交码 C 中任意两个不同码字都相互正交.

设 $\boldsymbol{H}_n$ 为 n 阶反对称 Hadamard 矩阵,其中 n 为偶数. 我们首先利用反对称 Hadamard 矩阵构造一个二元线性码. 设

$$\boldsymbol{K}_n=\frac{\boldsymbol{J}_n-\boldsymbol{H}_n}{2}$$

其中 $\boldsymbol{J}_n$ 是元素全为 1 的 n 阶矩阵,则 $\boldsymbol{K}_n$ 形如

$$\boldsymbol{K}_n = \begin{pmatrix} 0 & 0 & \cdots & 0 \\ 1 & & & \\ \vdots & & \boldsymbol{K}_{n-1} & \\ 1 & & & \end{pmatrix}$$

其中 $\boldsymbol{K}_{n-1}$ 是 $n-1$ 阶(0,1) 矩阵,且每行都有$\frac{n}{2}-1$ 个 1 和$\frac{n}{2}$ 个 0.

设 $\boldsymbol{G}=(\boldsymbol{I}_{n-1},\boldsymbol{K}_{n-1})$,则 $\boldsymbol{G}$ 是一个$(n-1)\times(2n-2)$ 的(0,1) 矩阵,以 $\boldsymbol{G}$ 为生成矩阵的码 C 是一个二元$[2n-2,n-1]$ 线性码. 我们有如下定理:

定理 1 当 $n\equiv 4(\mathrm{mod}\ 8)$ 时,二元$[2n-2,n-1]$ 线性码 C 是自对偶码.

证明 二元$[2n-2,n-1]$ 线性码 C 的生成矩阵为 $\boldsymbol{G}=(\boldsymbol{I}_{n-1},\boldsymbol{K}_{n-1})$,令 $\boldsymbol{x}_1,\boldsymbol{x}_2,\cdots,\boldsymbol{x}_{n-1}$ 为 $\boldsymbol{G}$ 的行向量,则 $\boldsymbol{x}_1,\boldsymbol{x}_2,\cdots,\boldsymbol{x}_{n-1}$ 是线性无关的,从而 $\dim(C)=n-1$.

设 $\boldsymbol{x}_i=(\boldsymbol{e}_i,\boldsymbol{k}_i)$,则 $\boldsymbol{x}_i$ 的重量为

$$w(\boldsymbol{x}_i)=1+w(\boldsymbol{k}_i)\quad(1\leqslant i\leqslant 2n-2)$$

因为 $\boldsymbol{K}_{n-1}$ 每行有$\frac{n}{2}-1$ 个 1 和$\frac{n}{2}$ 个 0,所以

$$w(\boldsymbol{x}_i)=1+w(\boldsymbol{k}_i)=1+\frac{n}{2}-1=\frac{n}{2}$$

$$(1\leqslant i\leqslant 2n-2)$$

令 k_{ij} 表示 $\boldsymbol{k}_i$ 的第 j 个分量,则

$$k_{ij}=\begin{cases}0, & h_{ij}=1\\ 1, & h_{ij}=-1\end{cases}\quad(1\leqslant i,j\leqslant n)$$

$\boldsymbol{G}$ 中任意两行作内积

$$\boldsymbol{x}_i\boldsymbol{x}_h = \sum_{j=1}^{n-1}(\boldsymbol{e}_i\boldsymbol{e}_h + k_{ij}k_{hj}) = \sum_{j=1}^{n-1}k_{ij}k_{hj}$$

因为 $\boldsymbol{H}_n$ 的任意两行都相互正交，且除第一行以外，每行都有$\frac{n}{2}$个 1 和$\frac{n}{2}$个 -1，且任意两行处在同列上同为 1 的有$\frac{n}{4}$对，同为 -1 的有$\frac{n}{4}$对，同列不同元素的有$\frac{n}{2}$对. 所以 $\boldsymbol{K}_{n-1}$ 中不同行有$\frac{n}{4}-1$个相同的 1，$\frac{n}{4}$个相同的 0，$\frac{n}{2}$个不同的元素. 于是

$$\boldsymbol{x}_i\boldsymbol{x}_h = \sum_{j=1}^{n-1}(\boldsymbol{e}_i\boldsymbol{e}_h + k_{ij}k_{hj}) = \sum_{j=1}^{n-1}k_{ij}k_{hj} = \frac{n}{4}-1$$

当 $n\equiv 4(\bmod 8)$ 时，设 $n=8k+4$，k 为正整数，我们有

$$w(\boldsymbol{x}_i) = \frac{n}{2} = 4k+2 \quad (1\leqslant i\leqslant 2n-2)$$

$\boldsymbol{G}$ 中的行向量的重量是 2 的倍数. 对于任意 $\boldsymbol{x}_i$，$\boldsymbol{x}_h$，有

$$\boldsymbol{x}_i\boldsymbol{x}_h = \frac{n}{4}-1 = \frac{8k+4}{4}-1 = 2k$$

所以 $\boldsymbol{G}$ 中任意不同行的内积为 0，即任意不同行相互正交. 因此 $C\subseteq C^{\perp}$，而

$$\dim(C^{\perp}) = (2n-2)-(n-1) = n-1$$
$$\dim(C) = \dim(C^{\perp}) = n-1$$

因此，当 $n\equiv 4(\bmod 8)$ 时，二元$[2n-2,n-1]$线性码 C 是自对偶码.

例 1 $\boldsymbol{K}_{11}$ 是由 12 阶反对称矩阵 $\boldsymbol{H}_{12}$ 按上面的构造方法得到的$(0,1)$矩阵，$\boldsymbol{G}=(\boldsymbol{I}_{11},\boldsymbol{K}_{11})$，则 C 是由 $\boldsymbol{G}$

构造的线性纠错码,二元[22,11]线性码 C 也是自对偶码.

$$
\boldsymbol{K}_{11}=\begin{pmatrix}
0&1&0&1&1&1&0&0&0&1&0\\
0&0&1&0&1&1&1&0&0&0&1\\
1&0&0&1&0&1&1&1&0&0&0\\
0&1&0&0&1&0&1&1&1&0&0\\
0&0&1&0&0&1&0&1&1&1&0\\
0&0&0&1&0&0&1&0&1&1&1\\
1&0&0&0&1&0&0&1&0&1&1\\
1&1&0&0&0&1&0&0&1&0&1\\
1&1&1&0&0&0&1&0&0&1&0\\
0&1&1&1&0&0&0&1&0&0&1\\
1&0&1&1&1&0&0&0&1&0&0
\end{pmatrix}
$$

$$
\boldsymbol{G}=\begin{pmatrix}
1&0&0&0&0&0&0&0&0&0&0&0&1&0&1&1&1&0&0&0&1&0\\
0&1&0&0&0&0&0&0&0&0&0&0&0&1&0&1&1&1&0&0&0&1\\
0&0&1&0&0&0&0&0&0&0&0&1&0&0&1&0&1&1&1&0&0&0\\
0&0&0&1&0&0&0&0&0&0&0&0&1&0&0&1&0&1&1&1&0&0\\
0&0&0&0&1&0&0&0&0&0&0&0&0&1&0&0&1&0&1&1&1&0\\
0&0&0&0&0&1&0&0&0&0&0&0&0&0&1&0&0&1&0&1&1&1\\
0&0&0&0&0&0&1&0&0&0&0&1&0&0&0&1&0&0&1&0&1&1\\
0&0&0&0&0&0&0&1&0&0&0&1&1&0&0&0&1&0&0&1&0&1\\
0&0&0&0&0&0&0&0&1&0&0&1&1&1&0&0&0&1&0&0&1&0\\
0&0&0&0&0&0&0&0&0&1&0&0&1&1&1&0&0&0&1&0&0&1\\
0&0&0&0&0&0&0&0&0&0&1&1&0&1&1&1&0&0&0&1&0&0
\end{pmatrix}
$$

下面我们利用反对称 Hadamard 矩阵构造三元线性码. 设 $\boldsymbol{I}_n$ 为 n 阶单位矩阵,$\boldsymbol{H}_n=(h_{ij})$ 为 n 阶反对称

Hadamard 矩阵,构造矩阵 $\boldsymbol{G} = (\boldsymbol{I}_n, \boldsymbol{H}_n)$,则 $\boldsymbol{G}$ 是一个 $n \times 2n$ 的$(-1,0,1)$矩阵. 下面考虑以 $\boldsymbol{G}$ 为生成矩阵的线性码 C,则 C 是一个三元$[2n,n]$线性码.

定理 2 当 $n \equiv 8 \pmod{12}$ 时,三元$[2n,n]$线性码 C 是自对偶码.

证明 由三元$[2n,n]$线性码 C 的生成矩阵为 $\boldsymbol{G} = (\boldsymbol{I}_n, \boldsymbol{H}_n)$,设 $\boldsymbol{x}_1, \boldsymbol{x}_2, \cdots, \boldsymbol{x}_n$ 为 $\boldsymbol{G}$ 的行向量,则 $\boldsymbol{x}_1, \boldsymbol{x}_2, \cdots, \boldsymbol{x}_n$ 是线性无关的,$\dim(C) = n$.

设 $\boldsymbol{x}_i = (\boldsymbol{e}_i, \boldsymbol{h}_i)$,其中 $\boldsymbol{e}_i$ 为 $\boldsymbol{I}_n$ 中的行向量,$\boldsymbol{h}_i$ 为 $\boldsymbol{H}_n$ 中的行向量,则 $\boldsymbol{x}_i$ 的重量为

$$w(\boldsymbol{x}_i) = 1 + w(\boldsymbol{h}_i) = 1 + n \quad (1 \leqslant i \leqslant n)$$

$\boldsymbol{G}$ 中任意两行作内积,得到

$$\boldsymbol{x}_i \boldsymbol{x}_j = \sum_{m=1}^{n} (\boldsymbol{e}_i \boldsymbol{e}_j + h_{im} h_{jm}) = \sum_{m=1}^{n} h_{im} h_{jm}$$

因为 $\boldsymbol{H}_n$ 的任意两行都相互正交,所以

$$\boldsymbol{x}_i \boldsymbol{x}_j = \sum_{m=1}^{n} h_{im} h_{jm} = 0$$

即 $\boldsymbol{G}$ 的行向量彼此正交.

当 $n \equiv 8 \pmod{12}$ 时,设 $n = 12k + 8$,k 为正整数,则

$$w(\boldsymbol{x}_i) = n + 1 = 12k + 8 + 1 = 12k + 9$$
$$(1 \leqslant i \leqslant n)$$

所以 $\boldsymbol{G}$ 中的行向量的重量都是 3 的倍数,又 $\boldsymbol{G}$ 的行向量彼此正交,因此,三元$[2n,n]$线性码 C 是自正交码,即 $C \subseteq C^{\perp}$. 又因为

$$\dim(C^{\perp}) = 2n - n = n$$
$$\dim(C) = \dim(C^{\perp}) = n$$

所以，当 $n \equiv 8 \pmod{12}$ 时三元 $[2n,n]$ 线性码 C 是自对偶码.

例 2　由 $\boldsymbol{G}_{24}$ 构造的三元 $[24,12]$ 线性码 C 是自对偶码.

$$\boldsymbol{G}_{24}=\left(\begin{array}{cccccccccccccccccccccccc}
1&0&0&0&0&0&0&0&0&0&0&0&1&1&1&1&1&1&1&1&1&1&1&1\\
0&1&0&0&0&0&0&0&0&0&0&0&-1&1&-1&1&-1&-1&-1&1&1&1&-1&1\\
0&0&1&0&0&0&0&0&0&0&0&0&-1&1&1&-1&1&-1&-1&-1&1&1&1&-1\\
0&0&0&1&0&0&0&0&0&0&0&0&-1&-1&1&1&-1&1&-1&-1&-1&1&1&1\\
0&0&0&0&1&0&0&0&0&0&0&0&-1&1&-1&1&1&-1&1&-1&-1&-1&1&1\\
0&0&0&0&0&1&0&0&0&0&0&0&-1&1&1&-1&1&1&-1&1&-1&-1&-1&1\\
0&0&0&0&0&0&1&0&0&0&0&0&-1&1&1&1&-1&1&1&-1&1&-1&-1&-1\\
0&0&0&0&0&0&0&1&0&0&0&0&-1&-1&1&1&1&-1&1&1&-1&1&-1&-1\\
0&0&0&0&0&0&0&0&1&0&0&0&-1&-1&-1&1&1&1&-1&1&1&-1&1&-1\\
0&0&0&0&0&0&0&0&0&1&0&0&-1&-1&-1&-1&1&1&1&-1&1&1&-1&1\\
0&0&0&0&0&0&0&0&0&0&1&0&-1&1&-1&-1&-1&1&1&1&-1&1&1&-1\\
0&0&0&0&0&0&0&0&0&0&0&1&-1&-1&1&-1&-1&-1&1&1&1&-1&1&1
\end{array}\right)$$

参考文献

[1] AKBARI S, BAHMANI A A. A generalization of Hadamard matrices [J]. Electronic Notes in Discrete Mathematics, 2014,45:23.

[2] AYDIN N, MURPHREE J M. New linear codes from constacyclic codes [J]. Journal of the Franklin Institute, 2014,351(3):1691.

[3] BANICA T, NECHITA I. Almost Hadamard matrices: the case of arbitrary exponents [J]. Discrete Applied Mathematics, 2013, 161(16/17):2367.

[4] 李超,冯克勤,胡卫群. 一类性能好的线性码的构造[J]. 电子学报,2003,31(1):51.

[5] MACWILLIAMS F J, SLOANE N J A. the theory of error-correcting codes [M]. Amsterdam:North-Holland, 1997.

[6] 孙琳. 由 Hadamard 矩阵构造的码[J]. 合肥工业大学学报(自然科学版),2009,32(3):446.

[7] XING C, LING S. A class of linear codes with good parameters[J]. IEEE Trans. Inform. Theory, 2000, 46(6):2184.

[8] 郑涛,吴荣军. 关于 Reed-Solomon 码的深洞的注记[J]. 四川大学学报(自然科学版),2012,49(4):740.

[9] 钟国法,何培宇. 利用对偶码的捕错译码[J]. 四川大学学报(自然科学版),1993,30(1):76.

[10] 王同洲,姜伟. 关于 Hadamard 矩阵的一类三元自对偶码构造[J]. 常熟理工学院学报(自然科学版),2010,24(10):32.

[11] WU R J, HONG S F. On deep holes of standard Reed-Solomon codes [J]. Science China Math., 2012,55(12):2447.

第十编

Hadamard 矩阵与其他矩阵的联系

易矩阵与 Hadamard 矩阵[①]

第 29 章

在文献[1]中王俊龙教授给易矩阵下了一个恰当的定义，同时也设定了易矩阵的加法和乘法运算规则. 易矩阵理论的建构主要是结合易图衍生的实际需要而产生的，《爻群的矩阵结构》已显示这种新型的易矩阵在易图设计中的优越作用. 严格说来，易矩阵与通常的数矩阵是不同的两个概念；但不可否认，易矩阵与数学上的(0,1)－矩阵具有某种相关的联系，因为它们都是由两种元素构成的矩阵：前者是阴阳二爻，后者是0,1两数.

由两种元素构成的矩阵，常用的还有(+1,－1)－矩阵. 本章将揭示这样一个事实：易矩阵可成为构造某种类型的 Hadamard 矩阵的一个有力的工具. 说得具体点，若 n 阶方阵 $\boldsymbol{H}_n$ 是 Hadamard 矩阵，我们将看到对于 $t \geqslant 1$ 的整数，所有的 $n = 2^t$ 阶 Hadamard 矩阵皆能通过易

---

① 本章摘编自《周易研究》,1995(4):80-86.

矩阵构造出来. 这对于我们进一步了解易矩阵理论在数学上的运用以及 2^t 阶 Hadamard 矩阵的本质都是颇有价值的发现. 有一种观点认为“周易” 是一门“宇宙代数学”,本章倒也确是提供在数学上如何使易卦成为“套子”(公式) 的实例.

一、Hadamard 矩阵

设 $\boldsymbol{H}_n$ 是以 $+1$ 或 -1 为元的 n 阶矩阵,并且满足

$$\boldsymbol{H}_n\boldsymbol{H}_n^{\mathrm{T}} = n\boldsymbol{I}_n \tag{1}$$

其中 $\boldsymbol{H}_n^{\mathrm{T}}$ 是 $\boldsymbol{H}_n$ 的转置矩阵,$\boldsymbol{I}_n$ 是 n 阶单位矩阵,则 $\boldsymbol{H}_n$ 叫作 n 阶 Hadamard 矩阵.

1893 年法国数学家 Hadamard 证明了定理:若 n 阶实矩阵的每个元的绝对值都不大于 1,则其行列式的绝对值不大于 $n^{\frac{n}{2}}$,并且 $\boldsymbol{H}_n$ 是达到此上界的唯一矩阵. Hadamard 矩阵(简称为 H - 矩阵) 因此而得名.

(一)H - 矩阵的正交性

H - 矩阵 $\boldsymbol{H}_n = (h_{ij})$ 实是$(1, -1)$ - 正交矩阵,即 $\boldsymbol{H}_n$ 的行向量的内积为

$$\sum_{k=1}^{n} h_{ik}h_{jk} = \begin{cases} n, & 若\ i = j \\ 0, & 若\ i \neq j \end{cases} \tag{2}$$

若对 H - 矩阵施行以下五种变换:

1. 行换序;
2. 列换序;
3. 对某些列乘以 -1;
4. 对某些行乘以 -1;
5. 转置.

则根据 H - 矩阵的正交性可知,变换后的矩阵仍

是 H－矩阵. 故我们不难做到使 H－矩阵的首行首列全为 1,这样的矩阵叫作规范的 H－矩阵.

(二) H－矩阵的存在性及其构造

已成定论的是,H－矩阵的阶只能是 $n=1,2$,或当 $n>3$ 时,$n\equiv 0 \pmod 4$. 关于阶数 $n>3, n\equiv 0 \pmod 4$ 的 H－矩阵的存在性,文献[2]指出,截至 1985 年,对一切 $n\leqslant 268$,$\boldsymbol{H}_n$ 均已构造出来. 文献[3]进一步指出,实际上对于一切 $n\leqslant 400$,$\boldsymbol{H}_n$ 均已构造出来.

一个著名的猜想是:当 $n\equiv 0 \pmod 4$ 时,存在 $\boldsymbol{H}_n$. 对该猜想的研究已成为 H－矩阵理论的核心问题,但至今未能获证或被反证.

H－矩阵的构造方法技巧性极强,文献[4]有相当篇幅的较详细的介绍. 其中最基本而简单的方法就是利用矩阵的 Kronecker 积,也叫作直积.

定义 1　设 $\boldsymbol{A}=(a_{ij}), \boldsymbol{B}=(b_{ij})$ 依次为域 F 上的 m 阶方阵和 n 阶方阵,则称 mn 阶方阵

$$\boldsymbol{A}\times\boldsymbol{B}=\begin{pmatrix} a_{11}\boldsymbol{B} & a_{12}\boldsymbol{B} & \cdots & a_{1m}\boldsymbol{B} \\ a_{21}\boldsymbol{B} & a_{22}\boldsymbol{B} & \cdots & a_{2m}\boldsymbol{B} \\ \vdots & \vdots & & \vdots \\ a_{m1}\boldsymbol{B} & a_{m2}\boldsymbol{B} & \cdots & a_{mm}\boldsymbol{B} \end{pmatrix} \tag{3}$$

为 $\boldsymbol{A}$ 和 $\boldsymbol{B}$ 的直积.

定理 1　两个 H－矩阵的直积仍是 H－矩阵.

证明　设 $\boldsymbol{H}_1, \boldsymbol{H}_2$ 分别为 n_1, n_2 阶 H－矩阵,不难利用直积运算(主要看其分块矩阵)的一些特性,得到

$$\begin{aligned}(\boldsymbol{H}_1\times\boldsymbol{H}_2)(\boldsymbol{H}_1\times\boldsymbol{H}_2)^{\mathrm{T}} &= (\boldsymbol{H}_1\times\boldsymbol{H}_2)(\boldsymbol{H}_1^{\mathrm{T}}\times\boldsymbol{H}_2^{\mathrm{T}}) \\ &= (\boldsymbol{H}_1\boldsymbol{H}_1^{\mathrm{T}})(\boldsymbol{H}_2\boldsymbol{H}_2^{\mathrm{T}})\end{aligned}$$

$$= (n_1 \boldsymbol{I}_{n_1})(n_2 \boldsymbol{I}_{n_2})$$
$$= n_1 n_2 \boldsymbol{I}_{n_1 n_2}$$

这就是定理得出的结论. 证毕.

当 $n = 2$ 时, $\boldsymbol{H}_2 = \begin{pmatrix} 1 & 1 \\ 1 & -1 \end{pmatrix}$,故有:

推论 1 对任一 H－矩阵 $\boldsymbol{A}$,下列矩阵仍是 H－矩阵

$$\begin{pmatrix} \boldsymbol{A} & \boldsymbol{A} \\ \boldsymbol{A} & -\boldsymbol{A} \end{pmatrix} = \boldsymbol{H}_2 \boldsymbol{A} \tag{4}$$

推论 2 一切 $2^t (t \geqslant 2)$ 阶 H－矩阵均可通过直积作出.

二、易矩阵理论简介

易矩阵是以矩阵为手段研究易图而产生的新概念. 研究易矩阵,一方面是为了丰富和健全演易理论,另一方面是为了更好地开展易图的数学研究,完成易学与数学之间的相互沟通.

(一) 易矩阵的定义

易矩阵实质上是二元矩阵,其构成元素不是数,而是阴阳爻符. 爻符只有两种: 阴爻"－－"和阳爻"—". 由 $m \times n$ 个爻符排成 m 横行 n 纵列的矩形爻符表(易图),定义为易矩阵.

易卦定义的易矩阵的列矩阵(列向量),易矩阵的行矩阵(行向量) 称为爻符串. 若 $m \times n$ 易矩阵 $\boldsymbol{A}$ 有 n 个 m 画卦皆不相同,且 $n = 2^m$,则称 $\boldsymbol{A}$ 是 m 阶满卦矩阵.

构造满卦矩阵的方法技巧性亦很强,《爻群的矩

阵结构》有专门阐述. 但最基本而简单的便是邵雍“加一倍法”. 我们称首列为纯阳卦且由“加一倍法”生成的满卦矩阵为规范的满卦矩阵. m 阶规范的满卦矩阵，记为 $\boldsymbol{M}_m$. 显见，这里所谓“规范的”，其含义等同于邵雍所称的“先天次序”.

(二) 易矩阵运算规则

易矩阵有其特殊的运算规则. 文献[1] 中给出了易矩阵的加法运算和乘法运算，这里只介绍后者. 请特别注意下列两个记号的联系和区别：

$$\left(\sum_{r=1}^{n} r\right) = (1 + 2 + \cdots + n), \sum \text{ 表示有序和；}$$

$$\left(\mid \sum_{r=1}^{n} \mid r\right) = (12\cdots n), \mid \sum \mid \text{ 表示有序间隔.}$$

若易矩阵 $\boldsymbol{A} = (a_{ij})$ 是一个 $m \times n$ 矩阵，易矩阵 $\boldsymbol{B} = (b_{ij})$ 是一个 $m \times k$ 矩阵，则 $\boldsymbol{A}$ 与 $\boldsymbol{B}$ 的积定义为

$$\boldsymbol{AB} = \left(\mid \sum_{r=1}^{k} \mid a_{ij}b_{ir}\right) = (c_{ij}) = \boldsymbol{C} \qquad (5)$$

可见，易矩阵乘法不满足交换律，这与数矩阵相同. 但是矩阵乘法不涉及加法运算. 从定义中可知，易矩阵乘法最终归结为爻符相乘. 为此我们规定：同性爻符相乘得阳爻，异性爻符相乘得阴爻. 下面是爻符乘法表

×	—	--
—	—	--
--	--	—

式(5) 的易积运算比起式(3) 的直积运算要复杂得多. 下面关于易积的一个等价定义将有助于我们对

易积的理解和运算. 令

$$\boldsymbol{A}=\begin{pmatrix}\boldsymbol{\alpha}_1\\ \boldsymbol{\alpha}_2\\ \vdots\\ \boldsymbol{\alpha}_m\end{pmatrix},\boldsymbol{B}=\begin{pmatrix}\boldsymbol{\beta}_1\\ \boldsymbol{\beta}_2\\ \vdots\\ \boldsymbol{\beta}_m\end{pmatrix}$$

则 $\boldsymbol{A}$ 与 $\boldsymbol{B}$ 的易积为

$$\boldsymbol{AB}=\begin{pmatrix}\boldsymbol{\alpha}_1\boldsymbol{\beta}_1\\ \boldsymbol{\alpha}_2\boldsymbol{\beta}_2\\ \vdots\\ \boldsymbol{\alpha}_m\boldsymbol{\beta}_m\end{pmatrix}\qquad(6)$$

其中 $\boldsymbol{\alpha}_i$ 是 $\boldsymbol{A}$ 的行向量, $\boldsymbol{\beta}_i$ 是 $\boldsymbol{B}$ 的行向量. 式(6) 表明 $\boldsymbol{A}$ 与 $\boldsymbol{B}$ 的易积实质上是行向量的易积. 而行向量的易积形式上与直积颇为相似

$$\boldsymbol{\alpha}_i\boldsymbol{\beta}_i=(\alpha_{i1}\boldsymbol{\beta}_i\quad \alpha_{i2}\boldsymbol{\beta}_i\quad \cdots\quad \alpha_{in}\boldsymbol{\beta}_i)\qquad(7)$$

易积最终导致爻符相乘

$$\alpha_{ij}\boldsymbol{\beta}_i=(\alpha_{ij}\beta_{i1}\quad \alpha_{ij}\beta_{i2}\quad \cdots\quad \alpha_{ij}\beta_{ik})\qquad(8)$$

(6),(7),(8) 三式即是易积运算的三个步骤. 例如

$$\boldsymbol{A}=\begin{pmatrix}\text{—} & \text{—}\\ \text{—} & \text{-\,-}\end{pmatrix},\boldsymbol{B}=\begin{pmatrix}\text{—} & \text{-\,-}\\ \text{—} & \text{—}\end{pmatrix}$$

求 $\boldsymbol{A}$ 与 $\boldsymbol{B}$ 的易积. 我们有

$$\begin{aligned}\boldsymbol{AB}&=\begin{pmatrix}(\text{—}\quad\text{—})(\text{—}\quad\text{-\,-})\\ (\text{—}\quad\text{-\,-})(\text{—}\quad\text{—})\end{pmatrix}\\ &=\begin{pmatrix}(\text{—})(\text{—}\ \text{-\,-}) & (\text{—})(\text{—}\ \text{-\,-})\\ (\text{—})(\text{—}\ \text{—}) & (\text{-\,-})(\text{—}\ \text{—})\end{pmatrix}\\ &=\begin{pmatrix}\text{—}\ \text{-\,-} & \text{—}\ \text{-\,-}\\ \text{—}\ \text{—} & \text{-\,-}\ \text{-\,-}\end{pmatrix}\end{aligned}$$

在此例中我们得到规范的 2 阶满卦矩阵 $\boldsymbol{M}_2$，即邵雍“加一倍法”所成四象.

三、从易矩阵到 H－矩阵

通过前面的介绍，我们大致了解到 H－矩阵理论和易矩阵理论二者是怎样沿着各自的方向独立发展的. 但是，在科学发展史上学科的交叉是经常发生的，尽管原本互不相干的两门学科突然攀了亲使人惊叹不已. 易矩阵可用于构造某种类型的 H－矩阵亦属于这种情形.

（一）来自易矩阵的信息

我们先来介绍易矩阵的逆元变换. 若易矩阵 $\boldsymbol{A}$ 中所有爻符变成其逆元，即阳爻变成阴爻，阴爻变成阳爻，则换元后得易矩阵 $\boldsymbol{A}$ 的“负”矩阵，记为 $-\boldsymbol{A}$. 例如

$$\boldsymbol{A}=\begin{pmatrix}\text{—} & \text{—}\\ \text{—} & \text{- -}\end{pmatrix},\quad -\boldsymbol{A}=\begin{pmatrix}\text{- -} & \text{- -}\\ \text{- -} & \text{—}\end{pmatrix}$$

此例中矩阵 $\boldsymbol{A}$ 由两种行向量组成，从现在开始它们将成为本章的主角.

设 $\boldsymbol{P}=(\text{—}\quad\text{—})$，$\boldsymbol{T}=(\text{—}\quad\text{- -})$，则有

$$\boldsymbol{M}_2=\begin{pmatrix}\boldsymbol{P}\\ \boldsymbol{T}\end{pmatrix}\begin{pmatrix}\boldsymbol{T}\\ \boldsymbol{P}\end{pmatrix}=\begin{pmatrix}\boldsymbol{T} & \boldsymbol{T}\\ \boldsymbol{P} & -\boldsymbol{P}\end{pmatrix}=\begin{pmatrix}\text{—} & \text{- -} & \text{—} & \text{- -}\\ \text{—} & \text{—} & \text{- -} & \text{- -}\end{pmatrix}$$

更为一般地：

定理 2　令 $\boldsymbol{P}_m$ 是由 m 个行向量 $\boldsymbol{P}$ 组成的 $m\times 2$ 矩阵，若 $\boldsymbol{A}$ 是一个 $m\times n$ 易矩阵，则

$$\boldsymbol{P}_m\boldsymbol{A}=(\boldsymbol{A}\quad\boldsymbol{A})\tag{9}$$

$$\boldsymbol{T}_m\boldsymbol{A}=(\boldsymbol{A}\quad -\boldsymbol{A})\tag{10}$$

$$\begin{pmatrix} \boldsymbol{P}_m \\ \boldsymbol{T}_m \end{pmatrix}\begin{pmatrix} \boldsymbol{A} \\ \boldsymbol{A} \end{pmatrix} = \begin{pmatrix} \boldsymbol{A} & \boldsymbol{A} \\ \boldsymbol{A} & -\boldsymbol{A} \end{pmatrix} \tag{11}$$

证明 令 $\boldsymbol{A} = \begin{pmatrix} \boldsymbol{\alpha}_1 \\ \boldsymbol{\alpha}_2 \\ \vdots \\ \boldsymbol{\alpha}_m \end{pmatrix}$,其中 $\boldsymbol{\alpha}_i$ 是 $\boldsymbol{A}$ 的行向量.

(1) 根据易积

$$\boldsymbol{P}_m\boldsymbol{A} = \begin{pmatrix} \boldsymbol{P} & & & \\ & \boldsymbol{P} & & \\ & & \ddots & \\ & & & \boldsymbol{P} \end{pmatrix}\begin{pmatrix} \boldsymbol{\alpha}_1 \\ \boldsymbol{\alpha}_2 \\ \vdots \\ \boldsymbol{\alpha}_m \end{pmatrix} = \begin{pmatrix} \boldsymbol{P}\boldsymbol{\alpha}_1 \\ \boldsymbol{P}\boldsymbol{\alpha}_2 \\ \vdots \\ \boldsymbol{P}\boldsymbol{\alpha}_m \end{pmatrix}$$

而 $\boldsymbol{P}\boldsymbol{\alpha}_i = (— \quad —)\boldsymbol{\alpha}_i = (\boldsymbol{\alpha}_i \quad \boldsymbol{\alpha}_i)$,所以

$$\boldsymbol{P}_m\boldsymbol{A} = \begin{pmatrix} \boldsymbol{\alpha}_1 & \boldsymbol{\alpha}_1 \\ \boldsymbol{\alpha}_2 & \boldsymbol{\alpha}_2 \\ \vdots & \vdots \\ \boldsymbol{\alpha}_m & \boldsymbol{\alpha}_m \end{pmatrix} = (\boldsymbol{A} \quad \boldsymbol{A})$$

(2) 因为

$$\boldsymbol{T}\boldsymbol{\alpha}_i = (— \quad --)\boldsymbol{\alpha}_i = (\boldsymbol{\alpha}_i \quad -\boldsymbol{\alpha}_i)$$

同理可证

$$\boldsymbol{T}_m\boldsymbol{A} = (\boldsymbol{A} \quad -\boldsymbol{A})$$

(3) 运用易积

$$\begin{pmatrix} \boldsymbol{P}_m \\ \boldsymbol{T}_m \end{pmatrix}\begin{pmatrix} \boldsymbol{A} \\ \boldsymbol{A} \end{pmatrix} = \begin{pmatrix} \boldsymbol{P}_m\boldsymbol{A} \\ \boldsymbol{T}_m\boldsymbol{A} \end{pmatrix}$$

故有

$$\begin{pmatrix} \boldsymbol{P}_m \\ \boldsymbol{T}_m \end{pmatrix}\begin{pmatrix} \boldsymbol{A} \\ \boldsymbol{A} \end{pmatrix} = \begin{pmatrix} \boldsymbol{A} & \boldsymbol{A} \\ \boldsymbol{A} & -\boldsymbol{A} \end{pmatrix}$$

证毕.

该定理中透露何种信息呢?联想到前文的式(4)与此处的式(11),不难发现等量的一端皆有$\begin{pmatrix} \boldsymbol{A} & \boldsymbol{A} \\ \boldsymbol{A} & -\boldsymbol{A} \end{pmatrix}$这一共同的形式,这就明白地揭示了我们可以通过易矩阵构造 H－矩阵.

(二)H－矩阵的易矩阵转换构造法

想到易矩阵与(0,1)－矩阵的关联性是极自然的事. 在此要建立的则是易矩阵与(1,－1)－矩阵之间的关联性. 若将易矩阵中所有阳爻以 1 代换,所有阴爻以－1 代换,则得到易矩阵的(1,－1)关联矩阵,以下简称易关联阵.

若将易矩阵中所有阳爻以 $\boldsymbol{P}$ 向量代换,所有阴爻以 $\boldsymbol{T}$ 向量代换,则得易矩阵的($\boldsymbol{P}$,$\boldsymbol{T}$)扩张矩阵,以下简称易扩张阵.

有了易关联阵和易扩张阵的设定,我们便在易矩阵与 H－矩阵间架起沟通的桥梁. 以下分步说明怎样由易矩阵构造出 H－矩阵.

第一步:从规范的满卦矩阵开始.

构造规范的满卦矩阵的方法,这里选用邵雍的"加一倍法"是合适的. 不过我们还是要给予这种方法以精确的表示,而不是借助画图的形式.

设 $\boldsymbol{M}_t$ 是规范的 t 阶满卦矩阵,我们有:

定理 3　令 $\boldsymbol{P}$ = (—　—),$\boldsymbol{T}$ = (—　--),若

$$\boldsymbol{\alpha}_i = \boldsymbol{P}^{t-i}\boldsymbol{T}\boldsymbol{P}^{i-1}\text{，则 } \boldsymbol{M}_t = \begin{pmatrix} \boldsymbol{\alpha}_1 \\ \boldsymbol{\alpha}_2 \\ \vdots \\ \boldsymbol{\alpha}_t \end{pmatrix}$$

，其中 $\boldsymbol{P}^j$ 表示 j 个 $\boldsymbol{P}$ 相乘（这里的乘法都是易乘）.

证明从略. 其证明过程可从《爻群的矩阵结构》中看到，读者亦可自证，借以熟悉易矩阵运算.

第二步：将得到的 $\boldsymbol{M}_t$ 右旋 $90°$，这一变换记为 $\boldsymbol{M}_t^{\pi}$. 例如

$$\boldsymbol{M}_2 = \begin{pmatrix} \text{—} & \text{- -} & \text{—} & \text{- -} \\ \text{—} & \text{—} & \text{- -} & \text{- -} \end{pmatrix}, \boldsymbol{M}_2^{\pi} = \begin{pmatrix} \text{—} & \text{—} \\ \text{—} & \text{- -} \\ \text{- -} & \text{—} \\ \text{- -} & \text{- -} \end{pmatrix}$$

等等.

第三步：写出 $\boldsymbol{M}_t^{\pi}$ 的易扩张阵 $(\boldsymbol{M}_2^{\pi})$.

比如 $\boldsymbol{M}_2^{\pi}$ 的易扩张阵为 $(\boldsymbol{M}_2^{\pi})$，则有

$$(\boldsymbol{M}_2^{\pi}) = \begin{pmatrix} \boldsymbol{P} & \boldsymbol{P} \\ \boldsymbol{P} & \boldsymbol{T} \\ \boldsymbol{T} & \boldsymbol{P} \\ \boldsymbol{T} & \boldsymbol{T} \end{pmatrix}$$

第四步：在 $(\boldsymbol{M}_t^{\pi})$ 中引进易乘.

在 $(\boldsymbol{M}_t^{\pi})$ 中引进易乘的方法很简单，就是 $(\boldsymbol{M}_t^{\pi})$ 中同行 $\boldsymbol{P}$ 或 $\boldsymbol{T}$ 向量原序相乘. 我们用记号 $\mathrm{tim}(\boldsymbol{M}_t^{\pi})$ 代表在 $(\boldsymbol{M}_t^{\pi})$ 中引进易乘.

第五步：完成 $\mathrm{tim}(\boldsymbol{M}_t^{\pi})$ 中的易乘运算. 例如

$$\operatorname{tim}(\boldsymbol{M}_2^{\pi}) = \begin{pmatrix} \boldsymbol{P} & \boldsymbol{P} \\ \boldsymbol{P} & \boldsymbol{T} \\ \boldsymbol{T} & \boldsymbol{P} \\ \boldsymbol{T} & \boldsymbol{T} \end{pmatrix} = \begin{pmatrix} (\text{—}\ \text{—})(\text{—}\ \text{—}) \\ (\text{—}\ \text{—})(\text{—}\ \text{--}) \\ (\text{—}\ \text{--})(\text{—}\ \text{—}) \\ (\text{—}\ \text{--})(\text{—}\ \text{--}) \end{pmatrix}$$

$$= \begin{pmatrix} \text{—} & \text{—} & \text{—} & \text{—} \\ \text{—} & \text{--} & \text{—} & \text{--} \\ \text{—} & \text{—} & \text{--} & \text{--} \\ \text{—} & \text{--} & \text{--} & \text{—} \end{pmatrix}$$

第六步:写出 $\operatorname{tim}(\boldsymbol{M}_t^{\pi})$ 的易关联阵. 例如:

$\operatorname{tim}(\boldsymbol{M}_2^{\pi})$ 的易关联阵为

$$\begin{pmatrix} 1 & 1 & 1 & 1 \\ 1 & -1 & 1 & -1 \\ 1 & 1 & -1 & -1 \\ 1 & -1 & -1 & 1 \end{pmatrix}$$

可见,$\operatorname{tim}(M_2^{\pi})$ 的易关联阵正是 H - 矩阵 $\boldsymbol{H}_4$.

一般地我们有:

定理 4　$\operatorname{tim}(\boldsymbol{M}_t^{\pi})$ 的易关联阵正是 $\boldsymbol{H}_{2^t}(t \geqslant 1)$.

证明　用归纳法证之.

易知

$$\operatorname{tim}(\boldsymbol{M}_1^{\pi}) = \begin{pmatrix} \boldsymbol{P} \\ \boldsymbol{T} \end{pmatrix} = \begin{pmatrix} \text{—} & \text{—} \\ \text{—} & \text{--} \end{pmatrix}$$

显见 $\operatorname{tim}(\boldsymbol{M}_1^{\pi})$ 的易关联阵正是 $\boldsymbol{H}_2 = \begin{pmatrix} 1 & 1 \\ 1 & -1 \end{pmatrix}$,于是当 $t = 1$ 时结论成立.

假设当 $t = r$ 时结论成立. 我们可以推知,当 $t = r+1$ 时结论亦成立,这是因为

$$\mathrm{tim}(\boldsymbol{M}_{r+1}^{\pi}) = \begin{pmatrix} \boldsymbol{P}_r \mathrm{tim}(\boldsymbol{M}_r^{\pi}) \\ \boldsymbol{T}_r \mathrm{tim}(\boldsymbol{M}_r^{\pi}) \end{pmatrix} = \begin{pmatrix} \mathrm{tim}(\boldsymbol{M}_r^{\pi}) & \mathrm{tim}(\boldsymbol{M}_r^{\pi}) \\ \mathrm{tim}(\boldsymbol{M}_r^{\pi}) & -\mathrm{tim}(\boldsymbol{M}_r^{\pi}) \end{pmatrix}$$

由推论 1 得知 $\mathrm{tim}(\boldsymbol{M}_{r+1}^{\pi})$ 的易关联阵亦是 H－矩阵. 于是对每个正整数 t,结论成立.

证毕.

参考文献

[1] 王俊龙. 易矩阵研究——兼论易矩阵理论的建构[M]//刘大钧. 大易集要. 济南:齐鲁书社,1994:342-345.

[2] 杨骅飞,王朝瑞. 组合数学及其应用[M]. 北京:北京理工大学出版社,1992:190.

[3] 邵嘉裕. 组合数学[M]. 上海:同济大学出版社,1991:343.

[4] 魏万迪. 组合论(下册)[M]. 北京:科学出版社,1987:225-275.

N维4阶 Hadamard 矩阵与 H_4 函数[①]

第30章

一、引言

Hadamard 矩阵(以下简称为 H－矩阵)最早是1867年由 Sylvester 以正交矩阵的形式提出的.近二十几年来,H－矩阵再次引起人们的极大兴趣,这主要是由于它广泛地应用于各个科学领域,如通信、密码学、计算机科学、纠错编码、矩阵研究、统计试验等.

对 H－矩阵的研究已取得了许多成果,例如对2维 H－矩阵已找到了许多构造方法,并且知道阶数不超过24的所有2维 H－矩阵的分类情况.但是以往人们对 H－矩阵的研究大多是基于组合设计、矩阵论和有限域等难度较大的数学理论,所给出的一些较完善的结果大都局限于低维和低阶,而且不是很系统,特别是对高维和高阶的 H－矩阵研究得很少,因此很难满足工程的需要.

① 本章摘编自《通信保密》,1999(2):56-62.

我国学者杨义先等首次将 Boole 函数的方法引入 H - 矩阵的研究中,非常巧妙地将 H - 矩阵问题转化为与之等价的 Boole 函数问题,给出了许多新的构造方法(特别是高维 2 阶 H - 矩阵),且成功地解决了 4 维 2 阶[2] 和 5 维 2 阶[3] H - 矩阵的计数问题.

但是,杨义先等讨论的大都是 2 阶 H - 矩阵,对于高阶 H - 矩阵研究得很少. 解放军信息工程学院信息研究系的张习勇、曾本胜两位教授 1999 年针对 4 阶 H - 矩阵提出了 H_4 函数的概念,我们发现利用 p 进分解,同样可将 4 阶 H - 矩阵问题转化为 Boole 函数问题,并利用概率工具,给出了相关构造方法和计数方面的结论. 很显然,本章的思想和方法对研究一般的高阶 H - 矩阵也同样适用.

二、基本概念及判别定理

定义 1 称 $F(x_1,x_2,\cdots,x_n)$ 为 n 维 4 阶二值逻辑函数,如果 $F(x_1,x_2,\cdots,x_n)$ 是 Z_4^n 到 Z_2 上的变换,其中 $(x_1,x_2,\cdots,x_n) \in Z_4^n$.

在后面的讨论中,如不特别说明,$F(x_1,x_2,\cdots,x_n)$ 均为 n 维 4 阶二值逻辑函数.

定义 2 设 (Ω,F,P) 是任一概率空间,ξ 是 Ω 到 Z_m 上的映射,满足 $\{\omega:\xi(\omega)=a,a\in Z_m\}\in F$,则称 ξ 是 (Ω,F,P) 上的逻辑随机变量. 特别当 $m=2$ 时称 ξ 是 (Ω,F,P) 上的 Boole 随机变量.

由上可知,若取 $\Omega=Z_4^n,F=\{A:A\subseteq\Omega\}$,对任一 $A\subseteq Z_4^n$,当 $A=\varnothing$ 时,定义 $P(A)=0$,当 $A\neq\varnothing$ 时,定

义 $P(A) = \frac{|A|}{4^n}$,则易证得(Ω,F,P)为一概率空间.

注　在后文中的概率空间均指上述概率空间.

定义 Z_4^n 到 Z_4 上的映射 $X_i(x_1,x_2,\cdots,x_n) = x_i$,这样可得到$(\Omega,F,P)$上的 n 个相互独立且分布均匀的逻辑随机变量 $X_1,\cdots,X_n$,其中$(x_1,x_2,\cdots,x_n) \in Z_4^n$.

设 $x_i \in Z_4$ 的二进制表示为(x_{i0},x_{i1}),定义

$$X_{i0}(x_1,x_2,\cdots,x_n) = x_{i0},X_{i1}(x_1,x_2,\cdots,x_n) = x_{i1}$$

则易知$X_{10},X_{11};\cdots;X_{n0},X_{n1}$为$(\Omega,F,P)$上的$2n$个相互独立且分布均匀的 Boole 随机变量.

定义 3[1]　n 维 m 阶矩阵 $\boldsymbol{H} = (H(x_1,x_2,\cdots,x_n))(0 \leqslant x_i \leqslant m-1)$称为$n$维$m$阶 Hadamard 矩阵,当且仅当$H(x_1,x_2,\cdots,x_n) = \pm 1$,并且对 $\forall i,1 \leqslant i \leqslant n,a,b \in Z_m$ 有

$$\sum_{0\leqslant x_j\leqslant m-1,j\neq i} H(x_1,\cdots,x_{i-1},a,x_{i+1},\cdots,x_n) \cdot H(x_1,\cdots,x_{i-1},b,x_{i+1},\cdots,x_n) = m^{n-1}\delta_{ab}$$

这里当$a = b$时,$\delta_{ab} = 1$;当$a \neq b$时,$\delta_{ab} = 0$,其中$2 \mid m$.

特别当$m = 4$时,称$\boldsymbol{H}$为n维4阶 Hadamard 矩阵.

在下面的讨论中,我们都定义

$$H(x_1,x_2,\cdots,x_n) = (-1)^{F(x_1,x_2,\cdots,x_n)}$$

其中$x_i \in Z_4,1 \leqslant i \leqslant n$. 易知,一个4阶 H－矩阵依上述对应关系就对应一个n维4阶二值逻辑函数$F(x_1,x_2,\cdots,x_n)$.

定义 4　称$F(x_1,x_2,\cdots,x_n)$为H_4函数,如果$F(x_1,x_2,\cdots,x_n)$所对应的n维4阶矩阵$(H(x_1,x_2,\cdots,x_n))$为n维4阶 Hadamard 矩阵,其中$0 \leqslant x_i \leqslant 3,1 \leqslant$

$i \leqslant n$.

不难看出,n 维 4 阶 Hadamard 矩阵与 H_4 函数之间有一一对应关系.

下面我们考虑如何将 n 维 4 阶 H - 矩阵问题转化为 H_4 函数问题. 我们容易从

$$H(x_1, x_2, \cdots, x_n) = (-1)^{F(x_1, x_2, \cdots, x_n)}$$

的定义中获得 F 的真值表,但只有 F 的真值表是不够的,因为用真值表来讨论毕竟不是很方便. 那么能否由 F 的真值表写出 F 的函数表达式呢?众所周知,在大多数情况下,F 不可用 $x_1, x_2, \cdots, x_n$ 的多项式来表示,即使能,表示形式也不唯一. 为此,下面利用 p 进分解给出 $F(x_1, x_2, \cdots, x_n)$ 的二进展开函数表示.

定义 5 设 $F(x_1, x_2, \cdots, x_n)$ 是一个 n 维 4 阶二值逻辑函数,则对 $\forall (x_1, x_2, \cdots, x_n) \in Z_4^n$,由 $F(x_1, x_2, \cdots, x_n)$ 的二进分解知,有 $2n$ 元 Boole 函数 $f(x_{10}, x_{11}; \cdots; x_{n0}, x_{n1})$,使得

$$F(x_1, x_2, \cdots, x_n) = f(x_{10}, x_{11}; \cdots; x_{n0}, x_{n1})$$

其中(x_{i0}, x_{i1}) 为 x_i 的二进制表示,$1 \leqslant i \leqslant n$. 称上述的 $f(x_{10}, x_{11}; \cdots; x_{n0}, x_{n1})$ 为 $F(x_1, x_2, \cdots, x_n)$ 的二进展开函数.

说明:在后文中,"f 为 H_4 函数",是指 f 所对应的 $F(x_1, x_2, \cdots, x_n)$ 为 H_4 函数.

下面给出函数为 H_4 函数的充要条件:

定理 1 设 $F(x_1, x_2, \cdots, x_n)$ 为 n 维 4 阶二值逻辑函数,则 F 为 H_4 函数,当且仅当对 $\forall i, 1 \leqslant i \leqslant n$,下列等式成立:对 $\forall a \neq b \in Z_4$,有

$$P\{F(x_1,\cdots,x_{i-1},a,x_{i+1},\cdots,x_n)=F(x_1,\cdots,x_{i-1},b,x_{i+1},\cdots,x_n)\}=\frac{1}{2}$$

证明

$$P\{F(x_1,\cdots,x_{i-1},a,x_{i+1},\cdots,x_n)=F(x_1,\cdots,x_{i-1},b,x_{i+1},\cdots,x_n)\}=\frac{1}{2}\Leftrightarrow$$

$$P\{F(x_1,\cdots,x_{i-1},a,x_{i+1},\cdots,x_n)+F(x_1,\cdots,x_{i-1},b,x_{i+1},\cdots,x_n)=0\}=\frac{1}{2}\Leftrightarrow$$

$$\sum_{0\leqslant x_j\leqslant 3,j\neq i}(-1)^{F(x_1,\cdots,x_{i-1},a,x_{i+1},\cdots,x_n)+F(x_1,\cdots,x_{i-1},b,x_{i+1},\cdots,x_n)}=0\Leftrightarrow$$

$$\sum_{0\leqslant x_j\leqslant 3,j\neq i}H(x_1,\cdots,x_{i-1},a,x_{i+1},\cdots,x_n)\cdot H(x_1,x_2,\cdots,x_{i-1},b,x_{i+1},\cdots,x_n)=0$$

而最后一式也即 n 维 4 阶 Hadamard 矩阵的定义.

若用 $F(x_1,x_2,\cdots,x_n)$ 的二进展开函数陈述上述定理,即:

定理 2　设 $F(x_1,x_2,\cdots,x_n)$ 为 n 维 4 阶二值逻辑函数,$f(x_{10},x_{11};\cdots;x_{n0},x_{n1})$ 为其二进展开函数,$F(x_1,x_2,\cdots,x_n)$ 为 H_4 函数当且仅当对 $\forall i,1\leqslant i\leqslant n$,有下式成立:对 $\forall a\neq b\in Z_4$,有

$$P\{f(x_{10},x_{11};\cdots;a_0,a_1;\cdots;x_{n0},x_{n1})=f(x_{10},x_{11};\cdots;b_0,b_1;\cdots;x_{n0},x_{n1})\}=\frac{1}{2}$$

其中 $a_0,a_1;b_0,b_1$ 为 a,b 的二进展开.

定理 3　设 $F(x_1,x_2,\cdots,x_n)$ 为 n 维 4 阶二值逻辑函数,$F(x_1,x_2,\cdots,x_n)$ 为 H_4 函数当且仅当对 $\forall i,1\leqslant$

$i \leqslant n$,下列等式成立

$$P\{F(x_1,\cdots,x_{i-1},2^j x_i+a,x_{i+1},\cdots,x_n)=F(x_1,\cdots,x_{i-1},2^j x_i,x_{i+1},\cdots,x_n)\}=\frac{1}{2}$$

其中 $j=0,1,2,a=1,2,3$,且 $2^j x+a,2^j x$ 等运算均在 Z_4 中进行.

证明 必要性:在上述概率空间(Ω,F,P)中,对 $\forall(x_1,x_2,\cdots,x_n)\in Z_4^n$,有

$$P\{(x_1,x_2,\cdots,x_n)\}=\frac{1}{4^n}$$

$$P\{x=a\}=\frac{1}{4}\quad(a\in Z_4)$$

于是有

$$\begin{aligned}&P\{F(x_1,\cdots,x_{i-1},2^j x_i+a,x_{i+1},\cdots,x_n)=F(x_1,\cdots,x_{i-1},2^j x_i,x_{i+1},\cdots,x_n)\}\\&=\sum_{a=0}^{3}P\{x_i=a,F(x_1,\cdots,2^j x_i+a,\cdots,x_n)=F(x_1,\cdots,2^j x_i,\cdots,x_n)\}\\&=\sum_{a=0}^{3}P\{x_i=a\}P\{F(x_1,\cdots,2^j x_i+a,\cdots,x_n)=F(x_1,\cdots,2^j x_i,\cdots,x_n)\}\\&=\frac{1}{4}\cdot\sum_{a=0}^{3}\frac{1}{2}=\frac{1}{2}\end{aligned}$$

充分性:对 $\forall i,i=1,\cdots,n$,分别取 $j=0,1,2,a=1,2,3$,记

$$P_{ab}^{i}=P\{F(x_1,\cdots,x_{i-1},a,x_{i+1},\cdots,x_n)=F(x_1,\cdots,x_{i-1},b,x_{i+1},\cdots,x_n)\}$$

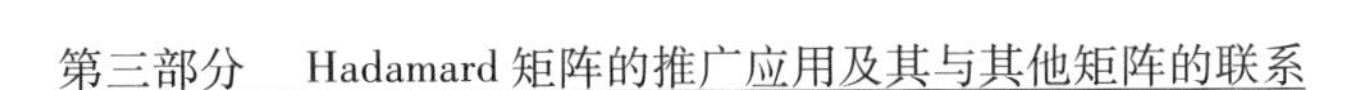

其中 $a \neq b \in Z_4$. 由

$$P\{F(x_1,\cdots,x_{i-1},2^j x_i + a,x_{i+1},\cdots,x_n) = F(x_1,\cdots,x_{i-1},2^j x_i,x_{i+1},\cdots,x_n)\} = \frac{1}{2}$$

可以得到 9 个方程:

$$j = 0,a = 1,P_{10}^i + P_{21}^i + P_{32}^i + P_{30}^i = 2;$$

$$j = 0,a = 2,P_{20}^i + P_{31}^i = 1;$$

$$j = 0,a = 3,P_{10}^i + P_{21}^i + P_{32}^i + P_{30}^i = 2;$$

$$j = 1,a = 1,P_{10}^i + P_{32}^i = 1;$$

$$j = 1,a = 2,P_{20}^i = \frac{1}{2};$$

$$j = 1,a = 3,P_{30}^i + P_{21}^i = 1;$$

$$j = 2,a = 1,P_{10}^i = \frac{1}{2};$$

$$j = 2,a = 2,P_{20}^i = \frac{1}{2};$$

$$j = 2,a = 3,P_{30}^i = \frac{1}{2}.$$

容易验证,由上述 9 个方程可唯一确定一组解

$$P_{20}^i = P_{31}^i = P_{10}^i = P_{21}^i = P_{32}^i = P_{30}^i = \frac{1}{2}$$

于是由定理 1 知,$F(x_1,x_2,\cdots,x_n)$ 为 H_4 函数.

定理 4　设 $F(x_1,x_2,\cdots,x_n)$ 为 n 维 4 阶二值逻辑函数,$F(x_1,x_2,\cdots,x_n)$ 为 H_4 函数当且仅当对 $\forall i,1 \leqslant i \leqslant n$,下列等式成立

$$P\{F(x_1,\cdots,x_{i-1},kx_i + a,x_{i+1},\cdots,x_n) = F(x_1,\cdots,x_{i-1},x_i,x_{i+1},\cdots,x_n)\}$$

$$= \frac{1}{2} + \frac{b}{8}$$

其中 $k, a \in Z_4$，b 为方程 $kx + a \equiv x \pmod 4$ 的解数.

证明　类似于定理 3，限于篇幅，不再赘述.

H_4 函数的例子如：

$$F(x, y) = f(x_0, x_1; y_0, y_1) = x_0 y_0 + x_1 y_1$$

为 2 维 H_4 函数，其中 $x, y \in Z_4$.

$$\begin{aligned} F(x, y, z) &= f(x_0, x_1; y_0, y_1; z_0, z_1) \\ &= x_0 y_1 + y_0 z_1 + z_0 x_1 \end{aligned}$$

为 3 维 H_4 函数，其中 $x, y, z \in Z_4$. 该函数所对应的 3 维 4 阶 H－矩阵如下

$$\begin{pmatrix} + & + & + & + \\ + & + & - & - \\ + & + & + & + \\ + & + & - & - \end{pmatrix}, \begin{pmatrix} + & + & + & + \\ + & + & - & - \\ - & - & - & - \\ - & - & + & + \end{pmatrix}$$

$$\begin{pmatrix} + & - & + & - \\ + & - & - & + \\ + & - & + & - \\ + & - & - & + \end{pmatrix}, \begin{pmatrix} + & - & + & - \\ + & - & - & + \\ - & + & - & + \\ - & + & + & - \end{pmatrix}$$

上述例子都满足定理 2 中的条件，因而所对应的矩阵都是 H－矩阵，事实上由 H－矩阵的定义也不难验证.

三、H_4 函数的性质和构造

设 $F(x_1, x_2, \cdots, x_n)$ 的二进展开函数为 $f(x_{10}, x_{11}; \cdots; x_{n0}, x_{n1})$，在下面的讨论中，令

$$f(x_{10}, x_{11}; \cdots; x_{n0}, x_{n1}) = x_{i0} f_0^i + x_{i1} f_1^i + x_{i1} x_{i0} f_{01}^i + g^i$$

其中 $f_0^i, f_1^i, f_{01}^i, g^i$ 均为关于 $x_{10}, x_{11}; \cdots; x_{(i-1)0}, x_{(i-1)1};$

$x_{(i+1)0},x_{(i+1)1};\cdots;x_{n0},x_{n1}$ 的 $2n-4$ 元 Boole 函数,$i=1,\cdots,n$.

定理 5 若 $F(x_1,x_2,\cdots,x_n)$ 为 H_4 函数,$f(x_{10},x_{11};\cdots;x_{n0},x_{n1})$ 为其二进展开函数,则

$$f(x_{10},x_{11};\cdots;x_{n0},x_{n1})+\alpha_1 g_1(x_{10},x_{11})+\cdots+\alpha_n g_n(x_{n0},x_{n1})+\alpha_0$$

也为 n 维 H_4 函数,其中 $\alpha_0,\alpha_i\in Z_2$,$g_i(x_{i0},x_{i1})$ 为 Boole 函数,$i=1,\cdots,n$.

证明 由于

$$F(x_1,x_2,\cdots,x_n)=f(x_{10},x_{11};\cdots;x_{n0},x_{n1})$$

为 H_4 函数,由定理 2 知,对 $\forall a\neq b\in Z_4$,$\forall i=1,\cdots,n$,令 a,b 的二进展开分别为 $a_0,a_1;b_0,b_1$,有

$$P\{f(x_{10},x_{11};\cdots;x_{(i-1)0},x_{(i-1)1};a_0,a_1;x_{(i+1)0},x_{(i+1)1};\cdots;x_{n0},x_{n1})=f(x_{10},x_{11};\cdots;x_{(i-1)0},x_{(i-1)1};b_0,b_1;x_{(i+1)0},x_{(i+1)1};\cdots;x_{n0},x_{n1})\}=\frac{1}{2}$$

当 $a=1,b=0$ 时有 $P\{f_0^i=1\}=\frac{1}{2}$;

当 $a=2,b=0$ 时有 $P\{f_1^i=1\}=\frac{1}{2}$;

当 $a=3,b=0$ 时有 $P\{f_0^i+f_1^i+f_{01}^i=1\}=\frac{1}{2}$;

当 $a=2,b=1$ 时有 $P\{f_0^i+f_1^i=1\}=\frac{1}{2}$;

当 $a=3,b=1$ 时有 $P\{f_1^i+f_{01}^i=1\}=\frac{1}{2}$;

$$当\ a=3,b=2\ 时有\ P\{f_0^i+f_{01}^i=1\}=\frac{1}{2}.$$

上面的逆也成立,也就是$f(x_{10},x_{11};\cdots;x_{n0},x_{n1})$为$H_4$函数,当且仅当如下$6n$个$2n-2$元Boole函数均为平衡函数:$f_0^i,f_1^i,f_0^i+f_1^i,f_0^i+f_{01}^i,f_1^i+f_{01}^i,f_0^i+f_1^i+f_{01}^i$.

又易知:若

$$f(x_0,x_1;y_0,y_1)+\alpha_1g_1(x_0,x_1)+\alpha_2g_2(y_0,y_1)+\alpha_0$$

按x_{i0},x_{i1}展开,则所得的$f_0^{i'},f_1^{i'},f_{01}^{i'}$分别与$f_0^i,f_1^i,f_{01}^i$或者相等或者相差一个常数,从而相应的6个$2n-2$元Boole函数$f_0^{i'},f_1^{i'},f_0^{i'}+f_1^{i'},f_0^{i'}+f_{01}^{i'},f_1^{i'}+f_{01}^{i'},f_0^{i'}+f_1^{i'}+f_{01}^{i'}$仍是平衡函数,$i=1,\cdots,n$.

故由上述H_4函数的判别条件知,$f(x_{10},x_{11};\cdots;x_{n0},x_{n1})+\alpha_1g_1(x_{10},x_{11})+\cdots+\alpha_ng_n(x_{n0},x_{n1})+\alpha_0$也为$H_4$函数.

由上述结论知,$g_i(x_{i0},x_{i1})$是H_4函数的平凡项.例如,$x_0y_1+y_0z_1+z_0x_1$与$x_0y_1+y_0z_1+z_0x_1+x_0x_1$同为3维$H_4$函数,事实上也不难验证这一点.

评注 由定理5可知H_4函数的不变性比Bent函数要好.另外也易知文献[4]中的定理5实际上是本结论的特例,即取$g_i(x_{i0},x_{i1})=x_{i0}+x_{i1}$.

引理1 若$f(x_1,x_2,\cdots,x_n)$为平衡函数,则f的最高次数小于n,其中$n\geqslant 2$.

证明 将$f(x_1,x_2,\cdots,x_n)$按小项表示展开,不难得到以上结论.

定理6 若$F(x_1,x_2,\cdots,x_n)$为H_4函数,$f(x_{10},x_{11};\cdots;x_{n0},x_{n1})$为其二进展开函数,则$f$的最高次数$q$

小于$2n-1$. 若f中所含的项数为Q,则$Q \geqslant \frac{2n}{q}$.

证明　若$F(x_1,x_2,\cdots,x_n)$的最高次数为$q=2n-1$,不妨设f中含有$x_{10}x_{20}x_{21}\cdots x_{n0}x_{n1}$项,则$f_0^1$中含有$x_{20}x_{21}\cdots x_{n0}x_{n1}$项,而由定理 2 知$f_0^1$应为平衡函数,这与引理 1 矛盾.

若$F(x_1,x_2,\cdots,x_n)$的最高次数为$q=2n$,即含$x_{10}x_{11}\cdots x_{n0}x_{n1}$项,则$f_{01}^1$中含有$x_{20}x_{21}\cdots x_{n0}x_{n1}$项,也即是$f_0^1+f_{01}^1$,$f_1^1+f_{01}^1$,$f_0^1+f_1^1+f_{01}^1$中至少有一个含有$x_{20}x_{21}\cdots x_{n0}x_{n1}$项,从而由引理1知,上述三个Boole函数中至少有一个为非平衡函数,矛盾.

故f的最高次数q小于$2n-1$.

若$Q<\frac{2n}{q}$,则至少有一项x_{ij}在f中不存在,从而$f_0^i=0$,$f_1^i=0$,这与f_0^i,f_1^i为平衡函数矛盾.

引理 2[1]　$F(x_1,x_2,\cdots,x_n)$是 H - Boole 函数$\Leftrightarrow$对$\forall i=1,\cdots,n$,有$F(x_1,\cdots,x_{i-1},1,x_{i+1},\cdots,x_n)+F(x_1,\cdots,x_{i-1},0,x_{i+1},\cdots,x_n)$为平衡函数.

引理 3　$F(x_1,x_2,\cdots,x_n)$为n元 H - Boole 函数$\Leftrightarrow$ $F(x_1,x_2,\cdots,x_n)$满足严格雪崩准则.

证明　由引理 2 知$F(x_1,x_2,\cdots,x_n)$为n元 H - Boole 函数,当且仅当对$\forall i=1,\cdots,n$,有

$$F(x_1,\cdots,x_{i-1},1,x_{i+1},\cdots,x_n)+$$
$$F(x_1,\cdots,x_{i-1},0,x_{i+1},\cdots,x_n)$$

为平衡函数. 易证得

$$F(x_1,\cdots,x_{i-1},1,x_{i+1},\cdots,x_n)+$$
$$F(x_1,\cdots,x_{i-1},0,x_{i+1},\cdots,x_n)$$

为平衡函数等价于

$$F(x_1,\cdots,x_{i-1},x_i,x_{i+1},\cdots,x_n)+$$
$$F(x_1,\cdots,x_{i-1},x_i+1,x_{i+1},\cdots,x_n)$$

为平衡函数,而这恰是严格雪崩准则函数的定义.

定理 7 若 $F(x_1,x_2,\cdots,x_n)$ 为 H_4 函数,$f(x_{10},x_{11};\cdots;x_{n0},x_{n1})$ 为其二进展开函数,则 $f(x_{10},x_{11};\cdots;x_{n0},x_{n1})$ 满足严格雪崩准则. 从而 $f(x_{10},x_{11};\cdots;x_{n0},x_{n1})$ 为 $2n$ 元 H - Boole 函数.

证明

$$\begin{aligned}
&P\{f(x_{10},x_{11};\cdots;x_{n0},x_{n1})=\\
&\quad f(x_{10}+1,x_{11};\cdots;x_{n0},x_{n1})\}\\
=&P\{f(0,x_{11};\cdots;x_{n0},x_{n1})=\\
&\quad f(1,x_{11};\cdots;x_{n0},x_{n1})\}\\
=&\frac{1}{2}P\{f(0,0;x_{20},x_{21};\cdots;x_{n0},x_{n1})=\\
&\quad f(1,0;x_{20},x_{21};\cdots;x_{n0},x_{n1})\}+\\
&\quad \frac{1}{2}P\{f(0,1;x_{20},x_{21};\cdots;x_{n0},x_{n1})=\\
&\quad f(1,1;x_{20},x_{21};\cdots;x_{n0},x_{n1})\}\\
=&\frac{1}{2}P\{F(0,x_2,\cdots,x_n)=F(1,x_2,\cdots,x_n)\}+\\
&\quad \frac{1}{2}P\{F(2,x_2,\cdots,x_n)=F(3,x_2,\cdots,x_n)\}\\
=&\frac{1}{2}\cdot\frac{1}{2}+\frac{1}{2}\cdot\frac{1}{2}=\frac{1}{2}
\end{aligned}$$

同理对 $x_{11};x_{20},x_{21};\cdots;x_{n0},x_{n1}$ 做讨论,可得到同样的结论. 故可知f满足严格雪崩准则. 由引理3 知$f(x_{10},$

$x_{11};\cdots;x_{n0},x_{n1})$ 为 $2n$ 元 H－Boole 函数.

注　由定理 7 知 $2n$ 维 2 阶 H－矩阵的个数多于 n 维 4 阶 H－矩阵的个数. 注意,此命题的逆不成立.

引理 4　当 $f_1(x_1,x_2,\cdots,x_n)$ 与 $f_2(x_1,x_2,\cdots,x_n)$ 相互独立时,若 $f_1(x_1,x_2,\cdots,x_n)$ 为平衡函数,则 $f_1(x_1,x_2,\cdots,x_n)+f_2(x_1,x_2,\cdots,x_n)$ 也为平衡函数,其中 $f_1(x_1,x_2,\cdots,x_n)$, $f_2(x_1,x_2,\cdots,x_n)$ 均为 Boole 函数.

证明　这可由式

$$\begin{aligned}&P\{f_1(x_1,x_2,\cdots,x_n)+f_2(x_1,x_2,\cdots,x_n)=0\}\\=&P\{f_1(x_1,x_2,\cdots,x_n)=0\}\cdot P\{f_2(x_1,x_2,\cdots,x_n)=0\}+\\&P\{f_1(x_1,x_2,\cdots,x_n)=1\}\cdot P\{f_2(x_1,x_2,\cdots,x_n)=1\}\\=&\frac{1}{2}\{P\{f_2(x_1,x_2,\cdots,x_n)=0\}+\\&P\{f_2(x_1,x_2,\cdots,x_n)=1\}\}\\=&\frac{1}{2}\end{aligned}$$

得到.

定理 8

$$\begin{aligned}F(x_1,x_2,\cdots,x_n)&=f(x_{10},x_{11};\cdots;x_{n0},x_{n1})\\&=F_1(x_{10},x_{20},\cdots,x_{n0})+\\&\quad F_2(x_{11},x_{21},\cdots,x_{n1})\end{aligned}$$

为 H_4 函数, 当且仅当 $F_1(x_{10},x_{20},\cdots,x_{n0})$, $F_2(x_{11},x_{21},\cdots,x_{n1})$ 是 H－Boole 函数.

证明　充分性:由于 $x_{10},x_{11};\cdots;x_{n0},x_{n1}$ 这 $2n$ 个自变量相互独立, 故 $F_1(x_{10},x_{20},\cdots,x_{n0})$ 与 $F_2(x_{11},x_{21},\cdots,x_{n1})$ 两函数也相互独立.

$\forall a\neq b\in Z_4$,则 a,b 的二进制表示 a_0,a_1,b_0,b_1 中

$a_0 \neq b_0, a_1 \neq b_1$ 至少有一个成立. 对 $\forall i = 1, \cdots, n$, 有

$$\begin{aligned} &P\{F(x_1, \cdots, x_{i-1}, a, x_{i+1}, \cdots, x_n) = \\ &F(x_1, \cdots, x_{i-1}, b, x_{i+1}, \cdots, x_n)\} \\ &= P\{(F_1(x_{10}, \cdots, a_0, \cdots, x_{n0}) + \\ &F_1(x_{10}, \cdots, b_0, \cdots, x_{n0})) + \\ &(F_2(x_{11}, \cdots, a_1, \cdots, x_{n1}) + \\ &F_2(x_{11}, \cdots, b_1, \cdots, x_{n1})) = 0\} \end{aligned}$$

由于 F_1, F_2 都是 H - Boole 函数, 故当 $a_0 \neq b_0$, $a_1 \neq b_1$ 中至少有一个成立时

$$F_1(x_{10}, \cdots, a_0, \cdots, x_{n0}) + F_1(x_{10}, \cdots, b_0, \cdots, x_{n0})$$

与

$$F_2(x_{11}, \cdots, a_1, \cdots, x_{n1}) + F_2(x_{11}, \cdots, b_1, \cdots, x_{n1})$$

中至少有一个为平衡函数, 于是由引理 4 知

$$\begin{aligned} &(F_1(x_{10}, \cdots, a_0, \cdots, x_{n0}) + F_1(x_{10}, \cdots, b_0, \cdots, x_{n0})) + \\ &(F_2(x_{11}, \cdots, a_1, \cdots, x_{n1}) + F_2(x_{11}, \cdots, b_1, \cdots, x_{n1})) \end{aligned}$$

必为平衡函数, 因此上述概率式的值为 $\frac{1}{2}$. 从而由定理 1 知 $F(x_1, x_2, \cdots, x_n)$ 是 H_4 函数.

必要性: 若 $F(x_1, x_2, \cdots, x_n)$ 是 H_4 函数, 对 $\forall i = 1, \cdots, n$, 令 $a_0 = 1, a_1 = b_0 = b_1 = 0$, 有

$$\begin{aligned} &P\{F(x_1, \cdots, x_{i-1}, 0, x_{i+1}, \cdots, x_n) = \\ &F(x_1, \cdots, x_{i-1}, 1, x_{i+1}, \cdots, x_n)\} \\ &= P\{F_1(x_{10}, \cdots, x_{(i-1)0}, 1, x_{(i+1)0}, \cdots, x_{n0}) = \\ &F_1(x_{10}, \cdots, x_{(i-1)0}, 0, x_{(i+1)0}, \cdots, x_{n0})\} \\ &= P\{F_1(x_{10}, \cdots, x_{(i-1)0}, 1, x_{(i+1)0}, \cdots, x_{n0}) + \\ &F_1(x_{10}, \cdots, x_{(i-1)0}, 0, x_{(i+1)0}, \cdots, x_{n0}) = 0\} \end{aligned}$$

$$= \frac{1}{2}$$

故

$$F_1(x_{10},\cdots,x_{(i-1)0},1,x_{(i+1)0},\cdots,x_{n0}) + F_1(x_{10},\cdots,x_{(i-1)0},0,x_{(i+1)0},\cdots,x_{n0})$$

为平衡函数，由引理 2 知 $F_1(x_{10},x_{20},\cdots,x_{n0})$ 是 H - Boole 函数.

同理可证得 $F_2(x_{11},x_{21},\cdots,x_{n1})$ 是 H - Boole 函数.

定理 9　若 $F(x_1,x_2,\cdots,x_n)$ 为 H_4 函数，则对 $\forall k_0,b_0 \in Z_4, 1 \leqslant i \leqslant n$，且$(k_0,4)=1$，有

$$F'(x_1,\cdots,x_i,\cdots,x_n) = F(x_1,\cdots,k_0x_i+b_0,\cdots,x_n)$$

也为 H_4 函数.

证明　(1) 由于$(k_0,4)=1$，易知对 $\forall k,b \in Z_4$，$k(k_0x+b_0)+b \equiv k_0x+b_0 \pmod 4$ 与 $kx+b \equiv x \pmod 4$ 的解数相同.

(2) 当 x 取遍 Z_4 的剩余系时，由于$(k_0,4)=1$，故 k_0x+b_0 也取遍 Z_4 的剩余系.

从而对 $\forall k,b \in Z_4$ 有

$$P\{F(x_1,\cdots,k(k_0x_i+b_0)+b,\cdots,x_n) = F(x_1,\cdots,k_0x_i+b_0,\cdots,x_n)\}$$
$$= P\{F(x_1,\cdots,kx_i+b,\cdots,x_n) = F(x_1,\cdots,x_i,\cdots,x_n)\}$$

同样可以验证：对 $\forall k,b \in Z_4$ 有

$$P\{F(x_1,\cdots,kx_j+b,\cdots,k_0x_i+b_0,\cdots,x_n) =$$

$$F(x_1,\cdots,x_j,\cdots,k_0x_i+b_0,\cdots,x_n)\}$$
$$=P\{F(x_1,\cdots,kx_j+b,\cdots,x_i,\cdots,x_n)=$$
$$F(x_1,\cdots,x_j,\cdots,x_i,\cdots,x_n)\}$$

又依题设知 $F(x_1,x_2,\cdots,x_n)$ 为 H_4 函数，由定理4知，上述两个概率式的值均为 $\frac{1}{2}+\frac{c}{8}$，故又由定理4，就可得到 $F'(x_1,x_2,\cdots,x_n)$ 也为 H_4 函数，其中 c 为方程 $kx+b\equiv x(\bmod 4)$ 的解数.

四、结束语

用 H_4 函数这一有力工具研究4阶H－矩阵非常方便，下面就应用前面的结论，讨论2维4阶H－矩阵的计数问题.

由前面的讨论可以知道，n 维4阶H－矩阵与 n 维 H_4 函数之间存在一一对应关系，这样只需讨论2维 H_4 函数的个数，就可以解决2维4阶H－矩阵的计数问题.

由定理5、定理6知，当四元Boole函数 $f(x_0,x_1;y_0,y_1)$ 为2维 H_4 函数时，只需讨论 $f(x_0,x_1;y_0,y_1)$ 含有 $x_0y_0,x_1y_1,x_0y_1,x_1y_0$ 这4项的情况.

当 f 中只含有上述4个二次项中的一项或全部包含4项时，f 显然不是 H_4 函数，因为此时 $f_0^1,f_1^1,f_0^1+f_1^1$ 中至少存在一个为常数.

当 f 中只含有上述4项中的2项时，H_4 函数 f 只可能为 $x_0y_0+x_1y_1$ 或 $x_0y_1+x_1y_0$.

当 f 中含有上述4个二次项中的3项时，则都满足定理2中所给出的方程，于是此时 f 有 $C_4^3=4$ 种可能情

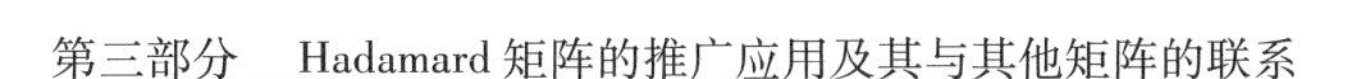

况.

由定理 5 知 f 加上一些平凡函数式 $\alpha_1 g_1(x_0,x_1)$，$\alpha_2 g_2(y_0,y_1)$，α_0 仍是 H_4 函数，而 $g_1(x_0,x_1)=x_0$ 或 x_1 或 x_0x_1，有 3 种情况，$g_2(y_0,y_1)$ 也同样有 3 种情况，于是由上面的讨论知，2 维 H_4 函数共计有 $2^{3+3+1}\times(2+4)=768$ 个，也就是 2 维 4 阶 H－矩阵有 768 个.

高阶 H－矩阵有很高的理论价值和应用价值，本章所给出的 H_4 函数将 4 阶 H－矩阵问题转化为 Boole 函数问题，因而可以作为系统研究 4 阶 H－矩阵的一种有力工具，当然，这可以推广到更高阶 H－矩阵的研究中.

参考文献

[1] 杨义先，林须端. 编码密码学[M]. 北京：人民邮电出版社，1992.

[2] 杨义先，胡正名. 四维二阶 Hadamard 矩阵的分类[J]. 系统科学与数学，1987，7(1)：40-46.

[3] 李世群. 5 维 2 阶 Hadamard 矩阵计数问题的解决[J]. 北京邮电学院学报，1988，11(2)：17-21.

[4] 杨义先. 高维 Hadamard 矩阵的构造[J]. 北京邮电学院学报，1988，11(2)：31-38.

有限域 $GF(2^n)$ 上 Hadamard 型 MDS 矩阵研究①

第31章

一、引言

MDS 矩阵作为一种最优扩散映射，广泛应用于 AES，CLEFIA[1]，Twofish[2]及 FOX[3] 等算法的扩散层设计中. 常见扩散层设计中的 MDS 矩阵一般是循环矩阵、Hadamard 矩阵、Cauchy 矩阵[4] 等类型的矩阵. Cauchy 矩阵因矩阵元素 Hamming 重量较大，不利于算法在各种平台上的实现，因此在算法设计中并不常用；如果一个循环矩阵是 MDS 矩阵，那么该矩阵一定不是对合的[5]，因此，循环矩阵的应用具有局限性；Hadamard 矩阵元素 Hamming 重量较小，并且可以是对合的 MDS 矩阵，具有易于实现的特点. 因此，深入研究 Hadamard 型 MDS 矩阵的性质及产生方法，对密码算法设计具有重要意义. 随机生成并检验的 MDS 矩阵

① 本章摘编自《舰船电子工程》，2014，34(5)：41-45.

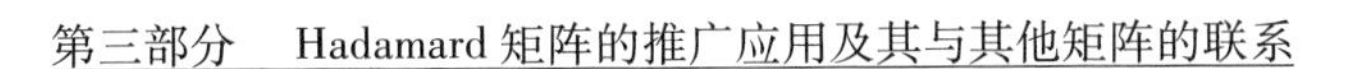

生成方法效率较低，文献[6]通过对有限域 $GF(2^n)$ 上 Hadamard 矩阵生成条件加以限制，提升了 MDS 矩阵的生成效率，但是效率提升有限．中国船舶重工集团有限公司第七二二研究所的刘丽辉、徐林杰、张祖平、李艳萍四位研究员 2014 年通过对 Hadamard 矩阵性质的深入研究，极大地提升了 Hadamard 型 MDS 矩阵的生成效率．

二、预备知识

分组密码算法设计与分析中一个重要的课题就是研究密码学性质良好的扩散矩阵．本章从有限域 $GF(2^n)$ 上 Hadamard 矩阵的结构特点出发，研究 Hadamard 矩阵的性质，进而得到密码学性质良好的 Hadamard 矩阵．如不特殊说明，本章中使用符号有如下约定："+" 表示实数域加法，"-" 表示实数域减法，"×" 表示实数域乘法，"⊕" 表示有限域加法，"·" 表示有限域乘法，"$\bigoplus_{i=0}^{n-1} a_i$" 表示有限域上 n 个元素的加法求和，$\boldsymbol{A}^{\mathrm{T}}$ 表示矩阵 $\boldsymbol{A}$ 的转置．

定义 1[7]　设 $\boldsymbol{A}=(a_{i,j})_{2^m\times 2^m}$ 是 $GF(2^n)$ 上的 $2^m\times 2^m$ 矩阵，如果当 $0\leqslant i,j\leqslant 2^m-1$ 时，均有 $a_{i,j}=a_{0,i\oplus j}$，则称 $\boldsymbol{A}$ 为有限域 $GF(2^n)$ 上的一个 Hadamard 矩阵，并简记为 $\boldsymbol{A}=\mathrm{Had}(a_{0,0},a_{0,1},\cdots,a_{0,2^m-1})$．

性质 1　有限域 $GF(2^n)$ 上的 Hadamard 矩阵是对称矩阵．

证明　设 $\boldsymbol{A}=\mathrm{Had}(a_{0,0},a_{0,1},\cdots,a_{0,2^m-1})$，任取 $0\leqslant i,j\leqslant 2^m-1$，则

$$a_{i,j} = a_{0,i\oplus j} = a_{0,j\oplus i} = a_{j,i}$$

所以矩阵 $\boldsymbol{A}$ 为对称矩阵,证毕.

定义 2[8]　设$f(\boldsymbol{x}) = \boldsymbol{Ax}$,$\boldsymbol{A}$ 是 $GF(2^n)$ 上的 $m \times m$ 矩阵,$\boldsymbol{x} = (x_1, x_2, \cdots, x_m)$ 为$(GF(2^n))^m$ 上的 m 维列向量,$W_h(\boldsymbol{x})$ 表示非零 $x_i(1 \leqslant i \leqslant m)$ 的个数,则称:

$D_f = \min\limits_{\boldsymbol{x}\neq \boldsymbol{0}}\{W_h(\boldsymbol{x}) + W_h(\boldsymbol{Ax})\}$ 为f的差分分支数;

$L_f = \min\limits_{\boldsymbol{x}\neq \boldsymbol{0}}\{W_h(\boldsymbol{A}^{\mathrm{T}}\boldsymbol{x}) + W_h(\boldsymbol{x})\}$ 为f的线性分支数.

显然 f 的差分分支数与线性分支数的最大值为$m+1$.

分支数可以衡量有限域上线性矩阵密码学性质的好坏,当f的差分分支数与线性分支数都达到最大值时,则称矩阵 $\boldsymbol{A}$ 为 MDS 矩阵. 当矩阵 $\boldsymbol{A}$ 为 MDS 矩阵时,变换f为最优的扩散变换.

由 Hadamard 矩阵的对称性,结合差分分支数与线性分支数的定义可有如下推论:

推论 1　有限域 $GF(2^n)$ 上 Hadamard 矩阵的差分分支数和线性分支数相等.

性质 2　有限域 $GF(2^n)$ 上的 $2^m(m > 1)$ 阶 Hadamard 矩阵可以表示为$\boldsymbol{A} = \begin{pmatrix} \boldsymbol{u} & \boldsymbol{v} \\ \boldsymbol{v} & \boldsymbol{u} \end{pmatrix}$,其中$\boldsymbol{u}$,$\boldsymbol{v}$是矩阵 $\boldsymbol{A}$ 的 2^{m-1} 阶子阵,且 $\boldsymbol{u}$,$\boldsymbol{v}$ 也是 Hadamard 矩阵.

证明　任取有限域上的 2^m 阶 Hadamard 矩阵 $\boldsymbol{A}$,不妨设该矩阵可写作 $\boldsymbol{A} = \begin{pmatrix} \boldsymbol{u} & \boldsymbol{v} \\ \boldsymbol{w} & \boldsymbol{t} \end{pmatrix}$,其中 $\boldsymbol{u}$,$\boldsymbol{v}$,$\boldsymbol{w}$,$\boldsymbol{t}$ 是 2^{m-1} 阶矩阵. 任取矩阵 $\boldsymbol{u}$ 与矩阵 $\boldsymbol{v}$ 中任意元素 u_{ij},v_{ij},其中 $0 \leqslant i,j < 2^{m-1}$,由 $0 \leqslant i \oplus j < 2^{m-1}$,有

$$u_{i,j} = a_{i,j} = a_{0,i\oplus j} = u_{0,i\oplus j}$$

且

$$t_{i,j} = a_{i\oplus 2^{m-1},j\oplus 2^{m-1}} = a_{0,i\oplus j} = u_{i,j}$$

则矩阵 $\boldsymbol{u} = \boldsymbol{t}$ 为 Hadamard 矩阵,同理可证矩阵 $\boldsymbol{v} = \boldsymbol{w}$ 是 Hadamard 矩阵,证毕.

定理 1　有限域 $GF(2^n)$ 上的 2^m 阶 Hadamard 矩阵可逆的充要条件是 $\bigoplus_{i=0}^{2^m-1} a_{0,i} \neq 0$.

证明　设 $\boldsymbol{A} = \mathrm{Had}(a_{0,0}, a_{0,1}, \cdots, a_{0,2^m-1})$,则矩阵 $\boldsymbol{A}$ 可逆的充要条件是 $\det(\boldsymbol{A}) \neq 0$. 而 $\det(\boldsymbol{A}) \neq 0$ 当且仅当 $\det(\boldsymbol{A}^2) \neq 0$. 根据 Hadamard 矩阵的性质可知,$\boldsymbol{A}^2 = (\bigoplus_{i=0}^{2^m-1} a_{0,i}^2)\boldsymbol{E}$. $\det(\boldsymbol{A}^2) = (\bigoplus_{i=0}^{2^m-1} a_{0,i}^2)^{2m} \neq 0$, 这与 $\bigoplus_{i=0}^{2^m-1} a_{0,i} \neq 0$ 等价,证毕.

定理 2　有限域 $GF(2^n)$ 上的 MDS 矩阵的逆矩阵也是 MDS 矩阵.

证明　设矩阵 $\boldsymbol{A}$ 是有限域上的 MDS 矩阵,$\boldsymbol{A}^{-1}$ 表示矩阵 $\boldsymbol{A}$ 的逆矩阵,则根据线性分支数的定义有

$$\begin{aligned}&\min\{W_h(\boldsymbol{x}) + W_h(\boldsymbol{A}^{-1}\boldsymbol{x})\}\\ =&\min\{W_h(\boldsymbol{A}(\boldsymbol{A}^{-1}\boldsymbol{x})) + W_h(\boldsymbol{A}^{-1}\boldsymbol{x})\}\\ =&\ m + 1\end{aligned}$$

即 $\boldsymbol{A}^{-1}$ 的线性分支数达到最大,同理可证 $\boldsymbol{A}^{-1}$ 的差分分支数也达到最大,因此 $\boldsymbol{A}^{-1}$ 是 MDS 矩阵.

性质 3　有限域 $GF(2^n)$ 上的 Hadamard 矩阵的逆矩阵仍是 Hadamard 矩阵.

证明　设 $\boldsymbol{A} = \mathrm{Had}(a_{0,0}, a_{0,1}, \cdots, a_{0,2^m-1})$,不妨设

$$A^{-1} = \mathrm{Had}(b_{0,0}, b_{0,1}, \cdots, b_{0,2^m-1})$$

则

$$\boldsymbol{A} \cdot \boldsymbol{A} = (\bigoplus_{i=0}^{2^m-1} a_{0,i}^2)\boldsymbol{E} = (\bigoplus_{i=0}^{2^m-1} a_{0,i}^2)\boldsymbol{A}^{-1} \cdot \boldsymbol{A}$$

因此

$$(\boldsymbol{A} \oplus (\bigoplus_{i=0}^{2^m-1} a_{0,i}^2)\boldsymbol{A}^{-1}) \cdot \boldsymbol{A} = \boldsymbol{O}$$

由于矩阵 $\boldsymbol{A}$ 是可逆的,则有

$$\boldsymbol{A} \oplus (\bigoplus_{i=0}^{2^m-1} a_{0,i}^2)\boldsymbol{A}^{-1} = \boldsymbol{O}$$

故

$$\boldsymbol{A}^{-1} = (\bigoplus_{i=0}^{2^m-1} a_{0,i}^2)^{-1}\boldsymbol{A}$$

从而矩阵 $\boldsymbol{A}$ 的逆矩阵为 Hadamard 矩阵,证毕.

根据定理 2 与 Hadamard 矩阵的性质 3 有如下定理:

定理 3 有限域 $GF(2^n)$ 上 Hadamard 型 MDS 矩阵的逆矩阵是 Hadamard 型 MDS 矩阵.

三、有限域 $GF(2^n)$ 上的 Hadamard 型 MDS 矩阵

有限域上 Hadamard 矩阵一般通过随机方式生成,通过分支数的定义可以判定该矩阵是否为 MDS 矩阵. 但该方法计算量较大,通常使用如下引理检验已知矩阵是否为 MDS 矩阵.

引理 1[5] 有限域 $GF(2^n)$ 上的矩阵是 MDS 矩阵的充要条件是该矩阵的所有子方阵都是非退化的.

对于一个已知矩阵,若要判断它是否为 MDS 矩阵,首先要计算它的所有子式. 若所有的子式不为零,则此矩阵为 MDS 矩阵. 该方法的缺点是寻找到目标矩阵

的效率较低[9]，$n\times n$ 矩阵共有 $n_z=\sum_{i=1}^{n}\binom{n}{i}^2$ 个子方阵，因此平均需要测试 $n_t=(1-2^{-m})^{-n_z}$ 个矩阵才能找到一个满足需要的矩阵. Hadamard 矩阵的许多子方阵是等价的，所要测试的矩阵的个数会大大减少. 文献[7]对矩阵元素加以限制，提高了 MDS 矩阵的生成效率.

定理 4[6]　有限域 $GF(2^n)$ 上的 Hadamard 矩阵 $\mathrm{Had}(a_{0,0},a_{0,1},\cdots,a_{0,2^m-1})$ 是 MDS 矩阵的必要条件是 $a_{0,0},a_{0,1},\cdots,a_{0,2^m-1}$ 两两不同且不为 0.

根据定理 4 生成的 Hadamard 矩阵，第一行元素均不为零，则该 Hadamard 矩阵的矩阵元素均不为零，即矩阵的 1 阶子方阵均非退化；矩阵的第一行元素互不相同，则矩阵的一些 2 阶方阵非退化. 定理 4 通过限定 Hadamard 矩阵的生成条件，使得生成矩阵的非退化子方阵的个数增多.

本章在研究了有限域上的 Hadamard 矩阵的性质后，在文献[5]的基础上进一步增加了在限定条件下生成矩阵的非退化子方阵的个数.

定理 5　若有限域 $GF(2^n)$ 上的 2^m 阶 Hadamard 矩阵 $\mathrm{Had}(a_{0,0},a_{0,1},\cdots,a_{0,2^m-1})$ 可逆且 $\prod_{i=0}^{2^m-1}a_{0,i}\neq 0$，则该矩阵的 2^m-1 阶子方阵均是非退化的.

证明　令 $\boldsymbol{A}=\mathrm{Had}(a_{0,0},a_{0,1},\cdots,a_{0,2^m-1})$，设 $\boldsymbol{A}^*=(c_{ij})_{2^m\times 2^m}$ 是矩阵 $\boldsymbol{A}$ 的伴随矩阵，则有

$$\boldsymbol{A}\cdot\boldsymbol{A}^*=\det(\boldsymbol{A})\boldsymbol{E}$$

已知 $\boldsymbol{A}$ 可逆，则有

$$\boldsymbol{A}^* = \det(\boldsymbol{A})\boldsymbol{A}^{-1} = \det(\boldsymbol{A}) \cdot (\bigoplus_{i=0}^{2^m-1} a_{0,i}^2)^{-1}\boldsymbol{A}$$

不妨写作 $\boldsymbol{A}^* = \delta\boldsymbol{A}$,其中

$$\delta = \det(\boldsymbol{A}) \cdot (\bigoplus_{i=0}^{2^m-1} a_{0,i}^2)^{-1}$$

由已知 $\boldsymbol{A}$ 可逆,则

$$\det(\boldsymbol{A}) \neq 0, (\bigoplus_{i=0}^{2^m-1} a_{0,i}^2)^{-1} \neq 0$$

因此 $\delta \neq 0$. 当 $a_{0,0}, a_{0,1}, \cdots, a_{0,2^m-1}$ 均不为 0,即 $\prod_{i=0}^{2^m-1} a_{0,i} \neq 0$ 时,则 $a_{ij}^* = \delta \cdot a_{ij} \neq 0$. 由伴随矩阵的定义显然有该矩阵的 $2^m - 1$ 阶子式均不为零.

结合引理 1 与定理 4 有如下定理:

定理 6 有限域 $GF(2^n)$ 上的 Hadamard 矩阵 $\mathrm{Had}(a_{0,0}, a_{0,1}, \cdots, a_{0,2^m-1})$ 是 MDS 矩阵的必要条件是矩阵元素互不相同,不为零,且 $\bigoplus_{i=0}^{2^m-1} a_{0,i} \neq 0$.

与定理 4 相比,定理 6 仅增加一个限制条件,即要求矩阵的第一行元素和不为零,则此时该 Hadamard 矩阵非退化,且该 Hadamard 矩阵的所有 3 阶子方阵也均为非退化矩阵.

对于已知的 n 阶方阵,所有子方阵的个数是确定的,如果需要判断该矩阵是否为 MDS 矩阵,若非退化子方阵的个数越多,即非退化子方阵个数的下界越大,则需测试的子方阵个数越少,这就提高了判断已知矩阵是否为 MDS 矩阵的效率.

表 1 列举了四种 $2^m(m = 0,1,2,3)$ 阶矩阵的所有子方阵的个数和不同方法下非退化子方阵个数的下界.

表 1　2^m 阶矩阵非退化子方阵个数的下界比较

m	2^m 阶矩阵子方阵的个数	非退化子方阵个数的下界		
		文献[9]	文献[5]	定理 6
0	1	0	1	1
1	5	0	5	5
2	69	0	28	45
3	12 869	0	176	241

(一) 有限域 $GF(2^n)$ 上 4 阶 Hadamard 型 MDS 矩阵

以上讨论了 2^m 阶 Hadamard 矩阵成为 MDS 矩阵的必要条件. 根据定理 6 的限制条件生成的 4 阶 Hadamard 矩阵,具有该矩阵、1 阶子方阵、3 阶子方阵及一些 2 阶子方阵非退化的特点. 补充以上条件,可得到 4 阶 Hadamard 矩阵是 MDS 矩阵的充要条件.

定理 7　有限域 $GF(2^n)$ 上的 4 阶 Hadamard 矩阵是 MDS 矩阵的充要条件是 $\prod_{i=0}^{3} a_{0,i} \neq 0$, $\bigoplus_{i=0}^{3} a_{0,i} \neq 0$ 且 $a_{0,i} \cdot a_{0,j\oplus k} \neq a_{0,i\oplus k} \cdot a_{0,j}, i \neq j, k = \{1,2,3\}$.

证明　此时只需考虑 2 阶子式. 对任意的 2 阶子式

$$\begin{vmatrix} a_{s,i} & a_{s,j} \\ a_{t,i} & a_{t,j} \end{vmatrix} = a_{s,i} \cdot a_{t,j} \oplus a_{s,j} \cdot a_{t,i}$$

$$= a_{0,s\oplus i} \cdot a_{0,t\oplus j} \oplus a_{0,s\oplus j} \cdot a_{0,t\oplus i}$$

$i \neq j$ 且 $s \neq t$,由 s 的任意性,不妨取 $s = 0, t = k$,于是有 $a_{0,i} \cdot a_{0,j\oplus k} \neq a_{0,i\oplus k} \cdot a_{0,j}, i \neq j, k = \{1,2,3\}$,证毕.

上述定理指出了生成 Hadamard 型 MDS 矩阵的充要条件,实际的 Hadamard 型 MDS 矩阵生成算法中,判断条件可以进一步减少. 由于 Hadamard 矩阵的许多

子矩阵是等价的，如

$$\begin{vmatrix} a_0 & a_1 \\ a_2 & a_3 \end{vmatrix} = \begin{vmatrix} a_0 & a_2 \\ a_1 & a_3 \end{vmatrix} = \begin{vmatrix} a_3 & a_2 \\ a_1 & a_0 \end{vmatrix} = \begin{vmatrix} a_3 & a_1 \\ a_2 & a_0 \end{vmatrix}$$

$$= a_0 \cdot a_3 \oplus a_1 \cdot a_2$$

因此，Hadamard 型 MDS 矩阵生成算法中只需判断其中一个矩阵即可. 更实用的筛选4 阶 Hadamard 型 MDS 矩阵的算法如下：

算法 1：

步骤 1. 定义有限域 $GF(2^n)$ 上的运算, 加法, 乘法.

步骤2. 选取4 个互不相同且不为0 的元素 $0 < a_0, a_1, a_2, a_3 < 2^n$.

步骤 3. 若 $a_0 \oplus a_1 \oplus a_2 \oplus a_3 = 0$，则返回步骤 2.

步骤 4. 计算 $a_0a_3 \oplus a_1a_2, a_0a_1 \oplus a_2a_3$ 或 $a_0a_2 \oplus a_1a_3$，若有结果为 0，则返回步骤 2.

步骤 5. 由 a_0, a_1, a_2, a_3 生成 4 阶 Hadamard 矩阵.

步骤 6. 输出矩阵 $\boldsymbol{A} = \mathrm{Had}(a_0, a_1, a_2, a_3)$.

则输出矩阵 $\boldsymbol{A}$ 即为 Hadamard 型 MDS 矩阵.

算法 1 是一种 4 阶的 Hadamard 型 MDS 矩阵的生成方法，与引理1 中需测试69 个子方阵相比，通过定理 6 的限制条件产生的 Hadamard 矩阵，仅需测试 3 个 2 阶方阵是否非退化，极大地简化了 Hadamard 型 MDS 矩阵生成的判定条件与计算过程，大大地提高了 Hadamard 型 MDS 矩阵的生成效率.

（二）有限域 $GF(2^n)$ 上 8 阶 Hadamard 型 MDS 矩阵

同4 阶 Hadamard 型 MDS 矩阵相比，8 阶 Hadamard

型 MDS 矩阵的生成需要测试的子式个数是惊人的,需要测试更多的矩阵才可能产生一个符合条件的矩阵.若能根据较小阶的 MDS 矩阵生成一个高阶的 MDS 矩阵,则是一个很好的选择.

定理8　有限域 $GF(2^n)$ 上任意8阶 Hadamard 型 MDS 矩阵都可以写作 $\boldsymbol{A}=\begin{pmatrix}\boldsymbol{u} & \boldsymbol{v}\\ \boldsymbol{v} & \boldsymbol{u}\end{pmatrix}$,且矩阵 $\boldsymbol{A}$ 的4阶子阵 $\boldsymbol{u},\boldsymbol{v}$ 都是 Hadamard 型 MDS 矩阵.

证明　根据性质2,$\boldsymbol{A}=\begin{pmatrix}\boldsymbol{u} & \boldsymbol{v}\\ \boldsymbol{v} & \boldsymbol{u}\end{pmatrix}$,4阶子阵 $\boldsymbol{u},\boldsymbol{v}$ 都是 Hadamard 矩阵显然易得,由引理1,矩阵的任意阶子式不为零,则矩阵 $\boldsymbol{u},\boldsymbol{v}$ 的各阶子方阵均为非退化的,故矩阵 $\boldsymbol{u},\boldsymbol{v}$ 均为 MDS 矩阵,证毕.

可结合算法1中的4阶 Hadamard 型 MDS 矩阵生成算法与定理8,构造8阶 Hadamard 型 MDS 矩阵生成算法,具体如下:

算法2:

步骤1. 定义有限域 $GF(2^n)$ 上的运算,加法,乘法.

步骤2. 根据算法1选取 u_0,u_1,u_2,u_3,生成 Hadamard 型 MDS 矩阵 $\boldsymbol{U}$.

步骤3. 根据算法1选取 v_0,v_1,v_2,v_3(与 u_0,u_1,u_2,u_3 两两不同)生成 Hadamard 型 MDS 矩阵 $\boldsymbol{V}$.

步骤4. 计算$(\bigoplus_{i=0}^{3} u_i)\oplus(\bigoplus_{i=0}^{3} v_i)$,若结果为0,则返回步骤3.

步骤5. 由 $\boldsymbol{U},\boldsymbol{V}$ 生成8阶 Hadamard 矩阵.

步骤 6. 计算该 Hadamard 矩阵的 k 阶子式($2 \leqslant k \leqslant 2^m - 2$),若有 k 阶子式为零,则返回步骤 3.

步骤 7. 输出矩阵 $\boldsymbol{A} = \begin{pmatrix} \boldsymbol{U} & \boldsymbol{V} \\ \boldsymbol{V} & \boldsymbol{U} \end{pmatrix}$.

则输出矩阵即为 8 阶 Hadamard 型 MDS 矩阵.

由算法 1 可知,生成若干个 4 阶的 Hadamard 型 MDS 矩阵是容易的,根据 Hadamard 矩阵的性质,由任意矩阵元素互不相同的两个 4 阶的 Hadamard 型 MDS 矩阵生成 8 阶的 Hadamard 矩阵是简单的. 通过定理 8 的限制条件产生的 Hadamard 矩阵的非退化子方阵的个数已经达到 340 个,需判断的子方阵的个数进一步减少,进一步提升了 Hadamard 型 MDS 矩阵的生成效率.

四、有限域 $GF(2^n)$ 上对合的 Hadamard 型 MDS 矩阵

SP 结构是目前广泛适用的一种分组密码整体结构,如 AES,ARIA[10],PRESRNT[11] 等分组密码都采用此种结构. 该种结构可以得到更快速的扩散,使得密码的输入和输出更为复杂. 但是,SP 结构的密码算法需要对子模块进行限制,才能保证算法的加解密相似,如 AES 算法的扩散层中使用了循环矩阵,虽然该矩阵是 MDS 矩阵,但是由于该矩阵不是对合的,所以该算法的解密过程中使用了与加密过程中不同的循环矩阵. 如果扩散层的 MDS 矩阵是对合的,那么便可保证该算法的加解密相似.

文献[5] 指出,循环型 MDS 矩阵一定不是对合矩

阵,循环矩阵的这一性质限制了循环矩阵在 SP 结构分组密码算法中的广泛应用. 而由于有限域 $GF(2^n)$ 上 Hadamard 矩阵结构与性质的特殊性,故存在很多对合的矩阵.

定理 9　有限域 $GF(2^n)$ 上的 Hadamard 矩阵 $\mathrm{Had}(a_{0,0},a_{0,1},\cdots,a_{0,2^m-1})$ 是对合矩阵的充要条件是 $\bigoplus_{i=0}^{2^m-1} a_{0,i} = 1$.

证明　设$\boldsymbol{A} = \mathrm{Had}(a_{0,0},a_{0,1},\cdots,a_{0,2^m-1})$,矩阵$\boldsymbol{A}$是对合的充要条件是 $\boldsymbol{A} \cdot \boldsymbol{A} = \boldsymbol{E}$. 而由于矩阵是 Hadamard 矩阵,由

$$\boldsymbol{A} \cdot \boldsymbol{A} = (\bigoplus_{i=0}^{2^m-1} a_{0,i}^2)\boldsymbol{E} = (\bigoplus_{i=0}^{2^m-1} a_{0,i})^2\boldsymbol{E}$$

知矩阵若是对合的,则$(\bigoplus_{i=0}^{2^m-1} a_{0,i})^2 = 1$,等价于$\bigoplus_{i=0}^{2^m-1} a_{0,i} = 1$,证毕.

定理 10　有限域 $GF(2^n)$ 上的 Hadamard 矩阵 $\mathrm{Had}(a_{0,0},a_{0,1},\cdots,a_{0,2^m-1})$ 是对合的 MDS 矩阵的必要条件是矩阵元素互不相同,$\prod_{i=0}^{2^m-1} a_{0,i} \neq 0$ 且 $\bigoplus_{i=0}^{2^m-1} a_{0,i} = 1$.

特别地,对 4 阶 Hadamard 矩阵有:

定理 11　有限域 $GF(2^n)$ 上的 4 阶 Hadamard 矩阵是对合的 MDS 矩阵的充要条件是 $\prod_{i=0}^{3} a_{0,i} \neq 0$, $\bigoplus_{i=0}^{3} a_{0,i} = 1$ 且 $a_{0,i} \cdot a_{0,j\oplus k} \neq a_{0,i\oplus k} \cdot a_{0,j}, i \neq j, k = \{1,2,3\}$.

4 阶与 8 阶的 Hadamard 型对合 MDS 矩阵的生成

方法与 Hadamard 型 MDS 矩阵生成算法类似,仅需在生成矩阵的限制条件中将 $\bigoplus_{i=0}^{2^m-1} a_{0,i} \neq 0$ 这一条件改变为 $\bigoplus_{i=0}^{2^m-1} a_{0,i} = 1$.

五、结束语

本章研究了有限域上 Hadamard 矩阵的一些性质,结合密码学知识,研究了 2^m 阶 Hadamard 矩阵成为 MDS 矩阵、对合的 MDS 矩阵的必要条件,并针对 4 阶 MDS 矩阵的特点,证明了 4 阶 Hadamard 矩阵成为 MDS 矩阵、对合的 MDS 矩阵的充要条件. 矩阵的阶越大,需判断的条件越多,限制了更高阶 MDS 矩阵的生成,本章改进了 8 阶 Hadamard 矩阵的生成方法,但能否找到 8 阶 Hadamard 矩阵是 MDS 矩阵以及对合的 MDS 矩阵的充要条件是我们以后的研究工作.

参考文献

[1] SHIRAI T,SHIBUTANI K, AKISHITA T,et al. The 128 – bit block cipher CLEFIA[C]//FSE'07, LNCS 4593, Springer-Verlag, 2007:181-195.

[2] SCHNEIER B, KELSEY J, WHITING D. The twofish encryption algorithm:a 128 – bit block cipher [M]. New York:John Wiley and Sons, Inc., 1999:7-11.

[3] JUNOD P, VAUDENAY S. FOX:A new family of block ciphers [C]//Handschuh, H. ,Hasan, M. A. (eds.) SAC 2004. LNCS, Heidelberg:Springer,2004,3357:114-129.

[4]YOUSSEF A M,MISTER S, TAVARES S E. On the design of linear transformations for substitution-permutation encryption networks [C]//Workshop on Selected Areas in Cryptography-SAC'97, Ottawa, 1997:164-171.

[5]王念平,金晨辉,余昭平.对合型列混合变换的研究[J].电子学报, 2005,33(10):1917-1920.

[6]崔霆,金晨辉.对合Cauchy-Hadamard型MDS矩阵的构造[J].电子与信息学报,2010,32(2):500-503.

[7]XIAO L, HEYS H M. Hardware design and analysis of block cipher components [C]//Proceedings of the 5th International Conference on Information Security and Cryptology-ICISC'02, 2003,2587:164-181.

[8]DAEMEN J. Cipher and hash function design strategies based on linear and differential cryptanalysis [D]. Leuven:K U Leuven,1995.

[9]DAEMEN J,KNUDSEN L, RIJMEN V. The block cipher square [C]//Fast Software Encryption(FSE), 1997:149-165.

[10]KWON D,KIM J, PARK S,et al. New block cipher:ARIA [C]//Lim,J.-I.,Lee, D.-H. (eds.) ICISC 2003. LNCS, Heidelberg:Springer, 2004,2971:432-445.

[11]BOGDANOV A, KNUDSEN L R, LEANDER G, et al. PRESENT: An ultra-lightweight block cipher [C]//P. Paillier, I. Verbauwhede(eds.), CHES 2007. LNCS, Heidelberg:Springer, 2007:450-466.

第十一编

Hadamard 行列式与区组设计

第 32 章　区组设计

一、设计

一个设计(在最一般的意义下)是一个对(P,B),其中P是一个称为点的元素的有限集合,而B是P称为区组的子集的集合.如果$p_1,\cdots,p_v$是设计的点,而$B_1,\cdots,B_b$是设计的区组,那么设计的指标矩阵是一个由0和1组成的$v\times b$矩阵$\boldsymbol{A}=(\alpha_{ij})$,其定义为

$$\alpha_{ij}=\begin{cases}1, & 如果\ p_i\in B_j\\0, & 如果\ p_i\notin B_j\end{cases}$$

反过来,任意一个$v\times b$的$0-1$矩阵$\boldsymbol{A}=(\alpha_{ij})$以这种方式定义了一个设计.然而,如果我们可把一个矩阵通过行和列的排列而得出另一个矩阵,那么这两个矩阵就定义了一个相同的设计.

我们将对相当多种结构的设计感兴趣.一个2-设计,或者特别在老的文献中通常称为一个“平衡不完全区组设计”(BIBD),是一个多于一个点和多于一个区组的设计,其中每个区组都包含 k 个点,每个点都属于 r 个区组,而且每一对不同的点都出现在 λ 个区组中.

因而指标矩阵的每一列都含有 k 个 1,而每一行都含有 r 个 1. 分别通过行和列,用两种方法数 1 的个数就得出

$$bk = vr$$

类似地,用两种方式数那些第一行中的 1 下面的 1 的个数就得出

$$r(k-1) = \lambda(v-1)$$

因而,如果给定了 v,k,λ,那么 r 和 b 就被完全确定了,因此我们可以说它是一个 $2-(v,k,\lambda)$ 设计. 由于 $v>1$ 和 $b>1$,我们有

$$1<k<v, 1\leqslant\lambda<r$$

一个 $v\times b$ 的 $0-1$ 矩阵 $\boldsymbol{A}=(\alpha_{ij})$ 是一个 2-设计的指标矩阵的充分必要条件是对某几个正整数 k,r,λ,有

$$\sum_{i=1}^{b}\alpha_{ij}=k, \sum_{k=1}^{b}\alpha_{ik}^{2}=r, \sum_{k=1}^{b}\alpha_{ik}\alpha_{jk}=\lambda$$

$$(i\neq j, 1\leqslant i,j\leqslant v)$$

或者,换句话说有

$$\boldsymbol{e}_v\boldsymbol{A}=k\boldsymbol{e}_b, \boldsymbol{A}\boldsymbol{A}^{\mathrm{T}}=(r-\lambda)\boldsymbol{I}_v+\lambda\boldsymbol{J}_v \tag{1}$$

其中 $\boldsymbol{e}_n$ 是所有元素都是 1 的 $1\times n$ 矩阵,$\boldsymbol{I}_n$ 是 $n\times n$ 单位矩阵,而 $\boldsymbol{J}_n$ 是所有元素都是 1 的 $n\times n$ 矩阵.

设计已被广泛地用在农业和其他方面的实验的设计. 为比较种植在 b 块地上的 v 中庄稼的产量,测量

每块地上的每种庄稼的产量无疑将是费事的和成本较高的方法. 然而我们可用$2-(v,k,\lambda)$设计把每块地分成k个点,其中$\lambda=\frac{bk(k-1)}{v(v-1)}$,来代替上述做法. 那样每个品种恰好用了$r=\frac{bk}{v}$次,在任何一个地块上,没有一个品种会一次以上的使用,并且恰好在λ块地上,任何两个品种都被合起来用了一次. 例如,取$v=4$, $b=6,k=2$,则有$\lambda=1,r=3$.

2-设计的另一个例子是有限射影平面. 事实上,一个阶为n的射影平面可以定义成一个$2-(v,k,\lambda)$设计,其中

$$v=n^2+n+1,k=n+1,\lambda=1$$

由此得出$b=v$以及$r=k$. 在这种情况下,区组被称为“线”,图1中是一个2阶的射影平面或Fano平面的图示. 其中共有7个点和7个区组,这里的区组是6组共线的点圆上的点.

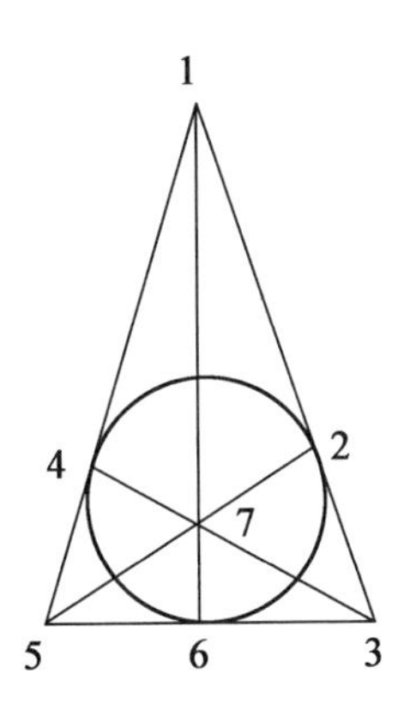

图1　Fano 平面

现在考虑任意一个 $2-(v,k,\lambda)$ 设计. 由于 $r > \lambda$, 因此由式(1) 知

$$\det(\boldsymbol{A}\boldsymbol{A}^{\mathrm{T}}) = (r-v)^{v-1}(r-v+\lambda v) > 0$$

这蕴涵不等式 $b \geqslant v$,因为如果 $b < v$,那么 $\boldsymbol{A}\boldsymbol{A}^{\mathrm{T}}$ 就将是奇异的.

如果 $b = v$,即区组的个数和点的个数一样,则称一个 2 - 设计为正方的或(更通俗的,但易于误解的)"对称的". 因此,任何射影平面都是一个正方的 2 - 设计.

对一个正方的 $2-(v,k,\lambda)$ 设计,$k = r$ 并且指标矩阵 $\boldsymbol{A}$ 本身是非奇异的. 式(1) 的第一个关系式现在等价于 $\boldsymbol{J}_v\boldsymbol{A} = k\boldsymbol{J}_v$. 由于 $k = r$,$\boldsymbol{A}$ 的任意一行的元素之和也是 k,所以 $\boldsymbol{J}_v\boldsymbol{A}^{\mathrm{T}} = k\boldsymbol{J}_v$. 用 $\boldsymbol{A}^{-1}$ 左乘式(1) 的第二个关系式并用 $\boldsymbol{A}$ 右乘它,我们进一步得出

$$\boldsymbol{A}^{\mathrm{T}}\boldsymbol{A} = (r-\lambda)\boldsymbol{I}_v + \lambda\boldsymbol{J}_v$$

因而 $\boldsymbol{A}^{\mathrm{T}}$ 也是一个正方的 $2-(v,k,\lambda)$ 设计的指标矩阵,这个设计称为所给设计的对偶.

这种有一部分是组合的论证现在可以用 1 - 矩阵来代替:

引理 1 设 a,b,k 是实数,而 $n > 1$ 是一个整数,则存在非奇异的实的 $n \times n$ 矩阵 $\boldsymbol{A}$ 使得

$$\boldsymbol{A}\boldsymbol{A}^{\mathrm{T}} = a\boldsymbol{I} + b\boldsymbol{J}, \boldsymbol{J}\boldsymbol{A} = k\boldsymbol{J} \tag{2}$$

的充分必要条件是 $a > 0$,$a + bn > 0$ 以及 $k^2 = a + bn$. 此外,任何一个那种矩阵 $\boldsymbol{A}$ 也满足

$$\boldsymbol{A}^{\mathrm{T}}\boldsymbol{A} = a\boldsymbol{I} + b\boldsymbol{J}, \boldsymbol{J}\boldsymbol{A}^{\mathrm{T}} = k\boldsymbol{J} \tag{3}$$

证明 我们首先证明,如果 $\boldsymbol{A}$ 是任何一个满足式

(2) 的实的 $n\times n$ 矩阵,那么 $a+bn=k^2$. 事实上,因为 $\boldsymbol{J}^2=n\boldsymbol{J}$,所以式(2) 的第一个关系式蕴涵

$$\boldsymbol{JAA}^{\mathrm{T}}\boldsymbol{J}=(a+bn)n\boldsymbol{J}$$

而第二个式子蕴涵 $\boldsymbol{JAA}^{\mathrm{T}}\boldsymbol{J}=k^2n\boldsymbol{J}$.

我们下面证明当且仅当 $a>0$,并且 $a+bn>0$ 时,对称矩阵 $\boldsymbol{G}=a\boldsymbol{I}+b\boldsymbol{J}$ 是正定的. 故 $\det\boldsymbol{G}=a^{n-1}(a+bn)$. 如果 $\boldsymbol{G}$ 是正定的,那么它的行列式是正的. 因为正定矩阵的所有主子矩阵也是正定的,所以我们必须有

$$a^{i-1}(a+bi)>0\quad(1\leqslant i\leqslant n)$$

特别地,$a+b>0$,$a(a+2b)>0$,这只在 $a>0$ 才可能成立. 同时我们也得出 $a+bn>0$.

反过来,设 $a>0$,并且 $a+bn>0$,那么 $\det\boldsymbol{G}>0$,并且存在非零的实数 h,k,使得 $a=h^2$,$a+bn=k^2$. 令 $\boldsymbol{C}=h\boldsymbol{I}+\frac{k-h}{n}\boldsymbol{J}$,那么 $\boldsymbol{JC}=k\boldsymbol{J}$,并且

$$\boldsymbol{C}^2=h^2\boldsymbol{I}+\frac{2h(k-h)+(k-h)^2}{n}\boldsymbol{J}=a\boldsymbol{I}+b\boldsymbol{J}=\boldsymbol{G}$$

由于 $\det\boldsymbol{G}>0$,这说明 $\boldsymbol{G}=\boldsymbol{CC}^{\mathrm{T}}$ 是正定的,因而 $\boldsymbol{C}$ 是非奇异的.

最后,设 $\boldsymbol{A}$ 是任何非奇异的实的满足式(2) 的 $n\times n$ 矩阵. 因为 $\boldsymbol{A}$ 是非奇异的,所以 $\boldsymbol{AA}^{\mathrm{T}}$ 是正定的对称矩阵,因而 $a>0$,$a+bn>0$. 由于 $\boldsymbol{AA}^{\mathrm{T}}=\boldsymbol{C}^2$ 以及 $\boldsymbol{C}^{\mathrm{T}}=\boldsymbol{C}$,我们有 $\boldsymbol{A}=\boldsymbol{CU}$,其中 $\boldsymbol{U}$ 是正交的. 因此 $\boldsymbol{A}^{\mathrm{T}}=\boldsymbol{U}^{\mathrm{T}}\boldsymbol{C}$,并且 $\boldsymbol{C}=\boldsymbol{UA}^{\mathrm{T}}$,从 $\boldsymbol{JC}=k\boldsymbol{J}$ 我们得出

$$k\boldsymbol{J}=\boldsymbol{JA}=\boldsymbol{JCU}=k\boldsymbol{JU}$$

因而 $\boldsymbol{J}=\boldsymbol{JU}$,并且

$$JA^{T} = JUA^{T} = JC = kJ$$

此外 $U^{T}JU = J$,因为 $J^{T} = J$,所以

$$A^{T}A = U^{T}C^{2}U = U^{T}(aI + bJ)U = aI + bJ$$

后面我们将导出存在使得 $AA^{T} = aI + bJ$ 的非奇异的有理的 $n \times n$ 矩阵 A 的充分必要条件,并特别由此得出为了存在正方的 $2-(v,k,\lambda)$ 设计而参数 v,k,λ 必须满足的某些基本限制. 这些限制首先是由 Bruck, Ryser 和 Chowla(1945/1950 年) 得出的.

现在我们考虑设计和 Hadamard 行列式问题之间的关系. 从 A 化为 $B = \frac{J_n - A^{T}}{2}$ 的过程中立即可以看出相关性质中等号成立的充分必要条件是存在一个 $2-(n,k,\lambda)$ 设计, 其中 $k = \frac{n-s}{2}, \lambda = \frac{n+1-2s}{4}$ 以及 $s^2 = 2n - 1$.

我们现在证明, 对任何一个阶为 $n = 4d$ 的 Hadamard 矩阵 $A = (\alpha_{jk})$,都存在一个与之相关联的 $2-(4d-1, 2d-1, d-1)$ 设计. 不失一般性,设 A 的第一行和第一列的所有元素都是 1. 取 $P = \{2,\cdots,n\}$ 作为点的集合,而取 $B = \{B_2,\cdots,B_n\}$ 作为区组的集合,其中 $B_k = \{j \in P: \alpha_{jk} = 1\}$. 那么对 $k = 2,\cdots,n$, B_k 的元素个数为 $|B_k| = \frac{n}{2} - 1$. 此外,如果设 T 是 P 的使得 $|T| = 2$ 的子集,那么包含 T 的区组的个数是 $\frac{n}{4} - 1$. 把这个证明反过来可以证明,任何 $2-(4d-1, 2d-1, d-1)$ 设计都以这种方式和一个 $4d$ 阶的 Hadamard 矩

阵相关联.

特别地，对 $d=2,2-(7,3,1)$ 设计所关联的 Hadamard 矩阵是 $\boldsymbol{H}_2\otimes\boldsymbol{H}_2\otimes\boldsymbol{H}_2$，其中

$$\boldsymbol{H}_2=\begin{pmatrix}1 & 1\\ 1 & -1\end{pmatrix}$$

就是图 1 中所示的 2 阶射影平面(Fano 平面).

Hadamard 矩阵与设计之间的关系也可用矩阵的论证导出. 设

$$\boldsymbol{A}=\begin{pmatrix}1 & \boldsymbol{e}_{n-1}\\ \boldsymbol{e}_{n-1}^{\mathrm{T}} & \widetilde{\boldsymbol{A}}\end{pmatrix}$$

是一个阶为 $n=4d$ 的 Hadamard 矩阵，已经通过正规化而使得它的第一行和第一列的元素都是 1，那么 $\boldsymbol{B}=\dfrac{\boldsymbol{J}_{n-1}+\widetilde{\boldsymbol{A}}}{2}$ 是一个 $0-1$ 矩阵，使得

$$\boldsymbol{J}_{4d-1}\boldsymbol{B}=(2d-1)\boldsymbol{J}_{4d-1},\boldsymbol{B}\boldsymbol{B}^{\mathrm{T}}=d\boldsymbol{I}_{4d-1}+(d-1)\boldsymbol{J}_{4d-1}$$

为得出最优的弹簧秤称重设计，可取 $\boldsymbol{C}=\dfrac{\boldsymbol{J}_{n-1}-\widetilde{\boldsymbol{A}}}{2}$，这是一个 $2-(4d-1,2d,d)$ 设计，因为

$$\boldsymbol{J}_{4d-1}\boldsymbol{C}=2d\boldsymbol{J}_{4d-1},\boldsymbol{C}\boldsymbol{C}^{\mathrm{T}}=d\boldsymbol{I}_{4d-1}+d\boldsymbol{J}_{4d-1}$$

现在我们可以把2－设计的符号加以推广. 设 t,v,k,λ 都是正整数，$v\geqslant k\geqslant t$. 一个 $t-(v,k,\lambda)$ 设计或简称为一个 t－设计是一个对 (P,B)，其中 P 是元素个数为 v 的集合，而 B 是 P 的元素个数为 k 的子集的集合，使得 P 的任意元素个数为 t 的子集恰好被包含在 B 的 λ 个元素之中. P 的元素称为点，而 B 的元素称为区组.

$\lambda=1$ 的 $t-(v,k,\lambda)$ 设计通常称为 Steiner 系. 一个 t - 设计的自同构群是一个把区组映为区组的点的排列构成的群.

如果 $t=1$,那么每个点都恰好被包含在 λ 个区组中,因此区组的数目就是 $\frac{\lambda v}{k}$. 现在设 $t>1$. 设 S 是 P 的一个元素个数为 $t-1$ 的固定的子集,而 λ' 是包含 S 的区组的数目. 考虑对 (T,B) 的个数,其中 $B\subseteq B,S\subseteq T\subseteq B$,并且 $|T|=t$. 先固定 B 而让 T 变动,那么我们看出这个数是 $\lambda'(k-t+1)$,另外,先固定 T 而让 B 变动,我们又看出这个数是 $\lambda(v-t+1)$. 所以

$$\lambda'=\frac{\lambda(v-t+1)}{k-t+1}$$

不依赖于 S 的选择,而一个 $t-(v,k,\lambda)$ 设计 (P,B) 也是一个 $(t-1)-(v,k,\lambda')$ 设计. 重复这一论证,我们看出,每个点都恰被包含在 r 个区组中,其中

$$r=\frac{\lambda(v-t+1)\cdots(v-1)}{(k-t+1)\cdots(k-1)}$$

而总的区组数是 $b=\frac{rv}{k}$. 特别地,任意 t - 设计 $(t>2)$ 也是一个 2 - 设计.

此外,对任意一个阶为 $n=4d$ 的 Hadamard 矩阵 $\boldsymbol{A}=(\alpha_{jk})$,都存在一个与其关联的 $3-(4d,2d,d-1)$ 设计. 不失一般性,可设 $\boldsymbol{A}$ 的第一列的所有元素都是 1. 取 $P=\{1,2,\cdots,n\}$ 作为点的集合以及 $\{B_2,\cdots,B_n,B'_2,\cdots,B'_n\}$ 作为区组的集合,其中 $B_k=\{j\in P:\alpha_{jk}=1\}$,而 $B'_k=\{j\in P:\alpha_{jk}=-1\}$. 那么对 $k=2,\cdots,n$ 有

$$|B_k| = |B'_k| = \frac{n}{2}$$

设 T 是 P 的任意使得 $|T| = 3$ 的子集,例如可设 $T = \{i,j,l\}$,那么包含 T 的区组的数目是使得 $\alpha_{ik} = \alpha_{jk} = \alpha_{lk}$ 的数 $k > 1$. 但是 $\boldsymbol{A}$ 的使得第 i,j,l 行的元素都一样的列的数目是$\frac{n}{4}$,并且这种列中包括第一列. 所以 T 恰被包含在$\frac{n}{4} - 1$ 个区组中. 与前面一样,把这个证明反过来可以证明任意一个$3-(4d,2d,d-1)$设计都可以这种方式关联一个 $4d$ 阶的 Hadamard 矩阵.

二、群和编码

称一个群是单群,或单的,如果它含有的元素多于一个,并且除了它本身和仅由单位元组成的正规子群,没有其他的正规子群. 有限单群在某种意义上是构造各种有限群的基石. 有一些有限单群的无穷族:例如,阶为素数 p 的循环群 C_p,n 个对象的偶排列组成的交替群$A_n(n \geqslant 5)$,在$q = p^m(n \geqslant 2$,如果$n = 2, q > 3)$个元素的有限域上的所有n维向量空间的可逆线性变换组成的一般线性群$PSL_n(q)$以及其他的某些类似于上面的最后一个例子的对于有限域的单李群等.

除了这些单群的无限的族,还有 26 个特殊的有限单群.(分类定理说明,除了上述有限单群,不存在其他的有限单群. 分类定理的证明目前需要几千页的篇幅,它们分散在各种杂志和书籍中,并且有些证明实际上还没有发表.)除了 5 个特殊的单群,其他的单群都是在 1965—1981 年发现的. 然而,前 5 个单群是

Mathieu(1861 年,1873 年) 发现的:M_{12} 是一个 12 · 11 · 10 · 9 · 8 阶的 12 个对象的排列的 5 - 层的可迁群,M_{11} 是在 M_{12} 中固定一个对象的所有排列组成的子群;M_{24} 是一个 24 · 23 · 22 · 21 · 20 · 48 阶的 24 个对象的排列的5 - 层的可迁群,M_{23} 是在 M_{24} 中固定一个对象的所有排列组成的子群;而 M_{22} 是在 M_{24} 中固定两个对象的所有排列组成的子群. Mathieu 群可以用几种不同的方法定义,但我们打算给出的用 Hadamard 矩阵来定义的方法比起其他几种来,肯定是有竞争力的.

两个 $n \times n$ 的 Hadamard 矩阵 $\boldsymbol{H}_1,\boldsymbol{H}_2$ 称为等价的,如果其中一个矩阵可从交换另一个的两行或两列或有限多个这种操作而得出. 换一种说法就是 $\boldsymbol{H}_2 = \boldsymbol{P}\boldsymbol{H}_1\boldsymbol{Q}$,其中 $\boldsymbol{P},\boldsymbol{Q}$ 都是符号排列矩阵. Hadamard 矩阵 $\boldsymbol{H}$ 的自同构是一个 $\boldsymbol{H}$ 与它自身的等价:$\boldsymbol{H} = \boldsymbol{PHQ}$. 由于 $\boldsymbol{P} = \boldsymbol{H}\boldsymbol{Q}^{-1}\boldsymbol{H}^{-1}$,所以自同构是由 $\boldsymbol{Q}$ 唯一确定的. 在矩阵的乘法下, 所有适合的 $\boldsymbol{Q}$ 构成一个群 G, 称为 Hadamard 矩阵 $\boldsymbol{H}$ 的自同构群. 显然 $-\boldsymbol{I} \in G$ 并且 $-\boldsymbol{I}$ 和 G 的所有元素都可交换. 因子群 $G/\{\pm \boldsymbol{I}\}$ 可通过把 $\boldsymbol{Q}$ 和 $-\boldsymbol{Q}$ 恒同起来而得出,这个群可称为 $\boldsymbol{H}$ 的简化自同构群.

为解释上述概念, 我们将证明所有的 12 阶的 Hadamard 矩阵都是等价的. 事实上,我们还可以说得更多:

性质 1 任意一个 12 阶的 Hadamard 矩阵都可以通过改变某些行和某些列的符号或交换列或交换前 3 行和最后 7 行而化为以下形式

$$\begin{array}{cccc}
+++ & +++ & +++ & +++ \\
+++ & +++ & --- & --- \\
+++ & --- & +++ & --- \\
+-+ & -+- & -+- & +-+ \\
++- & --+ & --+ & +-+ \\
-++ & +-- & +-- & +-+ \\
+-+ & --+ & +-- & ++- \\
+-+ & +-- & --+ & -++ \\
++- & -+- & +-- & -++ \\
-++ & -+- & --+ & ++- \\
++- & +-- & -+- & ++- \\
-++ & --+ & -+- & -++
\end{array} \qquad (*)$$

(其中的“+”代表1,而“-”代表-1).

证明　设$\boldsymbol{A}=(\alpha_{jk})$是一个12阶的Hadamard矩阵.通过改变某些列的符号,我们可假设第1行的所有元素都是$+1$.然后,由正交关系可知任意其他的行有一半的元素都是$+1$.通过交换列,我们可设第2行的前半段的元素都是$+1$.再由正交关系就得出第2行之后的任意一行的前半段和后半段的元素之和都是零.因此,通过交换每半段中的列,我们可设第3行就和$(*)$的第3排一样.在第r行,其中$r>3$,设ρ_k是3个列的第k个区组中的元素之和$(k=1,2,3,4)$.正交关系现在蕴涵

$$\rho_1=\rho_4=-\rho_2=-\rho_3$$

在第s行,其中$s>3$,并且$s\neq r$,设σ_k是3个列的第k个区组中的元素之和,那么也有

$$\sigma_1 = \sigma_4 = -\sigma_2 = -\sigma_3$$

如果$\rho_1 = \pm 3$,那么在第r行中,相同3元组的列的元素的符号都相同,再由对s行的正交性就得出$\sigma_1 = 0$,由于σ_1是奇数,这是不可能的. 所以$\rho_1 = \pm 1$. 通过改变某些行的符号,我们可假设对任意$r > 3$有$\rho_1 = 1$. 通过交换3个符号的区组中的列,我们也可正规化第4行. 因此前4行和(*) 中的前4排已经相同.

在第3行之后的任意一行中,在所给的3个列的区组中,有两个元素的符号相同,而另外一个与它们的符号相反. 此外,由于$\rho_1 = 1$,故这些符号仅依赖于区组而不依赖于行. 如果任意不同行的属于列的同一区组中的例外元素(指在所给的3个列的区组中,与其中两个元素的符号不同的那个元素) 处于相同的位置,那么这两个3元组的数量积是3,否则是 -1. 由于任何两行是正交的,例外元素在4个区组的列中必须恰有一列的位置是相同的. 因此,如果第4行之后的任意两行在第k个区组中具有一个和第4行一样的元素的3元组,那么它们就没有和第4行或其他的行相同的其他的3元组. 而这意味着,在两行中,如果给定了一行,那么另一行就唯一确定了. 因此除了这些在第k个区组中具有一个和第4行一样的元素的3元组的行,其他的任意两行都没有和第4行一样的3元组. 由于第4行之后还有8行,并且由于其中每一行都恰有一个4元组和第4行相同,这就得出,对$k \in \{1,2,3,4\}$,在第k个区组中,恰有两个元素和第4行相同.

前4行在下列操作下是不变的:

(i) 交换列的 3 元组的第 1 列和第 3 列；

(ii) 交换第 2 个和第 3 个列的 3 元组，然后再交换第 2 行和第 3 行；

(iii) 交换第 1 个和第 4 个列的 3 元组，然后交换第 2 行和第 3 行并改变这两行的符号；

(iv) 交换第 2 个和第 4 个列的 3 元组，然后改变它们的符号，再交换第 1 行和第 3 行.

如果我们用 $\xi_1,\cdots,\xi_{12}$ 表示第 r 行 $(r>4)$ 的元素，那么我们有

$$\xi_1+\xi_2+\xi_3=1=\xi_{10}+\xi_{11}+\xi_{12}$$

$$\xi_4+\xi_5+\xi_6=-1=\xi_7+\xi_8+\xi_9$$

$$\xi_2-\xi_5-\xi_8+\xi_{11}=2$$

特别地，在第 5 行中我们有 $\alpha_{52}-\alpha_{55}-\alpha_{58}+\alpha_{5,11}=2$，所以 α_{52} 和 $\alpha_{5,11}$ 不可能都是 -1，因而由操作(iii)，我们可假设 $\alpha_{52}=1$. 同理 α_{55} 和 α_{58} 不可能都是1，因而由操作(ii)，我们可假设 $\alpha_{58}=-1$. 所以 $\alpha_{55}=\alpha_{5,11}=-1$，由操作(i)，我们最后可假设第 5 行和(*) 的第 5 排相同.

就像我们已经证明的那样，在第 5 行之后，恰有一行在最后的列的 3 元组中像第 4 行和第 5 行那样有 3 元组 + − +，而这一行必须与(*) 中的第 6 排相同. 通过交换最后 7 行，我们可假设给定矩阵的第 6 行就是(*) 中的第 6 排，第 7 行和第 8 行的第 1 个 3 元组和第 4 行的相同，第 9 行和第 10 行的第 2 个 3 元组和第 4 行的相同，第 11 行和第 12 行的第 3 个 3 元组和第 4 行的相同.

在第 6 行之后的任何一行,我们除了有上述的关系式,还有 $\xi_{11}=1,\xi_{10}+\xi_{12}=0$,以及

$$\xi_1-\xi_4-\xi_7=\xi_2-\xi_5-\xi_8=\xi_3-\xi_6-\xi_9=1$$

在第 7 行和第 8 行,我们有

$$\xi_1=\xi_3=1,\xi_2=-1$$

因而

$$\xi_5=\xi_8=-1,\xi_4=-\xi_6=-\xi_7=\xi_9$$

由于前 6 行在操作(ii) 下仍然不变以及由交换最后一个区组的第 1 列和第 3 列,我们可假设 $\alpha_{7,4}=-1,\alpha_{7,10}=1$. 现在第 7 行和第 8 行已唯一确定,并且就和(*) 中的第 7 排和第 8 排相同.

在第 8 行之后的任何一行,我们有

$$\xi_2-\xi_6-\xi_7+\xi_{12}=2=\xi_2-\xi_4-\xi_9+\xi_{10}$$

在第 9 行和第 10 行,我们有

$$\xi_5=\xi_{11}=1,\xi_4=\xi_6=-1$$

因此有

$$\xi_2=-\xi_8=1,\xi_1=\xi_7=-\xi_3=-\xi_9$$

以及最后 $\xi_9=\xi_{10}=-\xi_{12}$. 这样,第 9 行和第 10 行就合起来唯一确定了,并且可以按照(*) 中对应的排定次序排列. 类似地,第 11 行和第 12 行也合起来唯一确定了,并且可以按照(*) 中对应的排定次序排列.

从性质 1 得出,对 12 阶 Hadamard 矩阵的任意 5 个不同的行,都恰存在两个列,这两列的元素或者在这 5 行中都相同或者都不相同. 实际上,通过行的交换,我们可把 5 个给定的行排在前 5 行. 由性质 1,我们可设矩阵的形式为(*). 但是在这种情况下显然有两个

列，即第10列和第12列的前5行的元素或者都相同或者都不同.

所以，我们可以通过取集合 $P = \{1,\cdots,12\}$ 的元素作为点，把区组取成 12·11 个子集 B_{jk}, B'_{jk}，其中 j，$k \in P$，并且 $j \neq k$：

$$B_{jk} = \{i \in P: \alpha_{ij} = \alpha_{ik}\}, B'_{jk} = \{i \in P: \alpha_{ij} \neq \alpha_{ik}\}$$

而得出一个 $5-(12,6,1)$ 设计. Mathieu 群 M_{12} 定义成这个设计的自同构群或者作为任何一个 12 阶 Hadamard 矩阵的自同构群而导出.

上述结果肯定不能推广到任意的正整数 n，即任意 n 阶 Hadamard 矩阵都是等价的这一命题肯定是不成立的. 例如，24 阶 Hadamard 矩阵有 60 个等价类. Mathieu 群 M_{24} 和用 Paley 方法构造的 24 阶 Hadamard 矩阵有联系. 这种联系并不像 M_{12} 那样直接，但是所涉及的思想就像我们现在说明的那样是有一般意义的.

一个由 0 或 1 组成的 n 个元素的组 $\boldsymbol{x} = (\xi_1,\cdots,\xi_n)$ 可以看成两个元素的域上的 n 维向量空间 $V = F_2^n$ 中的向量. 如果我们定义向量 $\boldsymbol{x}$ 的重量 $|\boldsymbol{x}|$ 是它的非零的坐标 ξ_k 的个数，那么就有：

(i) $|\boldsymbol{x}| \geqslant 0$，等号当且仅当 $\boldsymbol{x} = \boldsymbol{0}$ 时成立；

(ii) $|\boldsymbol{x}+\boldsymbol{y}| \leqslant |\boldsymbol{x}| + |\boldsymbol{y}|$.

如果我们定义向量 $\boldsymbol{x}$ 和 $\boldsymbol{y}$ 之间的(Hamming)距离为 $d(\boldsymbol{x},\boldsymbol{y}) = |\boldsymbol{x}-\boldsymbol{y}|$，那么向量空间 V 就具有度量空间的结构.

一个二元线性码是向量空间 V 的一个子空间 U. 如果 U 的维数是 k，那么这个码的生成矩阵就是一个

$k\times n$ 矩阵 $\boldsymbol{G}$，它的行构成 U 的基. 这个码的自同构群是由所有的把 U 映为自身的 n 个坐标的排列组成的群. 一个 $[n,k,d]$ - 二元码是一个 V 的维数是 n，U 的维数是 k，U 中任意非零向量的最小重量是 d 的码.

在码和设计之间有一些有用的联系. 对应于任何指标矩阵为 $\boldsymbol{A}$ 的设计，都有一个以 $\boldsymbol{A}$ 的行生成的 F_2 上的二元线性码. 另外，给了任意一个二元线性码 U，Assmus 和 Mattson(1969 年) 的定理给出了一个条件，在此条件下 U 中的最小重量为 t 的非零向量构成了一个 t - 设计的指标矩阵的行.

现在设 $\boldsymbol{H}$ 是一个 n 阶的已经过正规化因此第一行的所有元素都是 1 的 Hadamard 矩阵. 那么 $\boldsymbol{A}=\frac{\boldsymbol{H}+\boldsymbol{J}_n}{2}$ 就是一个第一行的所有元素都是 1 的 0 - 1 矩阵. 由 Hadamard 矩阵定义的码 $C(\boldsymbol{H})$ 就可看成是 n 维向量空间 $V=F_2^n$ 中的向量的、由 $\boldsymbol{A}$ 的行生成的子空间.

特别地，取 $\boldsymbol{H}=\boldsymbol{H}_{24}$ 是由 Paley 方法构造的 24 阶 Hadamard 矩阵

$$\boldsymbol{H}_{24}=\boldsymbol{I}_{24}+\begin{pmatrix}0 & \boldsymbol{e}_{23}\\ -\boldsymbol{e}_{23}^{\mathrm{T}} & \boldsymbol{Q}\end{pmatrix}$$

其中 $\boldsymbol{Q}=(q_{jk})$，当 $j=k$ 时，$q_{jk}=0$，当 $j\neq k$ 时，根据 $j-k$ 在模 23 下是否是一个完全平方数而分别等于 1 或 $-1(0\leqslant j,k\leqslant 22)$. 可以证明扩展的二元 Golay 码 $G_{24}=C(\boldsymbol{H}_{24})$ 是 F_2^{24} 的在 G_{24} 中使得任意非零向量的最小重量是 8 的 12 维的子空间，并且所有的向量 $\boldsymbol{x}\in G_{24}$，$|\boldsymbol{x}|=8$ 组成的集合构成一个 5 - (24,8,1) 设计

的区组. Mathieu 群 M_{24} 可以定义成这个设计的自同构群或者码 G_{24} 的自同构群.

现在,我们仍设 $\boldsymbol{H}^{(m)}$ 是一个由

$$\boldsymbol{H}^{(m)} = \boldsymbol{H}_2 \otimes \cdots \otimes \boldsymbol{H}_2 \quad (m\text{ 个因子})$$

定义的 $n = 2^m$ 阶的 Hadamard 矩阵,其中

$$\boldsymbol{H}_2 = \begin{pmatrix} 1 & 1 \\ 1 & -1 \end{pmatrix}$$

一阶 Reed-Muller 码 $R(1,m) = C(\boldsymbol{H}^{(m)})$ 是 F_2^n 的一个 $m+1$ 维的子空间,在 $R(1,m)$ 中任意非零向量的最小重量为 2^{m-1}. 需要提一下的是 $3-(2^m, 2^{m-1}, 2^{m-2}-1)$ 设计与 Hadamard 矩阵 $\boldsymbol{H}^{(m)}$ 相联系这一事实有一个简单的几何解释. 它的点是两个元素的域上的 m 维仿射空间中的点,而它的区组是这个空间的超平面(不一定包含原点).

在电子通信中,一封信是作为一个"比特(Bits, Binary Digits(二元数字)的缩写)"的序列发送的,在物理上,它可用电路的关或开来实现,在数学上,可分别用 0 和 1 来表示这两种状态. 由于噪音的干扰,我们所接收到的信件可能会与发送的信件稍有不同,在某些情况下检测并校正这些错误是非常重要的. 为达此目的,方法之一是多次发送一封相同的信件,但这是一种低效的方法. 另一种方法是假设信件都是由向量空间 F_n^2 的子空间 U 中的长度为 n 的码字组成的. U 中总共只可能有 2^k 个不同的码字,其中 k 是 U 的维数. 如果 U 中任何非零向量的最小重量是 d,那么任何两个不同的码字至少要在 d 个位置上不同. 因此,如果我们

发送一个码字 $u \in U$,而收到的是一个错误少于$\frac{d}{2}$的向量 $\boldsymbol{v} \in V$,那么 $\boldsymbol{v}$ 将比任何其他的向量更接近 u. 因而,如果我们确信所发送的任何码字所含的错误都少于$\frac{d}{2}$,那么我们就可用把每个收到的码字都用最接近它的码字来代替的方法来改正错码.

Golay 码和一阶 Read-Muller 码在这个意义上都是实用上相当重要的码. 对一阶 Read-Muller 码有一种找出离所收向量距离最近的码字的快速算法. 水手 9 号(Mariner 9)飞船发回地球的火星图像就使用了 $R(1,5)$ 码.

其他的纠错码被用于生产由于例如灰尘的颗粒而质量遭到损害的能再现高品质声音的光盘.

三、进一步的注记

Kowalewski 的专著[1]是关于行列式的有用的传统教程. Muir 的专著[2]是一个特殊类型的行列式的宝库. Mikami 在专著[3]中描述了早期日本人的工作.

值得在这里提一下的是基于 Grassmann(1844 年)的工作的处理行列式的另一种方法,因为它提供了一种对于行列式的形式性质的易于理解的叙述,并且可被用于各种不同形式的理论中. 设 V 是域 F 上的一个 n 维向量空间. 那么存在一个作为 F 上的 2^n 维向量空间的结合代数 E,使得:

(a) $V \subseteq E$;

(b) 对每个 $\boldsymbol{v} \in V, \boldsymbol{v}^2 = 0$;

(c)V 生成 E,即 E 的每个元素都可表示成有限个单位元素 1 的数量倍数和 V 的元素的积的和.

被以上性质唯一确定的结合代数 E 称为向量空间 V 的 Grassmann 代数或外代数. 容易看出 V 的 n 个元素中任意两个的乘积仅可差一个数量因子. 因此,对任意线性变换 $\boldsymbol{A}:V\to V$,存在 $d(\boldsymbol{A})\in F$,使得对所有的 $\boldsymbol{v}_1,\cdots,\boldsymbol{v}_n\in V$ 有

$$(\boldsymbol{A}\boldsymbol{v}_1)\cdots(\boldsymbol{A}\boldsymbol{v}_n)=d(\boldsymbol{A})\boldsymbol{v}_1\cdots\boldsymbol{v}_n$$

显然 $d(\boldsymbol{AB})=d(\boldsymbol{A})d(\boldsymbol{B})$,并且事实上有 $d(\boldsymbol{A})=\det\boldsymbol{A}$,如果我们把 $\boldsymbol{A}$ 恒同于一个关于 V 的一组固定的基下的矩阵. 这种确定行列式的方法是由 Bourbaki[4] 发展起来的,也可见 Barnabei 等人的文章[5].

Dieudonné(1943 年) 对元素属于除环的矩阵推广了行列式的符号;见 Artin 的专著[6] 和 Cohn 的专著[7]. 一种非常不同的处理方法见 Gelfand 和 Retakh 的文章[8].

专著[9] 再版了 Hadamard 1893 年的原来的论文. Hedayat 和 Wallis[10],Seberry 和 Yamada[11] 以及 Craigen 和 Wallis[12] 给出了关于 Hadamard 矩阵的综述. Raghavarao[13] 处理了称重设计. 关于 Hadamard 矩阵对于光谱测量的应用, 见 Harwit 和 Sloane 的专著[14].

如果有人对于 $n\times n$ 矩阵应用我们对 2×2 矩阵所用的方法,他就可以消除对称的一对非对角元素. 通过在每一步选择一个绝对值最大的非对角元素的对,他就可以得出一个收敛到对角矩阵的对给定的对称

矩阵的正交变换的序列.

计算实对称矩阵的特征值有重要的实际应用，例如，对于动力系统的小振动问题. Householder[15] 以及 Golub 和 Loan[16] 给出了各种可用的计算机方法.

Gantmacher[17] 以及 Horn 和 Johnson[18] 对矩阵理论给出了包括 Hadamard 不等式和 Fischer 不等式在内的一般处理方法. 我们关于阶不能被 4 整除的 Hadamard 矩阵的行列式的讨论主要是根据 Wojtas[19] 的工作. Neubauer 和 Radcliffe[20] 给出了进一步的参考文献.

在文章[20]中，Brouwer(1983 年)的结果被用于证明可以有无穷多个 n 的值使得相关性质中的上界在这些值处达到. 由此得出当 $m = n$ 时，性质 1 中的上界也可以在无穷多个 n 的值处达到. 由于，如果 $n \times n$ 矩阵 $\boldsymbol{A}$ 满足

$$\boldsymbol{A}^{\mathrm{T}}\boldsymbol{A} = (n-1)\boldsymbol{I}_n + \boldsymbol{J}_n$$

那么 $2n \times 2n$ 矩阵

$$\widetilde{\boldsymbol{A}} = \begin{pmatrix} \boldsymbol{A} & \boldsymbol{A} \\ \boldsymbol{A} & -\boldsymbol{A} \end{pmatrix}$$

满足

$$\widetilde{\boldsymbol{A}}^{\mathrm{T}}\widetilde{\boldsymbol{A}} = \begin{pmatrix} \boldsymbol{L} & \boldsymbol{O} \\ \boldsymbol{O} & \boldsymbol{L} \end{pmatrix}$$

其中 $\boldsymbol{L} = 2\boldsymbol{A}^{\mathrm{T}}\boldsymbol{A} = (2n-2)\boldsymbol{I}_n + \boldsymbol{J}_n$.

Ryser 的专著[21]，Hall 的专著[22]以及 van Lint 和 Wilson 的专著[23]中有对设计理论的介绍，更详细的信息可见 Brouwer 的专著[24]，Lander 的专著[25]

和 Beth 等的专著[26]. 专著[26] 的第 13 章还包括了设计理论的应用.

我们提一下 Hall 在专著[22] 的第 16 章中证明的两个有趣的结果. 给定正整数 v,k,λ,其中 $\lambda < k < v$:

(i) 如果 $k(k-1) = \lambda(v-1)$,并且存在一个 $v \times v$ 的有理数矩阵 $\boldsymbol{A}$ 使得

$$\boldsymbol{A}\boldsymbol{A}^{\mathrm{T}} = (k-\lambda)\boldsymbol{I} + \lambda\boldsymbol{J}$$

那么就可选出 $\boldsymbol{A}$ 除了满足上式还满足 $\boldsymbol{J}\boldsymbol{A} = k\boldsymbol{J}$.

(ii) 如果存在 $v \times v$ 的整数矩阵 $\boldsymbol{A}$ 使得

$$\boldsymbol{A}\boldsymbol{A}^{\mathrm{T}} = (k-\lambda)\boldsymbol{I} + \lambda\boldsymbol{J}, \boldsymbol{J}\boldsymbol{A} = k\boldsymbol{J}$$

那么 $\boldsymbol{A}$ 的每个元素都是 0 或 1,因而 $\boldsymbol{A}$ 是一个正方的 2 - 设计的指标矩阵.

关于有限单群的分类定理的介绍,可见 Aschbacher 的文章[27] 和 Gorenstein 的文章[28]. Conway 等的专著[29] 中有关于有限单群的详细信息. 在绰号为"妖魔"(monster) 的最大的特殊单群和模形式之间存在着值得注意的联系,见 Ray 的文章[30].

Lint[31] 和 Pless[32] 对编码理论给出了很好的介绍. MacWilliams 和 Sloane 的专著[33] 中包含了更详细但是已比较老的材料. Assmus 和 Mattson 的文章[34] 是一篇有用的综述. Cameron 和 Lint[35] 处理了编码、设计和图论之间的联系. Thompson 的专著[36] 的历史叙述重温了科学发现的过程.

参考文献

[1] KOWALEWSKI G. Einführung in die Determinanten theorie [M]. 4th ed. Berlin:De Gruyter,1954.

[2] MUIR T. The theory of determinants in the historical order of development [M]. New York:Dover,1960.

[3] MIKAMI Y. The development of mathematics in China and Japan [M]. 2nd ed. New York:Chelsea, 1974.

[4] BOURBAKI. Algebra I[M]. Hermann:Addison Wesley, 1974. (French original,1948)

[5] BARNABEI M, BRINI A, ROTA G C. On the exterior calculus of invariant theory [J]. J. Algebra,1985, 96(1):120-160.

[6] ARTIN E. Geometric algebra [M]. New York:Wiley, 1988. (Original edition, 1957)

[7] COHN P M. Algebra [M]. 2nd ed. New York:Wiley,1991.

[8] GELFAND I M,RETAKH V S. A theory of noncommutative determinants and characteristic functions of graphs [J]. Functional Anal. Appl. ,1992, 26:231-246.

[9] HADAMARD J. Résolution d'une question relative aux determinants [M]. Paris:Gauthier-Villars,1935.

[10] HEDAYAT A,WALLIS W D. Hadamard matrices and their applications [J]. Ann. Statist. ,1978,6:1184-1238.

[11] SEBERRY J,YAMADA M. Hadamard matrices, sequences and block designs, contemporary design theory [M]. New York: Wiley, 1992:431-560.

[12] CRAIGEN R,WALLIS W D. Hadamard matrices:1893—1993[J]. Congr. Numer. ,1993,97:99-129.

[13] RAGHAVARAO D. Constructions and combinatorial problems in

design of experiments[M]. New York:Wiley,1971.

[14] HARWIT M,SLOANE N J A. Hadamard transform optics [M]. New York: Academic Press, 1979.

[15] HOUSEHOLDER A S. The theory of matrices in numerical analysis [M]. New York:Blaisdell, 1964.

[16] GOLUB G H,VAN LOAN C F. Matrix computations [M]. 3rd ed. Baltimore:Johns Hopkins University Press, 1996.

[17] GANTMACHER F R. The theory of matrices [M]. New York: Chelsea,1960.

[18] HORN R A,JOHNSON C A. Matrix analysis [M]. Cambridge: Cambridge University Press,1985.

[19] WOJTAS M. On Hadamard's inequality for the determinants of order nondivisible by 4[J]. Colloq. Math. ,1964,12:73-83.

[20] NEUBAUER M G,RADCLIFFE A J. The Maximum determinant of ± 1 matrices [J]. Linear Algebra Appl. ,1997,257:289-306.

[21] RYSER H J. Combinatorial mathematics [M]. Washington: Mathematical Association of America,1963.

[22] HALL M. Combinatorial theory [M]. 2nd ed. New York:Wiley, 1986.

[23] VAN LINT J H,WILSON R M. A course in combinatorics [M]. Cambridge:Cambridge University Press, 1992.

[24] BROUWER A E. Block designs, handbook of combinatorics(I) [M]. Amsterdam:Elsevier,1995:693-745.

[25] LANDER E S. Symmetric designs:an algebraic approach [M]. Cambridge: Cambridge University Press,1983.

[26] BETH T,JUNGNICKEL D,LENZ H. Design theory [M]. 2nd ed. Cambridge: Cambridge University Press,1999.

[27] ASCHBACHER M. The classification of the finite simple group [J]. Math. Intelligencer, 1980/1981,3:59-65.

[28] GORENSTEIN D. Classifying the finite simple groups [J]. Bull. Amer. Math. Soc. (N. S.),1986,14:1-98.

[29] CONWAY J H, CURTIS R T,NORTON S P, et al. Atlas of finite

groups [M]. Oxford:Clarendon Press, 1985.

[30]RAY U. Generalized Kac-Moody algebras and some related topics[J]. Bull. Amer. Math. Soc. (N. S.),2001,38:1-42.

[31]VAN LINT J H. Introduction to coding theory [M]. 3rd ed. Berlin: Springer, 2000.

[32]PLESS V. Introduction to the theory of error-correcting codes [M]. 3rd ed. New York:Wiley, 1998.

[33]MACWILLIAMS F J,SLOANE N J A. The theory of error-correcting codes[M]. Amsterdam:North-Holland, 1977.

[34] ASSMUS JR E F,MATTSON H F Jr. Coding and combinatorics [J]. SIAM Rev. ,1974,16:349-388.

[35]CAMERON P J,VAN LINT J H. Designs, graphs, codes and their links [M]. Cambridge:Cambridge University Press, 1991.

[36]THOMPSON T M. From error-correcting codes through sphere packings to simple groups [M]. Washington:Mathematical Association of America, 1983.

第 33 章

构作 BIB 设计的一个简单方法——Hadamard 积①

一、引言与结论

用已知的 BIB 设计构作新的 BIB 设计，历史上研究得比较多. 早在 1893 年 E. H. Moore 就论证了如下结论[1]：

定理 1　若一个 v_2 元的 Steiner 三连系存在，它包含一个 v_3 元的 Steiner 三连子系，或 $v_3 = 0$ 或 1，那么可以构造一个具有 $v = v_3 + v_1(v_2 - v_3)$ 元的 Steiner 三连系.

S. S. Shrikhande 于 1962 年得到[2]：

定理 2　若 D 是一个具有参数 (v, b, r, k, λ) 的 BIB 设计，$\boldsymbol{A}$ 是它的 $v \times b$ 判决矩阵，记 $\boldsymbol{J}_{v\times b}$ 是元素全为 1 的 $v \times b$ 矩阵，则 $\boldsymbol{A}^* = \boldsymbol{J}_{v\times b} - \boldsymbol{A}$ 是一个 $v \times b$ 判决矩阵，对应于 D 的共轭设计 D^*，具有参数 $(v, b, b - r, v - k, b - 2k + \lambda)$.

用 Shrikhande 的语言，可以把 1957

① 本章摘编自《系统科学与数学》，1993，13(3)：224-228.

年 Silleto 的结果[3] 叙述如下:

定理3 设D_i是一个具有参数$(v_i,b_i,r_i,k_i,\lambda_i)$的 BIB 设计,满足

$$b_i = 4(r_i - \lambda_i)$$

并且$\boldsymbol{A}_i,\boldsymbol{A}_i^* = \boldsymbol{J}_{v_i\times b_i} - \boldsymbol{A}_i$分别为$D_i$及它的共轭设计$D_i^*$的判决矩阵,$i = 1,2$. 则

$$\boldsymbol{A} = \boldsymbol{A}_1 \otimes \boldsymbol{A}_2 + \boldsymbol{A}_1^* \otimes \boldsymbol{A}_2^*$$

是一个判决矩阵,对应的设计为D,具有参数(v,b,r,k,λ),且

$$v = v_1v_2, b = b_1b_2, r = r_1r_2 + (b_1 - r_1)(b_2 - r_2)$$

$$k = k_1k_2 + (v_1 - k_1)(v_2 - k_2)$$

$$\lambda = b_1b_2 - 2r_1b_2 - 2r_2b_1 + 6r_1r_2 - 4\lambda_1\lambda_2$$

并且此设计D的参数也满足$b = 4(r - \lambda)$.

A. E. Brouwer 于 1979 年又得到:

定理4 如果存在一个 BIB 设计$D_1(u,b,r,k,\lambda)$,这里$\lambda = q$是一个素数幂,另外也存在一个 BIB 设计$D_2(v_2,b_2,r_2,k,\lambda)$,其中$v_2 = q^d, q \geqslant u+2, d \geqslant \binom{u}{2}$,那么必存在一个 Steiner 系$D_3(v_3,b_3,r_3,k,1)$,其中$v_3 = uq^4$.

F. E. Bennett(1981 年)又提出了一个直积法(direct product)[4].

定理5 设K是一个正整数组成的集合,$B(K) = \{v;$存在 BIB 设计$D(v,b,r,k,\lambda), k \in K\}$. 如果$u,v \in B(K)$,横断设计$T(u,1;v)$(即正交表$\boldsymbol{L}_{v^2}(v^u)$)存在,那么$uv \in B(K)$.

河南师范大学数学系的张应山教授 1993 年论证了如下结论:

定理 6　如果存在一个 BIB 设计 $D_1(v_1,b_1,r_1,k,\lambda_1)$,另外又存在一个 BIB 设计 $D_2(v_2,k_2,r_2,k,\lambda)$,$\lambda=\lambda_1\lambda_2$,那么有:

(a) 若正交表 $\boldsymbol{L}_{\lambda_2 v_2^2}(v_2^k)$ 存在,则存在一个 BIB 设计 $D(v,b,r,k,\lambda)$,$v=v_1v_2$,$\lambda=\lambda_1\lambda_2$,$b=b_1\lambda_2v_2^2+b_2v_1$,$r=r_1\lambda_2v_2+r_2$.

(b) 若正交表 $\boldsymbol{L}_{\lambda_2(v_2-1)^2}((v_2-1)^k)$ 存在,则存在一个 BIB 设计 $D(v,b,r,k,\lambda)$,$v=v_1(v_2-1)+1$,$\lambda=\lambda_1\lambda_2$,$b=b_1\lambda_2(v_2-1)^2+b_2v_1$,$r=r_1\lambda_2(v_2-1)+r_2=r_2v_1$.

二、定理 6 的证明

定义 1　设 $\boldsymbol{A},\boldsymbol{B}$ 为两个同阶矩阵,我们定义 Hadamard 积(广义)为

$$\boldsymbol{A}\circ\boldsymbol{B}=(\alpha_{ij}),\alpha_{ij}=(a_{ij},b_{ij})$$

为一数对.

我们把 BIB 设计 D_1 的方块记为 $\boldsymbol{d}_1^{\mathrm{T}},\cdots,\boldsymbol{d}_{b_1}^{\mathrm{T}}$,并把 D_1 记成 $b_1\times k$ 矩阵$(\boldsymbol{d}_1,\cdots,\boldsymbol{d}_{b_1})^{\mathrm{T}}$的形式,类似地也把 BIB 设计 D_2 写成 $b_2\times k$ 矩阵的形式,并仍用 D_2 表示.

下面证明定理 6.

证明　(a) 把 D 的元素取为二元形式(i,j),$1\leqslant i\leqslant v_1$,$1\leqslant j\leqslant v_2$,有 v_1v_2 个,记$\boldsymbol{1}$为元素全是 1 的向量,那么我们所求 D 的形式为

$$\begin{pmatrix} \mathbf{1}_{\lambda_2 v_2^2}\boldsymbol{d}_1^{\mathrm{T}} \circ \boldsymbol{L}_{\lambda_2 v_2^2}(v_2^k) \\ \vdots \\ \mathbf{1}_{\lambda_2 v_2^2}\boldsymbol{d}_{b_1}^{\mathrm{T}} \circ \boldsymbol{L}_{\lambda_2 v_2^2}(v_2^k) \\ \boldsymbol{B}_1(v_2, b_2, r_2, k, \lambda) \\ \vdots \\ \boldsymbol{B}_{v_1}(v_2, b_2, r_2, k, \lambda) \end{pmatrix} \triangleq \begin{pmatrix} \boldsymbol{A} \\ \boldsymbol{B} \end{pmatrix}$$

其中 $\boldsymbol{L}_{\lambda_2 v_2^2}(v_2^k)$ 为相应正交表所表示的 $\lambda_2 v_2^2 \times k$ 矩阵，$\boldsymbol{B}_i(v_2, b_2, r_2, k, \lambda)$，$\lambda = \lambda_1\lambda_2$ 为关于元素 $(i,1),\cdots,(i,v_2)$ 的 BIB 设计 $D_2(v_2, b_2, r_2, k, \lambda)$ 的方块形成的 $b_2 \times k$ 矩阵. $\boldsymbol{A}$ 表示 Hadamard 积部分，为 $b_1\lambda_2 v_2^2 \times k$ 矩阵，$\boldsymbol{B}$ 表示所有 $\boldsymbol{B}_i(i = 1,2,\cdots,v_1)$ 部分，为 $b_2 v_1 \times k$ 矩阵，$\begin{pmatrix} \boldsymbol{A} \\ \boldsymbol{B} \end{pmatrix}$ 为 $b \times k$ 矩阵，$b = b_1\lambda_2 v_2^2 + b_2 v_1$.

事实上，对 $i \neq s$，考虑元素对 $((i,j),(s,t))$，其中 D_1 关于其元素对 (i,s) 于方块 $(\boldsymbol{d}_1,\cdots,\boldsymbol{d}_{b_1})^{\mathrm{T}}$ 中出现 λ_1 次，而 (i,s) 固定后，比如 (i,s) 于 $\boldsymbol{d}_l^{\mathrm{T}}$ 中出现，又 $\boldsymbol{L}_{\lambda_2 v_2^2}(v_2^k)$ 为正交表，(j,t) 将出现 λ_2 次，这样元素对 $((i,j),(s,t))$ 在 (i,s) 固定时，于 $\mathbf{1}_{\lambda_2 v_2^2}\boldsymbol{d}_l^{\mathrm{T}} \circ \boldsymbol{L}_{\lambda_2 v_2^2}(v_2^k)$ 中出现 λ_2 次，其中 (i,s) 于 $\boldsymbol{d}_l^{\mathrm{T}}$ 中出现. 于是，元素对 $((i,j),(s,t))$ 将于 $\boldsymbol{A}$ 中出现 $\lambda = \lambda_1\lambda_2$ 次，而在 $\boldsymbol{B}$ 中不出现.

对 $i = s$，考虑元素对 $((i,j),(s,t))$，它于 $\boldsymbol{A}$ 中不出现，仅于 $\boldsymbol{B}_i$ 中出现. 由定义 1，它出现 $\lambda = \lambda_1\lambda_2$ 次.

同样各元素 (i,j) 的重复数也是相同的. i 于 D_1 中重复 r_1 次；j 于 $\boldsymbol{L}_{\lambda_2 v_2^2}(v_2^k)$ 中重复 $\lambda_2 v_2$ 次，于是 (i,j) 于 $\boldsymbol{A}$

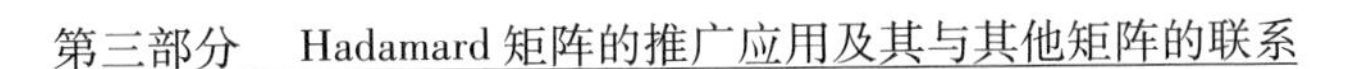

中重复$r_1\lambda_2 v_2$次,又于$\boldsymbol{B}$中重复r_2次,共重复$r=r_1\lambda_2 v_2+r_2$次.

综上所述,证得定理6的(a).

(b)首先把D的元素取为一个固定元x和$v_1(v_2-1)$个二元形式

$$x,(i,j)\quad(1\leqslant i\leqslant v_1,1\leqslant j\leqslant v_2-1)$$

共有$v=v_1(v_2-1)+1$个元素.所求D的形式为

$$\begin{pmatrix}\mathbf{1}_{\lambda_2(v_2-1)^2}\boldsymbol{d}_1^{\mathrm{T}}\circ\boldsymbol{L}_{\lambda_2(v_2-1)^2}((v_2-1)^k)\\ \vdots\\ \mathbf{1}_{\lambda_2(v_2-1)^2}\boldsymbol{d}_{b_1}^{\mathrm{T}}\circ\boldsymbol{L}_{\lambda_2(v_2-1)^2}((v_2-1)^k)\\ \boldsymbol{B}_1(v_2,b_2,r_2,k,\lambda)\\ \vdots\\ \boldsymbol{B}_{v_1}(v_2,b_2,r_2,k,\lambda)\end{pmatrix}\triangleq\begin{pmatrix}\boldsymbol{A}\\ \boldsymbol{B}\end{pmatrix}$$

其中$\boldsymbol{B}_i(v_2,b_2,r_2,k,\lambda)$,$\lambda=\lambda_1\lambda_2$为关于元素$x,(i,1),\cdots,(i,v_2-1)$的$D_2(v_2,b_2,r_2,k,\lambda)$设计的方块形式的$b_2\times k$矩阵,$1\leqslant i\leqslant v_1$.

同于(a)证得:数组对$((i,j),(s,t))$,$1\leqslant i,s\leqslant v_1$,$1\leqslant j,t\leqslant v_2-1$,于$\begin{pmatrix}\boldsymbol{A}\\ \boldsymbol{B}\end{pmatrix}$中出现$\lambda=\lambda_1\lambda_2$次,而$(x,(i,j))$仅于$\boldsymbol{B}_i$中出现,由定义1,它出现$\lambda=\lambda_1\lambda_2$次;另外$(i,j)$于$\begin{pmatrix}\boldsymbol{A}\\ \boldsymbol{B}\end{pmatrix}$中的重复数为$r_1\lambda_2(v_2-1)+r_2=r$次,而$x$出现$r_2v_1$次,仅需证$r_2v_1=r_1\lambda_2(v_2-1)+r_2$就可知结论成立,其中$\begin{pmatrix}\boldsymbol{A}\\ \boldsymbol{B}\end{pmatrix}$为$b\times k$矩阵,$b=b_1\lambda_2(v_2-1)^2+b_2v_1$.

事实上,由于 $D_1(v_1,b_1,r_1,k,\lambda_1)$ 为 BIB 设计,故参数满足

$$b_1k = r_1v_1, r_1(k-1) = \lambda_1(v_1-1)$$

同样

$$\lambda(v_2-1) = r_2(k-1)$$

这样由 $r_2r_1(k-1) = r_1r_2(k-1)$ 知

$$r_2\lambda_1(v_1-1) = r_1\lambda(v_2-1), \lambda = \lambda_1\lambda_2$$

即

$$r_2v_1 = r_1\lambda_2(v_2-1) + r_2$$

结论(b)成立.

到此我们完成了全部证明.

三、BIB 设计的具体构作

设 $B(k,\lambda) = \{v;$存在 BIB 设计 $D(v,b,r,k,\lambda)\}$,讨论 $B(k,\lambda)$ 集合的形式,以及由哪些元素,用定理 6 可以导出所有 $B(k,\lambda)$ 中设计的形式.

当 $k=2$ 时,$B(k,\lambda) = \mathbf{N}-\{1\}$,$\mathbf{N}$ 为自然数集. 它可由设计 $D(2,1,2,1,1) = (x_1,x_2)$,用 Hadamard 积法(定理6)生成全部. 此因正交表 $\boldsymbol{L}_{v^2}(v^2)$ 是永远存在的.

当 $k=3$ 时,由于对任意 $v \geqslant 3$,正交表 $\boldsymbol{L}_{v^2}(v^3)$ 存在,$\boldsymbol{L}_{(v-1)^2}((v-1)^3)$ 也存在,因而 $\boldsymbol{L}_{\lambda v^2}(v^3)$,$\boldsymbol{L}_{\lambda(v-1)^2}((v-1)^3)$ 也存在. 用 Hadamard 积法,得到

$$B(3,1) = \{v; v \equiv 1 \text{ 或 } 3 \pmod 6\}$$

可由 $v=3,13,33$ 三个设计生成.

$B(3,2) = \{v; v \equiv 0 \text{ 或 } 4 \pmod 6\} \cup B(3,1)$,它可由 $v=4,6$ 结合 $B(3,1)$ 中的设计而生成.

$B(3,3) = \{v; v \equiv 5 \pmod 6\} \cup B(3,1)$,它可由

$v=5,17$ 结合 $B(3,1)$ 中的设计而生成.

$B(3,6)=\{v;v\equiv 2(\bmod 6)\}\cup B(3,1)\cup B(3,2)\cup B(3,3)$,它可由 $v=8,14$ 结合 $B(3,1)$,$B(3,2)$,$B(3,3)$ 中的设计而生成.

其他形式的 $B(3,\lambda)$ 都可由上述4类导出,换句话说,所有 $k=3$ 的 BIB 设计都可由有限个 BIB 设计生成. 按 Wilson 定理,对任意 k,λ,可由有限个设计,用定理 1,2,…,5 导出. 我们猜想:对任意的 k,可仅用 Hadamard 积法,由有限个 BIB 设计生成全部 $B(k,\lambda)$.

我们发现 $(x_1,\cdots,x_k)$ 是一个重要的 $D(v,b,r,k,\lambda)$,$v=k,b=r=\lambda=1$ 设计,许多设计可由其生成.

例 1 对于 $B(10,1)$,因为 $\boldsymbol{L}_{92}(9^{10})$ 存在,所以 $91=9\cdot 10+1\in B(10,1)$ 存在,形式为

$$\begin{pmatrix}\mathbf{1}_{81}(1,2,\cdots,10)\circ \boldsymbol{L}_{92}(9^{10})\\ \boldsymbol{B}_1(10,1,1,10,1)\\ \vdots\\ \boldsymbol{B}_{10}(10,1,1,10,1)\end{pmatrix}=D(91,91,10,10,1)$$

以 91 代 $9\cdot 10+1$ 中的 10 得 820,则由定理 6,$820\in B(10,1)$,形式为,设 D 形如 $(\boldsymbol{d}_1,\cdots,\boldsymbol{d}_{91})^{\mathrm{T}}$,则

$$\begin{pmatrix}\mathbf{1}_{92}\boldsymbol{d}_1^{\mathrm{T}}\circ \boldsymbol{L}_{92}(9^{10})\\ \vdots\\ \mathbf{1}_{92}\boldsymbol{d}_{91}^{\mathrm{T}}\circ \boldsymbol{L}_{92}(9^{10})\\ \boldsymbol{B}_1(10,1,1,10,1)\\ \vdots\\ \boldsymbol{B}_{91}(10,1,1,10,1)\end{pmatrix}=D(820,7\,462,910,10,1)$$

其中 $\boldsymbol{B}_i(10,1,1,10,1)=(x,(i,1),\cdots,(i,91))$. 同

样推出 7 381,66 430,73 810,$\cdots \in B(10,1)$.

参考文献

[1] MOORE E H. Concerning triple systems[J]. Math. Ann., 1893,43: 271-285.

[2] SHRIKHANDE S S. On a two parameter family of balanced in complete block designs[J]. Sankhyā, 1962,24:33-40.

[3] SILLETO G P. An extension property of a class of balanced incomplete block designs[J]. Biometrika, 1957,44:278-279.

[4] BENNETT F E. Latin squares with pairwise orthogonal conjugates[J]. Discrete Math., 1981,36(3):117-137.

第四部分

附录

某行列式的扩展

附录 A

1. In a well known textbook in the theory of invariants[①], the following theorem appears:

"If a_{ix}, where $1 \leqslant i \leqslant r$, are r distinct (binary) linear forms, and A_i are binary forms of orders α_i, where $\sum_{i=1}^{r} \alpha_i = n - r + 1$, then any binary form f of order n can be expressed in the form

$$f = \sum_{i=1}^{r} a_{ix}^{n-\alpha_i} A_i \qquad (1)$$

and the expression is unique."

It is understood that the linear forms a_{ix} are given and the binary forms A_i are to be determined.

---

① O. E. Glenn's *The Theory of Invariants*, page 120. For a discussion of a somewhat similar problem for $r = 2$ see a paper by the same auther, *The Symbolical Theory of Finite Expansions*, Transactions of the American Mathematical Society, vol. 15(1914), p. 80-82.

Upon equating coefficients of like products of powers of the variables in the expanded form of (1), $n+1$ linear non-homogeneous equations arise in the coefficients of the binary forms A_i which are to be regarded as unknowns. The determinant of the coefficients of these unknowns has a peculiar form. It has been thought that this determinant could be expanded as a numerical multiple of a product of powers of the differences of the roots of the linear forms. It seems, however, that this has never been proved.

It is the desire of the writer to prove:

THEOREM Ⅰ. Any determinant that arises in this way can be expressed as a numerical multiple of a product of powers of the resultants of the linear forms taken by pairs.

THEOREM Ⅱ. Any such determinant is different from zero, and the numerical multiplier can be expressed in terms of binomial coefficients.

The truth of both of these theorems is immediately evident in the case where $r=2$. In this case the determinant in question is merely the resultant of the two forms $(a_{i1}x_1+a_{i2}x_2)^{n-\alpha_i}$, where $\alpha_1+\alpha_2=n+1$. Consequently this determinant is equal to $(a_{11}a_{22}-a_{21}a_{12})^{(n-\alpha_1)(n-\alpha_2)}$. Since the linear forms are distinct, this cannot be zero.

2. For the sake of convenience in notation, let the

r linear forms be represented in the form $x_1 + a_i x_2$, and set $n - \alpha_i = \eta_i$, and $\alpha_i + 1 = n_i$. Let

$$A_i = \sum_{k=1}^{n_i} p_{ik} x_k$$

(1) will then take the form

$$\sum_{i=1}^{r} \sum_{j=0}^{\eta_i} \sum_{k=1}^{n_i} \binom{\eta_i}{j} a_i^j p_{ik} x_1^{n-j-k+1} x_2^{j+k-1} = f \qquad (2)$$

The general form of the determinant that arises when we interchange rows and columns is now

$$\begin{vmatrix}
1 & \eta_1 a_1 & \binom{\eta_1}{2} a_1^2 & \cdots & a_1^{\eta_1} & 0 & 0 & \cdots & 0 \\
0 & 1 & \eta_1 a_1 & \cdots & \eta_1 a_1^{\eta_1 - 1} & a_1^{\eta_1} & 0 & \cdots & 0 \\
\vdots & \vdots & \vdots & & \vdots & \vdots & \vdots & & \vdots \\
0 & 0 & 0 & \cdots & 1 & \eta_1 a_1 & \binom{\eta_1}{2} a_1^2 & \cdots & a_1^{\eta_1} \\
1 & \eta_2 a_2 & \binom{\eta_2}{2} a_2^2 & \cdots & a_2^{\eta_2} & 0 & 0 & \cdots & 0 \\
0 & 1 & \eta_2 a_2 & \cdots & \eta_2 a_2^{\eta_2 - 1} & a_2^{\eta_2} & 0 & \cdots & 0 \\
\vdots & \vdots & \vdots & & \vdots & \vdots & \vdots & & \vdots \\
0 & 0 & 0 & \cdots & 1 & \eta_2 a_2 & \binom{\eta_2}{2} a_2^2 & \cdots & a_2^{\eta_2} \\
\vdots & \vdots & \vdots & & \vdots & \vdots & \vdots & & \vdots \\
1 & \eta_r a_r & \binom{\eta_r}{2} a_r^2 & \cdots & a_r^{\eta_r} & 0 & 0 & \cdots & 0 \\
0 & 1 & \eta_r a_r & \cdots & \eta_r a_r^{\eta_r - 1} & a_r^{\eta_r} & 0 & \cdots & 0 \\
\vdots & \vdots & \vdots & & \vdots & \vdots & \vdots & & \vdots \\
0 & 0 & 0 & \cdots & 1 & \eta_r a_r & \binom{\eta_r}{2} a_r^2 & \cdots & a_r^{\eta_r}
\end{vmatrix} \qquad (3)$$

It will be noted that in each row the numerical coefficients are the binomial coefficients that occur in the expansion of $(x_1 + a_i x_2)^{\eta_i}$. Consider the rows involving any particular a_i. It will be noted that in the jth of these rows the first non-zero element appears in the jth column, where $1 \leqslant j \leqslant n_i$, and n_i is the number of rows in a_i. The order of the determinant is

$$n + 1 = \sum_{i=1}^{r} n_i$$

It can be considered as the eliminant of the $n + 1$ forms

$$x_1^{\lambda} x_2^{\mu} (x_1 + a_i x_2)^{\eta_i} \qquad (4)$$

where $1 \leqslant i \leqslant r$, λ takes on all values from $n_i - 1$ to 0 inclusive for each value of i, $\lambda + \mu = n_i - 1$, and $n_i + \eta_i - 1 = n$.

3. We shall now prove:

LEMMA 1. The determinant (3) is a homogeneous polynomial in the quantities $a_i (1 \leqslant i \leqslant r)$.

In considering the rows involving any particular a_i, it will be observed that the element in the jth of these rows and the $r_j^{(i)}$th column of the determinant, where $r_j^{(i)} \geqslant j$, involves a_i to the $(r_j^{(i)} - j)$th power. The degree of any term of the expansion of (3) in a_i is therefore

$$\sum_{j=1}^{n_i} (r_j^{(i)} - j) = \sum_{j=1}^{n_i} r_j^{(i)} - \frac{1}{2} n_i (n_i + 1) \qquad (5)$$

and the total degree of the term is

$$\sum_{i=1}^{r}\sum_{j=1}^{n_i}(r_j^{(i)}-j)$$
$$=\frac{1}{2}(n+1)(n+2)-$$
$$\sum_{i=1}^{r}\frac{1}{2}n_i(n_i+1) \qquad (6)$$

Since this expression depends only upon the order of the determinant and the number of rows in each quantity a_i, the lemma is proved.

LEMMA 2. Any minor of (3) of order of n_i involving only one of the quantities a_i, is homogeneous in that quantity.

As may be seen from (5), the degree of any term of such a minor is dependent only upon the number of columns of (3) represented in the minor and on the value of n_i. The truth of the lemma is therefore obvious.

4. Instead of considering the forms (4), we shall consider the equivalent set of $\sum_{i=1}^{r} n_i$ forms that result when for each particular value of i we multiply the j_ith and following forms involving a_i respectively by the terms of $(1+a_i)^{n_i-j_i}$ and add, where j_i ranges from 1 to n_i. The resulting forms are

$$x_2^{k_i}(x_1+a_ix_2)^{n-k_i} \qquad (7)$$

where $0 \leqslant k_i \leqslant n_i - 1$. The eliminant of these forms is

$$\begin{vmatrix}
1 & \binom{n}{1}a_1 & \binom{n}{2}a_1^2 & \cdots & \binom{n}{n-2}a_1^{n-2} & \binom{n}{n-1}a_1^{n-1} & a_1^n \\
0 & 1 & \binom{n-1}{1}a_1 & \cdots & \binom{n-1}{n-3}a_1^{n-3} & \binom{n-1}{n-2}a_1^{n-2} & a_1^{n-1} \\
\vdots & \vdots & \vdots & & \vdots & \vdots & \vdots \\
0 & 0 & 0 & \cdots & 1 & \binom{\eta_1}{1}a_1 & a_1^{\eta_1} \\
1 & \binom{n}{1}a_2 & \binom{n}{2}a_2^2 & \cdots & * & * & a_2^n \\
0 & 1 & \binom{n-1}{1}a_2 & \cdots & * & * & a_2^{n-1} \\
\vdots & \vdots & \vdots & & \vdots & \vdots & \vdots \\
0 & 0 & 0 & \cdots & 1 & \binom{\eta_2}{1}a_2 & a_2^{\eta_2} \\
\vdots & \vdots & \vdots & & \vdots & \vdots & \vdots \\
1 & \binom{n}{1}a_r & \binom{n}{2}a_r^2 & \cdots & * & * & a_r^n \\
0 & 1 & \binom{n-1}{1}a_r & \cdots & * & * & a_r^{n-1} \\
\vdots & \vdots & \vdots & & \vdots & \vdots & \vdots \\
0 & 0 & 0 & \cdots & 1 & \binom{\eta_r}{1}a_r & a_r^{\eta_r}
\end{vmatrix} \tag{8}$$

This determinant is equal to (3), since it is merely the result of adding to each row of (3) certain multiples of the rows following it that contain the same a_i.

Replacing $x_1^{\lambda}x_2^{\mu}$ by y_{μ}, where $0 \leqslant \mu \leqslant n$ and

$\lambda + \mu = n$, in the expanded form of (7), we have a system of $n + 1 = \sum_{i=1}^{r} n_i$ linear forms in as many variables

$$\sum_{j=0}^{n-k_i} \binom{n-k_i}{j} a_i^j y_j + k_i \tag{9}$$

where $0 \leqslant i \leqslant r$, and $0 \leqslant k_i \leqslant n_i - 1$ for each value of i.

If the forms (7) are subjected to the transformation

$$x_1 = x'_1 - a_1 x'_2, \ x_2 = x'_2 \tag{10}$$

the resulting forms will be

$$x'^{k_i}_2 [x'_1 + (a_i - a_1) x'_2]^{n-k_i}$$

where $0 \leqslant k_i \leqslant n_i - 1$. Hence

$$y_\mu = (x'_1 - a_1 x'_2)^\lambda x'^{\mu}_2 = \sum_{k=0}^{\lambda} (-1)^k \binom{\lambda}{k} a_1^k x'^{\lambda-k}_1 x'^{k+\mu}_2$$

Let $x'^{\lambda-k}_1 x'^{k+\mu}_2 = y'_{k+\mu}$. The transformation induced on the y'_μ's by (10) is

$$y_\mu = \sum_{k=0}^{\lambda} (-1)^k \binom{\lambda}{k} a_1^k y'_{k+\mu} \tag{11}$$

where $0 \leqslant \mu \leqslant n$, and $\lambda + \mu = n$. This is a transformation of determinant unity.

The transformation (11) reduces the forms (9) to the forms y'_j for $1 \leqslant j \leqslant n_1$, and

$$\sum_{j=k_i}^{n} \binom{n-k_i}{j-k_i} (a_1 - a_i)^{j-k_i} y'_j$$

where $1 < i \leqslant r$ and $0 \leqslant k_i \leqslant n_i - 1$ for the remaining forms. The eliminant of these forms is equal to the eliminant of the forms (9) as a consequence of the following well known theorem:

"If a system of n linear forms in n variables with matrix $\boldsymbol{a}$ is subjected to a linear transformation with matrix $\boldsymbol{c}$, the resulting system has as its matrix $\boldsymbol{ac}$."

This eliminant is obviously equal to its $\sum_{i=2}^{r} n_i$-rowed minor that lies in the lower right hand corner. If this minor is expanded according to its n_i rows involving $(a_i - a_1)$, it is evident from (5) that each of the terms in this expansion will be divisible by $a_i - a_1$ raised to the power

$$\sum_{j=1}^{n_i} (n_1 + j) - \frac{1}{2} n_i (n_i + 1) = n_1 n_i$$

If we replace a_1 in the transformation (11) by the other a_i's in turn, it is evident that the resulting eliminant, and hence the eliminant of the forms (9), is divisible by $(a_i - a_j)^{n_i n_j}$, and hence by

$$\prod_{i=1}^{r-1} \prod_{j=i+1}^{r} (a_i - a_j)^{n_i n_j}$$

The degree of any term of this product is

$$\sum_{i=1}^{r-1} \sum_{j=i+1}^{r} n_i n_j$$

But from (6) the degree of any term of the expansion of the determinant (3) is

$$\frac{1}{2}(n+1)(n+2)-\frac{1}{2}\sum_{i=1}^{r}n_i(n_i+1)$$

$$=\frac{1}{2}\sum_{i=1}^{r}n_i(\sum_{i=1}^{r}n_i+1)-\frac{1}{2}\sum_{i=1}^{r}n_i(n_i+1)$$

$$=\frac{1}{2}\sum_{i=1}^{r}\sum_{j=1}^{r}n_in_j+\frac{1}{2}\sum_{i=1}^{r}n_i-\frac{1}{2}\sum_{i=1}^{r}n_i(n_i+1)$$

$$=\frac{1}{2}\sum_{i=1}^{r}\sum_{j=1}^{r}n_in_j-\frac{1}{2}\sum_{i=1}^{r}n_i^2=\sum_{i=1}^{r-1}\sum_{j=i+1}^{r}n_in_j$$

and is thus the same as that of the product referred to above. Hence (3) is equal to

$$k\prod_{i=1}^{r-1}\prod_{j=i+1}^{r}(a_i-a_j)^{n_in_j} \qquad (12)$$

where k is a numerical multiplier to be determined in the next section. This completes the proof of Theorem I.

5. It remains to prove Theorem Ⅱ, i.e. to determine k in (12). This can be done by comparing a particular term of (12) with the corresponding term of the determinant (8), which has been shown to be equal to (3). The proofs of Lemmas 1 and 2 hold true mutatis mutandis for (8).

We shall designate the n_i-rowed minors in a_i that lie along the leading diagonal of (8) by M_i, where $1\leqslant i\leqslant r$; the $\sum_{j=1}^{i}n_j$-rowed minors in the upper left hand corner of (8) by D_i. D_r is evidently the determinant itself. All the terms of the expansion of M_i are of the same degree in a_i by Lemma 2. M_i is a unique minor of

D_i of maximum degree in a_i by (5). Now all the terms of (8) of maximum degree in a_r arise as the product of M_r by D_{r-1}. Of these terms, those that involve a_{r-1} to a maximum degree arise as the product $M_r M_{r-1} D_{r-2}$. Of these terms, those that involve a_{r-2} to a maximum degree arise as the product $M_r M_{r-1} M_{r-2} D_{r-3}$. Continuing this process we see that $\prod_{i=1}^{r} M_i$ is a unique term in the expansion of (8) of which the coefficient is k.

6. In order to find k it is merely necessary to find the values of the determinants that result when in the minors M_i we omit the quantities a_i. For convenience we shall now assume that, if necessary, the rows in (8) have been so permuted that each $n_i \geqslant n_{i+1}$. These determinants are

$$\begin{vmatrix} \binom{n}{\sum_{j=1}^{i-1} n_j} & \binom{n}{\sum_{j=1}^{i-1} n_j + 1} & \cdots & \binom{n}{\sum_{j=1}^{i-1} n_j + n_i - 1} \\ \binom{n-1}{\sum_{j=1}^{i-1} n_j - 1} & \binom{n-1}{\sum_{j=1}^{i-1} n_j} & \cdots & \binom{n-1}{\sum_{j=1}^{i-1} n_j + n_i - 2} \\ \vdots & \vdots & & \vdots \\ \binom{n-n_i+1}{\sum_{j=1}^{i-1} n_j - n_i + 1} & \binom{n-n_i+1}{\sum_{j=1}^{i-1} n_j - n_i + 2} & \cdots & \binom{n-n_i+1}{\sum_{j=1}^{i-1} n_j} \end{vmatrix} \qquad (13)$$

where $1 < i \leqslant r$.

If the last row of (13) is brought into the first place, the next to the last row into the second place, etc., and then the last column is brought into the first place, the next to the last into the second place, etc., (13) is unchanged since there are as many interchanges of rows as of columns. If we now bear in mind that

$$\binom{n}{r} = \binom{n}{n-r}$$

we find that

$$\binom{n-n_i+1}{\sum_{j=1}^{i-1} n_j} = \binom{n-n_i+1}{n-\sum_{j=1}^{i} n_j+1}$$

If similar changes are made in all of the elements, the determinant becomes

$$\begin{vmatrix} \binom{n-n_i+1}{n-\sum_{j=1}^{i} n_j+1} & \binom{n-n_i+1}{n-\sum_{j=1}^{i} n_j+2} & \cdots & \binom{n-n_i+1}{n-\sum_{j=1}^{i-1} n_j} \\ \binom{n-n_i+2}{n-\sum_{j=1}^{i} n_j+1} & \binom{n-n_i+2}{n-\sum_{j=1}^{i} n_j+2} & \cdots & \binom{n-n_i+2}{n-\sum_{j=1}^{i-1} n_j} \\ \vdots & \vdots & & \vdots \\ \binom{n}{n-\sum_{j=1}^{i} n_j+1} & \binom{n}{n-\sum_{j=1}^{i} n_j+2} & \cdots & \binom{n}{n-\sum_{j=1}^{i-1} n_j} \end{vmatrix} \quad (14)$$

The values are evidently of these determinants that

result from M_1, and M_r are evidently 1. In general, (14) is a determinant of a type already discussed.[①] It has been shown that

$$\begin{vmatrix} \binom{m}{p} & \binom{m}{p+1} & \cdots & \binom{m}{p+r} \\ \binom{m+1}{p} & \binom{m+1}{p+1} & \cdots & \binom{m+1}{p+r} \\ \vdots & \vdots & & \vdots \\ \binom{m+r}{p} & \binom{m+r}{p+1} & \cdots & \binom{m+r}{p+r} \end{vmatrix}$$

$$= \frac{\binom{m+r}{r+1}}{\binom{p+r}{r+1}} \frac{\binom{m+r-1}{r+1}}{\binom{p+r-1}{r+1}} \cdots \frac{\binom{m+r-p+1}{r+1}}{\binom{r+1}{r+1}}$$

Hence (14) is equal to

$$\frac{\binom{n}{n_i}}{\binom{n-\sum_{j=1}^{i-1} n_j}{n_i}} \cdot \frac{\binom{n-1}{n_i}}{\binom{n-\sum_{j=1}^{i-1} n_j - 1}{n_i}} \cdot \cdots \cdot \frac{\binom{\sum_{j=1}^{i} n_j}{n_i}}{\binom{n_i}{n_i}}$$

and the numerical coefficient, k, referred to at the end of the preceding paragraph is

① E. Pascal in *Die Determinanten*, pages 133, 134.

$$\prod_{i=2}^{r-1} \frac{\binom{n}{n_i}}{\binom{n-\sum_{j=1}^{i-1} n_j}{n_i}} \cdot \frac{\binom{n-1}{n_i}}{\binom{n-\sum_{j=1}^{i-1} n_j - 1}{n_i}} \cdot \cdots \cdot \frac{\binom{\sum_{j=1}^{i} n_j}{n_i}}{\binom{n_i}{n_i}} \tag{15}$$

And this is the value of k in (12).

行列式和线性方程组

附

录

B

1. **Solution of Two Linear Equations by Determinants of Order 2.** Assume that there is a pair of numbers x and y for which

$$\begin{cases} a_1x + b_1y = k_1 \\ a_2x + b_2y = k_2 \end{cases} \qquad (1)$$

Multiply the members of the first equation by b_2 and those of the second equation by $-b_1$, and add the resulting equations. We get

$$(a_1b_2 - a_2b_1)x = k_1b_2 - k_2b_1$$

Employing the respective multipliers $-a_2$ and a_1, we get

$$(a_1b_2 - a_2b_1)y = a_1k_2 - a_2k_1$$

The common multiplier of x and y is

$$a_1b_2 - a_2b_1 \qquad (2)$$

and is denoted by the symbol

$$\begin{vmatrix} a_1 & b_1 \\ a_2 & b_2 \end{vmatrix} \qquad (2')$$

which is called a determinant of the second order, and also called the determinant of the coefficients of x and y in equations (1). The results above may, now be written in the form

$$\begin{vmatrix} a_1 & b_1 \\ a_2 & b_2 \end{vmatrix} x = \begin{vmatrix} k_1 & b_1 \\ k_2 & b_2 \end{vmatrix}, \begin{vmatrix} a_1 & b_1 \\ a_2 & b_2 \end{vmatrix} y = \begin{vmatrix} a_1 & k_1 \\ a_2 & k_2 \end{vmatrix} \qquad (3)$$

We shall call k_1 and k_2 the known terms of our equations (1). Hence, if D is the determinant of the coefficients of the unknowns, the product of D by any one of the unknowns is equal to the determinant obtained from D by substituting the known terms in place of the coefficients of that unknown.

If $D \neq 0$, relations (3) uniquely determine values of x and y

$$x = \frac{k_1 b_2 - k_2 b_1}{D}, \quad y = \frac{a_1 k_2 - a_2 k_1}{D}$$

and these values satisfy equations (1); for example

$$a_1 x + b_1 y = \frac{(a_1 b_2 - a_2 b_1) k_1}{D} = k_1$$

Hence our equations (1) have been solved by determinants when $D \neq 0$. We shall treat in § 17 the more troublesome case in which $D = 0$.

EXAMPLE. For $2x - 3y = -4$, $6x - 2y = 2$, we have

$$\begin{vmatrix} 2 & -3 \\ 6 & -2 \end{vmatrix} x = \begin{vmatrix} -4 & -3 \\ 2 & -2 \end{vmatrix}, \quad 14x = 14, \quad x = 1$$

$$14y = \begin{vmatrix} 2 & -4 \\ 6 & 2 \end{vmatrix} = 28,\ y = 2$$

EXERCISES

Solve by determinants the following systems of equations:

(1) $8x - y = 34, x + 8y = 53$.

(2) $3x + 4y = 10,\ 4x + y = 9$.

(3) $ax + by = a^2,\ bx - ay = ab$.

2. **Solution of Three Linear Equations by Determinants of Order 3**. Consider a system of three linear equations

$$\begin{cases} a_1x + b_1y + c_1z = k_1 \\ a_2x + b_2y + c_2z = k_2 \\ a_3x + b_3y + c_3z = k_3 \end{cases} \tag{4}$$

Multiply the members of the first, second and third equations by

$$b_2c_3 - b_3c_2,\ b_3c_1 - b_1c_3,\ b_1c_2 - b_2c_1 \tag{5}$$

respectively, and add the resulting equations. We obtain an equation in which the coefficients of y and z are found to be zero, while the coefficient of x is

$$\begin{aligned} &a_1b_2c_3 - a_1b_3c_2 + a_2b_3c_1 - \\ &a_2b_1c_3 + a_3b_1c_2 - a_3b_2c_1 \end{aligned} \tag{6}$$

Such an expression is called a determinant of the third

order and denoted by the symbol

$$\begin{vmatrix} a_1 & b_1 & c_1 \\ a_2 & b_2 & c_2 \\ a_3 & b_3 & c_3 \end{vmatrix} \tag{6'}$$

The nine numbers $a_1, \ldots, c_3$ are called the elements of the determinant. In the symbol these elements lie in three (horizontal) rows, and also in three (vertical) columns. Thus a_2, b_2, c_2 are the elements of the second row, while the three c's are the elements of the third column.

The equation (free of y and z), obtained above, may now be written as

$$\begin{vmatrix} a_1 & b_1 & c_1 \\ a_2 & b_2 & c_2 \\ a_3 & b_3 & c_3 \end{vmatrix} x = \begin{vmatrix} k_1 & b_1 & c_1 \\ k_2 & b_2 & c_2 \\ k_3 & b_3 & c_3 \end{vmatrix}$$

since the right member was the sum of the products of the expressions (5) by k_1, k_2, k_3, and hence may be derived from (6) by replacing the a's by the k's. Thus the theorem of § 1 holds here as regards the unknown x. We shall later prove, without the laborious computations just employed, that the theorem holds for all three unknowns.

3. **The Signs of the Terms of a Determinant of Order 3**. In the six terms of our determinant (6), the letters a, b, c were always written in this sequence, while the subscripts are the six possible arrangements

of the numbers 1, 2, 3. The first term $a_1b_2c_3$ shall be called the diagonal term, since it is the product of the elements in the main diagonal running from the upper left-hand corner to the lower right-hand corner of the symbol (6′) for the determinant. The subscripts in the term $-a_1b_3c_2$ are derived from those of the diagonal term by interchanging 2 and 3, and the minus sign is to be associated with the fact that an odd number (here one) of interchanges of subscripts were used. To obtain the arrangement 2, 3, 1 of the subscripts in the term $+a_2b_3c_1$ from the natural order 1, 2, 3 (in the diagonal term), we may first interchange 1 and 2, obtaining the arrangement 2, 1, 3, and then interchange 1 and 3; an even number (two) of interchanges of subscripts were used and the sign of the term is plus.

While the arrangement 1, 3, 2 was obtained from 1, 2, 3 by one interchange (2, 3), we may obtain it by applying in succession the three interchanges (1, 2), (1, 3), (1, 2), and in many new ways. To show that the number of interchanges which will produce the final arrangement 1, 3, 2 is odd in every case, note that each of the three possible interchanges, viz., (1, 2), (1, 3), and (2, 3), changes the sign of the product

$$P = (x_1 - x_2)(x_1 - x_3)(x_2 - x_3)$$

where the x's are arbitrary variables. Thus a succession of k interchanges yields P or $-P$ according as k is even or odd. Starting with the arrangement 1, 2, 3 and applying k successive interchanges, suppose that we obtain the final arrangement 1, 3, 2. But if in P we replace the subscripts 1, 2, 3 by 1, 3, 2, respectively, i.e., if we interchange 2 and 3, we obtain $-P$. Hence k is odd. We have therefore proved the following rule of signs:

Although the arrangement r, s, t of the subscripts in any term $\pm a_r b_s c_t$ of the determinant may be obtained from the arrangement 1, 2, 3 by various successions of interchanges, the number of these interchanges is either always an even number and then the sign of the term is plus or always an odd number and then the sign of the term is minus.

EXERCISES

Apply the rule of signs to all terms of:

(1) Determinant (6).

(2) Determinant $a_1 b_2 - a_2 b_1$.

4. **Number of Interchanges always Even or always Odd**. We now extend the result in §3 to the case of n variables $x_1, \ldots, x_n$. The product of all of

their differences $x_i - x_j(i < j)$ is

$$P = (x_1 - x_2)(x_1 - x_3)\ldots(x_1 - x_n)\cdot$$
$$(x_2 - x_3)\ldots(x_2 - x_n)\cdot$$
$$\cdot\cdots\cdot$$
$$(x_{n-1} - x_n)$$

Interchange any two subscripts i and j. The factors which involve neither i nor j are unaltered. The factor $(x_i - x_j)$ involving both is changed in sign. The remaining factors may be paired to form the products

$$\pm(x_i - x_k)(x_j - x_k) \quad (k = 1,\ldots,n;\ k \neq i, k \neq j)$$

Such a product is unaltered. Hence P is changed in sign.

Suppose that an arrangement $i_1, i_2,\ldots, i_n$ can be obtained from $1,2,\ldots,n$ by using m successive interchanges and also by t successive interchanges. Make these interchanges on the subscripts in P; the resulting functions are equal to $(-1)^m P$ and $(-1)^t P$, respectively. But the resulting functions are identical since either can be obtained at one step from P by replacing the subscript 1 by i_1, 2 by $i_2,\ldots,n$ by i_n. Hence

$$(-1)^m P \equiv (-1)^t P$$

so that m and t are both even or both odd.

Thus if the same arrangement is derived from $1, 2,\ldots,n$ by m successive interchanges as by t successive interchanges, then m and t are both even or both odd.

5. **Definition of a Determinant of Order n.** We define a determinant of order 4 to be

$$\begin{vmatrix} a_1 & b_1 & c_1 & d_1 \\ a_2 & b_2 & c_2 & d_2 \\ a_3 & b_3 & c_3 & d_3 \\ a_4 & b_4 & c_4 & d_4 \end{vmatrix} = \sum_{(24)} \pm a_q b_r c_s d_t \qquad (7)$$

where q, r, s, t is any one of the 24 arrangements of 1, 2, 3, 4, and the sign of the corresponding term is + or − according as an even or odd number of interchanges are needed to derive this arrangement q, r, s, t from 1, 2, 3, 4. Although different numbers of interchanges will produce the same arrangement q, r, s, t from 1,2, 3, 4, these numbers are all even or all odd, as just proved, so that the sign is fully determined.

We have seen that the analogous definitions of determinants of orders 2 and 3 lead to our earlier expressions (2) and (6).

We will have no difficulty in extending the definition to a determinant of general order n as soon as we decide upon a proper notation for the n^2 elements. The subscripts 1, 2,..., n may be used as before to specify the rows. But the alphabet does not contain n letters with which to specify the columns. The use of e', e'',..., $e^{(n)}$ for this purpose would conflict with the notation for derivatives and besides be very awkward when exponents are used. It is customary in mathematical journals and scientific books (a custom not always followed in introductory text books, to the distinct disadvantage of the reader) to denote the n letters used to distinguish the n columns by e_1, $e_2, \ldots, e_n$ (or some other letter with the same subscripts) and to prefix (but see §6) such a subscript by the new subscript indicating the row. The symbol for the determinant is therefore

$$D = \begin{vmatrix} e_{11} & e_{12} & \cdots & e_{1n} \\ e_{21} & e_{22} & \cdots & e_{2n} \\ \vdots & \vdots & & \vdots \\ e_{n1} & e_{n2} & \cdots & e_{nn} \end{vmatrix} \quad (8)$$

By definition this shall mean the sum of the $n(n-1)\cdot\cdots\cdot 2\cdot 1$ terms

$$(-1)^i c_{i_1 1} c_{i_2 2} \cdots c_{i_n n} \quad (9)$$

in which $i_1, i_2, \ldots, i_n$ is an arrangement of $1, 2, \ldots, n$, derived from $1, 2, \ldots, n$ by i interchanges. Any term (9) of the determinant (8) is, apart from sign, the product of n factors, one and only one from each column, and one and only one from each row.

For example, if we take $n = 4$ and write a_j, b_j, c_j, d_j for e_{j1}, e_{j2}, e_{j3}, e_{j4}, the symbol (8) becomes (7) and the general term (9) becomes the general term $(-1)^i a_{i_1} b_{i_2} c_{i_3} d_{i_4}$ of the second member of (7).

EXERCISES

(1) Find the six terms involving a_2 in the determinant (7).

(2) What are the signs of $a_3b_5c_2d_1e_4$, $a_5b_4c_3d_2c_1$ in a determinant of order five?

(3) Show that the arrangement 4, 1, 3, 2 may be obtained from 1, 2, 3, 4 by use of the two successive interchanges (1, 4), (1, 2), and also by use of the four successive interchanges (1, 4), (1, 3), (1, 2), (2, 3).

(4) Write out the six terms of (8) for $n = 3$, rearrange the factors of each term so that the new first subscripts shall be in the order 1, 2, 3, and verify that the resulting six terms are those of the determinant D' in §6 for $n = 3$.

6. **Interchange of Rows and Columns.** Any determinant is not altered in value if in its symbol we replace the elements of the first, second, ..., nth rows by the elements which formerly appeared in the same order in the first, second, ..., nth columns, or briefly if we interchange the corresponding rows and columns. For example

$$\begin{vmatrix} a & b \\ c & d \end{vmatrix} = ad - bc = \begin{vmatrix} a & c \\ b & d \end{vmatrix}$$

We are to prove that the determinant D given by (8) is equal to

$$D' = \begin{vmatrix} e_{11} & e_{21} & \cdots & e_{n1} \\ e_{12} & e_{22} & \cdots & e_{n2} \\ \vdots & \vdots & & \vdots \\ e_{1n} & e_{2n} & \cdots & e_{nn} \end{vmatrix}$$

If we give to D' a more familiar aspect by writing $e_{ik} = a_{ki}$ for each element so that, as in (8), the row subscript precedes instead of follows the column subscript, the definition of the determinant in terms of the a's gives D' in terms of the e's as the sum of all expressions

$$(-1)^i e_{1k_1} e_{2k_2} \cdots e_{nk_n}$$

in which $k_1, k_2, \cdots, k_n$ is an arrangement of $1, 2, \cdots, n$, derived from the latter sequence by i interchanges.

As for the terms of D, without altering (9), we may rearrange its factors so that the first subscripts shall appear in the order $1, 2, \cdots, n$, and obtain

$$(-1)^i e_{1k_1} e_{2k_2} \cdots e_{nk_n}$$

This can be done by performing in reverse order the i successive interchanges of the letters e corresponding to the i successive interchanges which were used to derive the arrangement $i_1, i_2, \cdots, i_n$ of the first subscripts from the arrangement $1, 2, \cdots, n$. Thus the new second subscripts $k_1, \cdots, k_n$ are derived from the old second subscripts $1, \cdots, n$ by i interchanges. The

resulting signed product is therefore a term of D'. Hence $D = D'$.

7. **Interchange of Two Columns**. A determinant is merely changed in sign by the interchange of any two of its columns. For example

$$D = \begin{vmatrix} a & b \\ c & d \end{vmatrix} = ad - bc$$

$$\Delta = \begin{vmatrix} b & a \\ d & c \end{vmatrix} = bc - ad = -D$$

Let Δ be the determinant derived from (8) by the interchange of the rth and sth columns. The terms of Δ are therefore obtained from the terms (9) of D by interchanging r and s in the series of second subscripts. Interchange the rth and sth letters e to restore the second subscripts to their natural order. Since the first subscripts have undergone an interchange, the negative of any term of Δ is a term of D, and $\Delta = -D$.

8. **Interchange of Two Rows**. A determinant D is merely changed in sign by the interchange of any two rows.

Let Δ be the determinant obtained from D by interchanging the rth and sth rows. By interchanging the rows and columns in D and in Δ, we get two determinants D' and Δ', either of which may be derived from the other by the interchange of the rth and

sth columns. Hence, by §6, §7

$$\Delta = \Delta' = -D' = -D$$

9. **Two Rows or Two Columns Alike.** A determinant is zero if any two of its rows or any two of its columns are alike.

For, by the interchange of the two like rows or two like columns, the determinant is evidently unaltered, and yet must change in sign by §7, §8. Hence $D=-D$, $D=0$.

EXERCISES

(1) Prove that the equation of the straight line determined by the two distinct points (x_1, y_1) and (x_2, y_2) is

$$\begin{vmatrix} x & y & 1 \\ x_1 & y_1 & 1 \\ x_2 & y_2 & 1 \end{vmatrix} = 0$$

(2) Show that

$$\begin{vmatrix} a_1 & b_1 & c_1 \\ a_2 & b_2 & c_2 \\ a_3 & b_3 & c_3 \end{vmatrix} = \begin{vmatrix} a_2 & c_2 & b_2 \\ a_1 & c_1 & b_1 \\ a_3 & c_3 & b_3 \end{vmatrix} = \begin{vmatrix} a_3 & a_1 & a_2 \\ b_3 & b_1 & b_2 \\ c_3 & c_1 & c_2 \end{vmatrix}$$

By use of the Factor Theorem and the diagonal term, prove that

(3) $\begin{vmatrix} 1 & 1 & 1 \\ a & b & c \\ a^2 & b^2 & c^2 \end{vmatrix} = (b-a)(c-a)(c-b).$

(4) $\begin{vmatrix} 1 & 1 & \cdots & 1 \\ x_1 & x_2 & \cdots & x_n \\ x_1^2 & x_2^2 & \cdots & x_n^2 \\ \vdots & \vdots & & \vdots \\ x_1^{n-1} & x_2^{n-1} & \cdots & x_n^{n-1} \end{vmatrix} = \prod_{\substack{i,j=1 \\ i>j}}^{n} (x_i - x_j).$

This is known as the determinant of Vandermonde, who discussed it in 1770. The symbol on the right means the product of all factors of the type indicated.

(5) Prove that a skew-symmetric determinant of odd order is zero

$$\begin{vmatrix} 0 & a & b \\ -a & 0 & c \\ -b & -c & 0 \end{vmatrix} = 0$$

$$\begin{vmatrix} 0 & a & b & c & d \\ -a & 0 & e & f & g \\ -b & -e & 0 & h & j \\ -c & -f & -h & 0 & k \\ -d & -g & -j & -k & 0 \end{vmatrix} = 0$$

10. **Minors**. The determinant of order $n-1$ obtained by erasing (or covering up) the row and column crossing at a given element of a determinant of

order n is called the minor of that element.

For example, in the determinant (6′) of order 3, the minors of b_1, b_2, b_3 are respectively

$$B_1 = \begin{vmatrix} a_2 & c_2 \\ a_3 & c_3 \end{vmatrix}, B_2 = \begin{vmatrix} a_1 & c_1 \\ a_3 & c_3 \end{vmatrix}, B_3 = \begin{vmatrix} a_1 & c_1 \\ a_2 & c_2 \end{vmatrix}$$

Again, (6′) is the minor of d_4 in the determinant of order 4 given by (7).

11. **Expansion According to the Elements of a Row or Column.** In

$$D = \begin{vmatrix} a_1 & b_1 & c_1 \\ a_2 & b_2 & c_2 \\ a_3 & b_3 & c_3 \end{vmatrix}$$

denote the minor of any element by the corresponding capital letter, so that b_1 has the minor B_1, b_3 has the minor B_3, etc., as in § 10. We shall prove that

$$D = a_1A_1 - b_1B_1 + c_1C_1$$

$$D = a_1A_1 - a_2A_2 + a_3A_3$$

$$D = -a_2A_2 + b_2B_2 - c_2C_2$$

$$D = -b_1B_1 + b_2B_2 - b_3B_3$$

$$D = a_3A_3 - b_3B_3 + c_3C_3$$

$$D = c_1C_1 - c_2C_2 + c_3C_3$$

The three relations at the left (or right) are expressed in words by saying that a determinant D of the third order may be expanded according to the elements of the first, second or third row (or column). To obtain the

expansion, we multiply each element of the row (or column) by the minor of the element, prefix the proper sign to the product, and add the signed products. The signs are alternately + and −, as in the diagram

$$\begin{matrix} + & - & + \\ - & + & - \\ + & - & + \end{matrix}$$

For example, by expansion according to the second column

$$\begin{vmatrix} 1 & 4 & 5 \\ 2 & 0 & 3 \\ 3 & 0 & 9 \end{vmatrix} = -4\begin{vmatrix} 2 & 3 \\ 3 & 9 \end{vmatrix} = -4 \times 9 = -36$$

Similarly the value of the determinant (7) of order 4 may be found by expansion according to the elements of the fourth column

$$-d_1\begin{vmatrix} a_2 & b_2 & c_2 \\ a_3 & b_3 & c_3 \\ a_4 & b_4 & c_4 \end{vmatrix} + d_2\begin{vmatrix} a_1 & b_1 & c_1 \\ a_3 & b_3 & c_3 \\ a_4 & b_4 & c_4 \end{vmatrix} -$$

$$d_3\begin{vmatrix} a_1 & b_1 & c_1 \\ a_2 & b_2 & c_2 \\ a_4 & b_4 & c_4 \end{vmatrix} + d_4\begin{vmatrix} a_1 & b_1 & c_1 \\ a_2 & b_2 & c_2 \\ a_3 & b_3 & c_3 \end{vmatrix}$$

We shall now prove that any determinant D of order n may be expanded according to the elements of any row or any column.

Let E_{ij} denote the minor of e_{ij} in D, given by (8), so that E_{ij} is obtained by erasing the ith row and jth column of D.

(i) We first prove that

$$D = e_{11}E_{11} - e_{21}E_{21} + e_{31}E_{31} - \cdots + (-1)^{n-1}e_{n1}E_{n1} \tag{10}$$

so that D may be expanded according to the elements of its first column. By (9) the terms of D having the factor e_{11} are of the form

$$(-1)^{i}e_{11}e_{i_2 2}\ldots e_{i_n n}$$

where $1, i_2, \ldots, i_n$ is an arrangement of $1, 2, \ldots, n$, obtained from the latter by i interchanges, so that $i_2, \ldots, i_n$ is an arrangement of $2, \ldots, n$, derived from the latter by i interchanges. After removing from each term the common factor e_{11} and adding the quotients, we obtain a sum which, by definition, is the value of the determinant E_{11} of order $n-1$. Hence the terms of D having the factor e_{11} may all be combined into $e_{11}E_{11}$, which is the first part of (10).

We next prove that the terms of D having the factor e_{21} may be combined into $-e_{21}E_{21}$, which is the second part of (10). For, if Δ is the determinant obtained from D by interchanging its first and second rows, the result just proved shows that the terms of Δ having the factor e_{21} may be combined into the product of e_{21} by the minor

$$\begin{vmatrix} e_{12} & e_{13} & \cdots & e_{1n} \\ e_{32} & e_{33} & \cdots & e_{3n} \\ \vdots & \vdots & & \vdots \\ e_{n2} & e_{n3} & \cdots & e_{nn} \end{vmatrix}$$

of e_{21} in Δ. Now this minor is identical with the minor E_{21} of e_{21} in D. But $\Delta = -D$ (§ 8). Hence the terms of D having the factor e_{21} may be combined into $-e_{21}E_{21}$. Similarly, the terms of D having the factor e_{31} may be combined into $e_{31}E_{31}$, etc., as in (10).

(ii) We next prove that D may be expanded according to the elements of its kth column ($k > 1$)

$$D = \sum_{j=1}^{n} (-1)^{j+k} e_{jk} E_{jk} \tag{11}$$

Consider the determinant δ derived from D by moving the kth column over the earlier columns until it becomes the new first column. Since this may be done by $k-1$ interchanges of adjacent columns, $\delta = (-1)^{k-1} D$. The minors of the elements $e_{1k}, \ldots, e_{nk}$ in the first column of δ are evidently the minors $E_{1k}, \ldots, E_{nk}$ of $e_{1k}, \ldots, e_{nk}$ in D. Hence, by (10)

$$\begin{aligned} \delta &= e_{1k}E_{1k} - e_{2k}E_{2k} + \cdots + (-1)^{n-1} e_{nk}E_{nk} \\ &= \sum_{j=1}^{n} (-1)^{j+1} e_{jk}E_{jk} \end{aligned}$$

Thus $D = (-1)^{k-1}\delta$ has the desired value (11).

(iii) Finally, D may be expanded according to the elements of its kth row

$$D = \sum_{j=1}^{n} (-1)^{j+k} e_{kj} E_{kj}$$

In fact, by Case (ii), the latter is the expansion of the equal determinant D' in §6 according to the elements of its kth column.

12. **Removal of Factors**. A common factor of all of the elements of the same row or same column of a determinant may be divided out of the elements and placed as a factor before the new determinant.

In other words, if all of the elements of a row or column are divided by n, the value of the determinant is divided by n. For example

$$\begin{vmatrix} na_1 & nb_1 \\ a_2 & b_2 \end{vmatrix} = n \begin{vmatrix} a_1 & b_1 \\ a_2 & b_2 \end{vmatrix}, \quad \begin{vmatrix} a_1 & nb_1 & c_1 \\ a_2 & nb_2 & c_2 \\ a_3 & nb_3 & c_3 \end{vmatrix} = n \begin{vmatrix} a_1 & b_1 & c_1 \\ a_2 & b_2 & c_2 \\ a_3 & b_3 & c_3 \end{vmatrix}$$

Proof is made by expanding the determinants according to the elements of the row or column in question and noting that the minors are the same for the two determinants. Thus the second equation is equivalent to

$$\begin{aligned} & -(nb_1)B_1 + (nb_2)B_2 - (nb_3)B_3 \\ = & \ n(-b_1B_1 + b_2B_2 - b_3B_3) \end{aligned}$$

where B_i denotes the minor of b_i in the final determinant.

EXERCISES

(1) $\begin{vmatrix} 3a & 3b & 3c \\ 5a & 5b & 5c \\ d & e & f \end{vmatrix} = 0.$

(2) $\begin{vmatrix} 2r & l & 3r \\ 2s & m & 3s \\ 2t & n & 3t \end{vmatrix} = 0.$

Expand by the shortest method and evaluate:

(3) $\begin{vmatrix} 2 & 7 & 3 \\ 5 & 9 & 8 \\ 0 & 3 & 0 \end{vmatrix}.$

(4) $\begin{vmatrix} 5 & 7 & 0 \\ 6 & 8 & 0 \\ 3 & 9 & 4 \end{vmatrix}.$

(5) $\begin{vmatrix} a & b & c & d \\ a^2 & b^2 & c^2 & d^2 \\ a^3 & b^3 & c^3 & d^3 \\ a^4 & b^4 & c^4 & d^4 \end{vmatrix} = abcd(a-b)(a-c)(a-d) \cdot$

$(b-c)(b-d)(c-d).$

13. **Sum of Determinants**. A determinant having $a_1 + q_1$, $a_2 + q_2$, . . . as the elements of a column is equal to the sum of the determinant having a_1, a_2, . . . as the elements of the corresponding column and the determinant having q_1, q_2, . . . as the elements of that

column, while the elements of the remaining columns of each determinant are the same as in the given determinant.

For example

$$\begin{vmatrix} a_1+q_1 & b_1 & c_1 \\ a_2+q_2 & b_2 & c_2 \\ a_3+q_3 & b_3 & c_3 \end{vmatrix} = \begin{vmatrix} a_1 & b_1 & c_1 \\ a_2 & b_2 & c_2 \\ a_3 & b_3 & c_3 \end{vmatrix} + \begin{vmatrix} q_1 & b_1 & c_1 \\ q_2 & b_2 & c_2 \\ q_3 & b_3 & c_3 \end{vmatrix}.$$

To prove the theorem we have only to expand the three determinants according to the elements of the column in question (the first column in the example) and note that the minors are the same for all three determinants. Hence a_1+q_1 is multiplied by the same minor that a_1 and q_1 are multiplied by separately, and similarly for a_2+q_2, etc.

The similar theorem concerning the splitting of the elements of any row into two parts is proved by expanding the three determinants according to the elements of the row in question. For example

$$\begin{vmatrix} a+r & b+s \\ c & d \end{vmatrix} = \begin{vmatrix} a & b \\ c & d \end{vmatrix} + \begin{vmatrix} r & s \\ c & d \end{vmatrix}$$

14. **Addition of Columns or Rows.** A determinant is not changed in value if we add to the elements of any column the products of the corresponding elements of another column by the same arbitrary number.

Let $a_1, a_2, \ldots$ be the elements to which we add the products of the elements $b_1, b_2, \ldots$ by n. We apply § 13 with $q_1 = nb_1$, $q_2 = nb_2, \ldots$ Thus the modified determinant is equal to the sum of the initial

determinant and a determinant having b_1, b_2,... in one column and nb_1, nb_2, ... in another column. But (§12) the latter determinant is equal to the product of n by a determinant with two columns alike and hence is zero (§9). For example

$$\begin{vmatrix} a_1+nb_1 & b_1 & c_1 \\ a_2+nb_2 & b_2 & c_2 \\ a_3+nb_3 & b_3 & c_3 \end{vmatrix}$$

$$=\begin{vmatrix} a_1 & b_1 & c_1 \\ a_2 & b_2 & c_2 \\ a_3 & b_3 & c_3 \end{vmatrix}+n\begin{vmatrix} b_1 & b_1 & c_1 \\ b_2 & b_2 & c_2 \\ b_3 & b_3 & c_3 \end{vmatrix}$$

and the last determinant is zero.

Similarly, a determinant is not changed in value if we add to the elements of any row the products of the corresponding elements of another row by the same arbitrary number.

For example

$$\begin{vmatrix} a+nc & b+nd \\ c & d \end{vmatrix}=\begin{vmatrix} a & b \\ c & d \end{vmatrix}+n\begin{vmatrix} c & d \\ c & d \end{vmatrix}=\begin{vmatrix} a & b \\ c & d \end{vmatrix}$$

EXAMPLE. Evaluate the first determinant below

$$\begin{vmatrix} 1 & -2 & 1 \\ 1 & 2 & 3 \\ 6 & 4 & 3 \end{vmatrix}=\begin{vmatrix} 1 & 0 & 1 \\ 1 & 8 & 3 \\ 6 & 10 & 3 \end{vmatrix}$$

$$=\begin{vmatrix} 0 & 0 & 1 \\ -2 & 8 & 3 \\ 3 & 10 & 3 \end{vmatrix}=\begin{vmatrix} -2 & 8 \\ 3 & 10 \end{vmatrix}=-44$$

Solution. First we add to the elements of the second column the products of the elements of the last column by 2. In the resulting second determinant, we add to the elements of the first column the products of the elements of the third column by -1. Finally, we expand the resulting third determinant according to the elements of its first row.

EXERCISES

(1) Prove that

$$\begin{vmatrix} b+c & c+a & a+b \\ b_1+c_1 & c_1+a_1 & a_1+b_1 \\ b_2+c_2 & c_2+a_2 & a_2+b_2 \end{vmatrix} = 2\begin{vmatrix} a & b & c \\ a_1 & b_1 & c_1 \\ a_2 & b_2 & c_2 \end{vmatrix}$$

By reducing to a determinant of order 3, etc., prove that:

(2) $\begin{vmatrix} 1 & 1 & 1 & 1 \\ a & b & c & d \\ a^2 & b^2 & c^2 & d^2 \\ a^3 & b^3 & c^3 & d^3 \end{vmatrix} = (a-b)(a-c)(a-d)(b-c)(b-d)(c-d).$

(3) $\begin{vmatrix} 2 & -1 & 3 & -2 \\ 1 & 7 & 1 & -1 \\ 3 & 5 & -5 & 3 \\ 4 & -3 & 2 & -1 \end{vmatrix} = -42.$

(4) $\begin{vmatrix} 1 & 1 & 1 & 1 \\ 1 & 2 & 3 & 4 \\ 1 & 3 & 6 & 10 \\ 1 & 4 & 10 & 20 \end{vmatrix} = 1.$

15. **System of n Linear Equations in n, Unknowns with $D \neq 0$.** In

$$\begin{cases} a_{11}x_1 + a_{12}x_2 + \cdots + a_{1n}x_n = k_1 \\ \vdots \\ a_{n1}x_1 + a_{n2}x_2 + \cdots + a_{nn}x_n = k_n \end{cases} \qquad (12)$$

let D denote the determinant of the coefficients of the n unknowns

$$D = \begin{vmatrix} a_{11} & a_{12} & \cdots & a_{1n} \\ \vdots & \vdots & & \vdots \\ a_{n1} & a_{n2} & \cdots & a_{nn} \end{vmatrix}$$

Then

$$Dx_1 = \begin{vmatrix} a_{11}x_1 & a_{12} & \cdots & a_{1n} \\ \vdots & \vdots & & \vdots \\ a_{n1}x_1 & a_{n2} & \cdots & a_{nn} \end{vmatrix}$$

$$= \begin{vmatrix} a_{11}x_1 + a_{12}x_2 + \cdots + a_{1n}x_n & a_{12} & \cdots & a_{1n} \\ \vdots & \vdots & & \vdots \\ a_{n1}x_1 + a_{n2}x_2 + \cdots + a_{nn}x_n & a_{n2} & \cdots & a_{nn} \end{vmatrix}$$

where the second determinant was derived from the first by adding to the elements of the first column the products of the corresponding elements of the second column by x_2, etc., and finally the products of the elements of the last column by x_n. The elements of the new first column are equal to $k_1, \ldots, k_n$ by (12). In this manner, we find that

$$Dx_1 = K_1,\ Dx_2 = K_2,\ \ldots,\ Dx_n = K_n \qquad (13)$$

in which K_i is derived from D by substituting $k_1, \ldots, k_n$ for the elements $a_{1i}, \ldots, a_{ni}$ of the ith column of D, whence

$$K_1 = \begin{vmatrix} k_1 & a_{12} & \cdots & a_{1n} \\ \vdots & \vdots & & \vdots \\ k_n & a_{n2} & \cdots & a_{nn} \end{vmatrix}$$

$$\vdots$$

$$K_n = \begin{vmatrix} a_{11} & \cdots & a_{1,n-1} & k_1 \\ \vdots & & \vdots & \vdots \\ a_{n1} & \cdots & a_{n,n-1} & k_n \end{vmatrix}$$

If $D \neq 0$, the unique values of $x_1, \ldots, x_n$ determined by division from (13) actually satisfy equations (12). For instance, the first equation is satisfied since

$$k_1 D - a_{11}K_1 - a_{12}K_2 - \cdots - a_{1n}K_n$$

$$= \begin{vmatrix} k_1 & a_{11} & a_{12} & \cdots & a_{1n} \\ k_1 & a_{11} & a_{12} & \cdots & a_{1n} \\ k_2 & a_{21} & a_{22} & \cdots & a_{2n} \\ \vdots & \vdots & \vdots & & \vdots \\ k_n & a_{n1} & a_{n2} & \cdots & a_{nn} \end{vmatrix}$$

as shown by expansion according to the elements of the first row; and the determinant is zero, having two rows alike.

THEOREM. If D denotes the determinant of the coefficients of the n unknowns in a system of n linear equations, the product of D by any one of the unknowns is equal to the determinant obtained from D by substituting the known terms in place of the coefficients of that unknown. If $D \neq 0$, we obtain the unique values of the unknowns by division by D.

We have therefore given a complete proof of the results stated and illustrated in §1, §2. Another proof is suggested in Ex. (7) below. The theorem was discovered by induction in 1750 by G. Cramer.

EXERCISES

Solve by determinants the following systems of equations (reducing each determinant to one having zero as the value of every element but one in a row or column, as in the example in §14).

(1) $x + y + z = 11$, $2x - 6y - z = 0$, $3x + 4y + 2z = 0$.

(2) $x + y + z = 0$, $x + 2y + 3z = -1$, $x + 3y + 6z = 0$.

(3) $x - 2y + z = 12$, $x + 2y + 3z = 48$, $6x + 4y +$

$3z = 84$.

(4) $3x - 2y = 7$, $3y - 2z = 6$, $3z - 2x = -1$.

(5) $x + y + z + w = 1$, $x + 2y + 3z + 4w = 11$, $x + 3y + 6z + 10w = 26$, $x + 4y + 10z + 20w = 47$.

(6) $2x - y + 3z - 2w = 4$, $x + 7y + z - w = 2$, $3x + 5y - 5z + 3w = 0$, $4x - 3y + 2z - w = 5$.

(7) Prove the first relation (13) by multiplying the members of the first equation (12) by A_{11}, those of the second equation by $-A_{21}, \ldots$, those of the nth equation by $(-1)^{n-1}A_{n1}$, and adding, where A_{ij} denotes the minor of a_{ij} in D.

Hint: The resulting coefficient of x_2 is the expansion, according to the elements of its first column, of a determinant derived from D by replacing a_{11} by $a_{12}, \ldots, a_{n1}$ by a_{n2}.

16. **Rank of a Determinant**. If we erase from a determinant D of order n all but r rows and all but r columns, we obtain a determinant of order r called an r-rowed minor of D. In particular, any element is regarded as a one-rowed minor, and D itself is regarded as an n-rowed minor.

If a determinant D of order n is not zero, it is said to be of rank n. If, for $0 < r < n$, some r-rowed minor of D is not zero, while every $(r+1)$-rowed minor is zero, D is said to be of rank r. It is said to be of rank

zero if every element is zero.

For example, a determinant D of order 3 is of rank 3 if $D \neq 0$; of rank 2 if $D = 0$, but some two-rowed minor is not zero; of rank 1 if every two-rowed minor is zero, but some element is not zero. Again, every three-rowed minor of

$$\begin{vmatrix} a & b & c & d \\ e & f & g & h \\ a & b & c & d \\ e & f & g & h \end{vmatrix}$$

is zero since two pairs of its rows are alike. Hence it is of rank 2 if some two-rowed minor is not zero. But it is of rank 1 if a, b, c, d are not all zero and are proportional to e, f, g, h, since all two-rowed minors are then zero.

17. **System of n Linear Equations in n Unknowns with $D = 0$.** We shall now discuss the equations (12) for the troublesome case (previously ignored) in which the determinant D of the coefficients of the unknowns is zero. In view of (13), the given equations are evidently inconsistent if any one of the determinants $K_1, \ldots, K_n$ is not zero. But if D and these K's are all zero, our former results (13) give us no information concerning the unknowns x_i, and we resort to the following.

THEOREM. Let the determinant D of the coefficients of the unknowns in equations (12) be of rank r, $r < n$. If the determinants K obtained from the $(r+1)$-rowed minors of D by replacing the elements of any column by the corresponding known terms k_i are not all zero, the equations are inconsistent. But if these determinants K are all zero, the r equations involving the elements of a non-vanishing r-rowed minor of D determine uniquely r of the unknowns as linear functions of the remaining $n - r$ unknowns, which are independent variables, and the expressions for these r unknowns satisfy also the remaining $n - r$ equations.

Consider for example the three equations (4) in the unknowns x, y, z. Five cases arise:

(α) D of rank 3, i.e., $D \neq 0$.

(β) D of rank 2 (i.e., $D = 0$, but some two-rowed minor $\neq 0$), and

$$K_1 = \begin{vmatrix} k_1 & b_1 & c_1 \\ k_2 & b_2 & c_2 \\ k_3 & b_3 & c_3 \end{vmatrix}$$

$$K_2 = \begin{vmatrix} a_1 & k_1 & c_1 \\ a_2 & k_2 & c_2 \\ a_3 & k_3 & c_3 \end{vmatrix}$$

$$K_3 = \begin{vmatrix} a_1 & b_1 & k_1 \\ a_2 & b_2 & k_2 \\ a_3 & b_3 & k_3 \end{vmatrix}$$

not all zero.

(γ) D of rank 2 and K_1, K_2, K_3 are all zero.

(δ) D of rank 1 (i. e., every two-rowed minor = 0, but some element $\neq 0$), and

$$\begin{vmatrix} a_i & k_i \\ a_j & k_j \end{vmatrix}, \begin{vmatrix} b_i & k_i \\ b_j & k_j \end{vmatrix}, \begin{vmatrix} c_i & k_i \\ c_j & k_j \end{vmatrix}$$

(i, j chosen from 1, 2, 3)

are not all zero; there are nine such determinants K.

(ε) D of rank 1, and all nine of the two-rowed determinants K are zero.

In case (α) the equations have a single set of solutions (§15). In cases (β) and (δ) there is no set of solutions. For (β) the proof follows from (13). In case (γ) one of the equations is a linear combination of the other two; for example, if $a_1b_2 - a_2b_1 \neq 0$, the first two equations determine x and y as linear functions of z (as shown by transposing the terms in z and solving the resulting equations for x and y), and the resulting values of x and y satisfy the third equation identically as to z. Finally, in case (ε), two of the equations are obtained by multiplying the remaining one by constants.

The reader acquainted with the elements of solid analytic geometry will see that the planes represented by the three equations have the following relations:

(α) The three planes intersect in a single point.

(β) Two of the planes intersect in a line parallel to the third plane.

(γ) The three planes intersect in a common line.

(δ) The three planes are parallel and not all coincident.

(ε) The three planes coincide.

The remarks preceding our theorem furnish an illustration (the case $r = n - 1$) of the following.

LEMMA 1. If every $(r+1)$-rowed minor M formed from certain $r+1$ rows of D is zero, the corresponding $r+1$ equations (12) are inconsistent provided there is a non-vanishing determinant K formed from any M by replacing the elements of any column by the corresponding known terms k_i.

For concreteness[①], let the rows in question be the first $r+1$ and let

$$K = \begin{vmatrix} a_{11} & \cdots & a_{1r} & k_1 \\ \vdots & & \vdots & \vdots \\ a_{r+1,1} & \cdots & a_{r+1,r} & k_{r+1} \end{vmatrix} \neq 0$$

① All other cases may be reduced to this one by rearranging the n equations and relabelling the unknowns (replacing x_3 by the new x_1, for example).

Let $d_1, \ldots, d_{r+1}$ be the minors of $k_1, \ldots, k_{r+1}$ in K. Multiply the first $r+1$ equations (12) by d_1, $-d_2, \ldots, (-1)^r d_{r+1}$, respectively, and add. The right member of the resulting equation is the expansion of $\pm K$. The coefficient of x_s is the expansion of

$$\pm \begin{vmatrix} a_{11} & \cdots & a_{1r} & a_{1s} \\ \vdots & & \vdots & \vdots \\ a_{r+1,1} & \cdots & a_{r+1,r} & a_{r+1,s} \end{vmatrix}$$

and is zero, being an M if $s > r$, and having two columns identical if $s \leqslant r$. Hence $0 = \pm K$. Thus if $K \neq 0$, the equations are inconsistent.

LEMMA 2. If all of the determinants M and K in Lemma 1 are zero, but an r-rowed minor of an M is not zero, one of the corresponding $r+1$ equations is a linear combination of the remaining r equations.

As before let the $r+1$ rows in question be the first $r+1$. Let the non-vanishing r-rowed minor be

$$d_{r+1} = \begin{vmatrix} a_{11} & \cdots & a_{1r} \\ \vdots & & \vdots \\ a_{r1} & \cdots & a_{rr} \end{vmatrix} \neq 0 \qquad (14)$$

Let the functions obtained by transposing the terms k_i in (12) be

$$L_i = a_{i1}x_1 + a_{i2}x_2 + \cdots + a_{in}x_n - k_i$$

By the multiplication made in the proof of Lemma 1,

$$d_1 L_1 - d_2 L_2 + \cdots + (-1)^r d_{r+1} L_{r+1} = \mp K = 0$$

Hence L_{r+1} is a linear combination of $L_1, \ldots, L_r$.

The first part of the theorem is true by Lemma 1. The second part is readily proved by means of Lemma 2. Let (14) be the non-vanishing r-rowed minor of D. For $s > r$, the sth equation is a linear combination of the first r equations, and hence is satisfied by any set of solutions of the latter. In the latter transpose the terms involving $x_{r+1}, \ldots, x_n$. Since the determinant of the coefficients of $x_1, \ldots, x_r$ is not zero, §15 shows that $x_1, \ldots, x_r$ are uniquely determined linear functions of $x_{r+1}, \ldots, x_n$ (which enter from the new right members).

EXERCISES

Apply the theorem to the following four systems of equations and check the conclusions:

(1) $2x + y + 3z = 1$, $4x + 2y - z = -3$, $2x + y - 4z = -4$.

(2) $2x + y + 3z = 1$, $4x + 2y - z = 3$, $2x + y - 4z = 4$.

(3) $x - 3y + 4z = 1$, $4x - 12y + 16z = 3$, $3x - 9y + 12z = 3$.

(4) $x - 3y + 4z = 1$, $4x - 12y + 16z = 4$, $3x - 9y + 12z = 3$.

(5) Discuss the system

$$ax + y + z = a - 3$$

$$x + ay + z = -2$$

$$x + y + az = -2$$

when (i) $a = 1$; (ii) $a = -2$; (iii) $a \neq 1, -2$, obtaining the simplest forms of the unknowns.

(6) Discuss the system

$$x + y + z = 1$$

$$ax + by + cz = k$$

$$a^2x + b^2y + c^2z = k^2$$

when (i) a, b, c are distinct; (ii) $a = b \neq c$; (iii) $a = b = c$.

18. **Homogeneous Linear Equations**. When the known terms $k_1, \ldots, k_n$ in (12) are all zero, the equations are called homogeneous. The determinants K are now all zero, so that the n homogeneous equations are never inconsistent. This is also evident from the fact that they have the set of solutions $x_1 = 0, \ldots, x_n = 0$. By (13), there is no further set of solutions if $D \neq 0$. If $D = 0$, there are further sets of solutions. This is shown by the theorem of § 17 which now takes the following simpler form.

If the determinant D of the coefficients of n linear homogeneous equations in n unknowns is of rank r, $r < n$, the r equations involving the elements of a non-vanishing r-rowed minor of D determine uniquely r of the unknowns as linear functions of the remaining

$n-r$ unknowns, which are independent variables, and the expressions for these r unknowns satisfy also the remaining $n-r$ equations.

The particular case mentioned is the much used theorem:

A necessary and sufficient condition that n linear homogeneous equations in n unknowns shall have a set of solutions, other than the trivial one in which each unknown is zero, is that the determinant of the coefficients be zero.

EXERCISES

Discuss the following systems of equations:

(1) $x+y+3z=0$, $x+2y+2z=0$, $x+5y-z=0$.

(2) $2x-y+4z=0$, $x+3y-2z=0$, $x-11y+14z=0$.

(3) $x-3y+4z=0$, $4x-12y+16z=0$, $3x-9y+12z=0$.

(4) $6x+4y+3z-84w=0$, $x+2y+3z-48w=0$, $x-2y+z-12w=0$, $4x+4y-z-24w=0$.

(5) $2x+3y-4z+5w=0$, $3x+5y-z+2w=0$, $7x+11y-9z+12w=0$, $3x+4y-11z+13w=0$.

19. **System of *m* Linear Equations in *n***

Unknowns. The case $m < n$ may be treated by means of the lemmas in §17. If $m > n$, we select any n of the equations and apply to them the theorems of §15, §17. If they are found to be inconsistent, the entire system is evidently inconsistent. But if the n equations are consistent, and if r is the rank of the determinant of their coefficients, we obtain r of the unknowns expressed as linear functions of the remaining $n - r$ unknowns. Substituting these values of these r unknowns in the remaining equations, we obtain a system of $m - n$ linear equations in $n - r$ unknowns. Treating this system in the same manner, we ultimately either find that the proposed m equations are consistent and obtain the general set of solutions, or find that they are inconsistent. To decide in advance whether the former or latter of these cases will arise, we have only to find the maximum order r of a non-vanishing r-rowed determinant formed from the coefficients of the unknowns, taken in the regular order in which they occur in the equations, and ascertain whether or not the corresponding $(r + 1)$-rowed determinants K, formed as in §17, are all zero.

The last result may be expressed simply by employing the terminology of matrices. The system of coefficients of the unknowns in any set of linear equations

$$\begin{cases} a_{11}x_1 + \cdots + a_{1n}x_n = k_1 \\ \quad\vdots \\ a_{m1}x_1 + \cdots + a_{mn}x_n = k_m \end{cases} \tag{15}$$

arranged as they occur in the equations, is called the matrix of the coefficients, and is denoted by

$$\boldsymbol{A} = \begin{pmatrix} a_{11} & a_{12} & \cdots & a_{1n} \\ \vdots & \vdots & & \vdots \\ a_{m1} & a_{m2} & \cdots & a_{mn} \end{pmatrix}$$

By annexing the column composed of the known terms k_i, we obtain the so-called augmented matrix

$$\boldsymbol{B} = \begin{pmatrix} a_{11} & a_{12} & \cdots & a_{1n} & k_1 \\ \vdots & \vdots & & \vdots & \vdots \\ a_{m1} & a_{m2} & \cdots & a_{mn} & k_m \end{pmatrix}$$

The definitions of an r-rowed minor (determinant) of a matrix and of the rank of a matrix are entirely analogous to the definitions in §16.

In view of Lemma 1 in §17, our equations (15) are inconsistent if $\boldsymbol{B}$ is of rank $r+1$ and $\boldsymbol{A}$ is of rank $\leqslant r$. By Lemma 2, if $\boldsymbol{A}$ and $\boldsymbol{B}$ are both of rank r, all of our equations are linear combinations of r of them. Noting also that the rank r of $\boldsymbol{A}$ cannot exceed the rank of $\boldsymbol{B}$, since every minor of $\boldsymbol{A}$ is a minor of $\boldsymbol{B}$, and hence a non-vanishing r-rowed minor of $\boldsymbol{A}$ is a minor of $\boldsymbol{B}$, so that the rank of $\boldsymbol{B}$ is not less than r, we have the following:

THEOREM. A system of m linear equations in n unknowns is consistent if and only if the rank of the matrix of the coefficients of the unknowns is equal to the rank of the augmented matrix. If the rank of both matrices is r, certain r of the equations determine uniquely r of the unknowns as linear functions of the remaining $n-r$ unknowns, which are independent variables, and the expressions for these r unknowns satisfy also the remaining $m-r$ equations.

When $m=n+1$, $\boldsymbol{B}$ has an m-rowed minor called the determinant of the square matrix $\boldsymbol{B}$. If this determinant is not zero, $\boldsymbol{B}$ is of rank m. Since $\boldsymbol{A}$ has no m-rowed minor, its rank is less than m. Hence we obtain:

COROLLARY. Any system of $n+1$ linear equations in n unknowns is inconsistent if the determinant of the augmented matrix is not zero.

EXERCISES

Discuss the following systems of equations:

(1) $2x+y+3z=1$, $4x+2y-z=-3$, $2x+y-4z=-4$, $10x+5y-6z=-10$.

(2) $2x-y+3z=2$, $x+7y+z=1$, $3x+5y-5z=a$, $4x-3y+2z=1$.

(3) $4x-y+z=5$, $2x-3y+5z=1$, $x+y-$

$2z = 2$, $5x - z = 2$.

(4) $4x - 5y = 2$, $2x + 3y = 12$, $10x - 7y = 16$.

(5) Prove the Corollary by multiplying the known terms by $x_{n+1} = 1$ and applying § 18 with n replaced by $n + 1$.

(6) Prove that if the matrix of the coefficients of any system of linear homogeneous equations in n unknowns is of rank r, the values of certain $n - r$ of the unknowns may be assigned at pleasure and the others will then be uniquely determined and satisfy all of the equations.

20. **Complementary Minors.** The determinant

$$D = \begin{vmatrix} a_1 & b_1 & c_1 & d_1 \\ a_2 & b_2 & c_2 & d_2 \\ a_3 & b_3 & c_3 & d_3 \\ a_4 & b_4 & c_4 & d_4 \end{vmatrix} \tag{16}$$

is said to have the two-rowed complementary minors

$$M = \begin{vmatrix} a_1 & b_1 \\ a_3 & b_3 \end{vmatrix}, M' = \begin{vmatrix} c_2 & d_2 \\ c_4 & d_4 \end{vmatrix}$$

since either is obtained by erasing from D all the rows and columns having an element which occurs in the other.

In general, if we erase from a determinant D of order n all but r rows and all but r columns, we obtain

a determinant M of order r called an r-rowed minor of D. But if we had erased from D the r rows and r columns previously kept, we would have obtained an $(n-r)$-rowed minor of D called the minor complementary to M. In particular, any element is regarded as a one-rowed minor and is complementary to its minor (of order $n-1$).

21. **Laplace's Development by Columns**. Any determinant D is equal to the sum of all the signed products $\pm MM'$, where M is an r-rowed minor having its elements in the first r columns of D, and M' is the minor complementary to M, while the sign is + or − according as an even or odd number of interchanges of rows of D will bring M into the position occupied by the minor M_1 whose elements lie in the first r rows and first r columns of D.

For $r=1$, this development becomes the known expansion of D according to the elements of the first column (11); here $M_1 = e_{11}$.

If $r=2$ and D is the determinant (16)

$$D = \begin{vmatrix} a_1 & b_1 \\ a_2 & b_2 \end{vmatrix} \cdot \begin{vmatrix} c_3 & d_3 \\ c_4 & d_4 \end{vmatrix} - \begin{vmatrix} a_1 & b_1 \\ a_3 & b_3 \end{vmatrix} \cdot \begin{vmatrix} c_2 & d_2 \\ c_4 & d_4 \end{vmatrix} + \begin{vmatrix} a_1 & b_1 \\ a_4 & b_4 \end{vmatrix} \begin{vmatrix} c_2 & d_2 \\ c_3 & d_3 \end{vmatrix} + \begin{vmatrix} a_2 & b_2 \\ a_3 & b_3 \end{vmatrix} \cdot \begin{vmatrix} c_1 & d_1 \\ c_4 & d_4 \end{vmatrix} - \begin{vmatrix} a_2 & b_2 \\ a_4 & b_4 \end{vmatrix} \cdot \begin{vmatrix} c_1 & d_1 \\ c_3 & d_3 \end{vmatrix} + \begin{vmatrix} a_3 & b_3 \\ a_4 & b_4 \end{vmatrix} \begin{vmatrix} c_1 & d_1 \\ c_2 & d_2 \end{vmatrix}$$

The first product in the development is $M_1M'_1$; the second product is $-MM'$ (in the notations of §20), and the sign is minus since the interchange of the second and third rows of D brings this M into the position of M_1. The sign of the third product in the development is plus since two interchanges of rows of D bring the first factor into the position of M_1.

If D is the determinant (8), then

$$M_1 = \begin{vmatrix} e_{11} & \cdots & e_{1r} \\ \vdots & & \vdots \\ e_{r1} & \cdots & e_{rr} \end{vmatrix}, M'_1 = \begin{vmatrix} e_{r+1,r+1} & \cdots & e_{r+1,n} \\ \vdots & & \vdots \\ e_{n,r+1} & \cdots & e_{nn} \end{vmatrix}$$

Any term of the product $M_1M'_1$ is of the type

$$(-1)^i e_{i_1 1} e_{i_2 2} \cdots e_{i_r r} \cdot (-1)^j e_{i_{r+1} r+1} \cdots e_{i_n n} \quad (17)$$

where $i_1, \cdots, i_r$ is an arrangement of $1, \cdots, r$ derived from $1, \cdots, r$ by i interchanges, while $i_{r+1}, \cdots, i_n$ is an arrangement of $r+1, \cdots, n$ derived by j interchanges. Hence $i_1, \cdots, i_n$ is an arrangement of $1, \cdots, n$ derived by $i+j$ interchanges, so that the product (17) is a term of D with the proper sign.

It now follows from §18 that any term of any of the products $\pm MM'$ mentioned in the theorem is a term of D. Clearly we do not obtain twice in this manner the same term of D.

Conversely, any term t of D occurs in one of the products $\pm MM'$. Indeed, t contains as factors r

elements from the first r columns of D, no two being in the same row, and the product of these is, except perhaps as to sign, a term of some minor M. Thus t is a term of MM' or of $-MM'$. In view of the earlier discussion, the sign of t is that of the corresponding term in $\pm MM'$, where the latter sign is given by the theorem.

22. **Laplace's Development by Rows**. There is a Laplace development of D in which the r-rowed minors M have their elements in the first r rows of D, instead of in the first r columns as in §21. To prove this, we have only to apply §21 to the equal determinant obtained by interchanging the rows and columns of D.

There are more general (but less used) Laplace developments in which the r-rowed minors M have their elements in any chosen r columns (or rows) of D. It is simpler to apply the earlier developments to the determinant $\pm D$ having the elements of the chosen r columns (or rows) in the new first r columns (or rows).

EXERCISES

(1) Prove that

$$\begin{vmatrix} a & b & c & d \\ e & f & g & h \\ 0 & 0 & j & k \\ 0 & 0 & l & m \end{vmatrix} = \begin{vmatrix} a & b \\ e & f \end{vmatrix} \cdot \begin{vmatrix} j & k \\ l & m \end{vmatrix}$$

(2) By employing 2-rowed minors from the first two rows, show that

$$\frac{1}{2}\begin{vmatrix} a & b & c & d \\ e & f & g & h \\ a & b & c & d \\ e & f & g & h \end{vmatrix} = \begin{vmatrix} a & b \\ e & f \end{vmatrix} \cdot \begin{vmatrix} c & d \\ g & h \end{vmatrix} -$$

$$\begin{vmatrix} a & c \\ e & g \end{vmatrix} \cdot \begin{vmatrix} b & d \\ f & h \end{vmatrix} + \begin{vmatrix} a & d \\ e & h \end{vmatrix} \cdot \begin{vmatrix} b & c \\ f & g \end{vmatrix} = 0$$

(3) By employing 2-rowed minors from the first two columns of the 4-rowed determinant in Ex. (2), show that the products in Laplace's development cancel.

23. **Product of Determinants**. The product of two determinants of the same order is equal to a determinant of like order in which the element of the rth row and cth column is the sum of the products of the elements of the rth row of the first determinant by the corresponding elements of the cth column of the second determinant.

For example

$$\begin{vmatrix} a & b \\ c & d \end{vmatrix} \cdot \begin{vmatrix} e & f \\ g & h \end{vmatrix} = \begin{vmatrix} ae + bg & af + bh \\ ce + dg & cf + dh \end{vmatrix} \qquad (18)$$

While for brevity we shall give the proof for determinants of order 3, the method is seem to apply to determinants of any order. By Laplace's development with $r = 3$(§ 22), we have

$$\begin{vmatrix} a_1 & b_1 & c_1 & 0 & 0 & 0 \\ a_2 & b_2 & c_2 & 0 & 0 & 0 \\ a_3 & b_3 & c_3 & 0 & 0 & 0 \\ -1 & 0 & 0 & e_1 & f_1 & g_1 \\ 0 & -1 & 0 & e_2 & f_2 & g_2 \\ 0 & 0 & -1 & e_3 & f_3 & g_3 \end{vmatrix} \tag{19}$$

$$= \begin{vmatrix} a_1 & b_1 & c_1 \\ a_2 & b_2 & c_2 \\ a_3 & b_3 & c_3 \end{vmatrix} \cdot \begin{vmatrix} e_1 & f_1 & g_1 \\ e_2 & f_2 & g_2 \\ e_3 & f_3 & g_3 \end{vmatrix}$$

In the determinant of order 6, add to the elements of the fourth, fifth, and sixth columns the products of the elements of the first column by e_1, f_1, g_1, respectively (and hence introduce zeros in place of the former elements e_1, f_1, g_1). Next, add to the elements of the fourth, fifth, and sixth columns the products of the elements of the second column by e_2, f_2, g_2, respectively. Finally, add to the elements of the fourth, fifth, and sixth columns the products of the elements of the third column by e_3, f_3, g_3, respectively. The new determinant is

$$\begin{vmatrix} a_1 & b_1 & c_1 & a_1e_1+b_1e_2+c_1e_3 & a_1f_1+b_1f_2+c_1f_3 & a_1g_1+b_1g_2+c_1g_3 \\ a_2 & b_2 & c_2 & a_2e_1+b_2e_2+c_2e_3 & a_2f_1+b_2f_2+c_2f_3 & a_2g_1+b_2g_2+c_2g_3 \\ a_3 & b_3 & c_3 & a_3e_1+b_3e_2+c_3e_3 & a_3f_1+b_3f_2+c_3f_3 & a_3g_1+b_3g_2+c_3g_3 \\ -1 & 0 & 0 & 0 & 0 & 0 \\ 0 & -1 & 0 & 0 & 0 & 0 \\ 0 & 0 & -1 & 0 & 0 & 0 \end{vmatrix}$$

By Laplace's development (or by expansion according to the elements of the last row, etc.), this is equal to the 3-rowed minor whose elements are the long sums. Hence this minor is equal to the product in the right member of (19).

EXERCISES

(1) Prove (18) by means of § 13.

(2) Prove that, if $s_i = \alpha^i + \beta^i + \gamma^i$, then

$$\begin{vmatrix} 1 & 1 & 1 \\ \alpha & \beta & \gamma \\ \alpha^2 & \beta^2 & \gamma^2 \end{vmatrix} \cdot \begin{vmatrix} 1 & \alpha & \alpha^2 \\ 1 & \beta & \beta^2 \\ 1 & \gamma & \gamma^2 \end{vmatrix} = \begin{vmatrix} 3 & s_1 & s_2 \\ s_1 & s_2 & s_3 \\ s_2 & s_3 & s_4 \end{vmatrix}$$

(3) If A_i, B_i, C_i are the minors of a_i, b_i, c_i in the determinant D defined by the second factor below, prove that

$$\begin{vmatrix} A_1 & -A_2 & A_3 \\ -B_1 & B_2 & -B_3 \\ C_1 & -C_2 & C_3 \end{vmatrix} \begin{vmatrix} a_1 & b_1 & c_1 \\ a_2 & b_2 & c_2 \\ a_3 & b_3 & c_3 \end{vmatrix} = \begin{vmatrix} D & 0 & 0 \\ 0 & D & 0 \\ 0 & 0 & D \end{vmatrix}$$

Hence the first factor is equal to D^2 if $D \neq 0$.

(4) Express $(a^2+b^2+c^2+d^2)(e^2+f^2+g^2+h^2)$ as a sum of four squares by writing

$$\begin{vmatrix} a+bi & c+di \\ -c+di & a-bi \end{vmatrix} \cdot \begin{vmatrix} e+fi & g+hi \\ -g+hi & e-fi \end{vmatrix}$$

as a determinant of order 2 similar to each factor.

Hint: If k' denotes the conjugate of the complex number k, each of the three determinants is of the form

$$\begin{vmatrix} k & l \\ -l' & k' \end{vmatrix}$$

MISCELLANEOUS EXERCISES

(1) Solve

$$ax + by + cz = k$$
$$a^2x + b^2y + c^2z = k^2$$
$$a^4x + b^4y + c^4z = k^4$$

by determinants for x, treating all cases.

(2) In three linear homogeneous equations in four unknowns, prove that the values of the unknowns are proportional to four determinants of order 3 formed from the coefficients.

Factor the following determinants:

(3) $\begin{vmatrix} 1 & a & bc \\ 1 & b & ca \\ 1 & c & ab \end{vmatrix}$.

(4) $\begin{vmatrix} x & x^2 & yz \\ y & y^2 & xz \\ z & z^2 & xy \end{vmatrix} = \begin{vmatrix} x^2 & x^3 & 1 \\ y^2 & y^3 & 1 \\ z^2 & z^3 & 1 \end{vmatrix}$.

(5) $\begin{vmatrix} a & b & c \\ c & a & b \\ b & c & a \end{vmatrix} = (a+b+c)(a+b\omega+c\omega^2)(a+b\omega^2+c\omega)$, where ω is an imaginary cube root of unity.

(6) $\begin{vmatrix} a & b & c & d \\ b & a & d & c \\ c & d & a & b \\ d & c & b & a \end{vmatrix}$.

(7) $\begin{vmatrix} a & b & c & d \\ d & a & b & c \\ c & d & a & b \\ b & c & d & a \end{vmatrix}$.

(8) If the points $(x_1, y_1), \dots, (x_4, y_4)$ lie on a circle, prove that

$$\begin{vmatrix} x_1^2+y_1^2 & x_1 & y_1 & 1 \\ \vdots & \vdots & \vdots & \vdots \\ x_4^2+y_4^2 & x_4 & y_4 & 1 \end{vmatrix} = 0$$

(9) Prove that

$$\begin{vmatrix} aa'+bb'+cc' & ea'+fb'+gc' \\ ae'+bf'+cg' & ee'+ff'+gg' \end{vmatrix}$$

$$= \begin{vmatrix} a & b \\ e & f \end{vmatrix} \cdot \begin{vmatrix} a' & b' \\ e' & f' \end{vmatrix} + \begin{vmatrix} a & c \\ e & g \end{vmatrix} \cdot \begin{vmatrix} a' & c' \\ e' & g' \end{vmatrix} + \begin{vmatrix} b & c \\ f & g \end{vmatrix} \cdot \begin{vmatrix} b' & c' \\ f' & g' \end{vmatrix}$$

(10) Prove that the cubic equation

$$D(x) \equiv \begin{vmatrix} a-x & b & c \\ b & f-x & g \\ c & g & h-x \end{vmatrix} = 0$$

has only real roots.

Hints

$$D(x) \cdot D(-x)$$

$$= \begin{vmatrix} a^2+b^2+c^2-x^2 & ab+bf+cg & ac+bg+ch \\ ab+bf+cg & b^2+f^2+g^2-x^2 & bc+fg+gh \\ ac+bg+ch & bc+fg+gh & c^2+g^2+h^2-x^2 \end{vmatrix}$$

$$= -x^6 + x^4(a^2+f^2+h^2+2b^2+2c^2+2g^2) -$$

$$x^2(D_1+D_2+D_3) + D^2(0)$$

where D_3 denotes the first determinant in Ex. (9) with all accents removed and with $e = b$, while D_1 and D_2 are analogous minors of elements in the main diagonal of the present determinant of order 3 with $x = 0$. Hence the coefficient of $-x^2$ is a sum of squares. Since the function of degree 6 is not zero for a negative value of x^2, $D(x) = 0$ has no purely imaginary root. If it had an imaginary root $r + si$, then $D(x + r) = 0$ would have a purely imaginary root si. But $D(x + r)$ is of the form $D(x)$ with a, f, h replaced by $a - r$, $f - r$, $h - r$. Hence $D(x) = 0$ has only real roots. The method is applicable to such determinants of order n.

(11) If $a_1, \ldots, a_n$ are distinct, solve the system of equations

$$\frac{x_1}{k_i - a_1} + \frac{x_2}{k_i - a_2} + \cdots + \frac{x_n}{k_i - a_n} = 1 \quad (i = 1, \ldots, n)$$

Hint: Regard $k_1, \ldots, k_n$ as the roots of an equation of degree n in k formed from the typical one above by substituting k for k_i and clearing of fractions; write $k = a_j - t$, and consider the product of the roots of $t^n + \cdots = 0$. Hence find x_j.

(12) Solve the equation

$$\begin{vmatrix} a + x & x & x \\ x & b + x & x \\ x & x & c + x \end{vmatrix} = 0$$